普通高等教育“十三五”规划教材

电路分析基础

（第四版）

主　编　付玉明

副主编　陈　晓　章晓眉

中国水利水电出版社
www.waterpub.com.cn
·北京·

内 容 提 要

本书以电路分析中的经典内容为核心，在教材内容的组织和讲述方面，力求做到符合教学规律和认知特点，在突出主要概念的同时，更加贴近实用。为提高学生的学习效果和增强学生自主解决问题的能力，在每章精选了丰富的例题和习题的同时，书末还增加了 14 个经典电路实验指导的内容、电路分析的典型实例及电路虚拟实验等内容，可开拓学生的视野，激发其学习兴趣。

本书主要内容仍分为 6 章：第 1 章为电路的基本概念和定律，第 2 章为电阻性网络分析的一般方法，第 3 章为正弦稳态电路分析，第 4 章为耦合电感元件和理想变压器，第 5 章为一阶动态电路分析，第 6 章为二端口网络。

本书可作为应用型本科院校和高职高专院校的电气、电子、通信、自动化、计算机、机电等专业的教材，也可供从事电气和电子技术的工程技术人员参考。

图书在版编目（CIP）数据

电路分析基础 / 付玉明主编. -- 4版. -- 北京 : 中国水利水电出版社, 2017.1（2022.12 重印）
普通高等教育“十三五”规划教材
ISBN 978-7-5170-4914-2

Ⅰ. ①电… Ⅱ. ①付… Ⅲ. ①电路分析－高等学校－教材 Ⅳ. ①TM133

中国版本图书馆CIP数据核字(2016)第294098号

责任编辑：王玉梅　　　　封面设计：李　佳

书　　名	普通高等教育“十三五”规划教材 电路分析基础（第四版） DIANLU FENXI JICHU
作　　者	主　编　付玉明 副主编　陈　晓　章晓眉
出版发行	中国水利水电出版社 （北京市海淀区玉渊潭南路 1 号 D 座　100038） 网址：www.waterpub.com.cn E-mail：mchannel@263.net（答疑） sales@mwr.gov.cn 电话：（010）68545888（营销中心）、82562819（组稿）
经　　售	北京科水图书销售有限公司 电话：（010）68545874、63202643 全国各地新华书店和相关出版物销售网点
排　　版	北京万水电子信息有限公司
印　　刷	三河市德贤弘印务有限公司
规　　格	184mm×260mm　16 开本　18.25 印张　448 千字
版　　次	2002 年 2 月第 1 版　2002 年 2 月第 1 次印刷 2017 年 1 月第 4 版　2022 年 12 月第 3 次印刷
印　　数	5001—6000 册
定　　价	36.00 元

前　　言

本书根据广大读者使用第三版教材后提出的宝贵意见进行了修改，主要做了以下工作：

1．对全书中的疏漏和不妥之处作了进一步的补充和更正，主要是对各章的电路图及图中的符号作了进一步的校正和修订。

2．根据目前电路虚拟实验软件升级的需要，以 Multisim13 为背景全面改写了附录 B“电路虚拟实验简介”的内容。

本书以电路分析中的经典内容为核心，在教材内容的组织和讲述方面，力求做到符合教学规律和认知特点，在突出主要概念的同时，更加贴近实用。为提高学生的学习效果和增强学生自主解决问题的能力，在每章精选了丰富的例题和习题的同时，书末还增加了 14 个经典电路实验指导的内容、电路分析的典型实例及电路虚拟实验等内容，以开拓学生的视野，激发其学习兴趣。

本书主要内容仍分为 6 章：第 1 章为电路的基本概念和定律，第 2 章为电阻性网络分析的一般方法，第 3 章为正弦稳态电路分析，第 4 章为耦合电感元件和理想变压器，第 5 章为一阶动态电路分析，第 6 章为二端口网络。

本书可按 60～70 学时（不含实验）安排教学，根据教学需要可自行增删有些内容。

本书可作为应用型本科院校和高职高专院校的电气、电子、通信、自动化、计算机、机电等专业的教材，也可供从事电气和电子技术的工程技术人员参考。

第四版的修订工作主要由付玉明完成，陈晓和章晓眉也参加了全书的组织策划和部分章节的修改及附录 A、附录 B 两部分的修改工作。参加本书编写工作的还有雷运发、马杨珲、雷航天、章佳梅、覃伟、李琦、崔靖。

由于编者水平有限，书中难免存在不妥和错误之处，欢迎读者批评指正。

付玉明

2016 年 11 月

目　　录

第 1 章　电路的基本概念和定律

【本章重点】

- 支路上电流（电压）的参考方向及电流、电压间关联参考方向的概念。
- 基尔霍夫电流、电压定律及其运用于电路的分析计算。
- 理解理想电压源、理想电流源的伏安特性，以及它们与实际电源两种模型的区别。
- 受控源和理想运算放大器的特性，求解含受控源的电路。
- 运用等效概念和方法来化简与求解电路。
- 电阻的 Y 形连接与 Δ 连接的等效变换。

【本章难点】

- 电阻的 Y 形连接与 Δ 连接的等效变换。
- 受控源和理想运算放大器的特性，求解含受控源的电路。

本章讲述电路的基本概念和基本定律，是电路的基础理论知识。先从建立电路模型概念、认识电路变量等最基本的问题出发，重点讨论电路的基本变量：电流、电压和电功率；然后讲述电路的基本定律，即基尔霍夫电流定律和电压定律；最后讲述电阻元件和独立电源、受控源的特性，以及等效概念和电阻电路的等效方法，并对运算放大器作了介绍。

1.1　电路和电路模型

实际电气装置种类繁多，如自动控制设备、卫星接收设备、邮电通信设备等。实际电路的几何尺寸也相差甚大，如电力系统或通信系统可能跨越省界、国界甚至是洲际的，但有的集成电路的芯片则小如指甲。为了分析研究实际电气装置的需要和方便，常采用模型化的方法，即用抽象的理想元件及其组合代替实际的器件，从而构成与实际电路相对应的电路模型。

1.1.1　电路及其功能

电在日常生活、工农业生产、交通运输、科学研究以及国防建设等各个方面都有着广泛的应用。在通信、自动控制、计算机、电力等各个技术领域中，使用着许许多多的电器设备，广义上说，这些电器设备都是实际中的电路。实际电路就其功能大致可分为以下几个方面：①进行能量的传输、分配与转换，例如电力系统中的输电电路；②传送和处理信号，例如电话线路、放大器电路；③测量电路，例如万用表电路（用来测量电压、电流和电阻等）；④存储信息，例如计算机的存储电路（用于存放数据、程序）。电路虽然多种多样、功能各异，但它们受共同的基本规律支配，正是在这种共同的基础上，形成了“电路理论”这一学科。

1.1.2　实际电路的组成

实际电路是由电气器件相互连接而构成的。电气器件泛指实际的电路部件，如电阻器、电容器、电感线圈、晶体管、变压器等。如图 1-1 所示是我们日常生活中的手电筒电路，这是一个最简单的实际电路，由三部分组成：①是提供电能的能源，简称电源，其作用是将其他形式的能量转换为电能（图中干电池是将化学能转换为电能）；②是用电装置，统称为负载，它将电能转换为其他形式的能量（图中负载是灯泡，实际上是一个电阻器，由电阻丝组成，电流通过时能发热到白炽状态而发光）；③是连接电源与负载传输电能的金属导线，简称导线。图中 S 是为了节约电能所安的控制开关。电源、负载、连接导线是任何实际电路都不可缺少的三个基本组成部分。

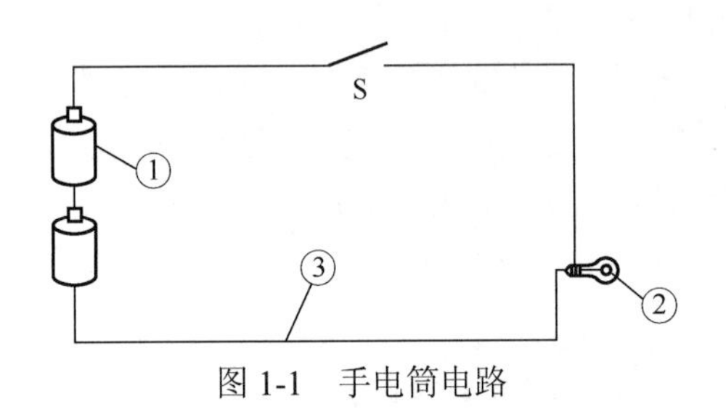

图 1-1　手电筒电路

1.1.3　电路模型

人们设计制作某种部件是要利用它的主要物理性质。譬如说，制作一个电阻器是要利用它的电阻，即对电流呈现阻力的性质；制作一个电压源是要利用它正负极间能保持有一定电压的性质；制作连接导体是要利用它优良的导电性能，使电流顺利流过。但是，事实上不可能制造出只表现其主要特性的部件，也就是说，不可能制造出理想的部件。例如，一个实际的电阻器，当电流通过时还会产生磁场，因而兼有电感的性质；一个实际电源总有内阻，因而在使用时不可能总保持一定的端电压；连接导线总有电阻，甚至还有电感。如果对部件的各种性质都加以考虑，就会给电路分析带来困难。因此，必须在一定的条件下对实际部件加以理想化，即忽略它的次要性质，用一种足以表征其主要性能的模型来表示。例如电灯泡的电感是很微小的，就可以把它看作一个理想电阻元件；一节新的干电池，内阻与灯泡的电阻相比可忽略不计，把它看作一个电压恒定的理想电压源也是完全可以的；在连接导线很短的情况下，它的电阻完全可以忽略不计，可以当作理想导体。本章后面将分别介绍各种反映单一电磁性质的理想电路元件（今后涉及的一般均为理想元件，故往往略去“理想”二字），如电阻元件、电容元件、电感元件等。各电路元件可以用规定的符号表示，电阻元件和电压源的模型符号如图 1-2 所示。

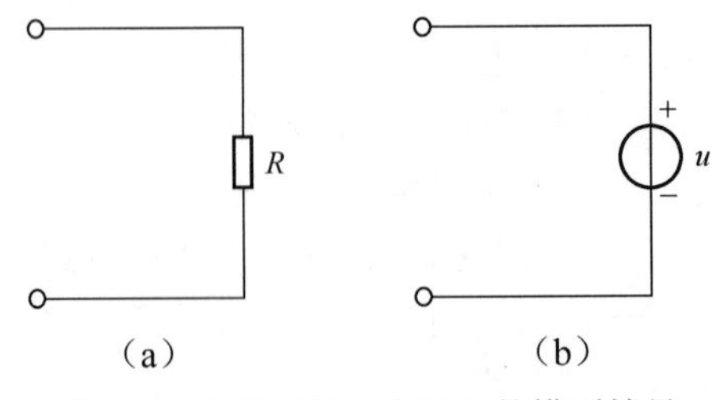

图 1-2　电阻元件、电压源的模型符号

许多部件可以用电阻元件作为模型，如灯泡、电烙铁以及电阻器。将实际电路中各个部件用其模型符号表示，这样画出的图称为实际电路的电路模型图，简称电路图。如图 1-3 所示就是手电筒实际电路的电路模型图。

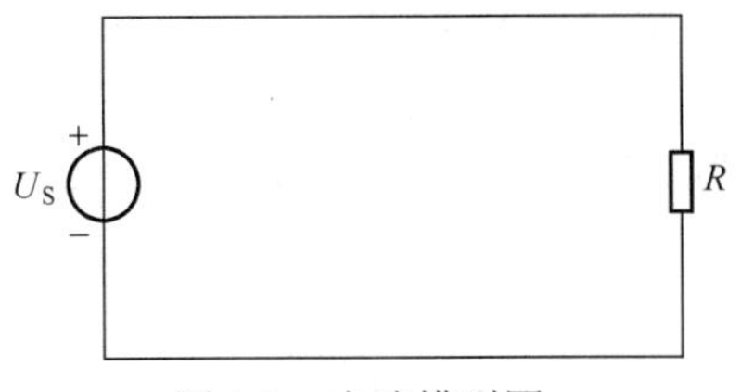

图 1-3　电路模型图

今后所说的电路一般均指由理想元件构成的抽象电路，而非实际电路。实践证明，只要电路模型取得恰当（可先确定近似程度），按抽象电路分析计算所得结果能与对应的实际电路中测量所得结果近似地一致。

应当指出，实际部件的运用一般都与电能的消耗现象和电磁能的存储现象有关，它们交织在一起发生在整个部件中，“理想化”指假定这些现象可以分别研究，并且这些电磁过程都分别集中在各元件内部进行，这样的元件（电阻、电容、电感）称为集总参数元件，简称集总元件。由集总元件构成的电路称为集总参数电路。

本书只讨论集总参数电路。用集总参数电路模型近似地描述实际电路是有条件的，它要求电路的尺寸远小于电路工作时电磁波的波长。例如，我国电力工程的电源频率为 50Hz（对应的波长为 6000km），在这种低频下，几何尺寸为几米、几百米以至于几千米的电路都可视为集总参数电路。

思考与练习

1-1　电路模型和实际电路的区别是什么？为什么电路理论中讨论的是电路模型而不是实际电路？

1-2　什么是理想元件？什么是集总参数电路？

1.2　电流和电压的参考方向

在电路问题分析中，人们所关心的物理量是电流、电压和功率。在具体展开分析、讨论电路问题之前，正确理解这些物理量是很重要的。

1.2.1　电流及其参考方向

在电场力的作用下，电荷有规则地移动形成电流。金属导体中的电流和电解液中的电流属于传导电流。通常人们所说的电流多是指传导电流。电流是一种客观的物理现象，通过它的各种效应，例如热效应、磁效应、机械效应等可以感觉到它的存在。为了表示电流的强弱，引入了电流强度这个物理量。电流强度的定义是单位时间内通过导体横截面的电量，如图 1-4 所示。

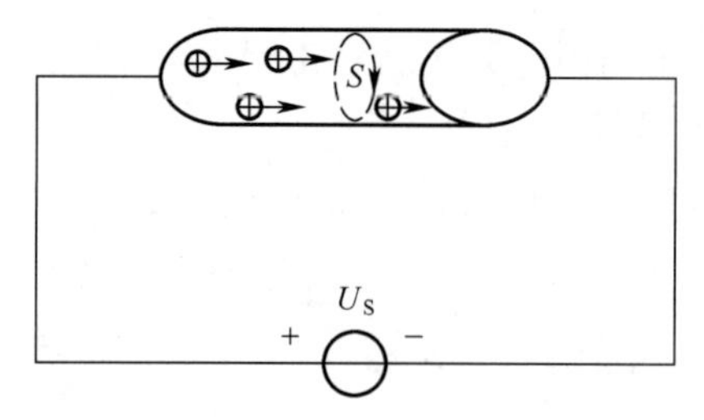

图 1-4　电路强度的说明

电流强度简称为电流，所以“电流”一词不仅表示一种物理现象，而且也代表一个物理量。电流强度用符号 $i(t)$ 表示，即

$$i(t)=\frac{\mathrm{d}q}{\mathrm{d}t} \tag{1-1}$$

式中 $\mathrm{d}q$ 为 $\mathrm{d}t$ 时间内通过导体横截面的电荷量，若 $\mathrm{d}q/\mathrm{d}t$ 为常数，这种电流叫做恒定电流，简称直流电流，常用大写字母 I 表示。电流的单位是安培（A），简称安。电力系统中因安培这个单位太小，有时取千安（kA）为电流的单位；而无线电系统中又因安培这个单位太大，常用毫安（mA）、微安（μA）作电流的单位。

电流不但有大小，而且有方向，习惯规定正电荷运动的方向为电流的实际方向。在一些很简单的电路中，如图 1-3 所示，电流的实际方向是显而易见的，它是从电源正极流出，经过负载再流入电源负极。但在实际问题中，电流的真实方向往往难以在图中确定。例如，交流电路中，电流随时间变化，很难用一个固定的箭头来表示其真实方向，即使在较复杂的直流电路中，也往往难以事先判断电流的真实方向。如图 1-5 所示的桥式电路中，R_x 上的电流实际方向就不能一看便知，当然流过 R_x 上的电流只有 3 种可能：①从 a 流向 b；②从 b 流向 a；③ R_x 上电流为零。所以对电流这个物理量可以用代数量来表示，我们可以像研究其他代数量一样选择正方向，即参考方向，即假定一个方向为正电荷运动的方向，此方向称为电流的参考方向（或参考极性），用箭头标在电路图上。今后若无特殊说明，就认为电路图上所标箭头方向为电流的参考方向。通过分析计算，如果电流为正值，则电流的真实方向与参考方向一致；若电流为负值，则二者相反。

显然，在未标示参考方向的情况下，电流的正负是毫无意义的。

在直流电路中，测量电流时要根据电流的实际方向将电流表串联在待测支路中，即如图 1-6 所示那样接入电路。A_1、A_2 两旁所标“+”、“−”号是电流表的正负接线柱，电流从正接线柱流入时，指针正向偏转（一般为顺时针方向）。

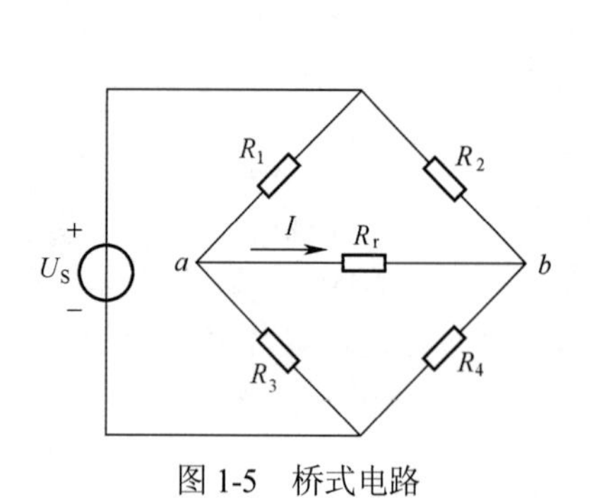

图 1-5　桥式电路

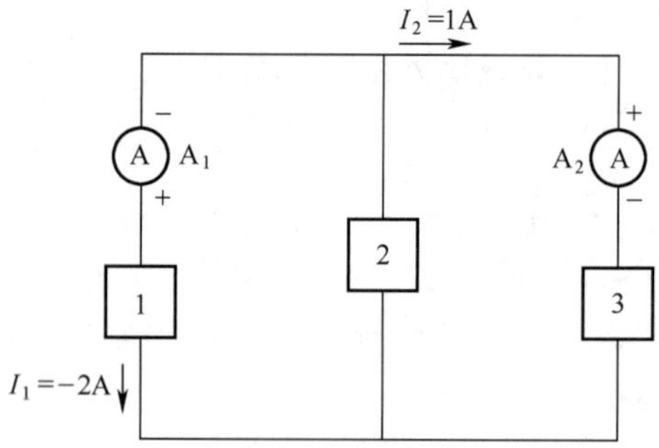

图 1-6　直流电流测试电路

1.2.2 电压及其参考方向

从物理学中已经知道，将单位正电荷自电场中某一点 a 移到参考点（物理中一般将无穷远处选作参考点，即零电位点）电场力做功的大小称为 a 点的电位。而电路中 a、b 两点之间的电位差即为这两点间的电压。因为电场（库仑场）力做功与路径无关，故可用数学式表示，即 a 对 b 的电压为

$$u(t)=\frac{\mathrm{d}w}{\mathrm{d}q} \tag{1-2}$$

式中 $\mathrm{d}q$ 为由 a 点移到 b 点的电荷量，单位为库仑（C）；$\mathrm{d}w$ 是移动过程中电场力所做的功，单位为焦耳（J）；电压的单位为伏特（V），有时使用千伏（kV）或毫伏（mV）、微伏（μV）。

如果正电荷由 a 点移到 b 点，电场力做正功，则 a 点为高电位，b 点为低电位；反之，如果正电荷由 a 点移到 b 点，电场力做负功，则 a 点为低电位，b 点为高电位。正电荷在电路中移动时体现为电位的升高或降低，即电压升或电压降。

从电位、电压定义可知它们都是代数量，如同需要为电流规定参考方向一样，也需要为电压规定参考方向。电路中，规定电位真正降低的方向为电压的实际方向，而电压的参考方向为假设的电位降低的方向。在电路中，电压参考方向是在元件或电路的两端用“+”、“−”符号来表示，或用带下脚标的字母表示。如 U_{ab}，脚标中的第一个字母 a 表示假设电压参考方向的高电位端“+”，第二个字母 b 表示假设电压参考方向的低电位端“−”。如图 1-7 所示。

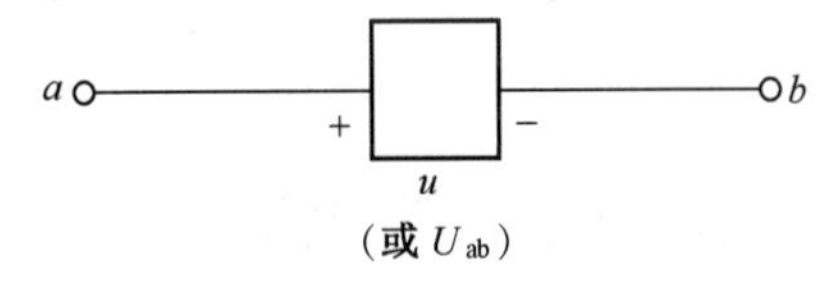

图 1-7　电压参考方向的表示方法（方框表示一个元件或一段电路）

以后如无特殊说明，电路图中从“+”标号到“−”标号就是电压的参考方向。与在电路中为电流标示参考方向一样，在电路图中，对元件（或某段电路）两端所标的电压参考方向是任意选定的，不一定代表电压的真实方向。在假定电压参考方向后，若经计算得电压 U_{ab} 为正值，说明 a 点电位实际比 b 点电位高；若 U_{ab} 为负值，说明 a 点电位实际比 b 点电位低。在未标示电压参考方向的情况下，电压的正负是毫无意义的。

当电压的大小、方向均恒定不变时称为直流电压，常用大写字母 U 表示。在测量直流电压时，要根据电压的实际方向将直流电压表并联接入电路。若据理论计算得 $U_{ab}=3\text{V}$，$U_{ac}=-5\text{V}$，要测量这两个电压，电压表应如图 1-8 所示接入电路。图中 V_1、V_2 为电压表，两旁的“+”、“−”标号分别为直流电压表的正、负接线柱，正接线柱接高电位端，指针正向偏转。

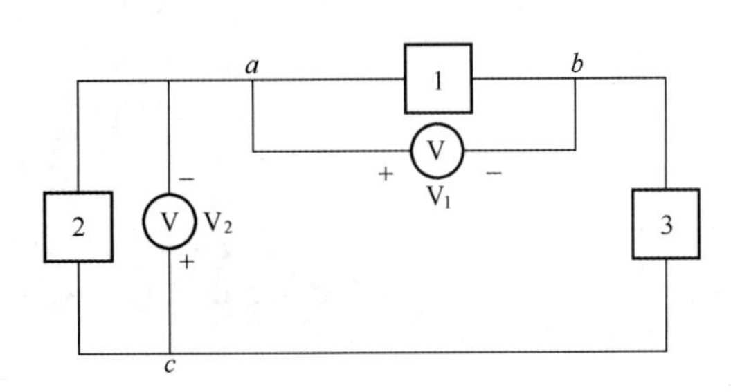

图 1-8　直流电压测量电路

1.2.3 电压、电流的关联参考方向

在分析电路时，既要为通过元件的电流假设参考方向，也要为元件两端的电压假设参考方向，彼此间可以无关地任意假定。但为了方便起见，常采用关联的参考方向，即电流参考方向与电压参考“+”标号到“−”标号的方向一致，也就是说电流的流向是从电压的“+”流向“−”，如图 1-9 所示；反之为非关联参考方向，即电流从电压的“−”标号流向“+”标号，如图 1-10 所示。

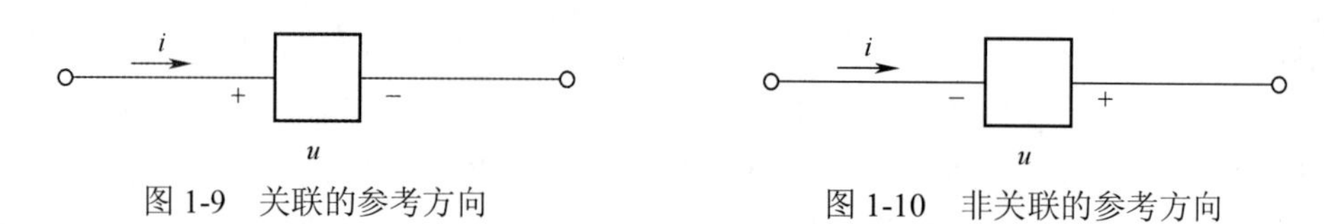

图 1-9 关联的参考方向　　图 1-10 非关联的参考方向

人们常常习惯采用关联参考方向，因为这样选取有许多方便之处。以后，我们约定，当在一个电路的各部分只标注电流参考方向或只标注电压参考方向时，隐含着对这两个电路变量取的是关联参考方向。

思考与练习

1-3 对一个已标出电流、电压参考方向的二端电路，如何识别是关联参考方向还是非关联参考方向？

1.3 电功率

电路分析中常用到另一个物理量——电功率，一般用符号 P 或 p 表示，如图 1-7 所示的方框代表一个二端元件，或表示一段二端电路，为叙述方便并兼顾到一般性，笼统地称为二端电路或一端口电路。我们采用关联的电压、电流参考方向，如图 1-7 所示。在 $\mathrm{d}t$ 时间内由 a 点移动到 b 点的正电荷量为 $\mathrm{d}q$，且由 a 到 b 为电压降，其值为 u，则根据式（1-2）可得在移动过程电场力所做正功为

$$\mathrm{d}w = u\mathrm{d}q$$

电场力做正功意味着这段电路吸收电能。因此，单位时间内电路吸收的电能，即吸收的电功率为

$$p = \frac{\mathrm{d}w}{\mathrm{d}t} = u\frac{\mathrm{d}q}{\mathrm{d}t}$$

由于

$$i = \frac{\mathrm{d}q}{\mathrm{d}t}$$

故

$$p = ui \tag{1-3a}$$

在直流情况下

$$P = UI \tag{1-3b}$$

功率的单位为瓦特，简称瓦（W）。

应该注意，只有在电压和电流为关联方向时，式（1-3）才是计算二端电路吸收的功率。由于电压和电流均为代数量，显然功率也是代数量。二端电路是否真正吸收功率，还要看计算结果 p 的正负，功率为正值，表示确为吸收功率；若为负值，表示实为提供功率给电路的其他部分。

如果采用非关联参考方向，则计算吸收功率的公式应为

$$p = -ui \tag{1-4a}$$

或

$$P = -UI \tag{1-4b}$$

若算得的功率为正值，表示是真正吸收功率，若为负值表示为产生功率。

综上所述，根据参考方向是否关联，可选用相应的公式计算功率，但不论用上述的哪一公式，都是按吸收功率来计算的，因此，若算得的功率为正值，均表示确为吸收功率，若算得的功率为负值，均表示实为产生功率。

【例 1-1】　（1）在图 1-11 中，若电流均为 3A，且均由 a 流向 b，求这两个元件吸收的功率。（2）在图 1-11（b）中，若元件产生的功率为 4W，求电流。

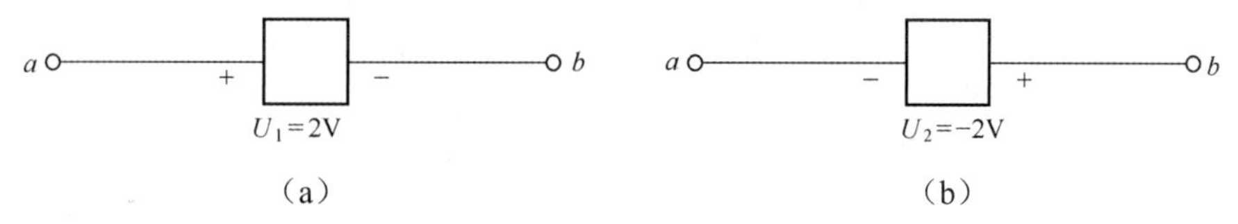

图 1-11　例 1-1 电路

解：（1）设电路图 1-11（a）中电流 I 的参考方向由 a 指向 b，则

$$I = 3\text{A}$$

对图（a）所示元件来说，电压、电流为关联参考方向，故吸收的功率为

$$P = U_1 I = 2\times 3 = 6\text{W}$$

对图（b）所示元件来说，设电流 I 的参考方向由 a 指向 b，则电压、电流为非关联参考方向，故吸收的功率为

$$P = -U_2 I = -(-2)\times 3 = 6\text{W}$$

（2）设图（b）中电流 I 的参考方向由 a 指向 b，因是产生功率 4W，故吸收功率为 -4W，由 $P = -U_2 I = -4\text{W}$ 可得

$$I = \frac{4}{U_2} = \frac{4}{-2} = -2\text{A}$$

负号表明电流的实际方向是由 b 指向 a。

以上学习了电路分析中常用的电流、电压和功率的基本概念及相应的计算公式，这些量可以取不同的时间函数，所以又称它们为变量。特别值得注意的是：对电路中的电流、电压设参考方向是非常必要的。以后将会知道，电流、电压若不设参考方向，电路中基本定律、定理就无法应用，电路的分析计算就无法进行下去。如本节求二端电路吸收的功率，若不设电流、电压的参考方向，就不能确定用哪个公式来求功率。电路中电流、电压的参考方向，原则上可以任意假设，但是为了避免公式中的负号可能给计算带来麻烦，习惯上凡是能确定电流、电压实际方向的，就将参考方向设得与实际方向一致，对于不能确定的，也不必花费时间去判断，只需任意假定一个参考方向。习惯上常把电流、电压参考方向设成关联的，有时为了简化，一

个元件上只标出电流或电压一个量的参考方向，意味着省略的那个量的参考方向与设出量的参考方向是关联的。

【例 1-2】 图 1-12 所示为某电路的一部分，已知$U_1=4\text{V}$，$U_2=-3\text{V}$，$U_3=2\text{V}$，$I_1=2\text{A}$，$I_2=4\text{A}$，$I_3=-1\text{A}$，求各元件吸收或产生的功率。

解： 元件 1　　$P_1=U_1I_1=4\times2=8\text{W}$

元件 2　　$P_2=U_2I_2=-3\times4=-12\text{W}$

元件 3　　$P_3=-U_3I_3=-2\times(-1)=2\text{W}$

因为元件 1 和元件 2 的电压、电流为关联参考方向，$P=UI$ 代表各元件吸收的功率，而计算结果$P_1>0$说明元件 1 吸收功率，而$P_2<0$说明元件 2 产生功率，元件 3 的电压电流为非关联参考方向，故吸收的功率由$P=-UI$ 计算，$P_3>0$，说明元件 3 实际是吸收功率的。

【例 1-3】 图 1-13 所示电路中，已知$U=4\text{V}$，$I=3\text{A}$，求各元件吸收的功率。

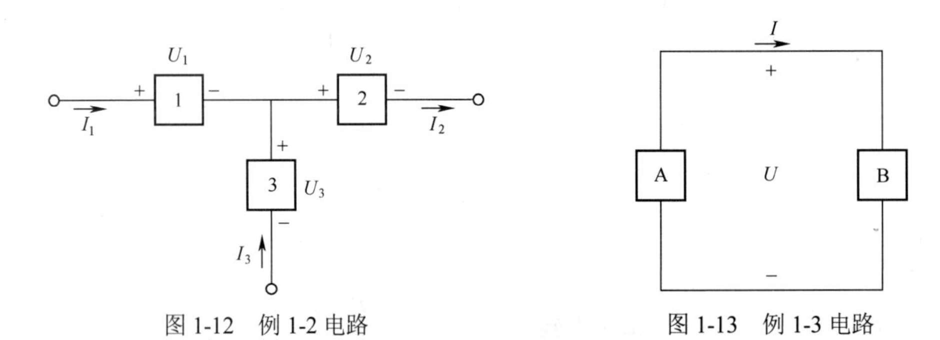

图 1-12　例 1-2 电路　　　　图 1-13　例 1-3 电路

解： 对元件 A，U 和 I 为非关联参考方向，所以

$$P_1=-UI=-(4\times3)=-12\text{W}\ （即产生功率 12W）$$

对元件 B，U 和 I 为关联参考方向，所以

$$P_2=UI=4\times3=12\text{W}\ （即吸收功率 12W）$$

对于一个完整电路而言，它吸收的功率与产生的功率总是相等的，即在任一时刻t，任一电路中的所有元件吸收功率的代数和等于零，这称为功率平衡。

思考与练习

1-4　求图 1-14 所示电路中二端电路产生的功率。

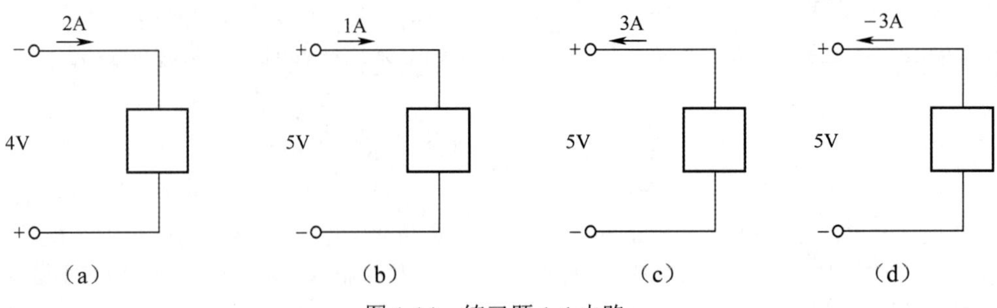

图 1-14　练习题 1-4 电路

1-5　在图 1-15 所示电路中，分别求 A、B、C 中的电流。其中：A 吸收功率 72W，B 产生功率 100W，C 吸收功率 60W。

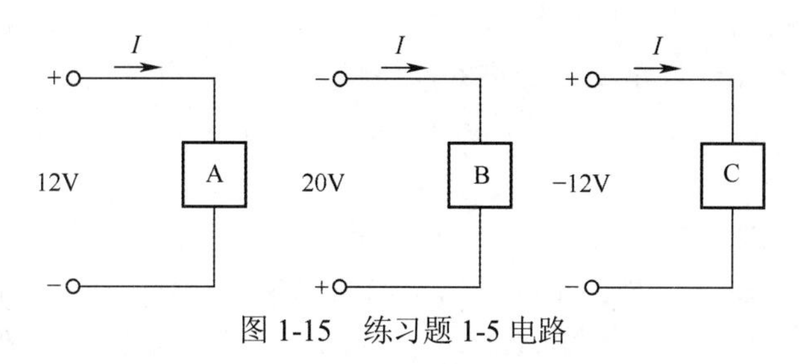

图 1-15　练习题 1-5 电路

1-6　在图 1-16 所示电路中，已知元件 A 吸收功率 20W，问元件 B 吸收（或产生）功率多少瓦？

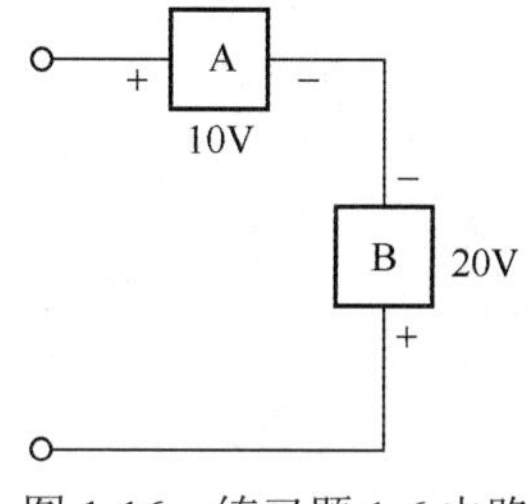

图 1-16　练习题 1-6 电路

1-7　求图 1-17 所示电路中电压源、电流源的功率。

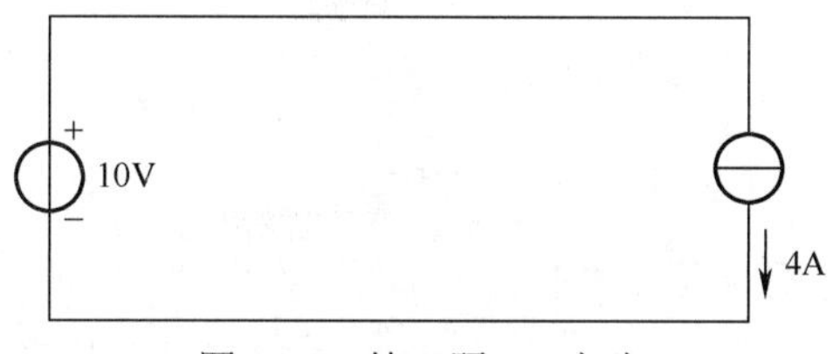

图 1-17　练习题 1-7 电路

1.4　电阻元件

电阻元件是从实际电阻器抽象出来的理想化元件。实际电阻器通常是由电阻材料制成的，如线绕电阻器、碳膜电阻器、金属电阻等。习惯上常把一个电阻元件就叫电阻。同时电阻又是电路的参数之一，它实际上是表征材料（或器件）对电流呈现的阻力、损耗能量的一种参数。

1.4.1　线性非时变电阻

我们已经学过由欧姆定律（OL）来定义的电阻，即

$$u = Ri \tag{1-5}$$

式中，u 为电阻两端的电压，单位为伏（V）；i 为流过电阻的电流，单位为安（A）；R 为电阻，单位为欧（Ω）。R 为常数，故 u 与 i 成正比。

在电压和电流取关联参考方向情况下，电阻上的电压和电流的关系服从欧姆定律，这样的电阻称线性电阻。阻值不随时间 t 变化的线性电阻，称线性非时变电阻。我们主要讨论这类电阻，今后如无特别说明，电阻一词就指线性非时变电阻。

由于电阻上电流与电压降的真实方向是一致的，所以只有在关联参考方向的前提下才可运用式（1-5），如图 1-18（a）所示。如果为非关联参考方向，则应改用

$$u=-Ri$$

如果把电阻的电流取为横坐标（或纵坐标），电压取为纵坐标（或横坐标），可绘出 $i\sim u$ 平面（或 $u\sim i$ 平面）上的曲线，称为电阻的伏安特性曲线。显然，线性非时变电阻的伏安特性曲线是一条经过坐标原点且斜率不变的直线。如图 1-18（b）所示，电阻值可由曲线的斜率 R 来确定。

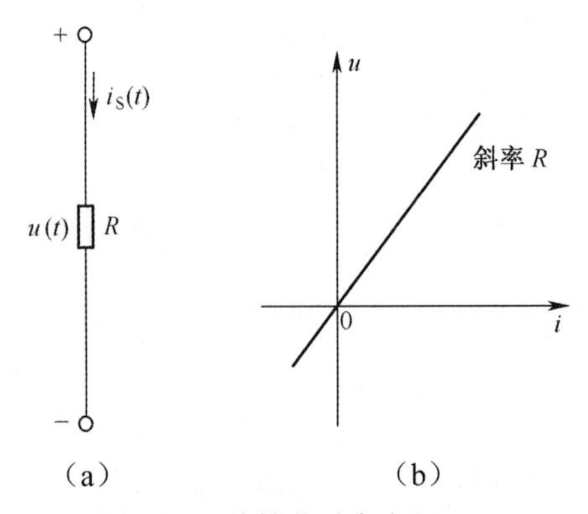

（a）（b）

图 1-18 线性非时变电阻

电阻的倒数叫电导，用符号 G 表示，即

$$G=\frac{1}{R}$$

在国际单位制中，电导的单位是西门子，简称西（S）。电阻、电导是从相反的两个方面来表征同一材料特性的两个电路参数。用电导参数来表示电流和电压之间的关系时，欧姆定律形式可写为

$$i=Gu \quad （u、i 为关联参考方向）$$

或

$$i=-Gu \quad （u、i 为非关联参考方向）$$

从电阻的伏安特性曲线可以看到：在任意时刻，电阻的电压是由同一时刻的电流所决定的，或电阻的电流是由同一时刻的电压所决定的。这就是说，电阻的电压（或电流）不能“记忆”电流（或电压）在“历史”上起过的作用。所以说电阻元件是无记忆元件，或叫即时元件。

1.4.2 电阻元件上消耗的功率与能量

因电流和电压降的真实方向总是一致的，所以由式（1-3）$p=ui$ 算得的总是吸收的功率，这部分功率是被消耗的。电阻是一种耗能元件。如果将式（1-5）$u=Ri$ 代入式（1-3）$p=ui$ 可得电阻吸收电功率的计算公式为

$$p = Ri^2 = \frac{i^2}{G} \tag{1-6}$$

或
$$p = \frac{u^2}{R} = u^2 G \tag{1-7}$$

由以上两式可以看出对正电阻（或正电导）来说，它吸收的功率总是大于等于零。但要注意：i 必须是流过电阻 R 的电流，u 必须是电阻 R 两端的电压。

若二端电路的电压和电流为关联参考方向，则由式（1-3）从 t_0 到 t 的时间间隔里该二端电路吸收的能量为 w，它等于从 t_0 到 t 对它吸收的功率 $p(t)$ 作积分，即

$$w = \int_{t_0}^{t} p(\tau)\mathrm{d}\tau \tag{1-8}$$

式中，τ 是为了区别积分上限 t 而新设的一个表示时间的变量。

根据电阻 R 上吸收功率与其上电压、电流的关系，将式（1-6）或式（1-7）式代入式（1-8），得

$$w = \int_{t_0}^{t} Ri^2(\tau)\mathrm{d}\tau \tag{1-9}$$

或
$$w = \int_{t_0}^{t} \frac{u^2(\tau)}{R}\mathrm{d}\tau \tag{1-10}$$

能量的单位为焦耳（J），电力工程中常用“千瓦时”（kW · h）作为计量电能的单位，1kW · h 就是通常所说的 1 度电。$1\mathrm{kW \cdot h} = 1000\mathrm{W \cdot h} = 1000\mathrm{J/s} \times 3600\mathrm{s} = 3.6 \times 10^6 \mathrm{J}$。

电流流过电阻必然消耗电能而发热，这使人们能够利用电来加热、发光，制成电灯、电烙铁、电炉等。但在电子电路中使用的电阻器以及电动机、变压器（它们都是用导线来制作，具有一定的电阻）等，本来不是为发热而设置的，但因都有电阻存在，不可避免地要发热，这是一种无谓的电能损耗。如果在使用时，电流过大，温度过高，设备还会被烧坏。为了保证正常工作，制造工厂在电器上都要标出它们的电压、电流或功率的限额，称为额定值，作为使用时的根据。电子电路中常用的线绕电阻与碳膜电阻不仅要标明电阻值，还要标明额定功率，如 500Ω，10W；100kW，2W 等。

【例 1-4】 一个额定功率为 60W，额定电压为 220V 的灯泡，使用于直流电路，求其额定电流和电阻值。

解：由 $P = UI$ 得

$$I = \frac{P}{U} = \frac{60}{220} = 0.273\mathrm{A}$$

$$R = \frac{U^2}{P} = \frac{220^2}{60} = 807\Omega$$

【例 1-5】 3Ω电阻上电压、电流取关联参考方向，已知 $u(t) = 6\cos t\mathrm{V}$，求其上电流 $i(t)$ 及吸收的功率 $p(t)$。

解：因电阻上电压、电流为关联参考方向，所以其上电流为

$$i = \frac{u}{R} = \frac{6\cos t}{3} = 2\cos t\mathrm{A}$$

吸收的功率为
$$p = Ri^2 = 3 \times (2\cos t)^2 = 12\cos^2 t\mathrm{W}$$

思考与练习

1-8　求图 1-19 所示各电路中的 u 或 R 或 i。

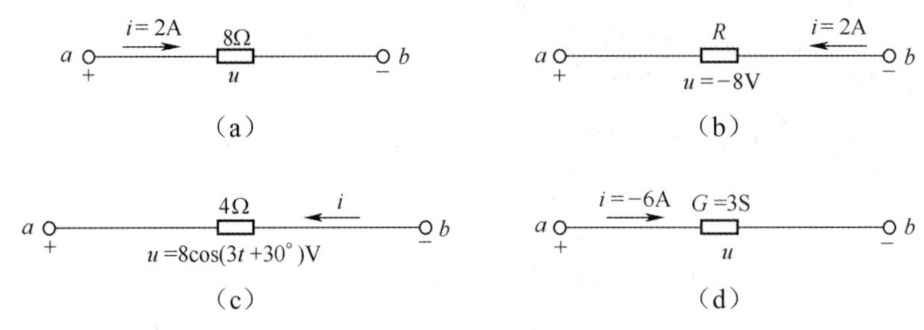

图 1-19　练习题 1-8 电路

1-9　有一个阻值为 100Ω、额定功率为 1W 的电阻，在直流电路中使用，问在使用时电流、电压不得超过多大？

1-10　某学校有 10 个大教室，每个教室装有 15 个额定功率为 40W、额定电压为 220V 的日光灯管，平均每天用 4 小时，每月按 30 天计算，问该校 10 个教室一个月用电多少千瓦时？

1.5　电压源和电流源

电源是一种能将其他形式的能量（如光能、热能、机械能、化学能等）转换成电能的装置或设备，电源给电路提供电能。发电机、蓄电瓶、干电池等是一些常见的电源。在含电阻的电路中，当有电流流动时，就会有能量的不断消耗，此时电路中必须要有能量的来源——电源不断提供能量才行。没有电源，在一个纯电阻电路中是不可能产生电流和电压的。电压源和电流源是实际电源的理想化模型，故又称理想电压源和理想电流源。实际电源工作时，在一定条件下，有的端电压基本不随外部电路而变化，如新的干电池、大型电网；有的提供的电流基本不随外部电路而变化，如光电池、晶体管稳流电源。根据对实际电源的观察分析，从而得出两种电源模型：电压源和电流源。

1.5.1　电压源

电压源是从实际电源工作时其端电压不随外部电路变化而建立的一种理想电源模型，故它是一个有源的二端理想元件。电压源有两个基本性质：①它的端电压是定值 U_S 或是一定的时间函数 $u_S(t)$，与流过的电流无关，当电流为零时，其端电压仍为 U_S 或 $u_S(t)$；②电压源的电压是由它本身确定的，流过它的电流则是任意的，是由与之相连的外电路来决定，不是由它本身所能确定的。电流可以以不同的方向流过电压源，因而电压源既可以对外电路提供能量，也可以从外电路吸收能量，视电流的方向而定。

在任意时刻 t_1，电压源的伏安特性曲线是平行于 i 轴、值为 $u_S(t_1)$ 的直线。如图 1-20 所示，由伏安特性可以看出，电压源的端电压与流经它的电流大小、方向无关。若电压源 $u_S(t)=0$，则伏安特性曲线与 i 轴重合，它相当于短路。

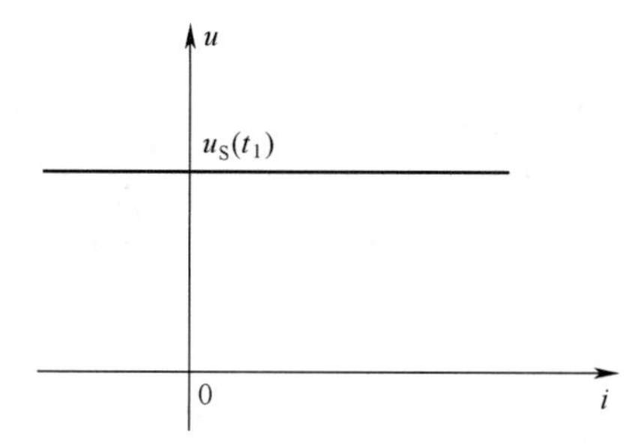

图 1-20　电压源伏安特性曲线

电压源的符号如图 1-21 所示，图（a）表示电压源的一般符号，正、负号表示参考方向；图（b）常用来表示直流电压源，特别是电池，长线段代表正极，短线段代表负极。

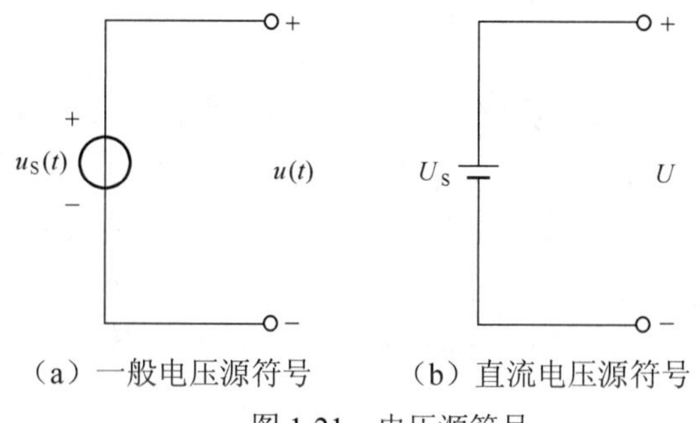

（a）一般电压源符号　　（b）直流电压源符号

图 1-21　电压源符号

电压源实际上是不存在的，如前面所述通常的干电池、大型电网等实际电源在一定电流范围内可近似地看成一个电压源。也可用电压源与电阻元件来构成实际电压源模型，关于实际电压源将在后面讨论。

1.5.2　电流源

电流源是根据有些实际电源工作时流过的电流不随外接电路变化而得出的另一种理想电源模型。电压源是一种能产生电压的装置，而电流源则是一种能产生电流的装置。在一定条件下，光电池在一定照度的光线照射时就被激发产生一定值的电流，由此可定义电流源具有两个基本性质：①它输出的电流是定值 I_S 或是一定的时间函数 $i_S(t)$，与两端的电压无关，当电压为零时，它输出的电流仍为 I_S 或 $i_S(t)$；②电流源的电流是由它本身确定的，它两端的电压则是任意的，是由与之相连接的外部电路来决定，不是由它本身所能确定的。电流源两端的电压可以有不同的极性，因而电流源既可以对外部电路提供能量，也可以从外部电路吸收能量，视其两端电压的极性而定。

在任意时刻 t_1，电流源的伏安特性曲线是平行于 u 轴值为 $i_S(t_1)$ 的直线，如图 1-22 所示，$u \sim i$ 平面上的这条直线也代表任何时刻直流电流源 $i_S(t_1) = I_S$ 的特性曲线，从特性曲线可以看出，电流源的电流与端电压大小、方向无关。

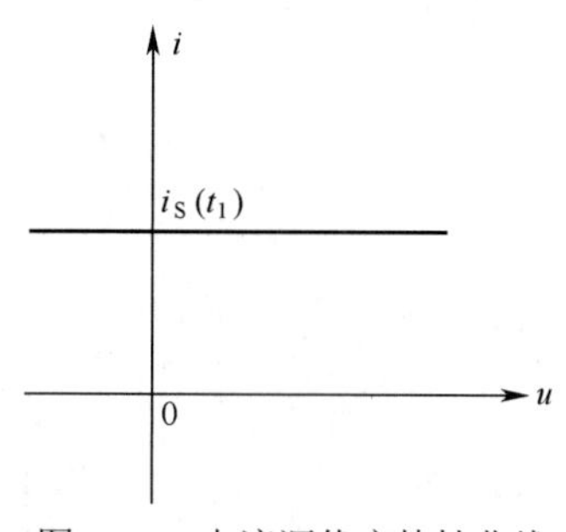

图 1-22　电流源伏安特性曲线

电流源的符号如图 1-23 所示，图中箭头表示输出电流的参考方向。若$i_S(t)$是不随时间变化的常数，即直流电流源，常用图 1-23（b）表示。

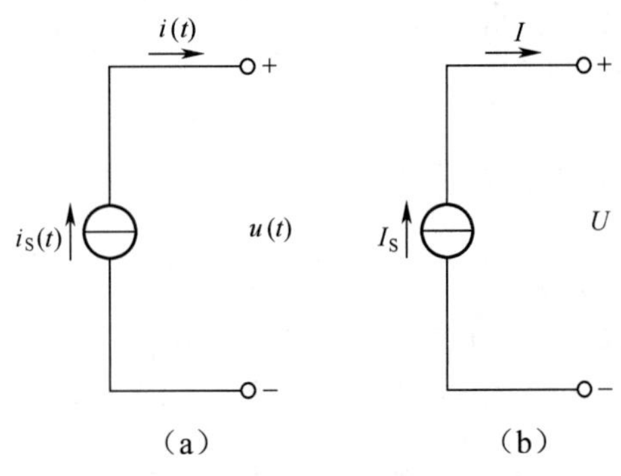

图 1-23 电流源符号

对任意时刻t_1，若$i_S(t)=0$，则电流源的特性曲线与u轴重合，它相当于开路。

与电压源一样，实际上也不存在如上定义的电流源，但是光电池等实际电源在一定的电压范围内可近似地当成一个电流源。也可以用电流源与电阻元件构成实际的电流源模型，此外，电流源也可以用电子电路来实现。

【例 1-6】 计算图 1-24 所示电路中 4Ω电阻的电压、电流源的端电压及其吸收的功率。

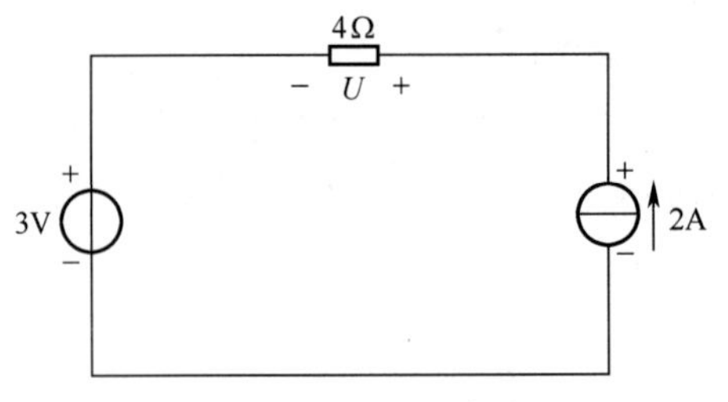

图 1-24 例 1-6 电路

解： 根据电流源的基本性质，电流为定值，其值与外电路无关。故流过 4Ω电阻的电流应为电流源的定值电流，即 2A。其电压应为$U=4\times2=8\text{V}$，极性如图 1-24 所示。

至于电流源的端电压则由与之相连接的外电路决定，设端电压极性如图 1-24 所示，根据 4Ω电阻以及电压源的电压和极性，可得电流源端电压为$U_S=4\times2+3=11\text{V}$。

电流源吸收的功率（按非关联参考方向）为

$$p=-11\times2=-22\text{W}\ （产生）$$

注意，3V 电压源的存在对电流的大小虽无影响，但对电流源的电压、功率均有影响，所以不能说电压源在电路中没有作用。

思考与练习

1-11 求图 1-25 所示 3 种情况的电压u。

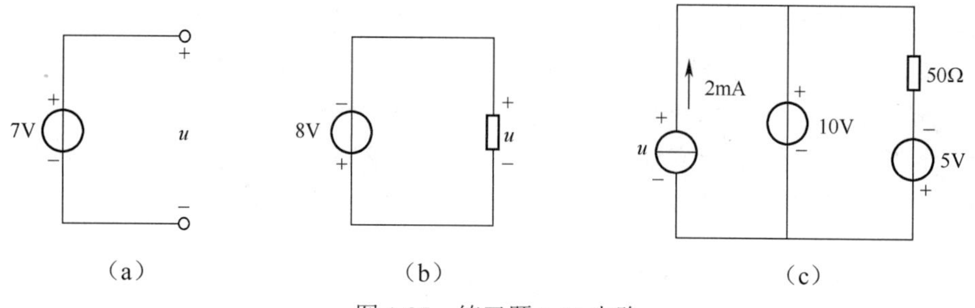

图 1-25　练习题 1-11 电路

1-12　求图 1-26 所示 3 种情况的电流 i。

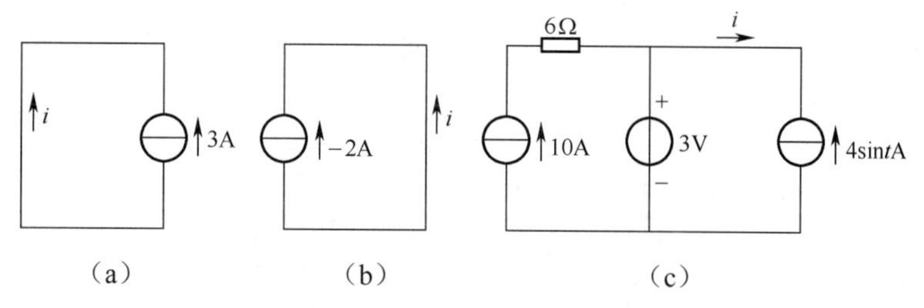

图 1-26　练习题 1-12 电路

1-13　在图 1-27 所示电路中，c、d 间是断开的，求 U_{ab} 和 U_{cd}，并求各电阻及电流源吸收的功率。

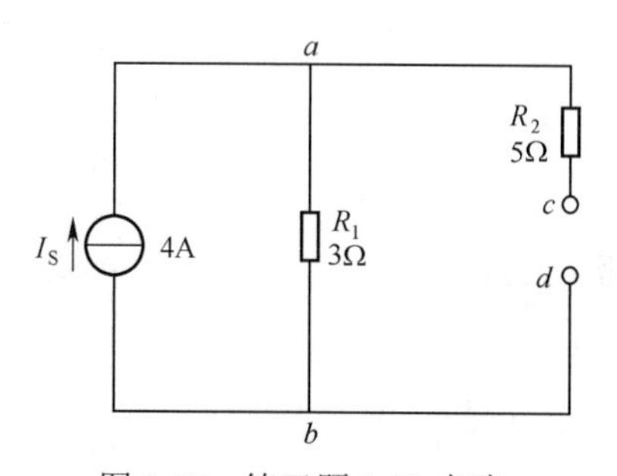

图 1-27　练习题 1-13 电路

1.6　基尔霍夫定律

本书讨论集总电路的分析，为此必须掌握集总电路的基本规律。所谓电路的基本规律，包含两方面的内容：一是电路作为一个整体来看，应服从什么规律；另一个是电路的各个组成部分（电路元件），其特性如何。后者如电阻元件、电压源、电流源各有其特性。基尔霍夫定律是分析一切集总电路的根本依据。一些重要的电路定理及有效的分析方法都是以基尔霍夫定律为根据推导证明、归纳总结得出的。因此，掌握基尔霍夫定律的基本概念是至关重要的。

为后面叙述问题的方便，在讲述基尔霍夫定律之前，先说明一些与定律有关的电路中的术语。

（1）支路。电路是由若干电路元件互相连接组成的，将两个或两个以上的二端元件依次连接叫串联，如图 1-28 中的电流源与 R_1 的连接就是串联。一个或多个电路元件的串联构成电路的一个分支，一个分支上流经的是同一电流，电路中的每个分支都叫支路。如图 1-28 中共有 *bc*、*be*、*cd*、*ce*、*de*、*bad* 六个支路，其中 *bad* 是由两个电路元件串联构成的支路（在有些书中是把一个二端元件当作一个支路，按这种定义 *bad* 支路应是 *ba*、*ad* 两条支路）。

（2）节点。电路中 3 个或 3 个以上支路的连接点称为节点，如图 1-28 中 *b*、*c*、*d*、*e* 都是节点。

（3）回路。电路中的任一闭合路径称为回路。如图 1-28 中 *bceb*、*cdec*、*bcdeb*、*badcb* 等都是回路。

（4）网孔。网孔是与平面电路相联系的。所谓平面电路就是将一个电路画在平面上或球面上，各支路之间除了相交成为节点外而无互相交叉的，则该电路称平面电路。网孔是指平面电路存在的一类特殊回路，这类回路除了构成其本身的那些支路外，在回路内部不另含有支路。如图 1-28 中共有 *badcb*、*bceb*、*cdec* 三个网孔。

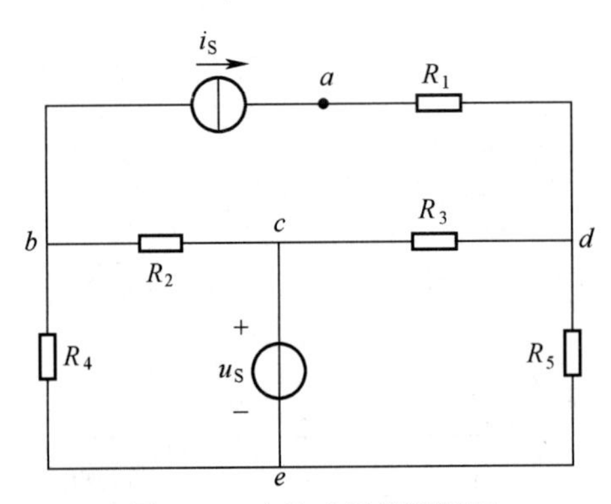

图 1-28　电路术语说明用图

1.6.1　基尔霍夫电流定律（KCL）

电荷守恒是指：电荷既不能创造也不能消灭。由此可得基尔霍夫电流定律（Kirchhoff's Current Law），简写为 KCL。其基本内容是：对于集总电路的任一节点，在任一瞬间流入该节点的电流之和等于流出该节点的电流之和。例如对图 1-29 所示电路的 *a* 节点，有

$$i_1 = i_2 + i_3 + i_4$$

对以上方程适当移项，节点 *a* 的方程可写为：$i_1 - i_2 - i_3 - i_4 = 0$。

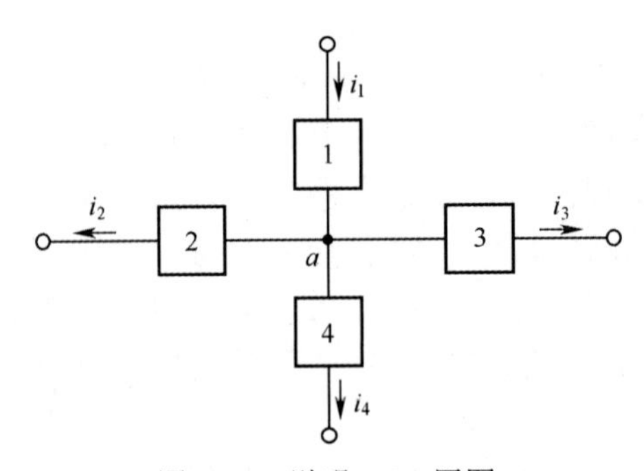

图 1-29　说明 KCL 用图

所以 KCL 又可陈述为：对于集总电路中的任一节点，在任一瞬间流入（或流出）该节点的电流的代数和等于零。其数学表达式为

$$\sum_{k=1}^{n} i_{\mathrm{k}} = 0 \tag{1-11}$$

式中，n 为连接在所指节点的全部支路数；i_{k} 为第 k 条支路的电流。在列写 KCL 方程时，必须先确定各支路电流的参考方向，才能根据其流入或流出节点来确定它在代数和中取正号还是取负号。若指定流入节点的电流取正号，则流出节点的电流取负号（或作相反的规定）。

基尔霍夫定律可以推广到用一闭合曲面包围的任意电路部分。例如在图 1-30 中，对于用虚线包围的闭合曲面 S，它包含了部分电路，并与支路 1、2 和 3 相交，若规定流入 S 的电流取正号，则流出 S 的电流取负号。根据式（1-11）可以写出

$$i_1 - i_2 + i_3 = 0$$

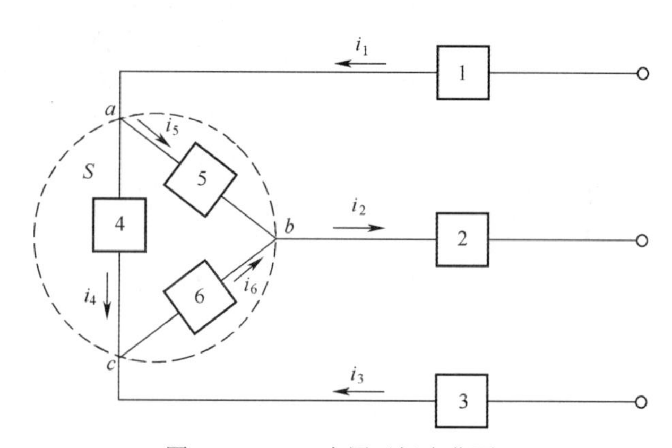

图 1-30　KCL 应用于闭合曲面 S

注意，对没有穿过 S 的 4、5、6 三个支路的电流不能列入 KCL 方程中。

这里可以把节点视为闭合曲面趋于无限小的极限情况，这样，基尔霍夫电流定律可以用更普遍的形式陈述为：对任一集总电路，在任一瞬间，流进（或流出）包围部分电路的任一闭合曲面的各支路电流代数和等于零。如果两部分电路之间仅通过一根导线相连或某电路中只有一点接地，根据 KCL 可得，这些连接导线中电流为零，如图 1-31 所示。

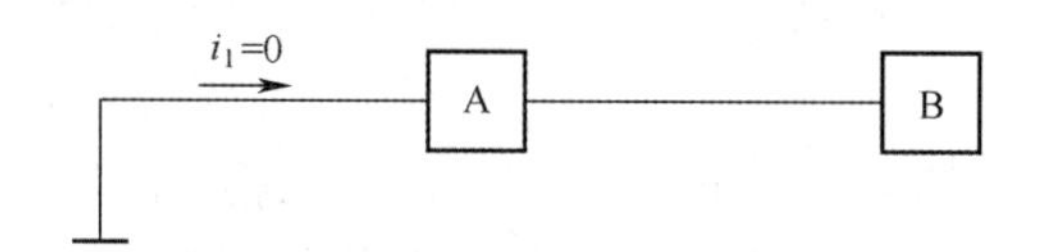

图 1-31　在闭合回路中才有电流通过

在以上讨论中，对各支路上具体是什么元件未加任何限制，只要是集总电路，KCL 都是成立的，即基尔霍夫电流定律与电路元件的性质无关。

【例 1-7】 如图 1-32 所示电路，已知 $i_1 = 3\mathrm{A}$，$i_3 = 6\mathrm{A}$，$i_5 = 8\mathrm{A}$，$i_6 = -2\mathrm{A}$，求电流 i_2、i_4。

解： 设流入节点的电流取正号，对节点 b 列 KCL 方程，有

$$i_4 - i_5 + i_6 = 0$$

则

$$i_4 = i_5 - i_6 = 8 - (-2) = 10\mathrm{A}$$

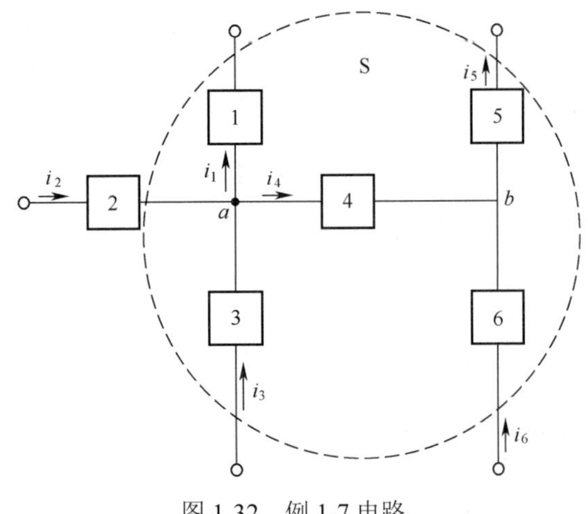

图 1-32 例 1-7 电路

对节点 a 列 KCL 方程，有

$$-i_1+i_2+i_3-i_4=0$$

则
$$i_2=i_1-i_3+i_4=3-6+10=7\text{A}$$

也可应用闭合曲面 S 列 KCL 方程求 i_2，如图中虚线所包围的 S，设流入 S 的电流取正号，列 KCL 方程，有

$$-i_1+i_2+i_3-i_5+i_6=0$$（注意：i_4 未穿过 S 不能列入方程）

则
$$i_2=i_1-i_3+i_5-i_6=3-6+8-(-2)=7\text{A}$$

1.6.2 基尔霍夫电压定律（KVL）

基尔霍夫电压定律（Kirchhoff′s Voltage Law），简写为 KVL，它表明电路中各支路电压之间必须遵守的规律，该规律体现在电路的各个回路中。KVL 的基本内容是：对于任何集总电路中的任一回路，在任一瞬间，沿回路的各支路电压的代数和为零。其数学表达式为

$$\sum_{k=1}^{n}u_{\text{k}}=0 \tag{1-12}$$

式中，n 为所讨论回路的全部支路数；u_{k} 为回路中第 k 条支路的电压。

KVL 给一个回路中的各个支路电压加上了线性约束，正如 KCL 给节点上的各个支路电流加上线性约束一样。

在以上讨论中，对各支路的元件并无要求，也就是说，不论电路中的元件如何，只要是集总电路，KVL 总是成立的。KVL 与电路元件的性质无关。

【例 1-8】 图 1-33 表示一复杂电路中的一个回路，已知各元件电压 $u_1=u_4=2\text{V}$，$u_2=u_5=-5\text{V}$，求 u_3。

解：各元件上的电压参考极性如图 1-33 所示，从 a 点出发顺时针方向绕行一周，由式（1-12）可得

$$u_1-u_2+u_3-u_4-u_5=0$$

将已知数据代入得
$$2-(-5)+u_3-2-(-5)=0$$

解得
$$u_3=-10\text{V}$$

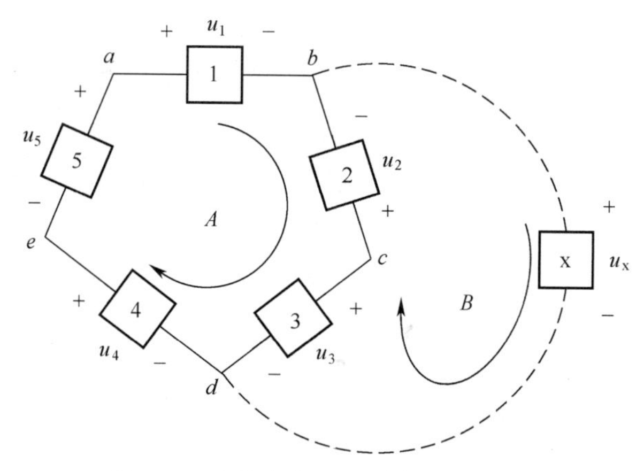

图 1-33　电路中的一个回路及虚拟回路

u_3为负值，说明u_3的实际极性与图中假设的极性相反。从本题可以看到，为正确列写 KVL 方程，首先应标注回路中各个元件（或支路）上的电压参考方向，然后选定一个绕行方向（顺时针或逆时针均可），自回路中某一点开始按所选绕行方向绕行一周，若某元件（或支路）上电压降的参考方向与所选的绕行方向一致，电压取正号；反之取负号。

基尔霍夫电压定律不仅适用于电路中的具体回路，对于电路中的虚拟回路，KVL 也是适用的。例如图 1-33 中的虚拟回路 *B*，可列 KVL 方程如下

$$u_x - u_3 + u_2 = 0$$

式中u_x为虚拟元件上的电压。代入u_2、u_3的值，得

$$u_x = u_3 - u_2 = -10 - (-5) = -5\text{V}$$

从图 1-33 中可知u_x即u_{bd}。这样得出：求电路中某一段电路上的电压，就是从该段电路的始点“走”向终点沿途各元件上电压的代数和。这里$u_{bd} = u_{bc} + u_{cd} = -u_2 + u_3$。

当元件上电压降参考方向与绕行方向一致时电压取正号，如u_3；反之取负号，如u_2。当然，u_{bd}也可从 *b* 点开始经元件 1、5 和 4 绕行到终点 *d*，其结果一样，即

$$u_{bd} = -u_1 + u_5 + u_4 = -(2) + (-5) + 2 = -5\text{V}$$

由上面分析可知，任何两点之间的电压与计算时所选择的路径无关。所以 KVL 是电压与路径无关的反映。

上述中出现u_{bd}、u_{cd}等，是常采用的电压双下标记法，双下标字母即表示计算电压时所涉及的两点，其前后次序表示计算电压降时所遵循的方向。例如，双下标 *bd* 表示由 *b* 点到 *d* 点计算电压降，也就是 *b* 点为电压参考“+”标号，*d* 点为电压参考“−”标号。采用双下标记法，就可以不必在 *b*、*d* 点分别标以“+”号及“−”号。

【例 1-9】 如图 1-34 所示电路，已知$R_1 = 3\Omega$，$R_2 = 2\Omega$，$u_{S1} = -4\text{V}$，$u_{S2} = 6\text{V}$，$u_{S3} = 5\text{V}$。求u_{ac}及 *b* 点电位V_b。

解： 设i_1、i_2及回路 A 的绕行方向如图 1-34 中所示。对于 *c* 点，由 KCL 可知$i_2 = 0$，故回路 *A* 中各元件上流经的是同一个电流i_1，根据 KVL 列写方程

$$R_1 i_1 - u_{S2} + R_2 i_1 + u_{S1} = 0$$

代入各已知数据得　$3i_1 - 6 + 2i_2 - 4 = 0$

所以

$$i_1 = 2\text{A}$$
$$u_{ac} = u_{ab} + u_{bc} = u_{s1} + R_1 i_1 = -4 + 3\times 2 = 2\text{V}$$

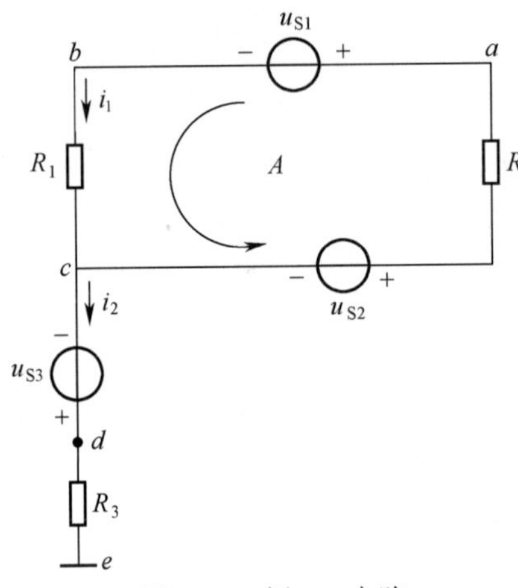

图 1-34　例 1-9 电路

因为 e 点是参考点，所以求电位 V_b，就是求 b 点到参考点的电压 u_{be}，它等于从 b 点沿任一条可以到 e 的路径沿途全部电压降的代数和，即

$$V_b = u_{bc} - u_{S3} + u_{de} = 3\times 2 - 5 + 0 = 1\text{V}$$

从上例可知，计算电路中某点的电位值，必须指定参考点才能进行。某点的电位值就是该点到参考点的电压降。

例如图 1-35（a）所示电路中，如果选 d 点为参考点，则

$$V_a = u_{ad} = 6\text{V}$$
$$V_b = u_{bd} = R_3 I_3$$
$$V_c = u_{cd} = -8\text{V}$$
$$V_d = u_{dd} = 0\text{V}$$

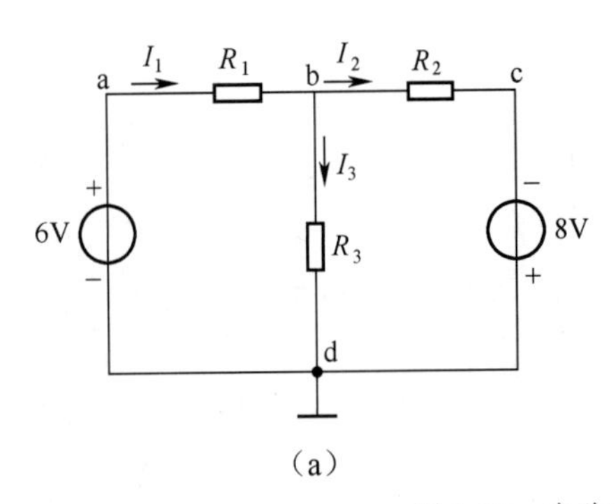

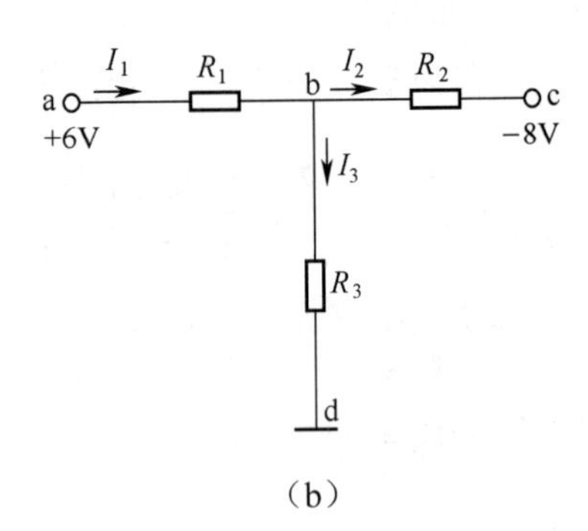

图 1-35　电路中的电位表示

各点的电位值（连同符号）相当于把电压表的“–”号端固定在 d 点，依次把“+”号端与 a、b、c、d 相接而测得的数据（电表反向偏转记为负值）。

从本例可以看到参考点就是“零电位点”或“零点”。参考点可以任意选定，但一经选定，各点电位的计算及测量即以该点为准。如果换一个参考点，则其他各点的电位值也会随之改

变。在工程中常选大地作为参考点，即认为大地电位为零。在电子电路中则常选一条特定的公共线作为参考点，这条公共线常是很多元件的汇集处且与机壳相连，这条线也叫“地线”，尽管并不真与大地相连。在电路中不指明参考点而讨论某点的电位是没有意义的。

为简便起见，电子电路中有一种习惯画法，即电源不用电压源符号表示，而改为标出其极性及电压的数值，按这种画法，图 1-35（a）可改画如图（b）所示，a 端标出 6V，意思是电压源的正极接在 a 端，其电压的数值为 6V，电压源的另一极（负极）则接在参考点 d，不再标示出来。同样 c 端标出 –8V，意思是电压源的负极接在 c 端，其电压的数值为 8V，电压源的正极接在参考点 d，不再标示。我们应该熟悉这种画法。图 1-36 中列举了几个例子，把一般画法及其在电子电路中的简略画法并列，以便比较。

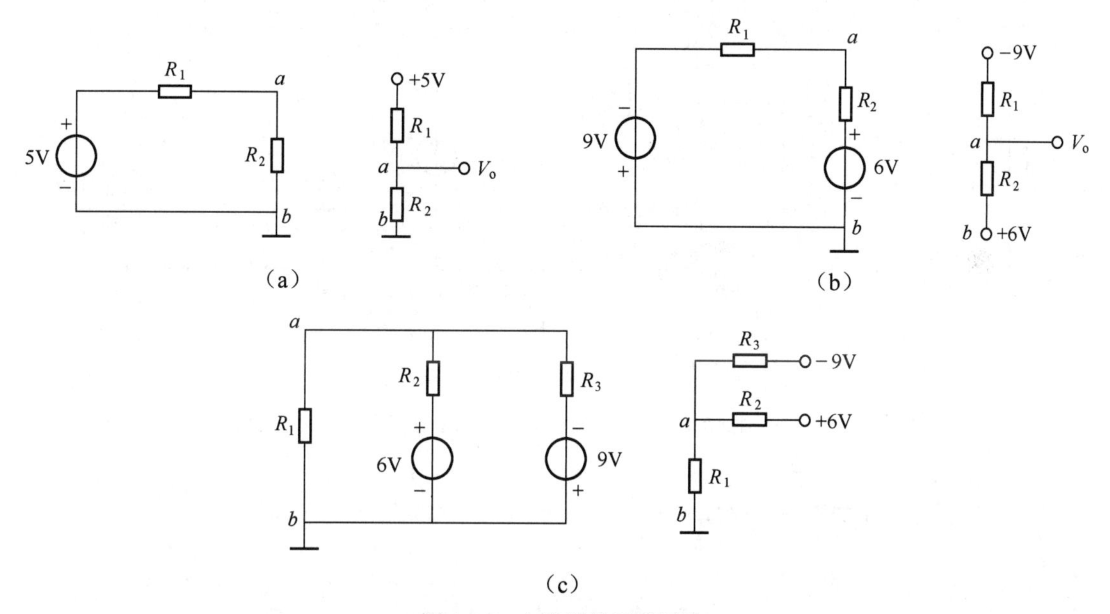

图 1-36　电路图的习惯画法

【例 1-10】 求图 1-37 所示的电路中，当 S 闭合时，V_a、V_b 各为多少？开关两端的电压、电阻两端的电压各为多少？S 打开时，上述各项又各为多少？

解： S 闭合时，电路内由 a 向 b 有电流流过，其值为

$$I=\frac{10}{2}=5\text{mA}$$

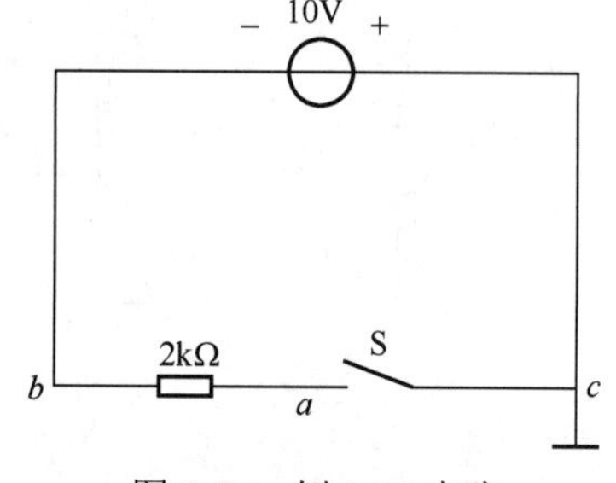

图 1-37　例 1-10 电路

a 点经闭合的开关接地，故

$$V_a=0$$

$$V_b=-2I=-2\times5=-10\text{V}$$

或经电压源路径计算，得　$V_b=-10\text{V}$

开关两端电压即 U_{ac} 为零，电阻两端电压则为

$$U_{ab}=2I=2\times5=10\text{V}$$

或　$U_{ab}=V_a-V_b=0-(-10)=10\text{V}$

当 S 打开时，电路内无电流，电阻上没有压降。在计算 V_a 时，只能经由 2kΩ及 10V 电压源的路径计算得

$$V_a = 0\times 2 - 10 = -10\text{V}$$

同样得 $$V_b = -10\text{V}$$

开关两端电压U_{ac}，也就是a点的电位，故为-10V。电阻两端因无电流流过，电压为零。

思考与练习

1-14 试述基尔霍夫电流、电压定律的内容，并总结应用KCL、KVL时应注意的问题。

1-15 计算图1-38所示各电路中的V_a、V_b和V_c。

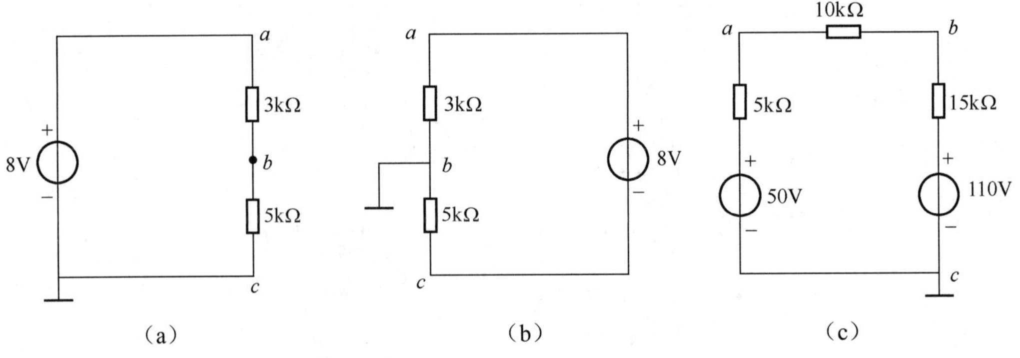

图1-38 练习题1-15电路

1-16 计算图1-39所示各电路的V_a（试根据不同路径求解，以便校对结果是否正确）。

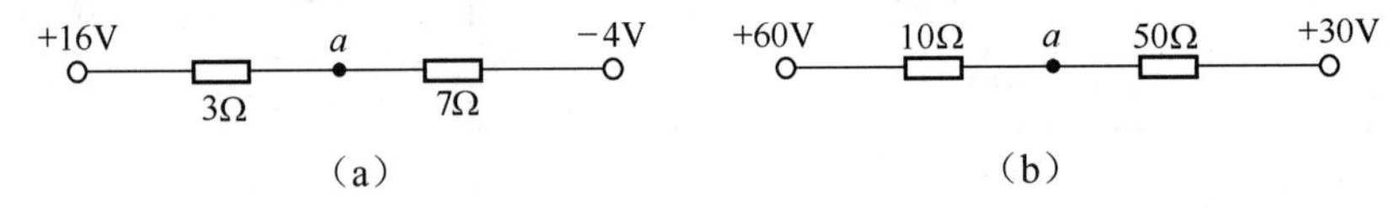

图1-39 练习题1-16电路

1-17 计算图1-40所示各电路中的电阻及电压源、电流源吸收的功率。

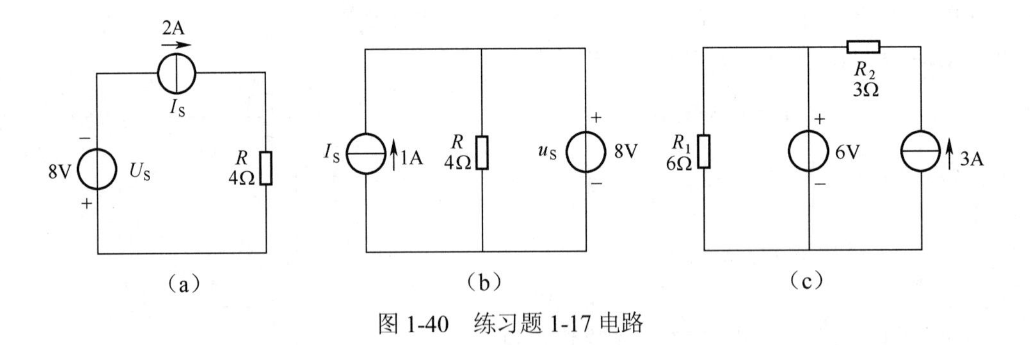

图1-40 练习题1-17电路

1.7 受控源与运算放大器

前面介绍过的电压源和电流源都是独立电源。以电流源为例，独立的含义在于：这种电源的电流一定，与其两端电压大小、方向无关，也与其他支路电流、电压无关。

受控源也是一种电源。受控电压源的电压受其他支路的电压或电流的控制，受控电流源的电流受其他支路的电压或电流的控制，故受控源又称为非独立电源。

受控源可由运算放大器和电阻等电路元件组成，运算放大器的构成现已发展成为线性集成电路。受控源和运算放大器都是多端子电路元件。

1.7.1　四种形式的受控源

受控源原本是从电子器件抽象而来的。由于电子器件的运用，许多电路已不能只用独立源和电阻元件来构成模型。如晶体管放大电路就不能只用电阻、独立电源来表示。晶体管集电极电流受基极电流控制，基极电流就是控制量，集电极电流是受控量。从逻辑推理上看，可以得出四种受控源，其中包括两种受控电压源：受电压控制的电压源，即 VCVS（Voltage Control Voltage Source）和受电流控制的电压源，即 CCVS（Current Control Voltage Source），分别如图 1-41（a）和图 1-41（b）所示；两种受控电流源：受电压控制的电流源，即 VCCS（Voltage Control Current Source）和受电流控制的电流源，即 CCCS（Current Control Current Source），分别如图 1-41（c）和图 1-41（d）所示。

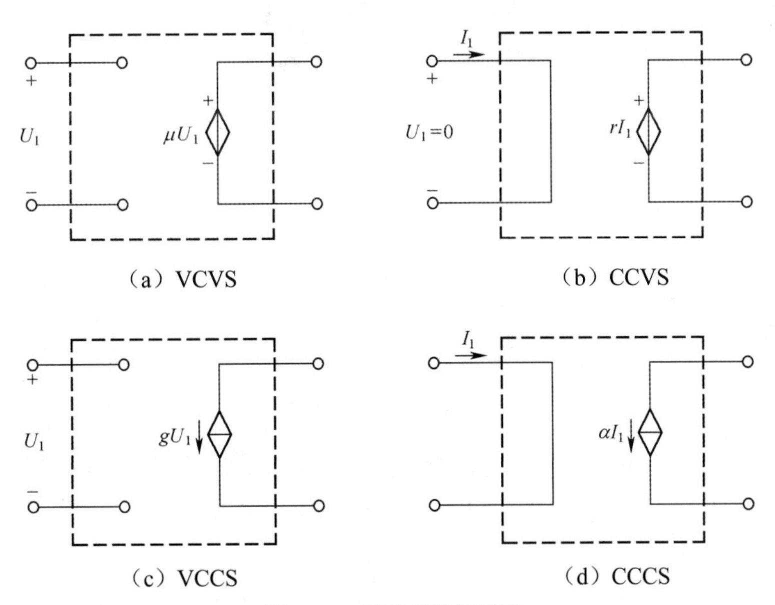

图 1-41　四种受控源模型

图 1-41（a）为 VCVS，当控制支路电压为 U_1，受控端的电压就等于 μU_1，μ 是电压放大系数，是无量纲的纯数，U_1 是控制量，μU_1 为受控量；图（b）为 CCVS，由控制支路的电流 I_1 来控制受控端的电压 rI_1，r 称为转移电阻，其量纲为Ω；图（c）为 VCCS，由控制支路的电压 U_1 来控制受控支路的电流 gU_1，g 称为转移电导，其量纲为 S（西门子）；图（d）为 CCCS，受控电流 αI_1 是由控制量 I_1 来控制其大小、方向，α 称为电流放大系数，是无量纲的纯数。

在电压控制的受控源模型中，控制支路开路；在电流控制的受控源模型中，控制支路短路。上述四种受控源中的控制端、受控端自然还要与外电路中的有关元件相连接。

应该指出，在具体的电路中，表示受控源控制量和受控量的两个支路一般并不像图 1-41 中画得那么靠近。具体电路中，受控源的受控支路和控制支路可能离得很远。如果控制量是电流，这个电流就在电路中的某个支路中，这个支路中可能还串联有几个元件；如果控制量是电压，这个电压可能是电路的某个支路（或某个元件）上的电压。

独立源与受控源在电路中的作用有着本质的区别，故用不同的符号表示，前者用圆圈符号，后者用菱形符号。独立源是作为电路的输入，代表着外界（电源、信号源等）对电路的作用；受控源是用来表示电子器件中所发生的物理现象的一个模型，它反映了电路中某处的电压或电流控制着另一处的电压或电流的关系。当受控源的参数（图 1-41 中的 μ、r、g、α）为常数时，称为线性受控源。本课程中所涉及的受控源均为线性受控源，这样，对包含受控源电路的分析属于线性电路分析。

电路中含受控源时，电路分析的方法与含独立源的电路分析方法基本相同，仍然是根据两类规律（KCL、KVL 与 VCR）列写和求解电路方程而得到解答。其基本做法是：首先把受控源作为独立源看待，根据两类规律列写电路方程；如果受控源的控制量不是电路的求解量，必然在所列的方程中多出一个未知量，这时，可根据电路的具体结构，补充一个反映控制量与求解量关系的方程式，使电路方程的数目与未知量的数目相同，以使电路有唯一解；若受控源的控制量就是电路的求解量，则不必再补电路方程即可解出。

【例 1-11】 电路如图 1-42 所示，求 I。

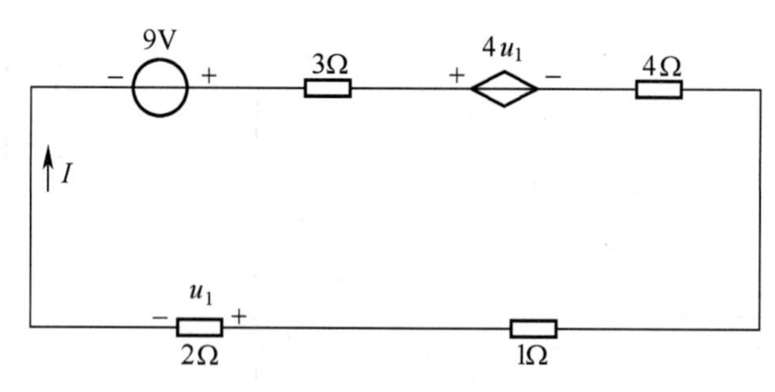

图 1-42 例 1-11 电路

解：首先把受控电压源 $4u_1$ 作为独立源看待，写出回路的 KVL 方程，即

$$(3+4+1+2)I-9+4u_1=0$$

则

$$I=\frac{9-4u_1}{10}$$

此电路受控源的控制量 u_1 不是求解量 I，故上式多出一个未知量 u_1，根据此电路补充一个方程，即

$$u_1=2I$$

以上二式联立求解，可得

$$I=0.5\text{A}$$

1.7.2 理想运算放大器

运算放大器是由具有高放大倍数的直接耦合放大电路组成的半导体多端器件（一般有 8～14 个端钮）。早先主要用于求和、微分、积分等模拟量的运算，而现在的运用远远超出运算的

范围。

实际运算放大器的模型是一个四端元件，如图 1-43 所示。图中两个输入端（左边）用“−”、“+”号标注，分别称为反向输入端和同向输入端。此外，还有一个输出端（右边）用“+”标注和接地端（公共端）。i_- 和 i_+ 分别表示反向输入端和同向输入端进入运算放大器的电流。u_-、u_+ 和 u_o 分别表示反向输入端、同向输入端和输出端对地的电压。

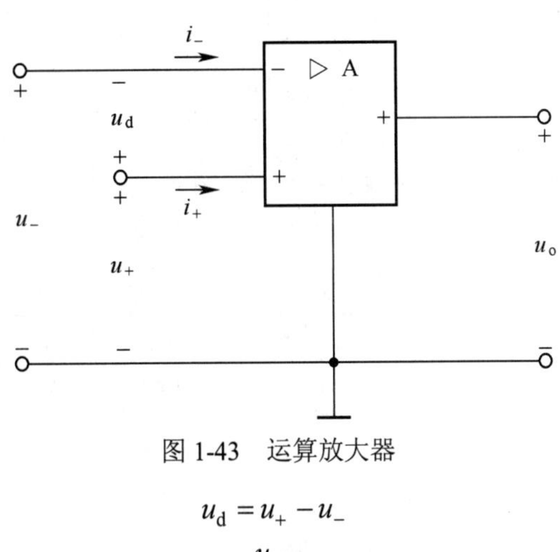

图 1-43　运算放大器

差动输入电压为　　$u_d = u_+ - u_-$

开环电压增益为　　$A = \dfrac{u_o}{u_d}$

实际运算放大器的 A 高达 10^4～10^8。

作为理想运算放大器模型，具有以下条件：

（1）$i_- = 0$，$i_+ = 0$，即从输入端看进去元件相当于开路，称为“虚断”。

（2）开环电压增益 $A = \infty$（模型中的 A 改为 ∞），因为 $u_o = Au_d$，且 u_o 有限，所以 $u_d = 0$，即两输入端之间相当于“短路”，称为“虚短”。

“虚断”、“虚短”是分析含理想运算放大器电路的基本依据。应用电路的最简单的例子是所谓“电压跟随器”，如图 1-44 所示。

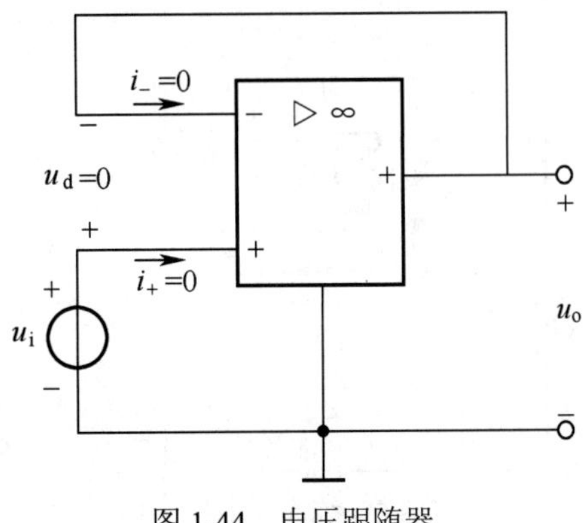

图 1-44　电压跟随器

由于输出端、反向输入端均与同向输入端等电位，所以 $u_o = u_i$；同时由于输入端电流为零，所以输出端与输入端不存在电流的联系。综上所述，此电路输出电压完全重复输入电压，故称

“电压跟随器”；同时又对输出与输入之间起到隔离作用。

【例 1-12】 图 1-45 所示电路称为同向放大器（比例器），试求输出电压 u_o 与输入电压 u_i 的关系。

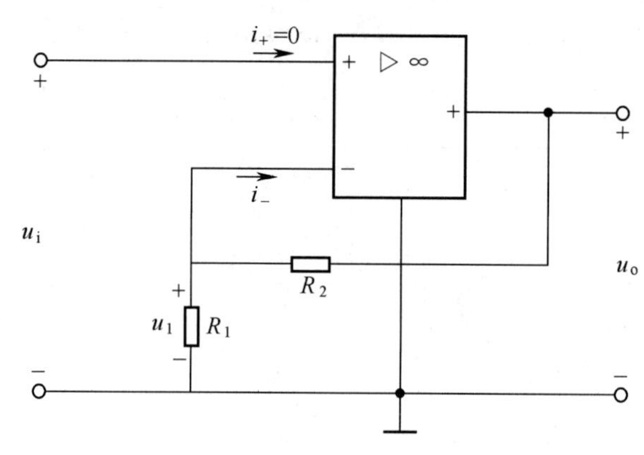

图 1-45 例 1-12 电路

解：设电阻 R_1 两端电压为 u_1

由“虚短”有：$u_1 = u_i$ （1）

由“虚断”有：$i_- = 0$，可知 R_1 与 R_2 串联，由分压公式得

$$u_1 = \frac{R_1}{R_1 + R_2} u_o \qquad (2)$$

联立式（1）与式（2）得 $\dfrac{u_o}{u_i} = 1 + \dfrac{R_2}{R_1} > 1$，说明输出与输入是同向的，且为放大。

思考与练习

1-18 受控源有什么特点？它与独立源有什么区别？分析含有受控源的电路时如何处理受控源？

1-19 求图 1-46 所示电路的 I 和 U 及受控电压源 $2U$ 的功率。

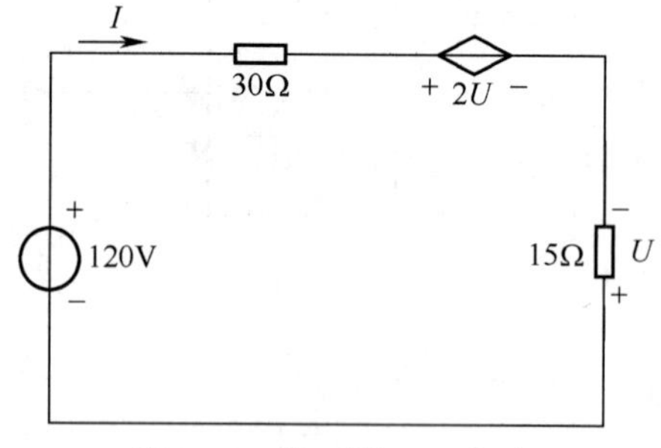

图 1-46 练习题 1-19 电路

1-20 图 1-47 所示电路为加法器，试证明

$$u_o = -(u_1 + u_2 + u_3)$$

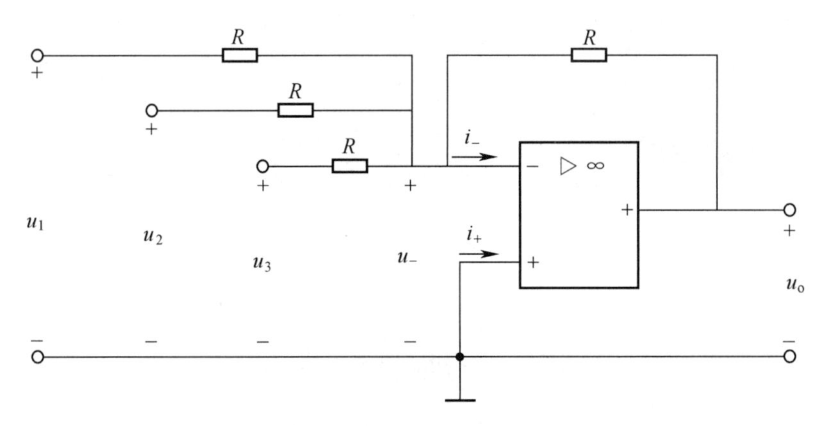

图 1-47　练习题 1-20 电路

1.8　等效电路的概念

二端电路的等效变换是本节的重要内容。在电路分析中，根据等效的概念，力求使电路中不感兴趣的部分尽可能简化，这是很重要的一个分析方法。

在电路分析中可以把一组元件当作一个整体来看待，当这个整体只有两个端钮可与外部电路相连接，且进出这两个端钮的电流是同一个电流时，则这个由元件构成的整体就称为二端电路或单口电路。例如在图 1-48（a）中的电阻 R_1、R_2、R_3 这一部分电路，可作为一个二端电路看待。二端电路可用图 1-48（b）中所示的方框 N 来表示。显然，单个二端元件是二端电路最简单的形式。单个二端元件有它的 VCR，一个二端网络也有它的 VCR，VCR 是指它的端钮电压 U 和端钮电流 I 的关系（Voltage Current Relation）。

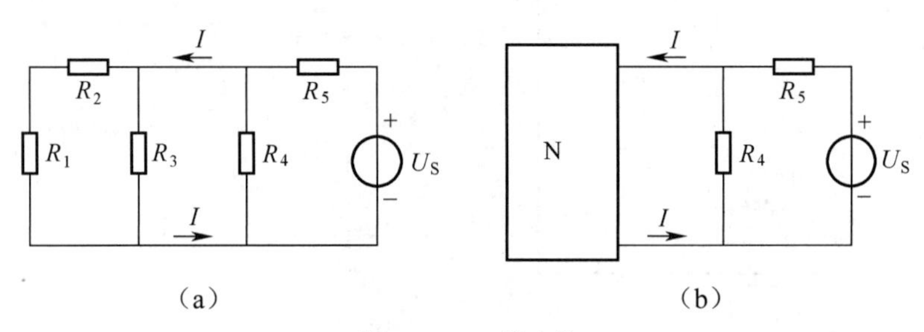

图 1-48　二端电路

如果一个二端电路 N_1 的 VCR 与另一个二端电路 N_2 的 VCR 完全相同，即它们端口处的电压、电流关系完全相同，从而对连接到其上同样外部电路的作用效果相同，那么就说 N_1 与 N_2 是等效的，尽管 N_1、N_2 内部可以具有完全不同的结构。

这里之所以强调端口处的电压、电流关系完全相同，是为了说明这种相同的关系不应当受与二端电路相连接的外部电路变化的限制。例如图 1-49 所示的两个简单的二端电路，尽管当连接它们的外部电路均为开路时有相同的端口电压和端口电流，即 $U=6\text{V}$，$I=0$，但当外部电路为短路或为一个相同的电阻元件时，它们端口处的电压和电流并不分别相同。所以，不能说这两个二端电路是等效的。

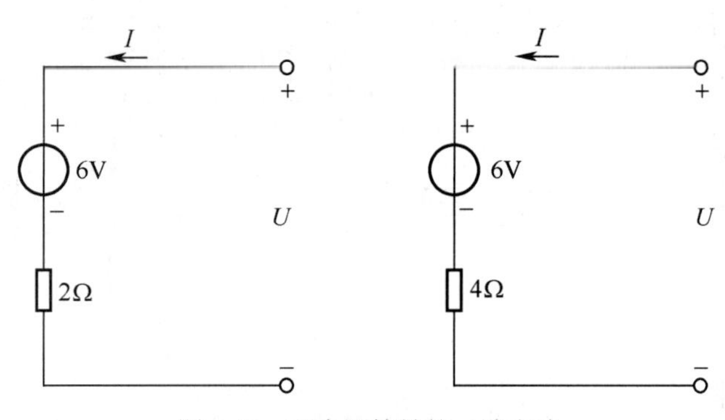

图 1-49　两个不等效的二端电路

1.9　电阻的串联和并联

为了更好地理解等效的定义，我们可以用等效串联电阻公式的推导过程为例来说明。设有两个二端电路 N_1 和 N_2，如图 1-50 所示，N_1 由 3 个电阻 R_1、R_2、R_3 串联组成，N_2 只含有一个电阻 R，在求二端电路的 VCR 时，可设想在端口施加一个电压源 U（或一个电流源 I），产生电流 I（或形成电压 U）。电流对 N_1 来说，由 KVL 可得它的 VCR 为

$$U = R_1 I + R_2 I + R_3 I = (R_1 + R_2 + R_3)I$$

如果

$$R = R_1 + R_2 + R_3 \tag{1-13}$$

则 N_1 和 N_2 的 VCR 完全相同，故 N_1 和 N_2 便是等效的。式（1-13）称为这两个二端电路的等效条件，这便是我们熟知的等效串联电阻公式。

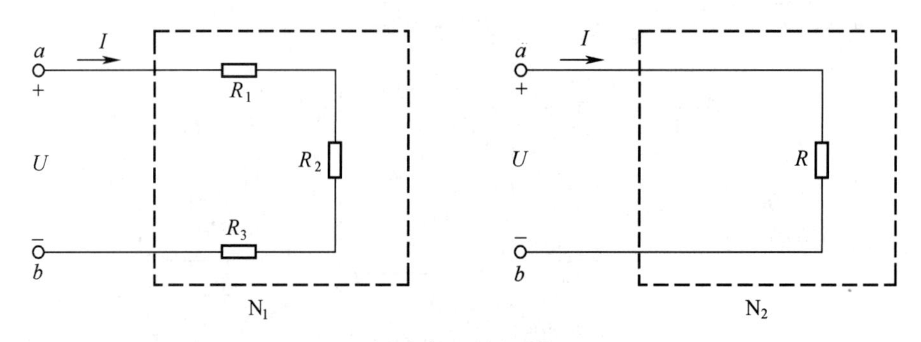

图 1-50　串联等效电阻

在等效的定义中，我们必须注意 VCR 应完全相同这一要求。如果二端电路 N_1 和 N_2 分别接到相同的某一外电路时，它们的端钮电压相等，端钮电流相等，只能说它们对这一外电路来说是等效的。一般，这并不能保证它们在外接另一个电路时也能如此。等效是指对任意外电路等效，而不是指对某一特定的外电路等效。也就是说，要求在接任何电路时，都要具有相同的端电压和相同的端电流，即要求 N_1 和 N_2 的 VCR 完全相同才行。

我们已学过的等效并联电阻公式

$$\frac{1}{R} = \frac{1}{R_1} + \frac{1}{R_2} + \cdots + \frac{1}{R_n} \tag{1-14}$$

或
$$G = G_1 + G_2 + G_3 + \cdots + G_n \tag{1-15}$$
都可根据上述等效定义导出，式中 R 和 G 分别为等效电阻和等效电导，R_n 和 G_n 分别为第 n 个并联电阻和并联电导。在只有两个电阻 R_1 和 R_2 并联时，等效电阻 R 为
$$R = \frac{R_1 R_2}{R_1 + R_2} \tag{1-16}$$

运用等效的概念，可以把一个结构复杂的二端电路用一个结构简单的二端电路去替换，从而简化了电路的计算。

【例 1-13】 求图 1-51 所示电路 ab 及 cd 两端的等效电阻。

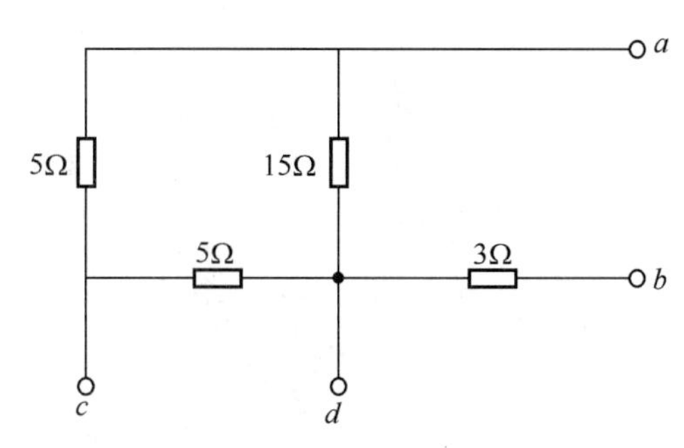

图 1-51　例 1-13 电路

解： 求 ab 两端的等效电阻时，应将给定电路看作是一个以 ab 为端钮的二端电路，再利用串联、并联等效电阻公式。为此需要正确识别各电阻的串并联。串联、并联都是针对二端电路的端钮来说的，不能抽象地谈论串联或并联。可设想在 ab 端接上一个任意的电压源或一个任意的电流源，在这外施电源作用下，显然，流过两个 5Ω电阻的为同一电流，因而是串联的；这两个相串联的电阻又是与 15Ω电阻连接在共同的两节点之间的，故它们是并联的；最后与 3Ω电阻相串联。据此，得 ab 端的等效电阻为
$$R_{ab} = 15 // (5+5) + 3 = 6 + 3 = 9\Omega$$

式中，符号“ // ”表示并联关系。这里用 R_{ab} 来表示 ab 端的等效电阻，因此，原电路就 ab 两端来说和一个 9Ω的电阻完全等效。

二端电路的等效电阻又叫做二端电路的输入电阻，用符号 R_i 表示输入电阻（目前，电子电路教材大都用“输入电阻”这一名称）。

在求 cd 端等效电阻时，也可设想在 cd 间接了一个电源，由于 ab 端是断开的，3Ω电阻中将无电流，故该电阻不起作用。15Ω电阻和图中左端 5Ω电阻中流过的是同一电流，因而是串联的，而这两个相串联的电阻又是与另一个跨接在 cd 端的 5Ω电阻相并联的。所以 cd 端的等效电阻为
$$R_{cd} = (5+15) // 5 = \frac{(5+15) \times 5}{(5+15)+5} = 4\Omega$$

这就是 cd 端的输入电阻。

在电路分析问题中有两个非常有用的公式，这便是串联电阻的分压公式和并联电阻的分流公式。

如图 1-52（a）所示，是两个电阻相串联的电路，设电压、电流为关联参考方向，两个串

联电阻的总电压为 U，显然，每个电阻的电压是总电压 U 的一部分，究竟是多少可以由分压公式求出。由 KVL 及欧姆定律可得

$$U = U_1 + U_2 = R_1 I + R_2 I$$

则
$$I = \frac{U}{R_1 + R_2}$$

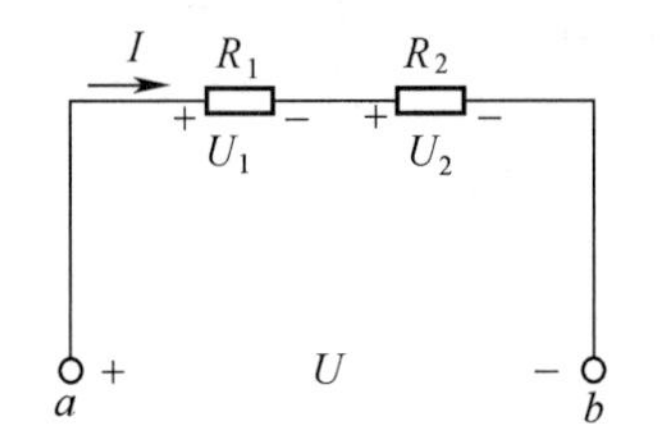

（a）两个电阻元件串联

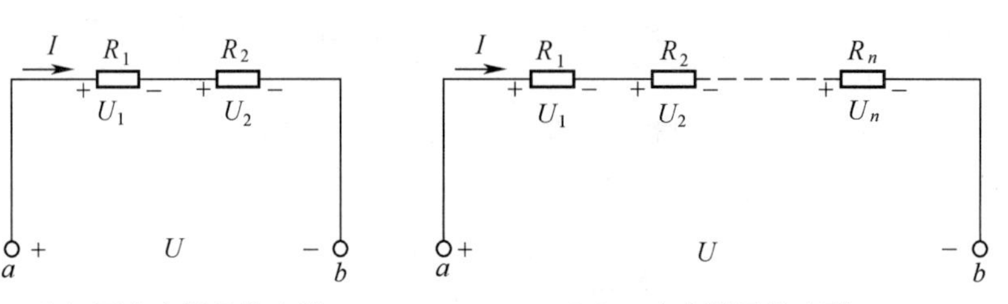

（b）n 个电阻元件串联

图 1-52　串联电阻

因而
$$\begin{cases} U_1 = \dfrac{R_1}{R_1 + R_2} U \\ U_2 = \dfrac{R_2}{R_1 + R_2} U \end{cases} \tag{1-17}$$

由上式可以得出

$$\frac{U_1}{U_2} = \frac{R_1}{R_2} \tag{1-18}$$

式（1-17）称为两个电阻串联的分压公式。由式（1-17）和式（1-18）可知：电阻串联分压与电阻值成正比，即电阻值越大，分得的电压也越大。

若有 n 个电阻串联，如图 1-52（b）所示，则第 k 个电阻的电压为

$$U_{\mathrm{k}} = R_{\mathrm{k}} I = \frac{R_{\mathrm{k}}}{\sum_{k=1}^{n} R_{\mathrm{k}}} U \tag{1-19}$$

这就是分压公式的一般形式。

同理，对图 1-53（a）所示的两个电阻并联的电路，设电压、电流为关联参考方向，由 KCL 及欧姆定律得到

$$i = i_1 + i_2 = (\frac{u}{R_1} + \frac{u}{R_2}) = (\frac{1}{R_1} + \frac{1}{R_2})u = \frac{R_1 + R_2}{R_1 R_2} u$$

若图 1-53 中的两电路等效，由欧姆定律可写出图 1-53（b）的 VCR 为

$$i = \frac{u}{R_{\mathrm{ab}}}$$

由电路等效条件，令以上两式相等，即

$$\frac{R_1 + R_2}{R_1 R_2} u = \frac{u}{R_{\mathrm{ab}}}$$

所以
$$R_{\mathrm{ab}} = \frac{R_1 R_2}{R_1 + R_2} \tag{1-20}$$

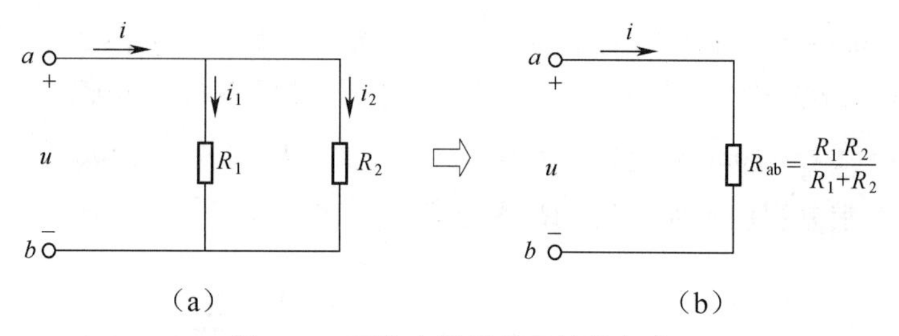

图 1-53　两个电阻并联及等效电路

式（1-20）便是我们熟知的两个电阻并联时求等效电阻的公式。若已知两个并联电阻电路的总电流为 i，显然，每个电阻分得 i 的一部分，那么究竟分得多少呢？由图 1-53（b）可得

$$u = R_{ab} i$$

在图 1-53（a）中，由欧姆定律得

$$\begin{cases} i_1 = \dfrac{u}{R_1} = \dfrac{R_{ab}}{R_1} i \\ i_2 = \dfrac{u}{R_2} = \dfrac{R_{ab}}{R_2} i \end{cases}$$

将式（1-20）代入上式得

$$\begin{cases} i_1 = \dfrac{R_2}{R_1 + R_2} i \\ i_2 = \dfrac{R_1}{R_1 + R_2} i \end{cases} \tag{1-21}$$

式（1-21）称为两个电阻并联的分流公式。注意此时的电阻比率关系。求 R_1 的电流时，比率为 R_2 与电阻和之比，而不是 R_1 与电阻和之比。

由式（1-21）可导出

$$\frac{i_1}{i_2} = \frac{R_2}{R_1} \tag{1-22}$$

由式（1-21）和式（1-22）可知：电阻并联分流与电阻值成反比，即电阻值越大，分得的电流越小。

若两电导并联时，则分流公式为

$$\begin{cases} i_1 = \dfrac{G_1}{G_1 + G_2} i \\ i_2 = \dfrac{G_2}{G_1 + G_2} i \end{cases} \tag{1-23}$$

【例 1-14】 图 1-54 为空载分压器电路。电阻分压器的固定端 ac 接输入信号电压 U_i，滑动触头 b 的变动来改变 R_1 与 R_2 的大小，从 R_2 上得到所需电压。设输入信号电压 U_i 为 45V，滑动触头 b 的位置使 $R_1 = 9\text{k}\Omega$，$R_2 = 1\text{k}\Omega$。问从 bc 端得到的输出电压 U_o 为多少？

解： 输出电压即 R_2 上的分压，由分压公式可得

$$U_o = \frac{R_2}{R_1 + R_2} U_i = \frac{1}{9+1} \times 45 = 4.5\text{V}$$

【例 1-15】 多量程电流表如图 1-55 所示。表头（测量机构）有一个最大允许通过的满度电流 I_g。表头配以适当的并联电阻（分流器）就可用来测量大于 I_g 的电流。已知表头内阻 $R_g = 1\text{k}\Omega$，满度电流 $I_g = 100\mu\text{A}$，要求当 S 位于 1、2、3、时分别构成测量 1mA、10mA 和 100mA 的电流表，求分流电阻 R_1、R_2、R_3 各为多大？

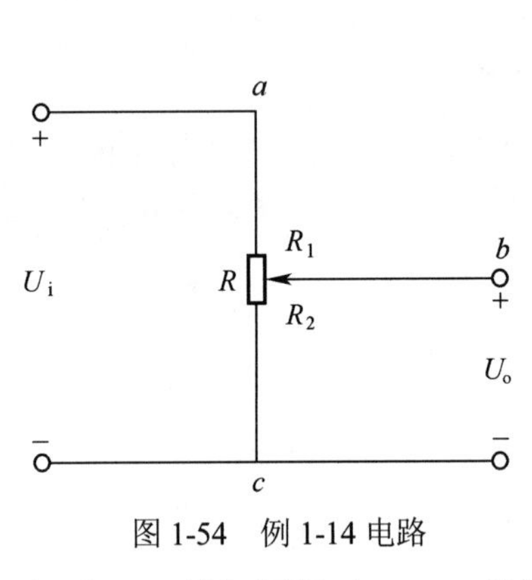

图 1-54　例 1-14 电路

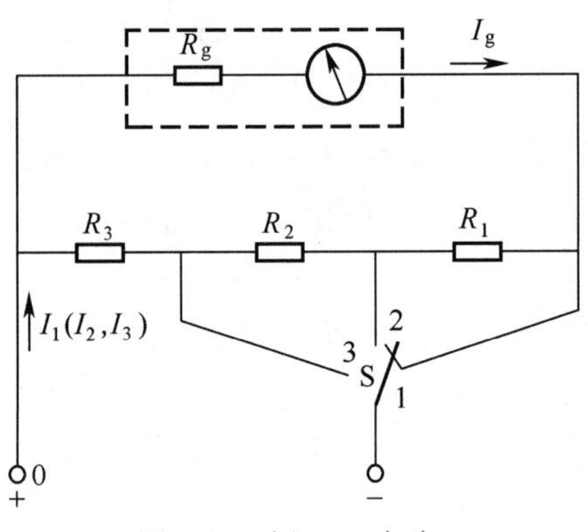

图 1-55　例 1-15 电路

解： 当用 0、1 端钮测量时，2、3 端钮相当于开路，这时 R_1、R_2、R_3 是相串联的，而 R_g 与它们相并联。设

$$R_h = R_1 + R_2 + R_3$$

由分流公式可得

$$I_g = I_1 \frac{R_h}{R_h + R_g}$$

解得
$$R_h = \frac{I_g R_g}{I_1 - I_g}$$

所以
$$R_h = 111.11\Omega$$

同理，用 0、2 端钮测量时，1、3 端开路，这时流经表头的电流 I_g 仍为 $100\mu\text{A}$。由

$$I_g = I_2 \frac{R_2 + R_3}{R_h + R_g}$$

解得

$$R_2 + R_3 = 11.11\Omega$$
$$R_1 = R_h - (R_2 + R_3) = 100\Omega$$

当用 0、3 端钮测量时，1、2 端开路，这时流经表头的 I_g 仍是 $100\mu\text{A}$。由

$$I_g = I_3 \frac{R_3}{R_h + R_g}$$

解得

$$R_3 = 1.11\Omega$$
$$R_2 = 11.11 - 1.11 = 10\Omega$$

思考与练习

1-21　在运用分压公式、分流公式时，是否需要考虑电流、电压的参考方向？

1-22　求图 1-56 所示二端电路的等效电阻 R_{ab}。

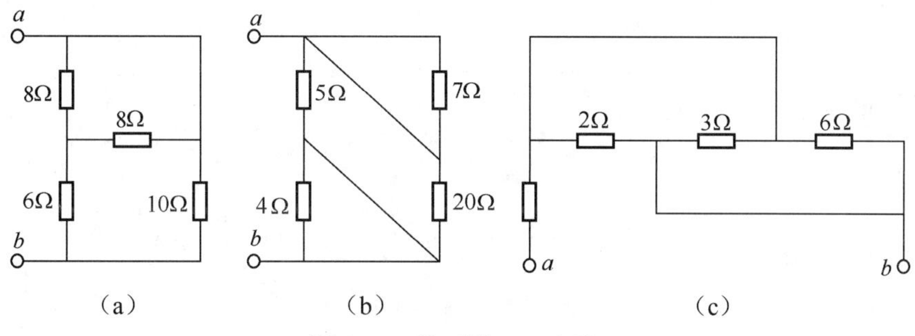

图 1-56　练习题 1-22 电路

1-23　对图 1-57 所示电路分别求开关 S 打开和闭合时 *ab* 两点间的等效电阻。

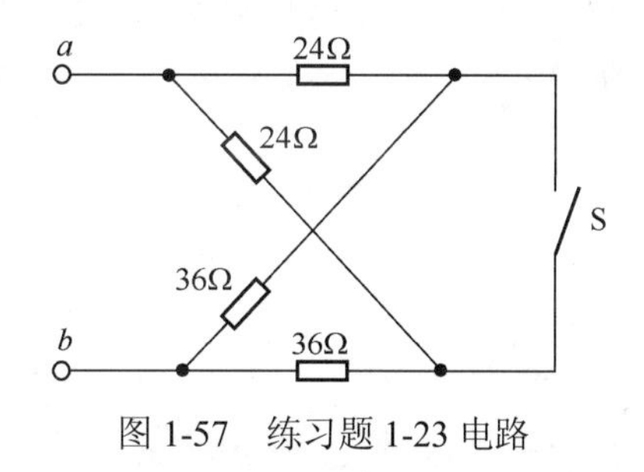

图 1-57　练习题 1-23 电路

1.10　含独立源电路的等效化简

在 1.5 节中所定义的两种电源是独立电源，实际上是不存在的。那么一个实际电源究竟是什么样的呢？它的模型与理想电源模型有何不同呢？下面对这个问题进行具体讨论。

1.10.1　实际电压源的模型及其等效变换

实际电压源如图 1-58（a）所示，与理想电压源是有差别的。以电池来说，它总是存在内阻，当每库仑的正电荷由电池负极转移到正极后，所获得的能量是化学反应所给予的定值能量（用电压 U_S 表示）与内阻损耗的能量的差额。因此，这时电池的端电压将低于定值电压 U_S，因而端电压不能为定值。在这种情况下，我们可以用一个电压源 U_S 和电阻 R_S 相串联的模型来表征实际电压源，如图 1-58（b）所示。

若设电源端电压 U 和电流 I 的参考方向如图 1-58 所示，则从该模型可得

$$U = U_S - R_S I \tag{1-24}$$

即模型的端电压低于定值电压 U_S，所低之值与电流成正比。它近似地反映了某些电源。式（1-24）所表明的 U 与 I 的关系也可用图形来表示，如图 1-58（c）所示。该特性近似地反映

了电池在一定范围内的表现。

图 1-58（b）所示的实际电压源模型简称为电压源模型。该模型用U_S与R_S两个参数来表征，其中U_S也就是电源的开路电压U_{OC}。故实际电源可用它的开路电压$U_{OC}=U_S$以及内阻R_S这两个参数来表征。从式（1-24）式可知，电源的内阻R_S越小，实际电压源就越接近理想电压源，即U越接近U_S。

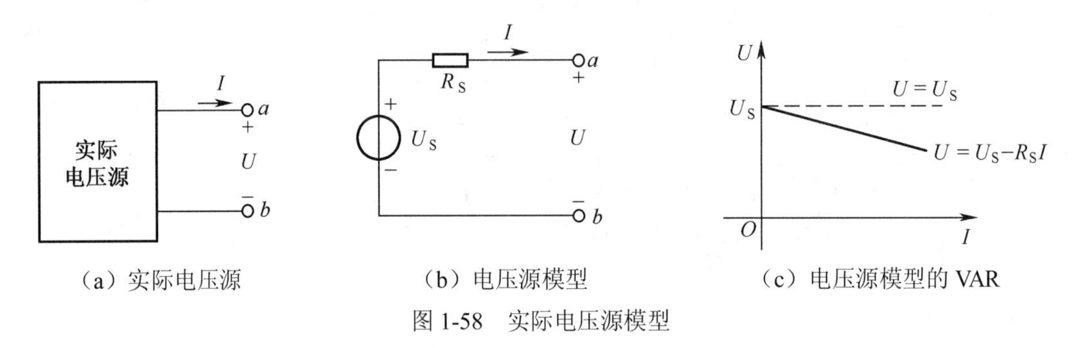

（a）实际电压源　　（b）电压源模型　　（c）电压源模型的 VAR

图 1-58　实际电压源模型

实际电流源与理想电流源也是有差别的。以光电池来说，被光激发产生的电流并不能全部外流，其中的一部分将在光电池内部流动而不能输送出来。这种电源可以用一个电流源I_S和内阻R_S相并联的模型来表征，称为电流源模型。内阻R_S表明了电源内部的分流效应，如图 1-59（a）所示。

当电源与外电阻相接后，如图 1-59（b）所示，由 KCL 根据该模型可得出电源往外输送的电流I为

$$I=I_S-\frac{U}{R_S} \tag{1-25}$$

式中，I_S为电源产生的定值电流；U/R_S则为内阻R_S上分走的电流。式（1-25）清楚地表明：电源往外输送的电流是小于定值电流I_S的，端电压越高，则内阻分流也越大，输出的电流就越小，如图 1-59（c）的所示。该特性近似地反映了光电池在一定电压范围内的表现。

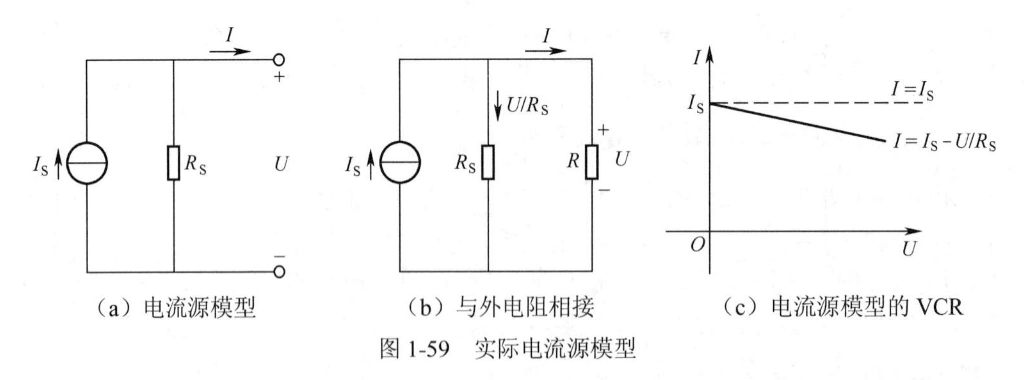

（a）电流源模型　　（b）与外电阻相接　　（c）电流源模型的 VCR

图 1-59　实际电流源模型

显然，实际电流源的短路电流就等于定值电流I_S，因此，实际电源可用它的短路电流$I_{SC}=I_S$以及内阻R_S这两个参数来表征。由式（1-25）可知，实际电源的内阻越大，内部分流作用越小，实际电流源越接近理想电流源，即I越接近于I_S。

根据等效电路的概念，以上两种电源模型是可以等效互换的。对外电路来说，任何一个

有内阻的电源，都可以用电压源模型或电流源模型表示，不必追究哪种模型更能反映电源内部的情况，因为电路分析中我们关心的是电源对外电路的影响，而不是电源内部的情况。

根据 1.8 节所述等效的概念，两种模型要等效，则它们的 VCR 应该完全相同。电压源模型的 VCR 为 $U = U_S - R_S I$，即式（1-24），电流源模型 VCR 为 $U = R_S I_S - R_S I$。为便于研究，我们不妨设电压源模型中的电阻为 R_S'，且把式（1-24）改写为便于与式（1-25）相比较的形式如下

$$U = U_S - R_S' I$$

即

$$I = \frac{U_S}{R_S'} - \frac{U}{R_S'} \tag{1-26}$$

显然，若满足下列条件，即

$$\begin{cases} I_S = \dfrac{U_S}{R_S'} \\ R_S = R_S' \end{cases} \tag{1-27}$$

或

$$\begin{cases} U_S = R_S I_S \\ R_S = R_S' \end{cases} \tag{1-28}$$

则两个 VCR 完全相同。这就是说：若已知 U_S 与 R_S 串联的电压源模型，要等效变换为 I_S 与 R_S 并联的电流源模型，则电流源的电流应为 $I_S = U_s / R_s$，并联的电阻仍为 R_S；反之，若已知电流源模型，要等效为电压源模型，则电压源的电压应为 $U_S = R_S I_S$，串联的电阻仍为 R_S。变换的关系如图 1-60 所示。

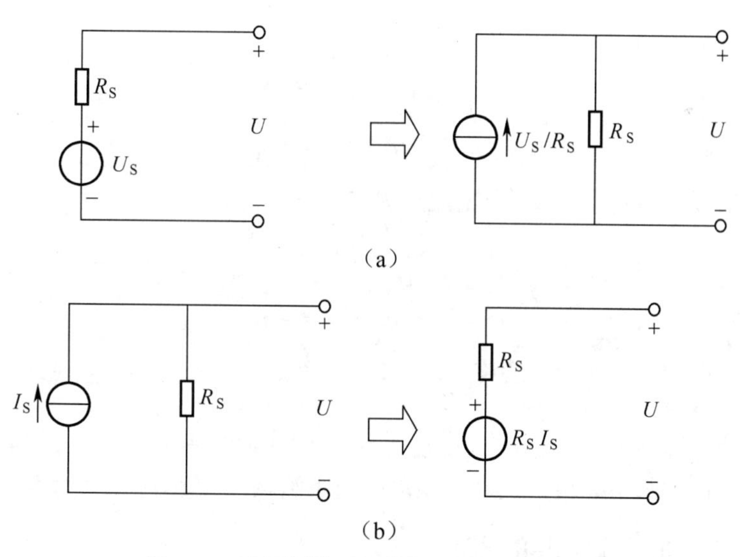

图 1-60　电压源模型与电流源模型的等效变换

注意，互换时电压源电压的极性与电流源电流的方向的关系，另外，两种模型中 R_S 是一样的，但连接方式不同。

上述电源模型的等效可以进一步理解为含源支路的等效变换，即一个电压源与电阻串联的组合可以等效为一个电流源与一个电阻并联的组合，反之亦然。必须注意，这电阻不一定就是电源的内阻。

再次强调，电压源模型与电流源模型的等效变换只是对外电路等效，当对电路的分析涉及电源内部（例如电源内部消耗的功率）时，是不能进行等效变换的。

【例 1-16】 将图 1-61（a）中的电压源模型等效为电流源模型，计算等效前后电源的端电压、流过负载 R 的电流及电源内阻 R_S 消耗的功率。

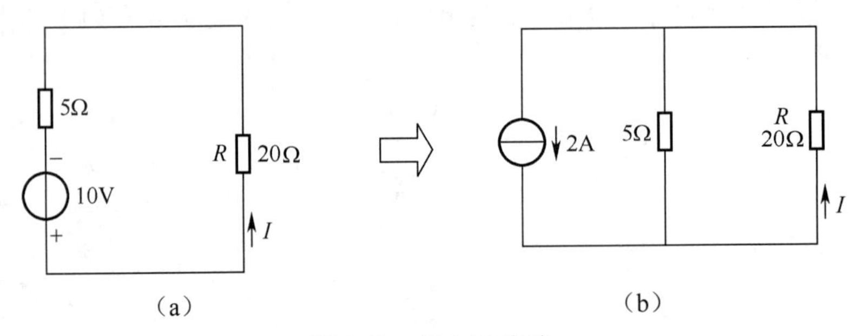

图 1-61　例 1-16 电路

解： 电路 1-61（a）电路中 $U_S = 10V$，$R_S = 5\Omega$，故得其等效电流源模型中的电流为

$$I_S = \frac{U_S}{R_S} = \frac{10}{5} = 2A$$

根据原电压源中 U_S 的极性，可知电流源 I_S 的方向向下，再将内阻 R_S 与电流源 I_S 并联，得等效电流源模型如图 1-61（b）所示。

由图 1-61（a）根据分压公式可以求出 R 上的电压 U（即电源的端电压）为

$$U = \frac{R}{R + R_S}U_S = \frac{20 \times 10}{5 + 20} = 8V$$

流过 R 的电流 I 为　　$I = \frac{U}{R} = \frac{8}{20} = 0.4A$

内阻 R_S 消耗的功率为　　$P = I^2 R_S = 0.4^2 \times 5 = 0.8W$

由图 1-61（b）根据分流公式可求出流过 R 的电流 I 为

$$I = \frac{5}{5 + 20} \times 2 = 0.4A$$

R 上的电压 U 为　　$U = IR = 0.4 \times 20 = 8V$

内阻 R_S 消耗的功率为　　$P = \frac{U^2}{R_S} = \frac{8^2}{5} = 12.8W$

从上面例题中可以看出，电源等效前后，其外电路特性（端电压与流过负载的电流）完全一致，但对电源内部却不等效，反映出来的是内阻消耗的功率不同。

1.10.2　含独立源的二端电路的等效

根据理想电压源、电流源的伏安特性，结合电路的等效条件，可以得到以下几种情况的等效：

（1）几个电压源相串联的二端电路，可以等效为一个电压源，其值为相串联的各电压源电压值的代数和。例如对图 1-62，有

$$U_S = U_{S1} - U_{S2} + U_{S3}$$

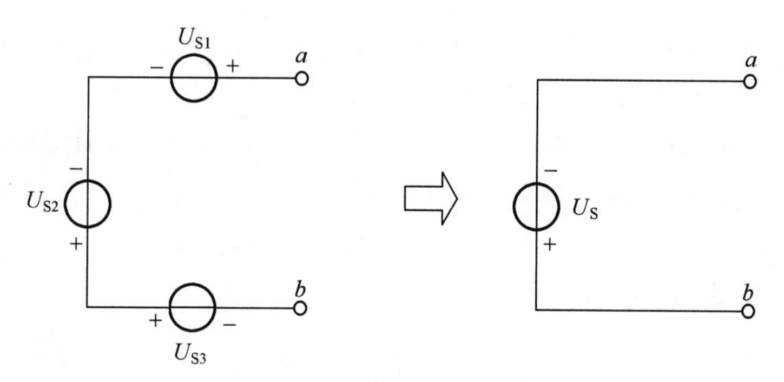

图 1-62　电压源串联

（2）几个电流源相并联的二端电路，可以等效为一个电流源，其值为相并联的各电流源电流值的代数和。例如对图 1-63，有

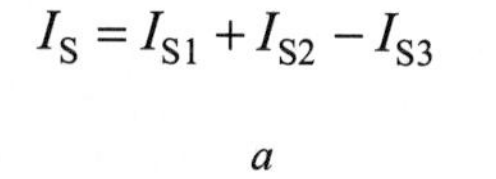

$$I_S = I_{S1} + I_{S2} - I_{S3}$$

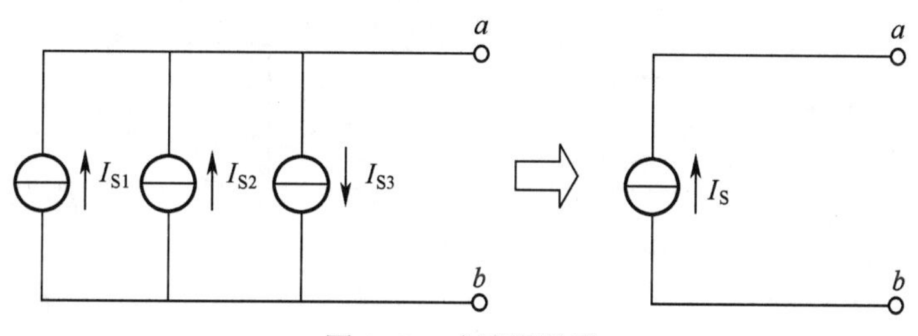

图 1-63　电流源并联

注意：电压值不相同的电压源不允许并联，因为违背 KVL；电压值相同的电压源并联没有意义，因为我们讨论的都是电路模型，关心的是各元件端钮外的表现。几个电压值相同的电压源并联和一个具有相同电压值的电压源的作用是相同的。

电流值不相同的电流源不允许串联，因为违背 KCL；电流值相同的电流源串联没有意义，原因与上相似。

（3）电压源与任意二端元件（当然也包括电流源）并联，如图 1-64（a）所示，可将其等效为电压源，如图 1-64（b）所示。这是由于电压源的特性，二端电路两端的电压 U 总是为 U_S，而不随端口电流 I 改变。

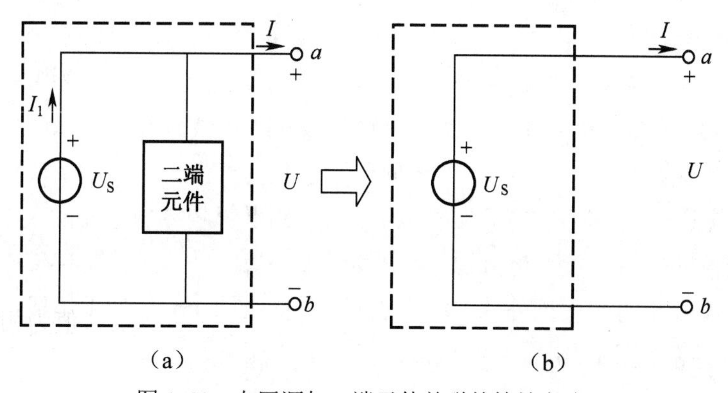

图 1-64　电压源与二端元件并联的等效电路

应该清楚，等效是对虚线框外部二端电路而言的，图 1-64（a）中虚线框内部电压源U_S中流出的电流I_1不等于图 1-64（b）U_S中流出的电流I。

【例 1-17】 对图 1-65（a）所示电路，试求R_1、R_2、R_3三个电阻消耗的功率。

解： 由给定电路可知，4A 电流源、电阻元件R都与电压源并联，而要求的变量是在这三个元件以外的支路上，所以可以去掉（以开路代替之）与电压源并联的电流源及R这两条支路，对待求的变量无影响，如图 1-65（b）所示，得

$$I_3=\frac{30}{6//3+8}=\frac{30}{2+8}=3\text{A}$$

由分流公式得

$$I_1=\frac{R_2}{R_1+R_2}I_3=\frac{3}{6+3}\times 3=1\text{A}$$

$$I_2=I_3-I_1=2\text{A}$$

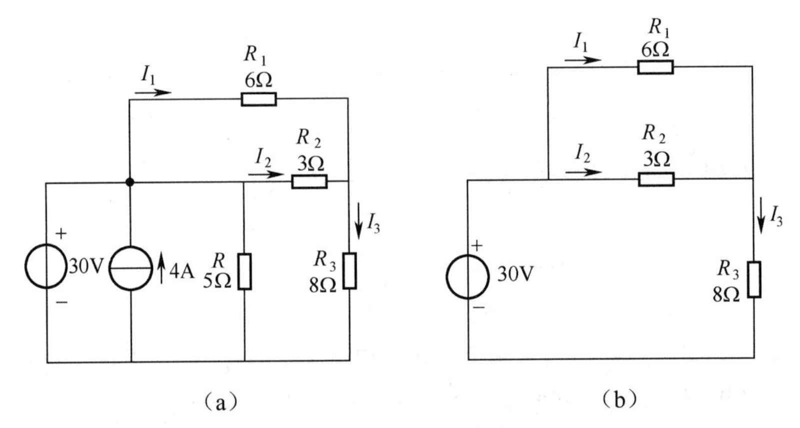

图 1-65　例 1-17 电路

各电阻消耗的功率为

$$P_1=I_1^2R_1=1\times 6=6\text{W}$$

$$P_2=I_2^2R_2=2^2\times 3=12\text{W}$$

$$P_3=I_3^2R_3=3^2\times 8=72\text{W}$$

这里再次强调，以上变换只对电压源及其并联元件以外的电路是等效的。如果待求的变量是在电压源或与其并联的支路上，如上例中还需要求电压源产生的功率，则必须返回到原电路中分析计算，当然在I_1、I_2和I_3已求出的条件下就很容易求了。注意：在如图 1-65 所示的两电路中流过电压源的电流是不相同的。

（4）电流源与任意二端元件（当然也包括电压源）串联，如图 1-66（a）所示，可以将其等效为电流源，如图 1-66（b）所示。根据电流源的特性，端口电流i总是等于电流源的电流i_S，不随端口电压改变，即“二端元件”存在与否并不影响端口电流的大小，因此，与给定电路等效的最简单的电路只能是电流源i_S，因为它们的端口具有同样的 VCR。

应该清楚，等效是对虚线框外部二端电路而言的。图 1-66（a）中虚线框内部电流源i_S两端的电压u_1，并不等于图 1-66（b）中电流源两端的电压u。

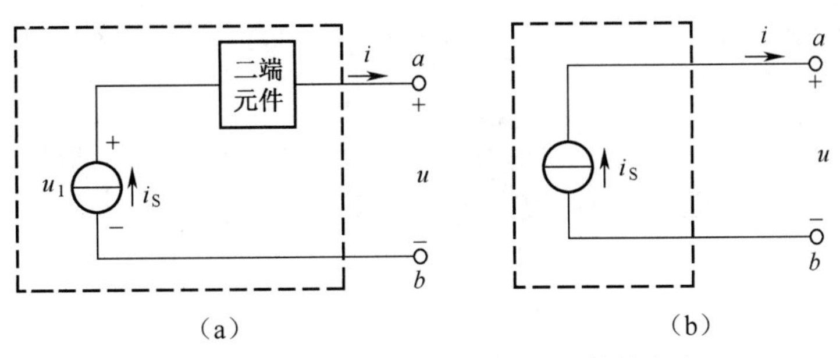

图 1-66　电流源与二端元件串联的等效电路

【例 1-18】 求图 1-67（a）所示电路中 5Ω电阻上消耗的功率。

解：图 1-67（a）中 3V 电压源及 10Ω电阻与电流源串联，而要求的变量是在这三个元件以外的支路上，所以可以除去（用短路代替）与电流源串联的这两个元件，对待求的变量无影响，如图 1-67（b）所示。

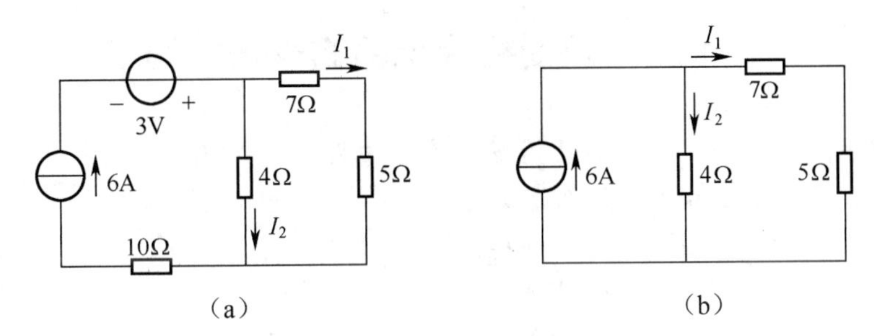

图 1-67　例 1-18 电路

由图 1-67（b）根据分流公式得　$I_1 = \dfrac{4}{4+7+5} \times 6 = 1.5\text{A}$

所以 5Ω电阻消耗的功率为　$P = 5I_1^{\,2} = 5 \times 1.5^2 = 11.25\text{W}$

思考与练习

1-24　某电源的开路电压 $U_{OC} = 12\text{V}$，短路电流 $I_{SC} = 2\text{A}$。问该电源的内阻 R_S 是多少欧？

1-25　某电源的 $U_{OC} = 10\text{V}$，当外电阻 $R = 5\Omega$ 时，电源端电压 $U = 5\text{V}$，画出该电源的电压源模型。

1-26　求图 1-68 所示电路的等效电流源模型。

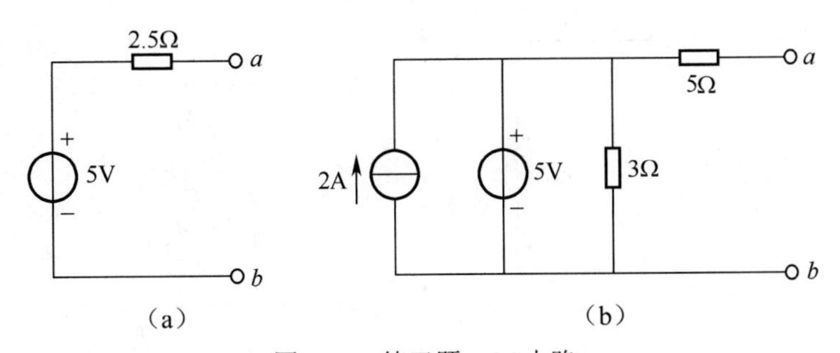

图 1-68　练习题 1-26 电路

1-27　在图 1-69 所示电路中，已知 $I_S = 2.5\text{mA}$，$R = 5\text{k}\Omega$，$R_L = 10\text{k}\Omega$，求 b 点的电位。

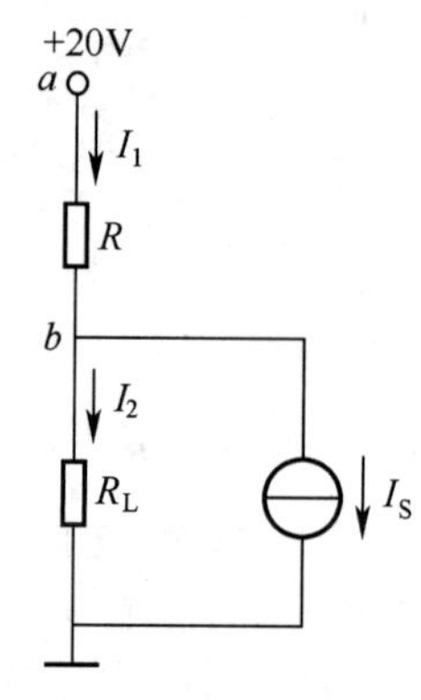

图 1-69　练习题 1-27 电路

1.11　含受控源电路的等效化简

含受控源电路的等效化简的分析方法与不含受控源电路的等效化简的分析方法基本相同。基本作法是：首先把受控源作为独立源看待，运用已学过的等效电路的结论进行电路化简。当这种直接用电路图进行化简的步骤不能再进行下去时，需要列写端钮电压、电流表达式，然后整理化简其表达式，得到 $U = AI + B$ 的形式，最后，根据此表达式画出其最简等效电路。其中，B 为等效电路中的电压值，A 为等效电路中串联电阻的电阻值。应该指出，如果方便，也可一开始列写其端钮的电压、电流关系表达式，并化简其表达式求之。下面通过例题来说明。

（1）含受控源和电阻的二端电路可以等效为一个电阻。其等效电阻的求解不能只运用电阻串并联公式，需要用求等效电阻的一般方法，即求二端电路端钮的电压、电流关系，其端钮电压与电流的比值即为二端电路的等效电阻。

【例 1-19】　电路如图 1-70 所示，求 ab 端钮的等效电阻 R_{ab}。

解：写出 ab 端钮的伏安关系，即

$$U = 8I + 5I = 13I$$

所以

$$R_{ab} = \frac{U}{I} = 13\Omega$$

【例 1-20】　电路如图 1-71 所示，求 ab 端钮的等效电阻 R_{ab}。

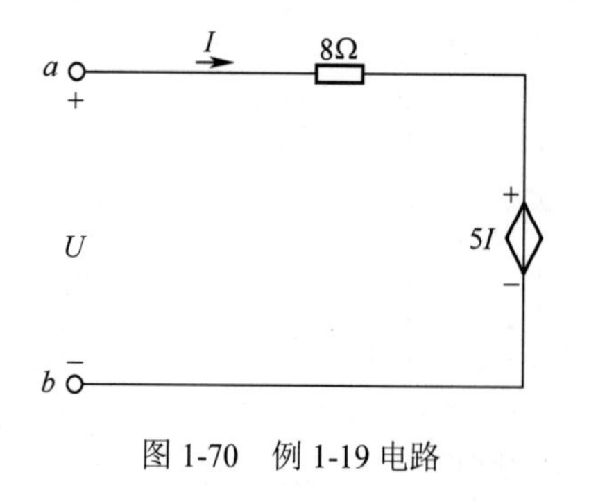

图 1-70　例 1-19 电路

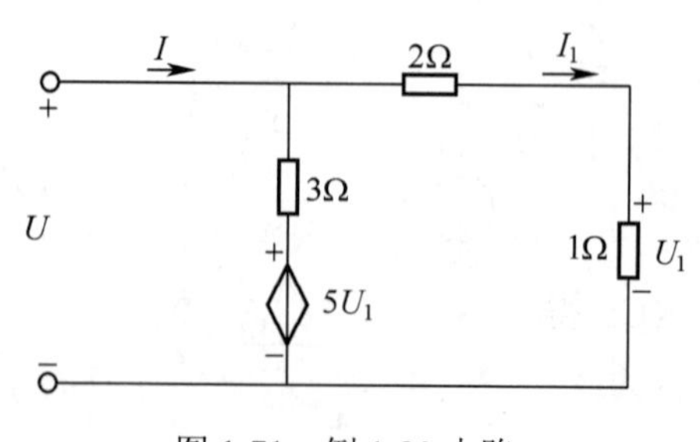

图 1-71　例 1-20 电路

解：写出 ab 端钮的伏安关系，即

$$U=(I-I_1)\times 3+5U_1=3I-3I_1+5U_1$$

而
$$I_1=\frac{U_1}{1}=U_1$$
$$U=3I_1$$
$$I_1=\frac{U}{3}$$

所以
$$U=3I-U+5\times\frac{U}{3}$$

解得
$$U=9I$$

故
$$R_{ab}=\frac{U}{I}=9\Omega$$

（2）运用等效概念分析含受控源、独立源和电阻的电路。含受控源、独立源和电阻的二端电路的最简等效电路也是一个电压源与电阻串联组合的二端电路，或一个电流源与电阻并联组合的二端电路。其基本求解方法是列写端钮的电压、电流关系式并简化，然后用最简的电压、电流伏安关系表达式画出其对应的等效电路。在列写端钮的电压、电流关系表达式之前，可以先用电路等效变换的方法进行初步简化。

【例 1-21】 电路如图 1-72（a）所示，求其最简等效电路。

解：先把受控电流源与电阻并联部分变换为受控电压源与电阻的串联，如图 1-72（b）所示，此电路不是最简等效电路。为求出最简等效电路需列写端钮的电压、电流关系表达式，即

$$U=-500I+2000I+10=1500I+10$$

由上式可知其最简等效电路如图 1-72（c）所示。

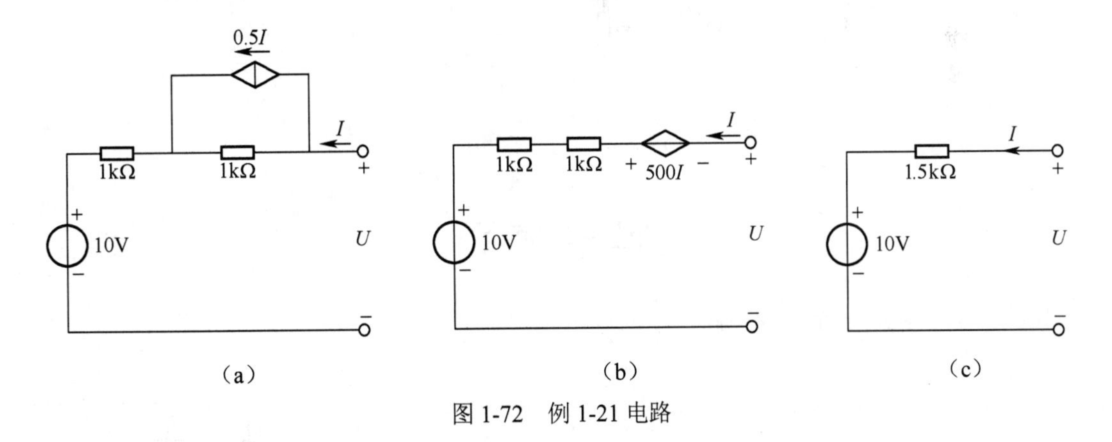

图 1-72　例 1-21 电路

【例 1-22】 求图 1-73 所示电路中的电压 U。

解：求解含受控源电路问题时，如需要对电路进行简化，要注意在化简过程中不要把受控源的控制量消除掉，否则无法算出结果。

由 KCL 得
$$I+2I_A-I_A-120=0$$

又因为
$$I=30U \qquad I_A=-15U$$

故得

$$30U-30U+15U-120=0$$

所以

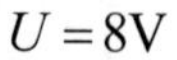

$$U=8\text{V}$$

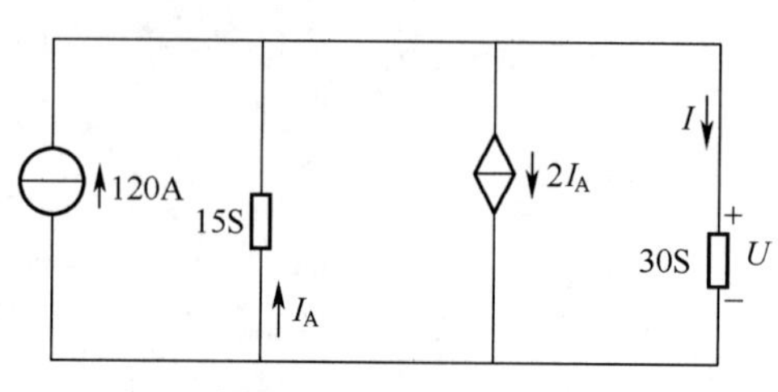

图 1-73　例 1-22 电路

本题不要合并电阻，或作电源模型的等效变换，否则受控源的控制量 I_A 会消失，将无法算出结果。

【例 1-23】 求图 1-74（a）所示电路中的 I_3。

解： 原电路可化简如图 1-74（b）所示，化简时应保留 I_3 支路。由图（b）得

$$0.9I_3+2-I_3-\frac{U}{6}=0$$

将 $U=3I_3$ 代入上式，得　　$I_3=\frac{10}{3}\text{A}$

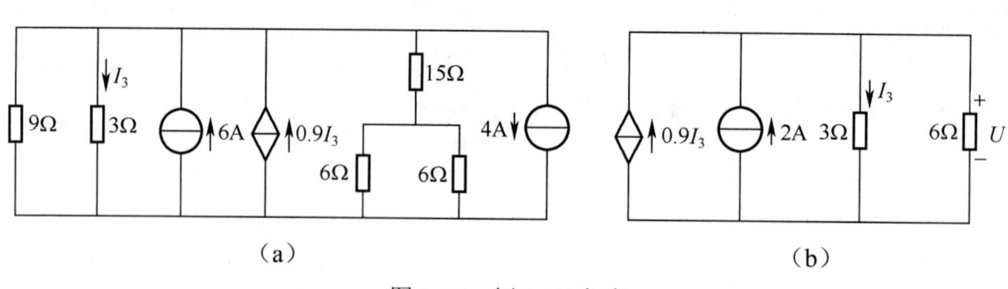

图 1-74　例 1-23 电路

思考与练习

1-28　求图 1-75 所示二端电路的输入电阻 R_i。

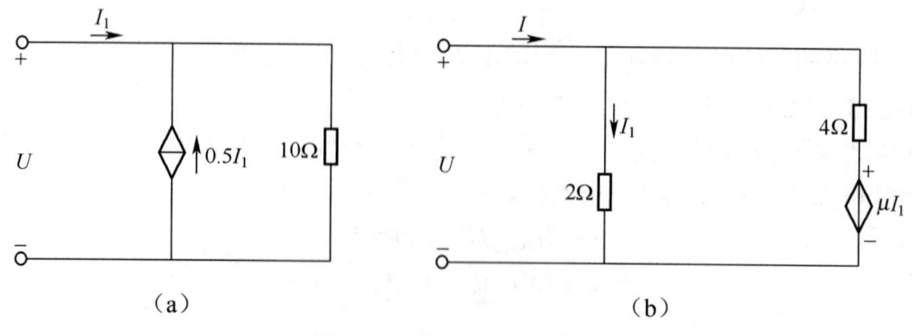

图 1-75　练习题 1-28 电路

1-29 化简图 1-76 所示二端电路，使其有最简单的形式。

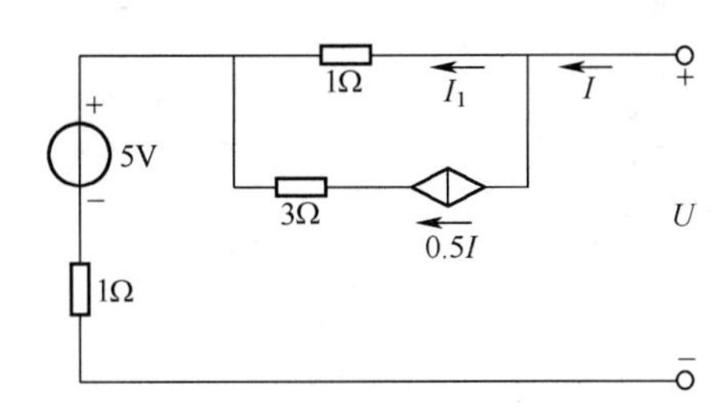

图 1-76　练习题 1-29 电路

1.12　平衡电桥、电阻的 Y 形连接和Δ形连接的等效变换

电阻元件串联、并联和混联属于最简单的连接方式。但在电路中，有时电阻的连接既非串联又非并联，如图 1-77 中电阻 R_1、R_3 和 R_4 为 Y 形（星形）连接；电阻 R_1、R_2 和 R_3 为 Δ 形（三角形）连接。在 Y 形连接中，三个电阻的一端连接在一个公共节点上，而它们的另一端分别接到三个不同的端钮上；在 Δ 形连接中，三个电阻分别接到每两个端钮之间，使三个电阻本身构成一个回路。

图 1-77 为电桥电路，R_1、R_2、R_4、R_5 所在支路为四个臂，R_3 所在支路为桥，当 $R_1R_5 = R_2R_4$ 时，电桥平衡：桥上电流为零，c、d 两节点等电位。此时，可以将 c、d、短路，或者将桥断开，从而化简了电路。

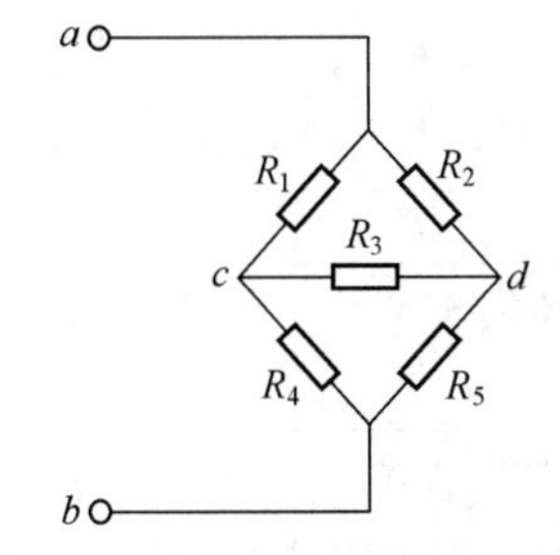

图 1-77　电阻的 Y 形与Δ形连接

Y 形连接和 Δ 形连接都是通过 3 个端子与外部相连。它们之间的等效变换是要求它们的外部性能相同，也就是当它们对应端子间的电压相同时，流入对应端子的电流也必须分别相等。图 1-78（a）、（b）分别示出了接到端子 1、2、3 的 Y 形连接和 Δ 形连接的 3 个电阻。这两个电阻电路是与电路的其他部分连接的，但图中未画出其他部分。

设在它们对应的端子间有相同的电压 u_{12}、u_{23} 和 u_{31}。如果它们彼此等效，那么流入对应端子的电流必须分别相等，即

$$i_1 = i_1' \qquad i_2 = i_2' \qquad i_3 = i_3'$$

对 Δ 形连接的电路，各个电阻中的电流分别为

$$i_{12}' = \frac{u_{12}}{R_{12}} \qquad i_{23}' = \frac{u_{23}}{R_{23}} \qquad i_{31}' = \frac{u_{31}}{R_{31}}$$

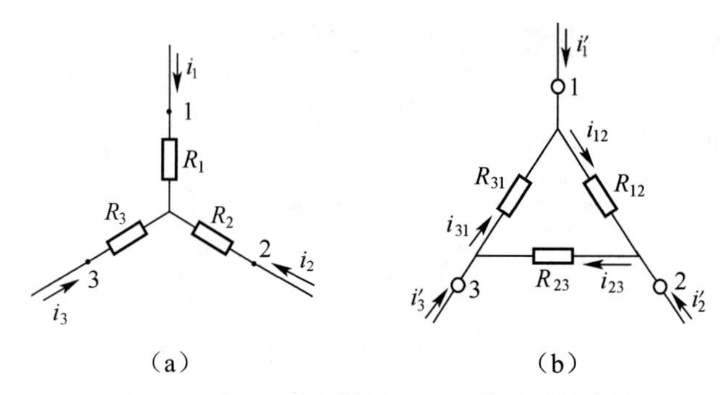

图 1-78 电阻 Y 形连接与Δ形连接的等效变换

由 KCL，端子处电流分别为

$$\begin{cases} i_1' = i_{12}' - i_{31}' = \dfrac{u_{12}}{R_{12}} - \dfrac{u_{31}}{R_{31}} \\ i_2' = i_{23}' - i_{12}' = \dfrac{u_{23}}{R_{23}} - \dfrac{u_{12}}{R_{12}} \\ i_3' = i_{31}' - i_{23}' = \dfrac{u_{31}}{R_{31}} - \dfrac{u_{23}}{R_{23}} \end{cases} \tag{1-29}$$

对 Y 形连接的电路，找出端子处电流与端子间电压的关系要稍微复杂一些，但是根据

$$u_{12} = R_1 i_1 - R_2 i_2$$

$$u_{23} = R_2 i_2 - R_3 i_3$$

及

$$i_1 + i_2 + i_3 = 0$$

可以解出电流

$$\begin{cases} i_1 = \dfrac{R_3 u_{12}}{R_1 R_2 + R_2 R_3 + R_3 R_1} - \dfrac{R_2 u_{31}}{R_1 R_2 + R_2 R_3 + R_3 R_1} \\ i_2 = \dfrac{R_1 u_{23}}{R_1 R_2 + R_2 R_3 + R_3 R_1} - \dfrac{R_3 u_{12}}{R_1 R_2 + R_2 R_3 + R_3 R_1} \\ i_3 = \dfrac{R_2 u_{31}}{R_1 R_2 + R_2 R_3 + R_3 R_1} - \dfrac{R_1 u_{23}}{R_1 R_2 + R_2 R_3 + R_3 R_1} \end{cases} \tag{1-30}$$

不论电压 u_{12}、u_{23}、u_{31} 为何值，两个电路要等效的话，流入对应端子的电流必须相等，故式（1-29）和式（1-30）中电压 u_{12}、u_{23}、u_{31} 前面的系数应该对应相等，于是得

$$\begin{cases} R_{12} = \dfrac{R_1 R_2 + R_2 R_3 + R_3 R_1}{R_3} \\ R_{23} = \dfrac{R_1 R_2 + R_2 R_3 + R_3 R_1}{R_1} \\ R_{31} = \dfrac{R_1 R_2 + R_2 R_3 + R_3 R_1}{R_2} \end{cases} \tag{1-31}$$

式（1-31）是从已知的 Y 形连接的三个电阻来确定等效 Δ 形连接的各电阻的关系式。

可以看出，这里的规律是

$$\begin{bmatrix}\Delta\text{形中连接}\\ \text{于}j\text{、}k\text{端钮}\\ \text{间的电阻}R_{jk}\end{bmatrix}=\frac{\text{Y 形连接中每两电阻乘积之和}}{\text{Y 中除连接于}j\text{、}k\text{端钮外另一个端钮的电阻}}$$

特殊情况，在 Y 形连接中若 3 个电阻相等，即 $R_1 = R_2 = R_3 = R_Y$，则在Δ形连接中的 3 个电阻也相等，且 $R_{12} = R_{23} = R_{31} = 3R_Y$

由式（1-31）可以解得

$$\begin{cases} R_1 = \dfrac{R_{31}R_{12}}{R_{12}+R_{23}+R_{31}} \\ R_2 = \dfrac{R_{12}R_{23}}{R_{12}+R_{23}+R_{31}} \\ R_3 = \dfrac{R_{23}R_{31}}{R_{12}+R_{23}+R_{31}} \end{cases} \tag{1-32}$$

式（1-32）是由Δ形连接的电阻来确定等效 Y 形连接的各电阻的关系式。可以看出这里的规律是

$$\begin{bmatrix}\text{Y 形中连接}\\ \text{于端钮}k\text{的}\\ \text{电阻}R_k\end{bmatrix}=\frac{\Delta\text{形中连接于端钮}k\text{的两电阻之积}}{\Delta\text{形中三个电阻之和}}$$

特殊情况，在Δ连接中若 3 个电阻相等，即 $R_{12} = R_{23} = R_{31} = R_\Delta$，则在 Y 形连接中 3 个电阻也相等，且 $R_1 = R_2 = R_3 = R_\Delta/3$。

接在复杂电路中的 Y 形连接或Δ形连接部分，可以运用上述公式等效互换，并不影响电路中其余部分的电压和电流，变化后可以化简电路。

如求图 1-79（a）电路的等效电阻 R_{ab} 时，不能运用串、并联等效电阻公式求出。如果把图 1-79（a）中由电阻 R_{12}、R_{23}、R_{31} 组成的Δ形连接，变成图 1-79（b）中所示由 R_1、R_2、R_3 组成的 Y 形连接后，则可运用电阻串并联等效电阻公式方便地求出 R_{ab}。

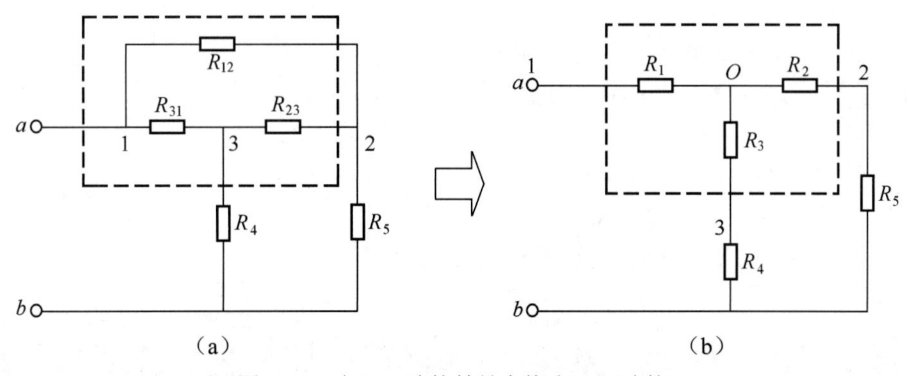

图 1-79　电阻Δ连接等效变换为 Y 形连接

【例 1-24】 如图 1-80 所示的电桥电路，求电流 I。

解： 可以运用 Y－Δ变换，使原电路化为简单电路后求解电流 I。有好几种变换方式可供采用。例如可以把 20Ω、30Ω、50Ω三个电阻构成的Δ形连接化为等效 Y 形连接，也可以把

20Ω、50Ω、8Ω三个电阻构成的 Y 形连接化为等效Δ形连接。我们选第一种变换方式，将图 1-80（a）化简为图 1-80（b）所示，O 点是化为 Y 形连接后出现的新节点，图中

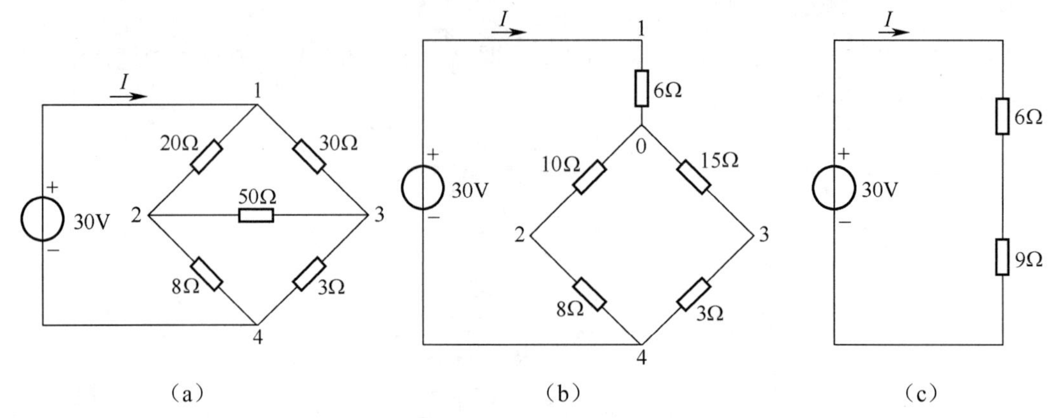

图 1-80　例 1-24 电路

$$R_1=\frac{20\times 30}{20+30+50}=6\Omega$$

$$R_2=\frac{20\times 50}{20+30+50}=10\Omega$$

$$R_3=\frac{30\times 50}{20+30+50}=15\Omega$$

图 1-80（b）已变成串、并、混联电路。对此电路继续化简至图 1-80（c）所示，由图 1-80（c）求得

$$I=\frac{30}{6+9}=2\text{A}$$

思考与练习

1-30　求图 1-81 所示电路的等效电阻 R_{ab}。

1-31　求图 1-82 所示电路中电流 I 和电压源提供的功率。

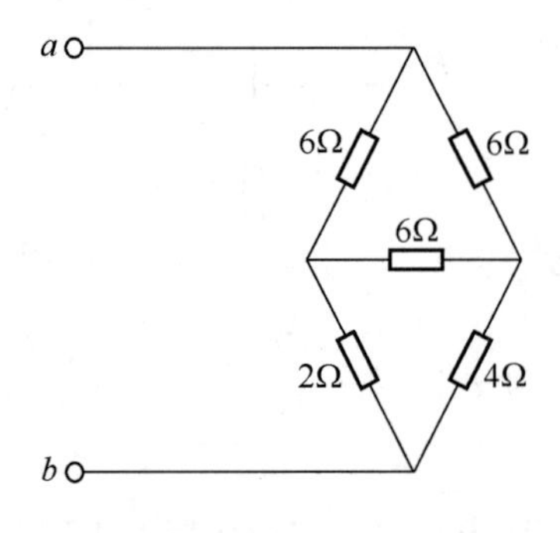

图 1-81　练习题 1-30 电路

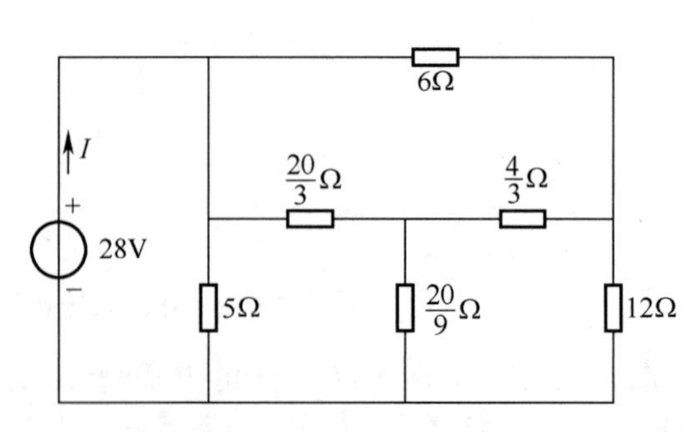

图 1-82　练习题 1-31 电路

小结

1. 电路模型

本书分析、研究的电路均为电路模型。本章首先介绍了理想电路元件及集总参数电路的概念，在集总假设条件下，将实际电路中各实际部件都用它们的电路模型表示，这样画出的图称为电路模型图，也称为电路图。

2. 电路中的基本变量

（1）电流。电荷有规律地定向移动形成传导电流。用电流强度来衡量电流的大小，即 $i = \mathrm{d}q/\mathrm{d}t$。电流的实际方向规定为正电荷运动的方向；电流的参考方向是假定正电荷运动的方向。

（2）电压。电压即两点之间的电位之差。用移动单位正电荷电场力做功来定义，即 $u = \mathrm{d}w/\mathrm{d}q$。规定电压的实际方向为电位降低的方向；电压的参考方向是假定电位降低的方向。应该特别注意的是，在分析电路时，首先应对有关电流、电压标出它们的参考方向。

（3）电功率。单位时间内某段电路吸收或产生的能量称为该段电路的电功率，即 $p = \mathrm{d}w/\mathrm{d}t$。当电流电压为关联参考方向时，该段电路吸收功率为 $p = ui$，产生功率为 $p = -ui$；当电流电压为非关联参考方向时，该段电路吸收、产生功率的公式均与关联参考方向时差一负号。

3. 电源

电源可分为独立源和受控源两类。独立源包括电压源和电流源，它们都是有源元件，能独立地给电路提供能量。

（1）电压源与电流源。电压源的特性是其端口电压为定值或一定的时间函数，与流过的电流大小、方向无关，流过电压源的电流的大小、方向是任意的，与外电路有关。故在复杂电路中，电压源可以对外电路提供能量，也可以从外电路吸收能量。

电流源的特性是，其流出的电流是定值或一定的时间函数，与它两端的电压大小、极性无关；电流源两端的电压大小、方向是任意的，与外电路有关。与电压源一样，在复杂电路中，电流源既可以对外电路提供能量，也可以从外电路吸收能量。

（2）受控源。受控源也是一种电源元件，其输出电压或电流受电路中其他地方的电压或电流的控制。根据控制变量与受控变量之间不同的控制方式，受控源可分为四种：电压控制电压源（VCVS）、电流控制电压源（CCVS）、电压控制电流源（VCCS）和电流控制电流源（CCCS）。

在实际应用中，应注意独立源与受控源之间的区别：

（1）独立电压源的输出电压和独立电流源的输出电流是由电源本身的特性决定的，与外电路无关。而受控电压源的输出电压和受控电流源的输出电流的大小与方向受其控制支路上的电流或电压的控制。

（2）独立源在电路中代表外界对电路的输入或激励，对电路提供能量，即对电路起激励作用。而受控源则主要表征电路内部某处的电流或电压对另一处电流或电压的控制关系，对电路不起激励作用，即受控源单独作用于电路时，不会产生电流、电压。

4. 运算放大器

理想运算放大器具有“虚短”和“虚断”两个特点，它们是分析含理想运算电路的重要依据。

5. 基本定律

基本定律可归纳为如表 1-1 所示。

表 1-1 电路的基本定律

定律名称	描述对象	定律形式	应用条件
OL	电阻（电导）	$u = Ri$（$i = Gu$）	线性电阻（电导），u、i 关联参考方向，非关联则公式中冠以负号
KCL	节点	$\sum i(t) = 0$	任何集总参数电路（含线性、非线性、时变、非时变电路）
KVL	回路	$\sum u(t) = 0$	同 KCL

6. 电阻电路的等效变换

（1）等效变换概念。两部分电路 B 与 C，若对任意外电路 A，二者相互代换能使电路 A 中有相同的电压、电流、功率，则称电路 B 与 C 是互为等效的。

（2）等效条件。电路 B 与 C 具有相同的 VCR。

表 1-2 给出了电阻电路分析中主要的等效变换电路。

表 1-2 电阻电路的等效变换

电路名称	等效形式	等效变换关系
电压源与任意二端元件并联	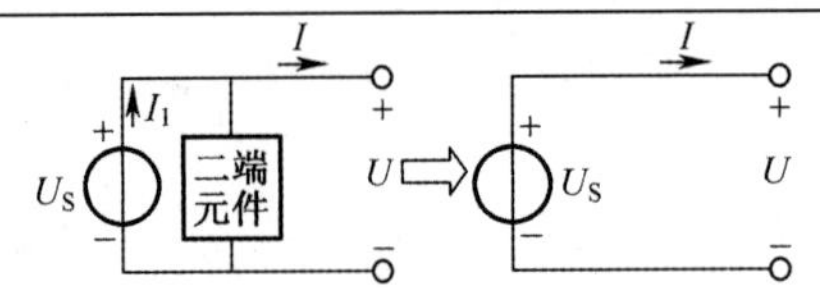	$U = U_S$ $I \neq I_1$
电流源与任意二端元件串联	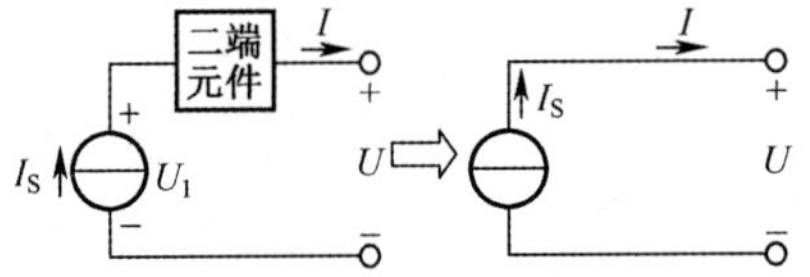	$I = I_S$ $U \neq U_1$
实际电源等效互换	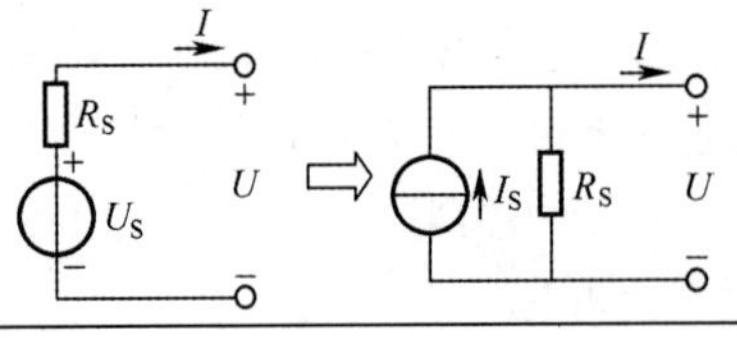	$U_S = R_S I_S$ $I_S = \frac{U_S}{R_S}$
电桥平衡	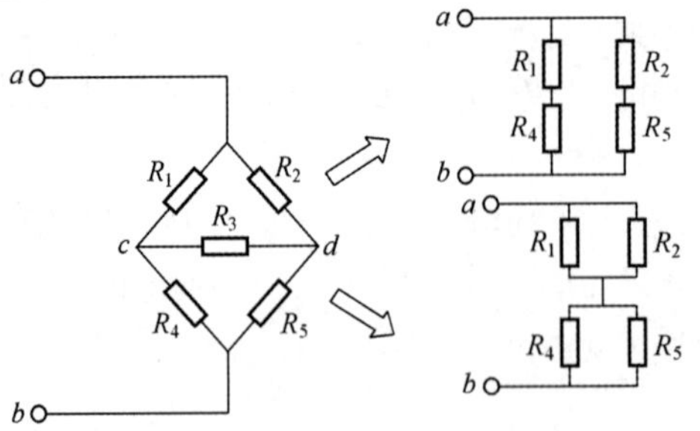	$R_1 R_5 = R_2 R_4$

续表

电路名称	等效形式	等效变换关系
电阻 Y 形连接与Δ连接互换		$\begin{cases} R_1=\dfrac{R_{31}R_{12}}{R_{12}+R_{23}+R_{31}} \\ R_2=\dfrac{R_{12}R_{23}}{R_{12}+R_{23}+R_{31}} \\ R_3=\dfrac{R_{23}R_{31}}{R_{12}+R_{23}+R_{31}} \end{cases}$ $\begin{cases} R_{12}=\dfrac{R_1R_2+R_2R_3+R_3R_1}{R_3} \\ R_{23}=\dfrac{R_1R_2+R_2R_3+R_3R_1}{R_1} \\ R_{31}=\dfrac{R_1R_2+R_2R_3+R_3R_1}{R_2} \end{cases}$

练习一

1-1　图 1-83 所示的一段电路 N，试计算 N 吸收的功率。在图 1-83（a）中，$U=-2\text{V}$，$I=1\text{A}$；在图 1-83（b）中，$U=-3\text{V}$，$I=2\text{A}$；在图 1-83（c）中：$U=2\text{V}$，$I=-3\text{A}$；在图 1-83（d）中，$u=10\text{V}$，$i=5\text{e}^{-2t}\text{mA}$。

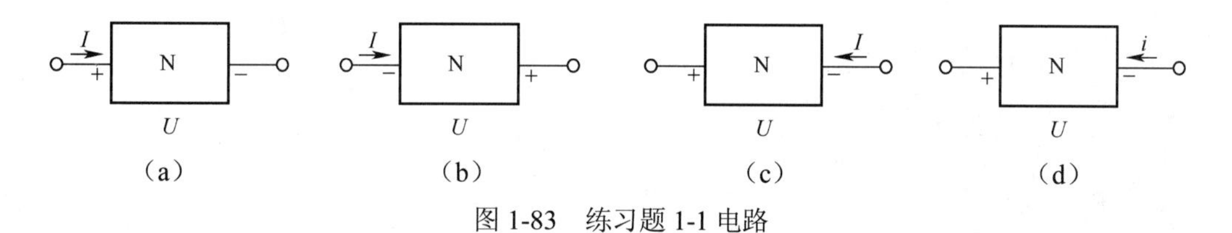

图 1-83　练习题 1-1 电路

1-2　在图 1-84 所示的电路中：（1）求电流 I；（2）求 U_{ab} 及 U_{cd}。

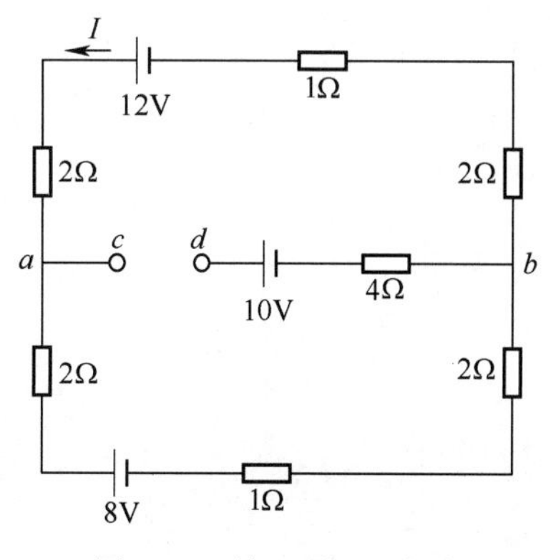

图 1-84　练习题 1-2 电路

1-3　在图 1-85 所示的电路中，一个 6V 电压源与不同的外电路相连，求 6V 电压源在两种情况下提供的功率 P_{S}。

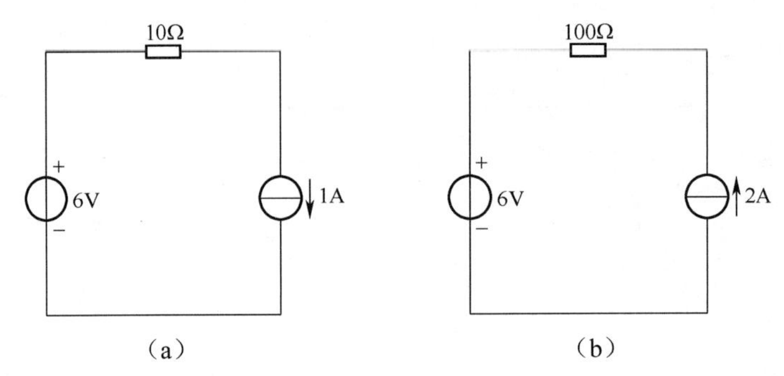

图 1-85　练习题 1-3 电路

1-4　求图 1-86 所示电路的电压 U。

1-5　求图 1-87 所示电路中的各电阻和电流源的电压及各电流源的功率。

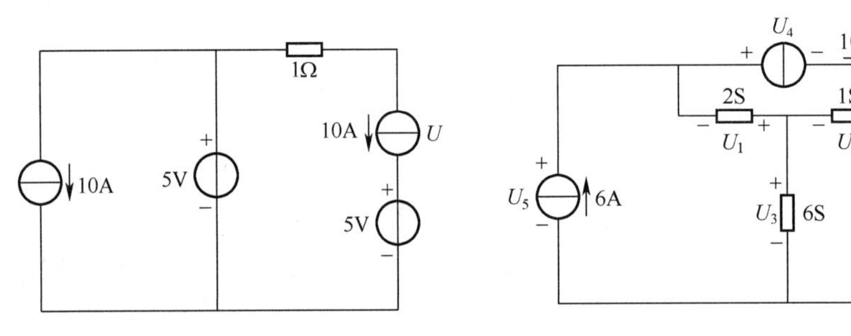

图 1-86　练习题 1-4 电路

图 1-87　练习题 1-5 电路

1-6　求图 1-88 所示电路中的 U_{ab}。

1-7　求图 1-89 所示电路中的 I、U_S、R。

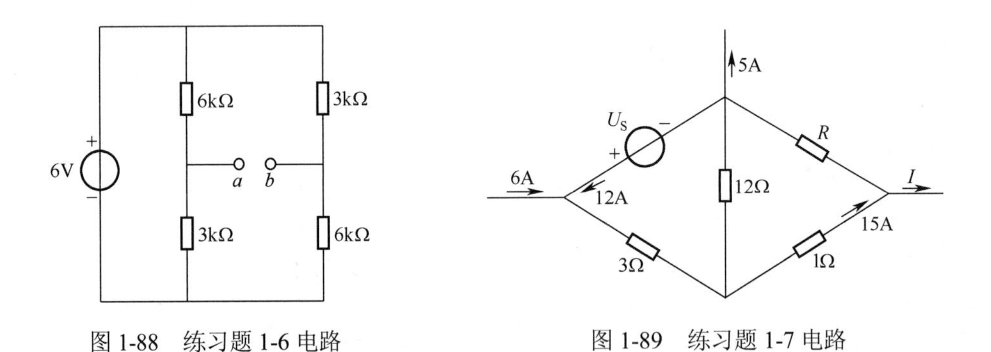

图 1-88　练习题 1-6 电路

图 1-89　练习题 1-7 电路

1-8　对图 1-90 所示电路：（1）求 I_S 及电源 U_S 产生的功率；（2）若 $R=0$，问（1）中所求两功率如何变化？

1-9　对图 1-91 所示电路，求 I、V_a、U_S。

1-10　求图 1-92 所示电路中的 U。

1-11　对图 1-93 所示电路，求受控源吸收的功率。

1-12　对图 1-94 所示电路，已知 $U=28\text{V}$，求电阻 R。

1-13　对图 1-95 所示电路：（1）求 I_1、I_2；（2）求 6V 电压源产生的功率。

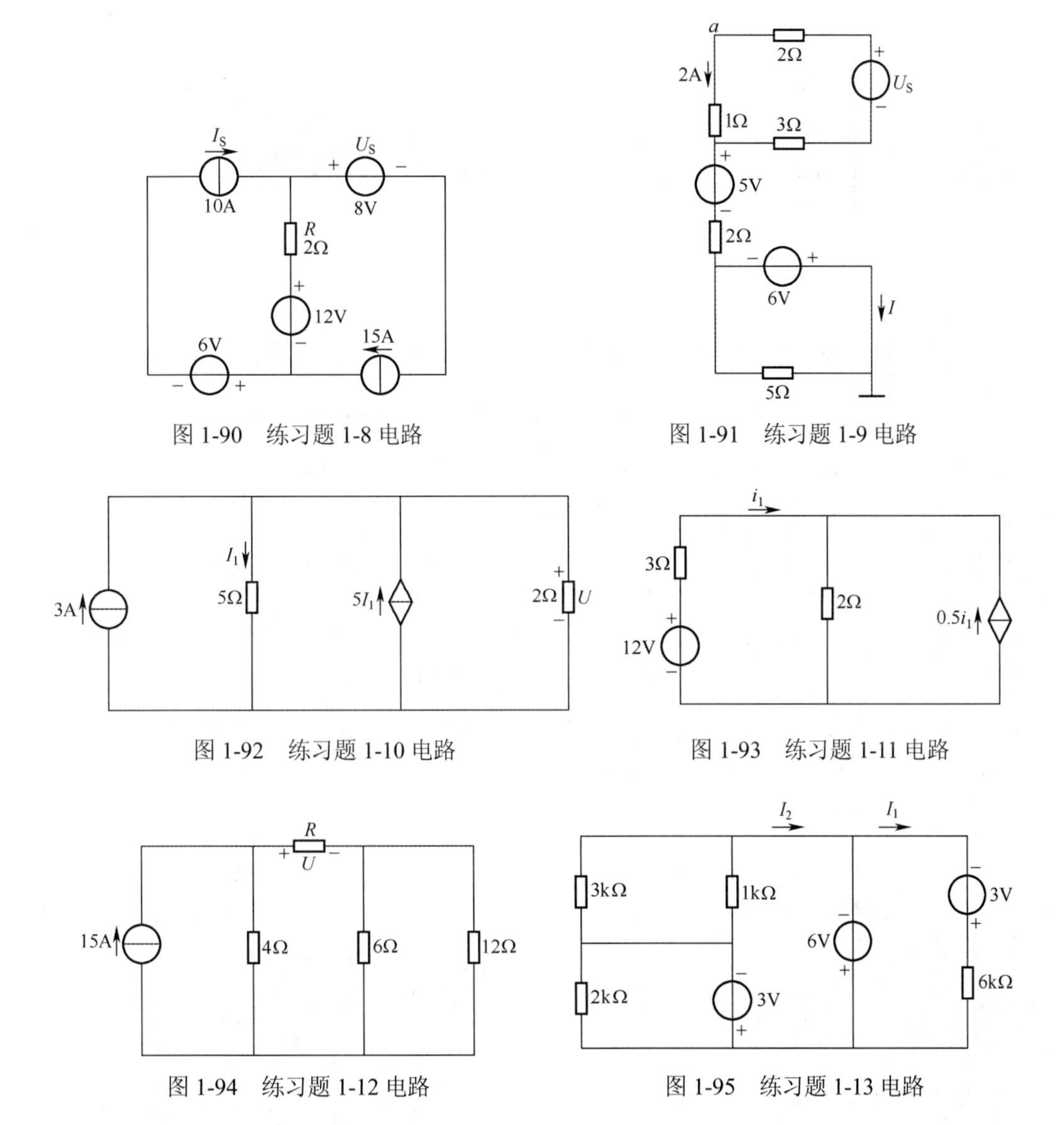

图 1-90　练习题 1-8 电路

图 1-91　练习题 1-9 电路

图 1-92　练习题 1-10 电路

图 1-93　练习题 1-11 电路

图 1-94　练习题 1-12 电路

图 1-95　练习题 1-13 电路

1-14　对图 1-96 所示电路，求电流 I。

1-15　对图 1-97 所示电路，求电流 I。

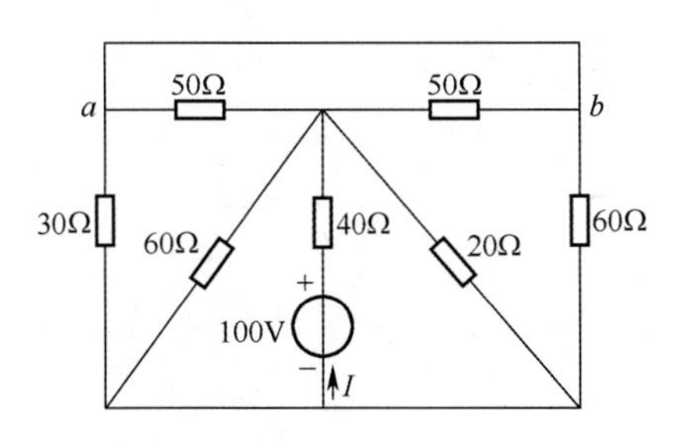

图 1-96　练习题 1-14 电路

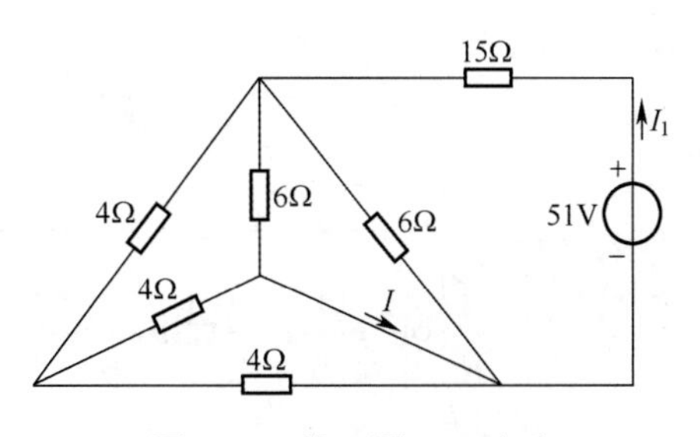

图 1-97　练习题 1-15 电路

1-16　对图 1-98 所示电路，求 ab 间的开路电压 U_{ab}。

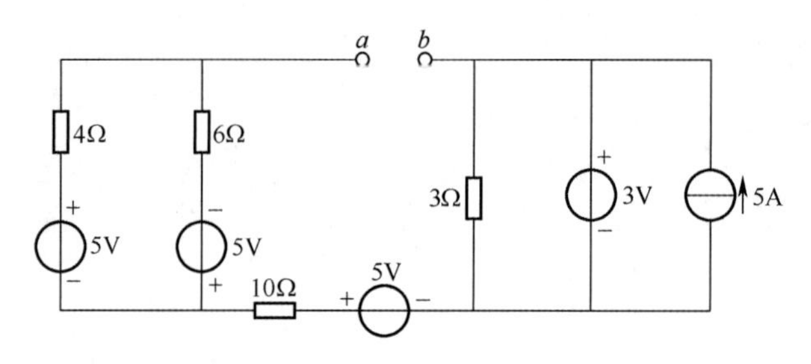

图 1-98　练习题 1-16 电路

1-17　对图 1-99 所示的两电路，试求当开关 S 打开与闭合时 ab 两点之间的等效电阻。

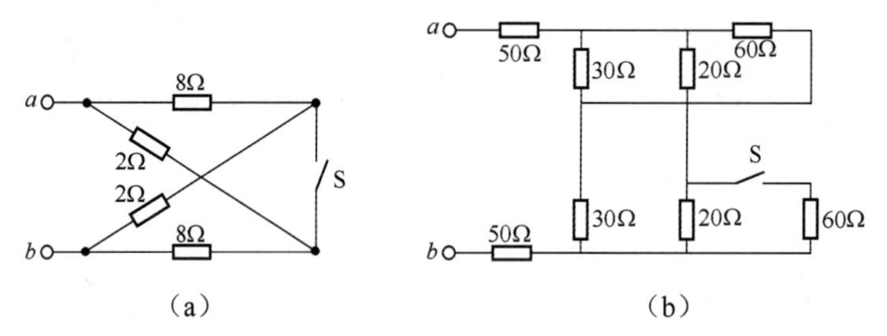

图 1-99　练习题 1-17 电路

1-18　对图 1-100 所示电路，已知 $R_1=2\Omega$，$R_2=4\Omega$，$R_3=R_4=1\Omega$，求电流 i。

1-19　对图 1-101 所示电路，求 2Ω电阻吸收的功率。

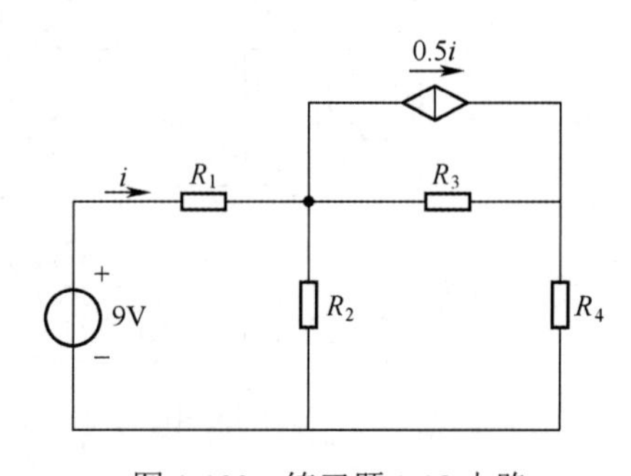

图 1-100　练习题 1-18 电路

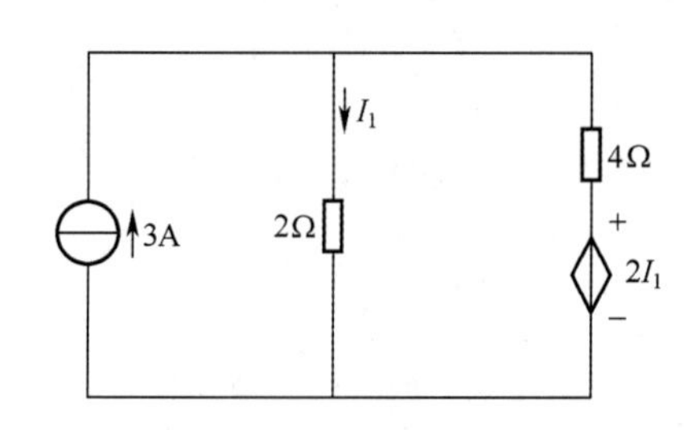

图 1-101　练习题 1-19 电路

1-20　图 1-102 所示的电路起减法作用，求输出电压 u_o 和输入电压 u_1、u_2 之间的关系。

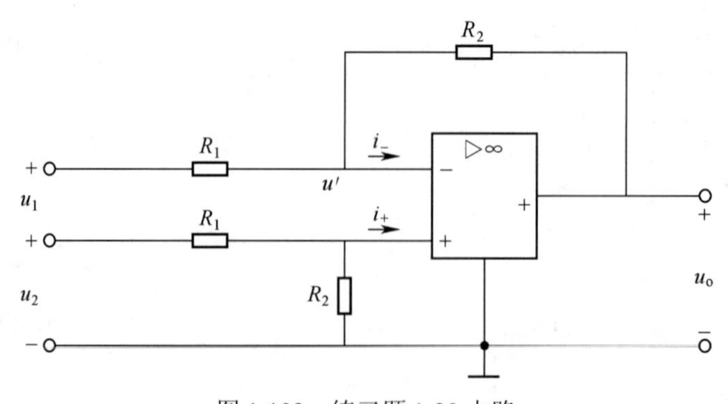

图 1-102　练习题 1-20 电路

1-21　对图 1-103 所示的电路，应用 Y－Δ 变换求电压 U_{ab}。

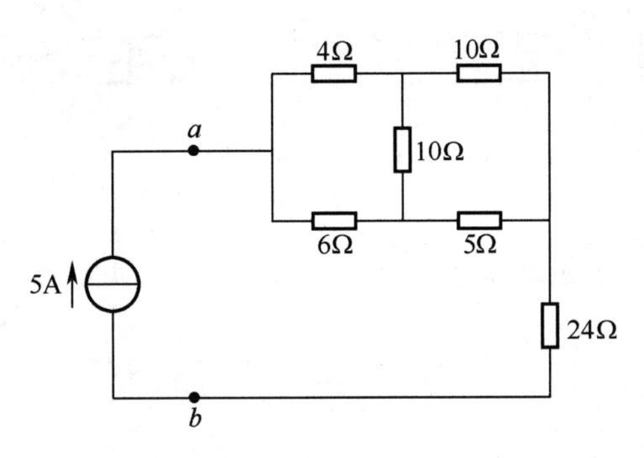

图 1-103　练习题 1-21 电路

第2章　电阻性网络分析的一般方法

【本章重点】

- 支路电流法及其在电路分析、计算中的运用。
- 节点电压法、网孔电流法。
- 叠加定理、戴维南定理。
- 诺顿定理、置换定理。

【本章难点】

- 节点电压法、网孔电流法。
- 综合运用电路的分析方法和重要定理解决复杂电路。

本章讲述电阻电路的方程分析法和几个重要的电路定理。

2.1　支路电流法

支路电流法是以支路电流作为电路的变量，亦即未知量，直接应用基尔霍夫电流定律和基尔霍夫电压定律以及欧姆定律，列出与支路电流数目相等的独立节点电流方程和回路电压方程，然后联立解出各支路的电流的一种方法。可以根据要求，再进一步求出其他待求量。

下面以图 2-1 为例介绍支路电流法求解电路的方法和步骤。

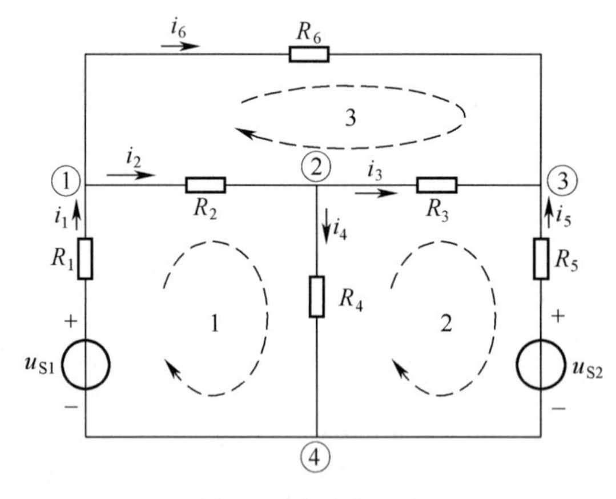

图 2-1　支路电流法

（1）根据电路的支路数 m，确定待求的电流 i_1，i_2，…，i_m，选定并在电路图上标出各支路电流的参考方向，作为列写电路方程的依据。

图 2-1 所示的电路有支路数 $m=6$，支路电流分别为 i_1，i_2，i_3，…，i_6，各支路电流的参考方向如图 2-1 所示。电路中有 6 个支路电流待求，根据要求应列写 6 个支路电流方程。

（2）首先根据基尔霍夫电流定律列出独立节点方程。电路有 n 个节点，可列写 n 个节点方程，将这 n 个节点方程相加，得到的结果是 $0=0$。这就是说，在这 n 个方程中任意 $n-1$ 个方程相加，必然得到一个与所剩方程各项相等、但符号相反的方程。这说明，在这 n 个方程中只有 $n-1$ 个方程是独立的。任意去掉一个节点，剩余的节点都是独立节点，相对应的节点方程也是相互独立的了。

去掉节点④，列写独立节点方程

节点①　　$-i_1+i_2+i_6=0$

节点②　　$-i_2+i_3+i_4=0$

节点③　　$-i_3-i_5-i_6=0$

（3）根据基尔霍夫电压定律列出回路方程。节点方程比要求的支路电流方程少，需要用回路方程补足。选取 $l=m-(n-1)$ 个独立的回路，选定绕行方向，根据基尔霍夫电压定律列出 l 个独立的回路方程。

应用基尔霍夫电压定律对电路列出的回路方程往往多于 l 个，这是由于电路的回路数多于 l 个。在电路中选择 l 个独立回路的方法可以基于这两种方式：选取的回路中必包含一条其他回路未曾选用过的新支路，用此方法选取的 l 个回路都是独立回路；或者选取网孔作为独立回路，网孔数就是独立回路数。

该电路所需回路方程数

$$l=6-(4-1)=3$$

独立回路的选取及绕行方向如图 2-1 所示，独立回路方程为

回路 1　　$i_1R_1+i_2R_2+i_4R_4=u_{s1}$

回路 2　　$i_3R_3-i_4R_4-i_5R_5=-u_{s2}$

回路 3　　$-i_2R_2-i_3R_3+i_6R_6=0$

（4）将 6 个独立方程联立求解，得到各支路电流。如果支路电流的值为正，则表示实际电流方向与参考方向相同；如果某一支路的电流值为负，则表示实际电流的方向与参考方向相反。

（5）根据电路的要求，求出其他待求量，如支路或元件上的电压、功率等。

【例 2-1】 用支路电流法求解图 2-2 所示的电路中各支路电流及各电阻上吸收的功率。

解：（1）求各支路电流。该电路有 3 条支路、2 个节点。首先指定各支路电流的参考方向，如图 2-2 所示。

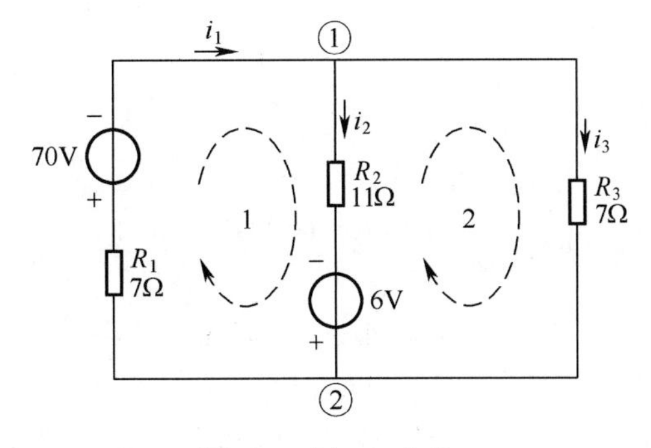

图 2-2　例 2-1 电路

列出节点电流方程

节点① $-i_1+i_2+i_3=0$

选取独立回路，并指定绕行方向，列回路方程

回路 1 $7i_1+11i_2=6-70=-64$

回路 2 $-11i_2+7i_3=-6$

联立求解，得到

$$i_1=-6\text{A}$$
$$i_2=-2\text{A}$$
$$i_3=-4\text{A}$$

支路电流i_1、i_2、i_3的值为负，说明i_1、i_2、i_3的实际方向与参考方向相反。

（2）求各电阻上吸收的功率。电阻吸收的功率为

$$P=ui=i^2R$$

电阻R_1吸收的功率 $P_1=(-6)^2\times7=252\text{W}$

电阻R_2吸收的功率 $P_2=(-2)^2\times11=44\text{W}$

电阻R_3吸收的功率 $P_3=(-4)^2\times7=112\text{W}$

【例 2-2】 用支路电流法求解图 2-3（a）所示电路的各支路电流。

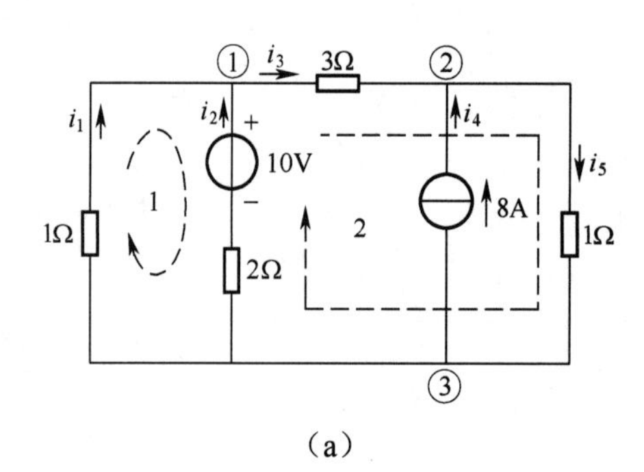

（a）

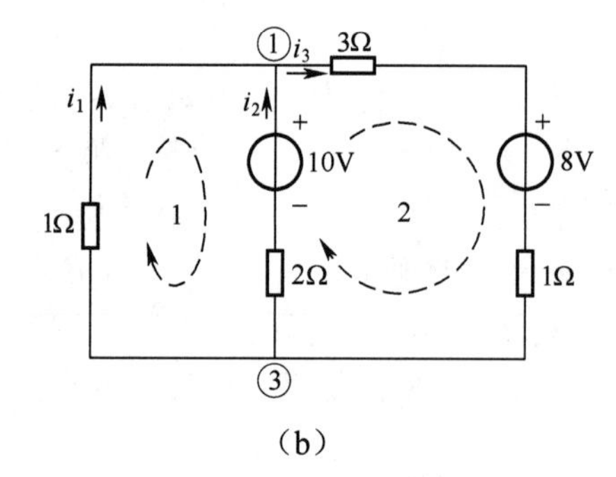

（b）

图 2-3 例 2-2 电路

解：在图 2-3（a）中，电路节点数$n=3$、支路数$m=5$，其中一条支路仅含有理想电流源。

方法一：理想电流源$i_s=8\text{A}$是已知的，即该支路电流$i_4=i_s=8\text{A}$，故只需要求 4 条支路的电流，列出 4 个支路电流方程即可。根据指定的支路电流的参考方向和选取的独立回路的绕行方向，支路电流方程为

节点① $-i_1-i_2+i_3=0$

节点② $-i_3-8+i_5=0$

回路 1 $i_1-2i_2=-10$

回路 2 $2i_2+3i_3+i_5=10$

联立求解，得到

$$i_1=-4\text{A};\ i_2=3\text{A}$$
$$i_3=-1\text{A};\ i_5=7\text{A}$$

支路电流i_1、i_3的值为负，说明i_1、i_3的实际方向与参考方向相反；i_2 i_5的值为正，说明i_2 i_5

的实际方向与参考方向相同。

方法二：该电路的理想电流源旁并联了一个电阻支路，为了减少方程数，可将电流源和并联电阻组成的部分电路用电源等效方法进行变换。

$$u_{s2} = i_s \times 1 = 8\text{V}$$

$$R_s = 1\Omega$$

变换后的电路如图 2-3（b）所示，该电路只含支路数 $m=3$、节点数 $n=2$，因此只需要 3 个支路电流方程即可。

根据指定的支路电流的参考方向和选定的独立回路的绕行方向，列出支路电流方程为

节点①　　$-i_1 - i_2 + i_3 = 0$

回路 1　　$i_1 - 2i_2 = -10$

回路 2　　$2i_2 + 4i_3 = -8 + 10 = 2$

联立求解，得到

$$i_1 = -4\text{A} \quad i_2 = 3\text{A} \quad i_3 = -1\text{A}$$

根据图 2-3（a）求 i_5 得　　$i_5 = i_3 + i_4 = -1 + 8 = 7\text{A}$

支路电流法的优点是可以直接求出电路中全部支路的电流，既适合于线性电路，也适合于非线性电路。但是，当电路中支路数目较多时，求解支路电流所需的方程数目也多，分析计算比较麻烦，手工处理很少采用。随着计算机技术的发展、计算机辅助设计的应用，这种方法日益受到重视。

思考与练习

2-1　怎样选择独立回路？在列写回路方程时，绕行方向的选择是否会影响计算的结果？

2-2　电路如图 2-4 所示，列写用支路电流法求解的方程。

2-3　试用支路电流法求解如图 2-5 所示电路中的各支路电流。

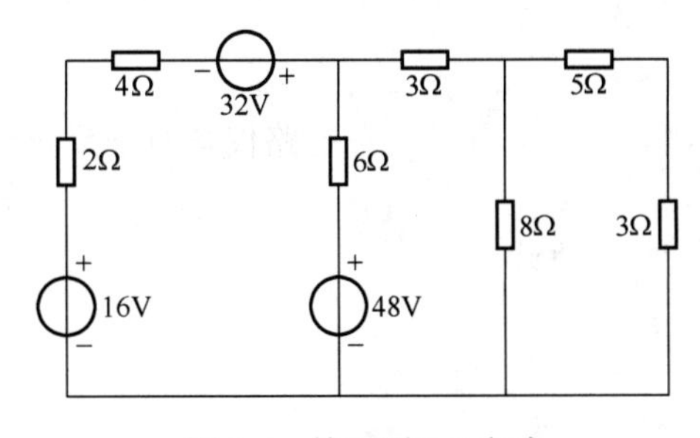

图 2-4　练习题 2-2 电路

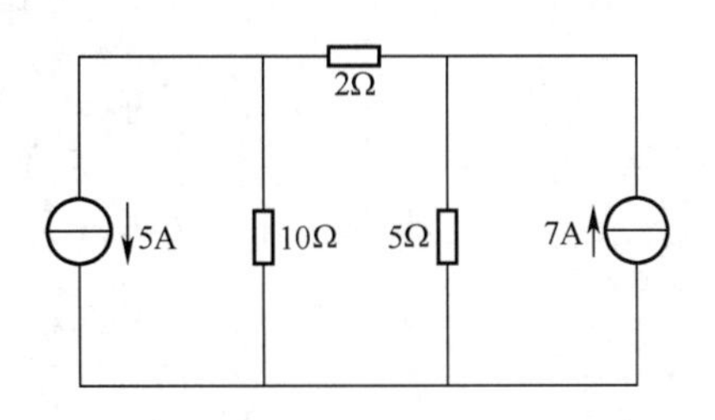

图 2-5　练习题 2-3 电路

2.2　节点电压法

在电路中任意选择一个节点为非独立节点，称此节点为参考点。其他独立节点与参考点之间的电压，称为该节点的节点电压。

节点电压法是以节点电压为求解电路的未知量，利用基尔霍夫电流定律和欧姆定律导出

$n-1$个独立节点电压为未知量的方程，联立求解，得出各节点电压，然后进一步求出各待求量。

节点电压法适用于结构复杂、非平面电路、独立回路选择麻烦，以及节点少、回路多的电路的分析求解。对于 n 个节点、m 条支路的电路，节点电压法仅需要$n-1$个独立方程，比支路电流法少$m-(n-1)$个方程。

2.2.1 节点电压方程式的一般形式

图 2-6 所示电路为具有三个节点的电路，下面以图 2-6 为例说明用节点电压法进行的电路分析方法和求解步骤，导出节点电压方程式的一般形式。

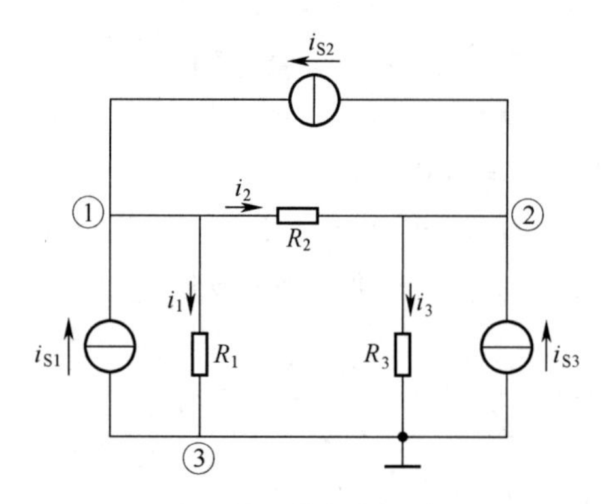

图 2-6 节点电压法

首先选择节点③为参考节点，则$u_3=0$。设节点①的电压为u_1，节点②的电压为u_2，各支路电流及参考方向如图 2-6 中的标示。应用基尔霍夫电流定律，对节点①、节点②分别列出节点电流方程

节点① $$-i_{s1}-i_{s2}+i_1+i_2=0$$

节点② $$i_{s2}-i_{s3}-i_2+i_3=0$$

根据欧姆定律，用节点电压表示支路电流

$$i_1=\frac{u_1}{R_1}=G_1u_1$$

$$i_2=\frac{u_1-u_2}{R_2}=G_2(u_1-u_2)$$

$$i_3=\frac{u_2}{R_3}=G_3u_2$$

代入节点①、节点②电流方程，得到

$$-i_{s1}-i_{s2}+\frac{u_1}{R_1}+\frac{u_1-u_2}{R_2}=0$$

$$i_{s2}-i_{s3}-\frac{u_1-u_2}{R_2}+\frac{u_2}{R_3}=0$$

整理后可得

$$(\frac{1}{R_1}+\frac{1}{R_2})u_1-\frac{1}{R_2}u_2=i_{s1}+i_{s2}$$

$$-\frac{1}{R_2}u_1+(\frac{1}{R_2}+\frac{1}{R_3})u_2=i_{s3}-i_{s2}$$

或表示成

$$(G_1+G_2)u_1-G_2u_2=i_{s1}+i_{s2}$$

$$-G_2u_1+(G_2+G_3)u_2=i_{s3}-i_{s2}$$

分析上述节点方程，可知：

节点①方程中的(G_1+G_2)是与节点①相连接的各支路的电导之和，称为节点①的自电导，用G_{11}表示。由于(G_1+G_2)取正值，故$G_{11}=(G_1+G_2)$也取正值。

节点①方程中的G_2是连接节点①和节点②之间支路的电导之和，$-G_2$称为节点①和节点②之间的互电导，用G_{12}表示。由于G_2取正值，故$G_{12}=-G_2$取负值。

节点②方程中的(G_2+G_3)是与节点②相连接的各支路的电导之和，称为节点②的自电导，用G_{22}表示。由于(G_2+G_3)取正值，故$G_{22}=(G_2+G_3)$也取正值。

节点②方程中的G_2是连接节点②和节点①之间各支路的电导之和，$-G_2$称为节点②和节点①之间的互电导，用G_{21}表示。且$G_{12}=G_{21}$，由于G_2取正值，故G_{21}取负值，即$G_{21}=-G_2$。

$i_{s1}+i_{s2}$是流向节点①的理想电流源电流的代数和，用i_{s11}表示。流入节点的电流取“+”；流出节点的电流取“−”。

$i_{s3}-i_{s2}$是流向节点②的理想电流源电流的代数和，用i_{s22}表示。i_{s2}、i_{s3}前的符号取向同上。

根据以上分析，节点电压方程可写成

$$G_{11}u_1+G_{12}u_2=i_{s11}$$

$$G_{21}u_1+G_{22}u_2=i_{s22}$$

这是具有两个独立节点的电路节点电压方程的一般形式。也可以将其推广到具有 n 个节点（独立节点数为$n-1$个）的电路，具有n个节点的节点电压方程的一般形式为

$$\begin{cases}G_{11}u_1+G_{12}u_2+\cdots+G_{1(n-1)}u_{(n-1)}=i_{s11}\\ G_{21}u_1+G_{22}u_2+\cdots+G_{2(n-1)}u_{(n-1)}=i_{s22}\\ \qquad\vdots\\ G_{(n-1)1}u_1+G_{(n-1)2}u_2+\cdots+G_{(n-1)(n-1)}u_{(n-1)}=i_{s(n-1)(n-1)}\end{cases}$$

综合以上分析，采用节点电压法对电路进行求解，可以根据节点电压方程的一般形式直接写出电路的节点电压方程。其步骤归纳如下：

（1）指定电路中某一节点为参考点，标出各独立节点电位（符号）。

（2）按照节点电压方程的一般形式，根据实际电路直接列出各节点电压方程。

列写第k个节点电压方程时，与k节点相连接的支路上电阻元件的电导之和（自电导）一律取“+”号；与k节点相关联支路的电阻元件的电导之和（互电导）一律取“−”号。流入k节点的理想电流源的电流取“+”号；流出的则取“−”号。

（3）联立求解，解出各节点电压。

（4）根据节点电压，再求待求量。

【例 2-3】 用节点电压法求图 2-7（a）所示电路中的各支路电流。

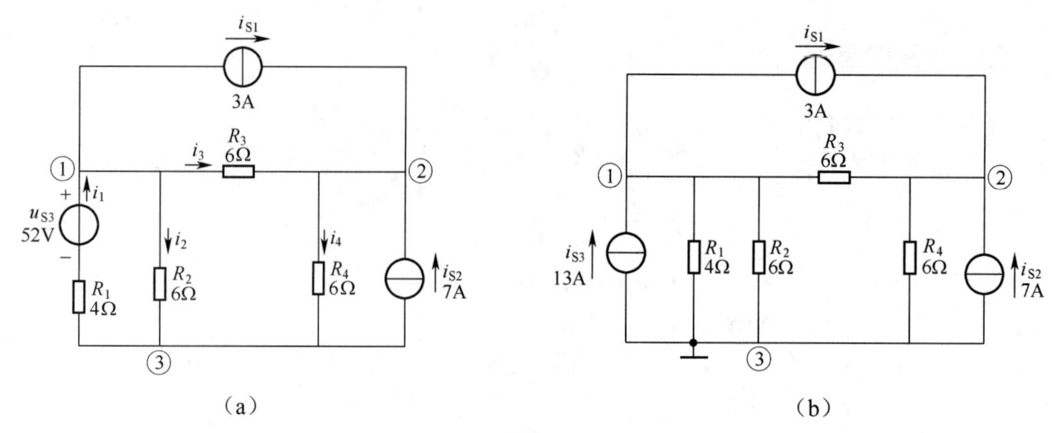

图 2-7　例 2-3 电路

解：电路中有一条电压源u_{s3}和电阻R_1串联的支路，首先用电源等效变换的方法将其转换成电流源与电阻并联的电路（实际电压源转换成实际电流源），等效变换后的电路如图 2-7（b）所示。

$$i_{s3}=\frac{u_{s3}}{R_1}=\frac{52}{4}=13\text{A}$$

根据节点电压方程的一般形式列写方程。取节点③为参考点，节点方程为

节点①
$$(\frac{1}{4}+\frac{1}{6}+\frac{1}{6})u_1-\frac{1}{6}u_2=13-3=10\text{A}$$

节点②
$$-\frac{1}{6}u_1+(\frac{1}{6}+\frac{1}{6})u_2=7+3=10\text{A}$$

联立求解，得

$$u_1=30\text{V}$$
$$u_2=45\text{V}$$

由图 2-7（a）可求得各支路电流

$$i_1=\frac{u_{s3}-u_1}{R_1}=\frac{52-30}{4}=5.5\text{A}$$

$$i_2=\frac{u_1}{R_2}=\frac{30}{6}=5\text{A}$$

$$i_3=\frac{u_1-u_2}{R_3}=\frac{30-45}{6}=-2.5\text{A}$$

$$i_4=\frac{u_2}{R_4}=\frac{45}{6}=7.5\text{A}$$

各支路电流也可以根据图 2-7（b）求得。但要注意，电流i_1不能直接用$\frac{u_1}{R_1}$求得，而应为

$$i_1=i_{s1}+i_2+i_3=i_{s1}+\frac{u_1}{R_2}+\frac{u_1-u_2}{R_3}=3+5-2.5=5.5\text{A}$$

可见所得结果是相同的。

2.2.2　电路中含有理想电压源支路的处理方法

如果在电路中含有一理想电压源支路，它不能应用电源等效变换的方法将其变换成实际电流源，在这种情况下需要特殊处理。处理的方法很多，下面介绍两种不需要改变电路结构的处理方法。

【例 2-4】 用节点电压法求图 2-8 所示电路中电流源两端电压 u_s 和电压源支路中的电流 i_s。

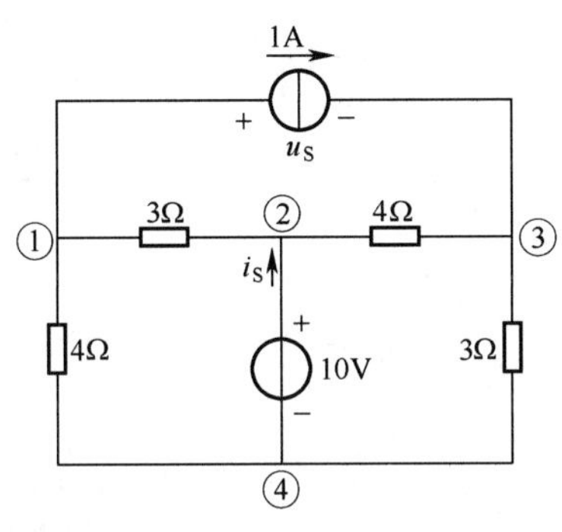

图 2-8　例 2-4 电路

解：

方法一：适当选择参考点，使理想电压源正好跨接在参考点与某一节点之间，该节点电压就是理想电压源的电压，不用对该节点列写节点方程，使节点方程减少了一个，但要增加一个理想电压源与该节点电压的关系方程。

本例中选节点④为参考点，理想电压源正好跨接在参考点与节点之间，各节点电压方程为

节点①　$(\frac{1}{3}+\frac{1}{4})u_1-\frac{1}{3}u_2=-1$

节点②　$u_2=10\text{V}$

节点③　$-\frac{1}{4}u_2+(\frac{1}{3}+\frac{1}{4})u_3=1$

联立求解，得

$$u_1=4\text{V}，u_3=6\text{V}$$

电流源两端电压为

$$u_s=u_{13}=u_1-u_3=4-6=-2\text{V}$$

根据基尔霍夫电流定律，电压源支路中的电流

$$i_s=i_{23}+i_{21}$$

$$i_{23}=\frac{u_2-u_3}{4}=\frac{10-6}{4}=1\text{A}$$

$$i_{21}=\frac{u_2-u_1}{3}=\frac{10-4}{3}=2\text{A}$$

$$i_s=i_{23}+i_{21}=1+2=3\text{A}$$

方法二：一个理想电压源支路，一般它的端电压 u_s 是已知的，在外电路给定的条件下，

其输出电流也是确定的。设输出电流为i_s，把电压源的电流作为电路变量，用于节点电压法中。参考点的选择可以随意，但增加了一个电路变量，还需要增加一个理想电压源与节点电压之间的约束关系的附加方程，才能进行求解。

本方法中选节点③为参考点，各节点的电压方程为

节点① $$(\frac{1}{3}+\frac{1}{4})u_1-\frac{1}{3}u_2-\frac{1}{4}u_4=-1$$

节点② $$-\frac{1}{3}u_1+(\frac{1}{3}+\frac{1}{4})u_2=i_s$$

节点④ $$-\frac{1}{4}u_1+(\frac{1}{4}+\frac{1}{3})u_4=-i_s$$

附加方程

$$u_2-u_4=10\text{V}$$

联立求解，得

$$u_1=-2\text{V};\ u_2=4\text{V};\ u_4=-6\text{V}$$

$$i_s=3\text{A}$$

电流源两端的电压

$$u_s=u_1=-2\text{V}$$

比较上述两种方法，可知第一种处理方法节点方程少，计算方便，计算量小，显得更为简单。如果电路仅含有一个理想电压源，当然应该采用方法一进行电路求解。但若电路中含有多个理想电压源，且不具有公共节点时，则只有采用方法二了。

思考与练习

2-4 应用基尔霍夫电流定律列节点电流方程时，流入、流出节点的电流前的符号是可以设定的，若流入的取正，则流出就取负。在用节点电压法列方程时，流入节点的电流前的符号是否也可以自行设定，为什么？

2-5 已知节点电压方程为

$$(\frac{1}{R_1}+\frac{1}{R_2})u_1-\frac{1}{R_2}u_2=-5$$

$$-\frac{1}{R_2}u_1+(\frac{1}{R_2}+\frac{1}{R_3})u_2=7$$

试画出其具体电路。

2-6 电路如图 2-9 所示，试列出用节点电压法求解该电路的方程。

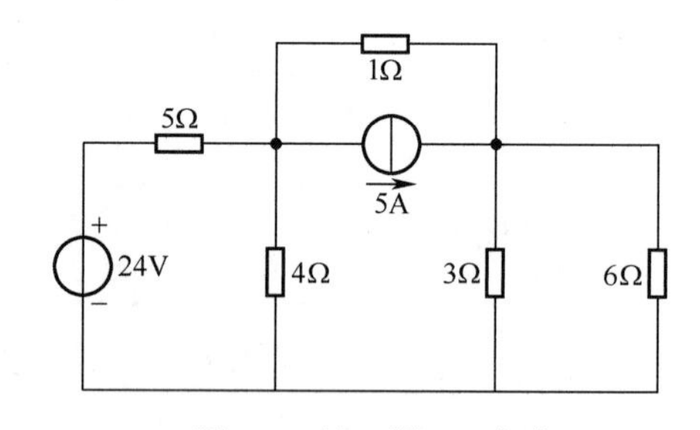

图 2-9 练习题 2-6 电路

2.3 网孔电流法

网孔电流法是以网孔电流作为电路的变量，利用基尔霍夫电压定律和欧姆定律列写网孔电流方程，进行网孔电流的求解。然后再根据电路的要求，进一步求出待求量。

2.3.1　网孔电流法的一般步骤

网孔电流是一个假想沿着各自网孔内循环流动的电流，标示如图 2-10 所示。设网孔①的电流为 i_{l1}；网孔②的电流为 i_{l2}；网孔③的电流为 i_{l3}。网孔电流在实际电路中是不存在的，但它是一个很有用的用于计算的量。选定图中电路的支路电流参考方向，再观察电路可知，假想的网孔电流与支路电流有以下的关系

$$i_1 = i_{l1};\quad i_2 = i_{l2};\quad i_3 = i_{l2} + i_{l3}$$

$$i_4 = i_{l2} - i_{l1};\quad i_5 = i_{l1} + i_{l3};\quad i_6 = i_{l3}$$

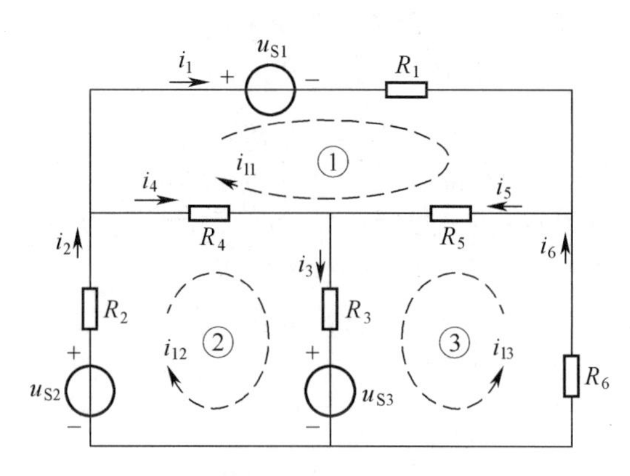

图 2-10　网孔电流法

电路中的一些支路电流如 i_1、i_2、i_6 就等于网孔电流；另一些支路电流如 i_3、i_4、i_5 则由不同的网孔电流构成，也即支路电流可以分解成所在网孔流动的电流。如 i_3 分解成 i_{l2}、i_{l3}，可以看成是 i_3 中的一部分是沿着网孔②流动的，另一部分则是沿着网孔③流动的，它们都通过电压源 u_{s3} 和 R_3 串联的支路，形成支路电流 i_3。i_4 可分解成 i_{l2}、$-i_{l1}$（负号表示 i_{l1} 与 i_4 的参考方向相反）。i_5 可分解成 i_{l1} 和 i_{l3}，理解同上。可见支路电流是网孔电流的代数和。

用网孔电流替代支路电流列出各网孔电流方程

网孔①　$R_1 i_{l1} + R_4(i_{l1} - i_{l2}) + R_5(i_{l1} + i_{l3}) = -u_{s1}$

网孔②　$R_2 i_{l2} + R_4(i_{l2} - i_{l1}) + R_3(i_{l2} + i_{l3}) = u_{s2} - u_{s3}$

网孔③　$R_6 i_{l3} + R_3(i_{l2} + i_{l3}) + R_5(i_{l1} + i_{l3}) = -u_{s3}$

将网孔电流方程进行整理后为

网孔①　$(R_1 + R_4 + R_5)i_{l1} - R_4 i_{l2} + R_5 i_{l3} = -u_{s1}$

网孔②　$-R_4 i_{l1} + (R_2 + R_3 + R_4)i_{l2} + R_3 i_{l3} = u_{s2} - u_{s3}$

网孔③　$R_5 i_{l1} + R_3 i_{l2} + (R_3 + R_5 + R_6)i_{l3} = -u_{s3}$

分析上述网孔电流方程，可知：

（1）网孔①中电流 i_{l1} 的系数 $(R_1 + R_4 + R_5)$、网络②中电流 i_{l2} 的系数 $(R_2 + R_3 + R_4)$；网孔③中电流 i_{l3} 的系数 $(R_3 + R_5 + R_6)$ 分别为对应网孔电阻之和，称为网孔的自电阻，用 R_{ii} 表示，i 代表所在的网孔。由于网孔电流 i_{li} 与网孔的绕行的方向相同，自电阻上的压降恒为正，自电阻始终取正值。

（2）网孔①方程中 i_{l2} 前的系数 $-R_4$，它是网孔①、网孔②公共支路上的电阻 R_4 取负值，

称为网孔间的互电阻，用 R_{12} 表示，R_4 前的负号表示网孔①与网孔②的电流通过 R_4 时方向相反；i_{l3} 前的系数 R_5 是网孔①与网孔③的互电阻，用 R_{13} 表示，R_5 取正表示网孔①与网孔③的电流通过 R_5 时方向相同；网孔②、网孔③方程中互电阻与此类似。互电阻可正可负，这取决于通过互电阻上的两个网孔电流的流向，如果两个网孔电流的流向相同，互电阻取正值；若两个网孔电流的流向相反，互电阻取负值，且 $R_{ij}=R_{ji}$，如 $R_{23}=R_{32}=R_3$。

（3）$-u_{s1}$、$u_{s2}-u_{s3}$、$-u_{s3}$ 分别是网孔①、网孔②、网孔③中的理想电压源的代数和。当网孔电流从电压源的“+”端流出时，该电压源前取“+”号；否则取“−”号。理想电压源的代数和称为网孔 i 的等效电压源，用 u_{sii} 表示，i 代表所在的网孔。

根据以上分析，网孔①、②、③的电流方程可写成

$$R_{11}i_{l1}+R_{12}i_{l2}+R_{13}i_{l3}=u_{s11}$$
$$R_{21}i_{l1}+R_{22}i_{l2}+R_{23}i_{l3}=u_{s22}$$
$$R_{31}i_{l1}+R_{32}i_{l2}+R_{33}i_{l3}=u_{s33}$$

这是具有三个网孔电路的网孔电流方程的一般形式。也可以将其推广到具有 n 个网孔的电路，具有 n 个网孔的电路网孔电流方程的一般形式为

$$\begin{cases}R_{11}i_{l1}+R_{12}i_{l2}+\cdots+R_{1n}i_{ln}=u_{s11}\\R_{21}i_{l1}+R_{22}i_{l2}+\cdots+R_{2n}i_{ln}=u_{s22}\\\qquad\vdots\\R_{n1}i_{l1}+R_{n2}i_{l2}+\cdots+R_{nn}i_{ln}=u_{snn}\end{cases}$$

综合以上分析，用网孔电流法求解可以根据网孔电流方程的一般形式写出网孔电流方程。其步骤归纳如下：

（1）选定各网孔电流的参考方向。

（2）按照网孔电流方程的一般形式列出各网孔电流方程。自电阻始终取正值，互电阻前的符号由通过互电阻上的两个网孔电流的流向而定，两个网孔电流的流向相同，取正；否则取负。等效电压源是理想电压源的代数和，注意理想电压源前的符号。

（3）联立求解，解出各网孔电流。

（4）根据网孔电流再求其他待求量。

【例 2-5】 用网孔电流法求图 2-11 所示电路中的各支路电流。

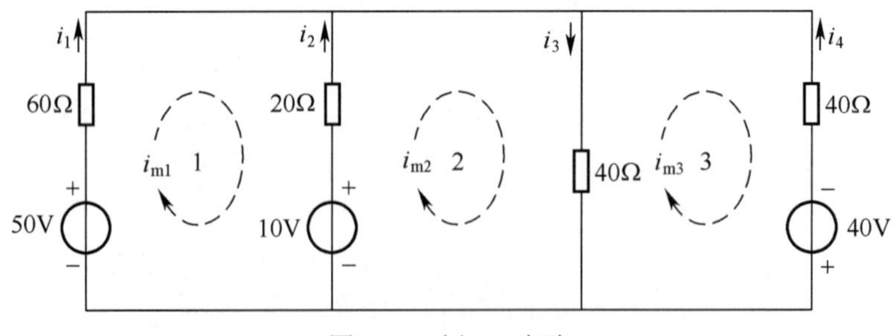

图 2-11 例 2-5 电路

解：（1）如图 2-11 所示电路为有三个网孔的平面电路，网孔电流的参考方向已在图中标出，设网孔电流分别为 i_{m1}、i_{m2}、i_{m3}。

（2）列写网孔电流方程。

$$R_{11}=60+20=80\Omega；\ R_{12}=-20\Omega$$
$$R_{22}=20+40=60\Omega；\ R_{21}=-20\Omega；\ R_{23}=-40\Omega$$
$$R_{33}=40+40=80\Omega；\ R_{32}=-40\Omega$$
$$u_{s11}=50-10=40\text{V}；\ u_{s22}=10\text{V}；\ u_{s33}=40\text{V}$$

各网孔电流方程为

$$80i_{m1}-20i_{m2}=40$$
$$-20i_{m1}+60i_{m2}-40i_{m3}=10$$
$$-40i_{m2}+80i_{m3}=40$$

联立求解，可得

$$i_{m1}=0.786\text{A}$$
$$i_{m2}=1.143\text{A}$$
$$i_{m3}=1.071\text{A}$$

（3）求各支路电流。

$$i_1=i_{m1}=0.786\text{A}$$
$$i_2=-i_{m1}+i_{m2}=-0.786+1.143=0.357\text{A}$$
$$i_3=i_{m2}-i_{m3}=1.143-1.071=0.072\text{A}$$
$$i_4=-i_{m3}=-1.071\text{A}$$

2.3.2　电路中含有理想电流源支路的处理方法

如果电路中含有一理想电流源支路，无电阻支路与之并联，它不能应用电源等效变换的方法将其变换成实际电压源，在这种情况下需要特殊处理。处理的方法很多，下面以图 2-12 所示电路为例，介绍两种处理方法。

【例 2-6】 用网孔电流法求图 2-12 所示的电路中电流源两端的电压 u 和电压源支路中的电流 i。

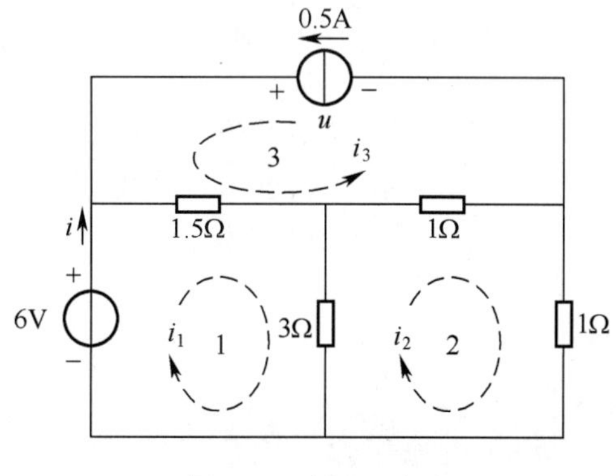

图 2-12　例 2-6 电路

解：

方法一：在选取网孔时，使含有理想电流源 i_s 支路仅属于一个网孔，该网孔电流 $i_m=\pm i_s$，这样就减少了一个未知量，可减少一个网孔电流方程，但需要增加一个理想电流源与该网孔电流的关系方程。

网孔电流的参考方向如图 2-12 中所标示，设网孔 1、2 的电流分别为i_1、i_2，网孔 3 的电流i_3为电流源电流。列写网孔电流方程

网孔① $4.5i_1-3i_2+1.5i_3=6$

网孔② $-3i_1+5i_2+i_3=0$

附加方程 $i_3=0.5\text{A}$

联立求解，可得

$$i_1=1.83\text{A};\ \ i_2=1\text{A}$$

电压源支路电流

$$i=i_1=1.83\text{A}$$

电流源两端的电压

$$\begin{aligned}u&=1.5\times(i_1+i_3)+1\times(i_2+i_3)\\&=1.5\times2.33+1.5=5\text{V}\end{aligned}$$

方法二：一个理想电流源电流i_s是已知的，在外电路给定的条件下，其两端的电压也是确定的。设两端电压为u，把电流源的电压作为电路变量，用于网孔电流法中。网孔的选择不受电流源支路的限制，但增加了一个电路变量，还需要增加一个理想电流源与网孔电流之间的约束关系的附加方程，才能进行求解。

设网孔电流分别为i_1、i_2、i_3，电流源两端电压为u，列写网孔电流方程

网孔① $4.5i_1-3i_2+1.5i_3=6$

网孔② $-3i_1+5i_2+i_3=0$

网孔③ $1.5i_1+i_2+2.5i_3=u$

附加方程 $i_3=0.5\ \text{A}$

联立求解，可得 $i_1=1.83\text{A};\ \ i_2=1\text{A}$

电压源支路电流 $i=i_1=1.83\text{A}$

电流源两端的电压

$$\begin{aligned}u&=1.5\times(i_1+i_3)+1\times(i_2+i_3)\\&=1.5\times2.33+1.5=5\text{V}\end{aligned}$$

比较上述两种方法，可知第一种处理方法网孔电流方程少，计算方便，计算量小，显得更为简单。如果电路所含理想电流源仅属于一个网孔，当然应该采用方法一进行电路求解，但电路中理想电流源属于多个网孔，则只有采用方法二。

思考与练习

2-7　图 2-13 中能否用电流源电流作为网孔电流？为什么？

2-8　用网孔电流法求图 2-13 所示的电路中电流源两端电压u和电压源支路中的电流i。

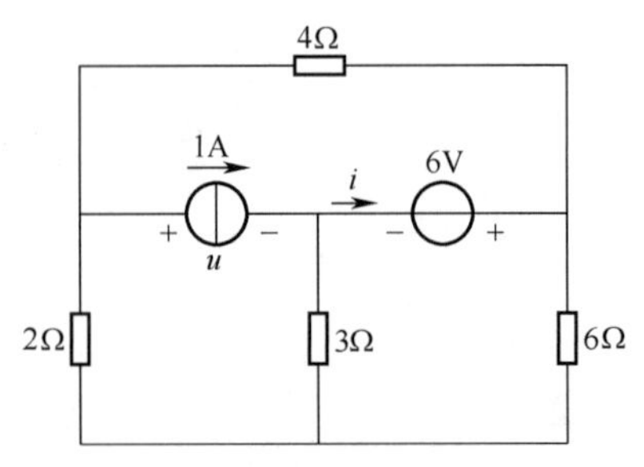

图 2-13　练习题 2-7 电路

2.4　叠加定理

叠加性是线性电路的基本性质，叠加定理是反映线性电路特性的重要定理，是线性网络电路分析中普遍适用的重要原理，在电路理论中占有重要的地位。

下面以图 2-14 所示电路求支路电流 i_1 为例介绍叠加定理。

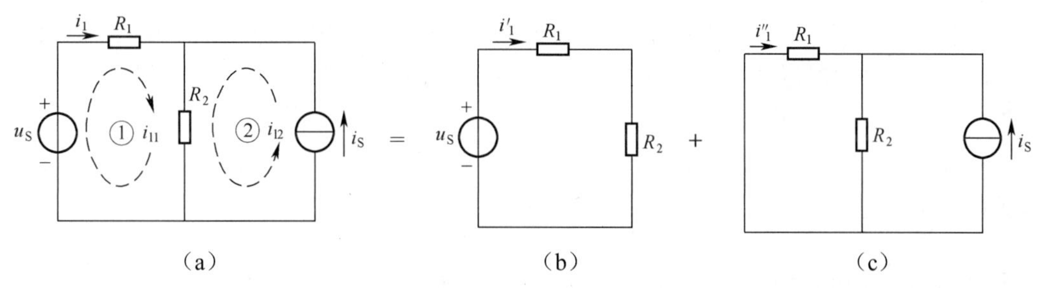

图 2-14　叠加定理

图 2-14（a）是一个双网孔电路，现用网孔电流法进行求解。支路电流和网孔电流的参考方向如图 2-14（a）中所示，其网孔①方程为

$$(R_1+R_2)i_{11}+R_2 i_{12}=u_s$$

$$i_{12}=i_s$$

联立求解

$$i_{11}=\frac{1}{R_1+R_2}u_s-\frac{R_2}{R_1+R_2}i_s$$

由图 2-14（a）可知支路电流 i_1 与网孔电流 i_{11} 是相等的，即

$$i_1=i_{11}=\frac{1}{R_1+R_2}u_s-\frac{R_2}{R_1+R_2}i_s=i_1'+i_1''$$

分析上式，支路电流 i_1 由两个分量组成，一个是 $i_1'=u_s/(R_1+R_2)$，仅与电压源 u_s 有关；另一个 $i_1''=-R_2 i_s/(R_1+R_2)$，仅与电流源 i_s 有关。它们都是电路中各电源单独作用产生的结果，且是单独作用电源的一次函数。

不仿用相应的电路模型将求这两个分量电流的对应电路描述出来：

由表达式 $i_1'=u_s/(R_1+R_2)$ 可知，这是一个电压源与两个电阻串联组成的电路，i_1' 是电压源作用下回路中产生的电流。电流源不起作用，即 $i_s=0$，相当于开路。对应的电路如图 2-14（b）所示。

由表达式 $i_1''=\dfrac{-R_2}{R_1+R_2}i_s$ 可知，这是一个电流源、两个并联电阻组成的电路，i_1'' 是电流源作用下并联电阻 R_1 所在支路中产生的电流。电压源不起作用，即 $u_s=0$，相当于短路。对应的电路如图 2-14（c）所示。

这也就是说图 2-14（a）中的支路电流 i_1 为各理想电源单独作用产生的电流之和。以上结论虽然仅是在两网孔、三支路的网络中求解支路电流，但对有 m 条支路、l 个独立回路的线性电路，求解支路电流都成立，并且也适合求电压，在此不再证明。

综合以上分析，得出以下结论：在含有多个激励源的线性电路中，任一支路的电流（或任意两点间的电压）等于各理想激励源单独作用在该电路时，在该支路中产生的电流（或该两点间产生的电压）的代数之和。线性电路的这一性质称之为叠加定理。

激励是指电路的输入，信号源是电路的输入，电源也代表外界对电路的输入，理想激励源可以是电压源，也可以是电流源。

应用叠加定理求解电路的步骤如下：

（1）将含有多个电源的电路分解成若干个仅含有单个电源的分电路，并标出每个分电路的电流或电压的参考方向。

在考虑某一电源作用时，其余的理想电源应置为零，即将理想电压源短路，理想电流源开路。如果有内阻则保留，其他的电路参数和连接形式不变。

（2）对每一个分电路进行计算，求出各相应支路的分电流、分电压。

（3）将求出的分电路中的电压、电流进行叠加，求出原电路中的支路电流、电压。叠加是代数量相加，分量与总量的参考方向一致，取“+”号；与总量的参考方向相反，则取“–”号。

【例 2-7】 试用叠加定理求图 2-15（a）所示的电路中各电阻支路的电流。

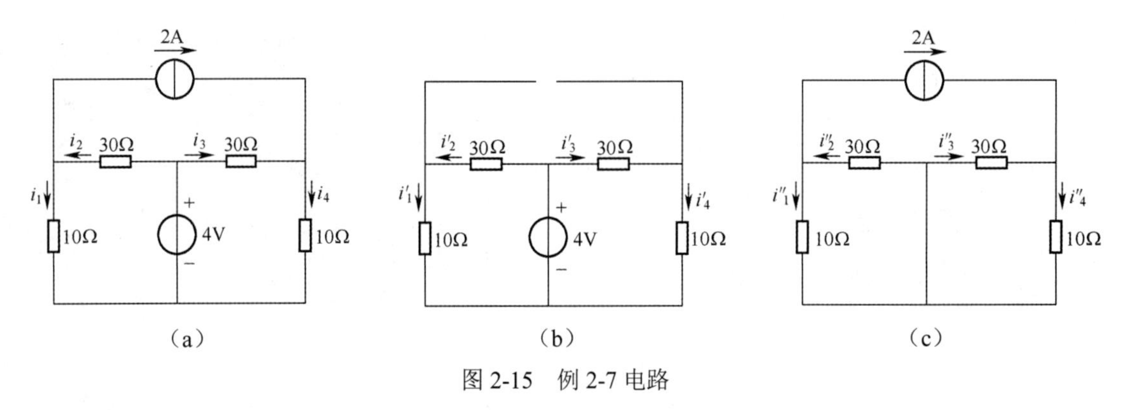

图 2-15　例 2-7 电路

解：（1）将图 2-15（a）所示电路分解为电压源单独作用（电流源开路）电路（如图 2-15（b）所示）和电流源单独作用（电压源短路）电路（如图 2-15（c）所示）。

（2）求出各电源单独作用电路中各电阻支路的分电流。由图 2-15（b）所示电路可求得

$$i_1' = i_2' = i_3' = i_4' = \frac{4}{10+30} = 0.1\text{A}$$

由图 2-15（c）电路可求得

$$i_1'' = \frac{30}{10+30}(-2) = -1.5\text{A}$$

$$i_2'' = 2 + i_1'' = 2 - 1.5 = 0.5\text{A}$$

$$i_3'' = \frac{10}{10+30}(-2) = -0.5\text{A}$$

$$i_4'' = 2 + i_3'' = 2 - 0.5 = 1.5\text{A}$$

（3）根据叠加定理有

$$i_1 = i_1' + i_1'' = 0.1 - 1.5 = -1.4\text{A}$$

$$i_2 = i_2' + i_2'' = 0.1 + 0.5 = 0.6\text{A}$$

$$i_3 = i_3' + i_3'' = 0.1 - 0.5 = -0.4\text{A}$$
$$i_4 = i_4' + i_4'' = 0.1 + 1.5 = 1.6\text{A}$$

【例 2-8】 试用叠加定理求图 2-16（a）所示电路中的电压 u，并计算6Ω电阻消耗的功率。

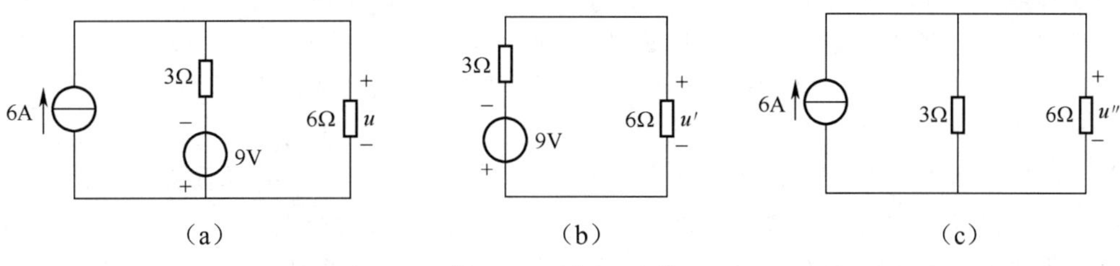

图 2-16　例 2-8 电路

解：（1）将图 2-16（a）所示电路分解为电压源单独作用的如图 2-16（b）所示的电路与电流源单独作用的如图 2-16（c）所示的电路。

（2）分别求出各分电路的待求电压。图 2-16（b）所示电路的两个电阻串联、分压，6Ω电阻上分得电压为

$$u' = -\frac{6}{3+6} \times 9 = -6\text{V}$$

对图 2-16（c）所示电路，两个电阻并联，电压为

$$u'' = \frac{3 \times 6}{3+6} \times 6 = 12\text{V}$$

（3）根据叠加定理有　$u = u' + u'' = -6 + 12 = 6\text{V}$

（4）6Ω电阻所消耗的功率为　$P = \dfrac{u^2}{6} = \dfrac{6^2}{6} = 6\text{W}$

但是　$P \neq \dfrac{u'^2}{6} + \dfrac{u''^2}{6} = \dfrac{(-6)^2}{6} + \dfrac{12^2}{6} = 30\text{W}$

这也就是说，叠加定理只适用于线性电路中电流或电压的计算，而功率与电压或电流之间不是线性关系，因此功率不能应用叠加定理进行计算。

思考与练习

2-9　电路如图 2-17 所示，应用叠加原理求电压 u。

2-10　电路中如果含有受控源，应用叠加原理求解时，因受控源不是理想激励源可保留在电路中，电路如图 2-18 所示，应用叠加原理求流过电压源的电流 i_u 和电流源两端的电压 u_i。

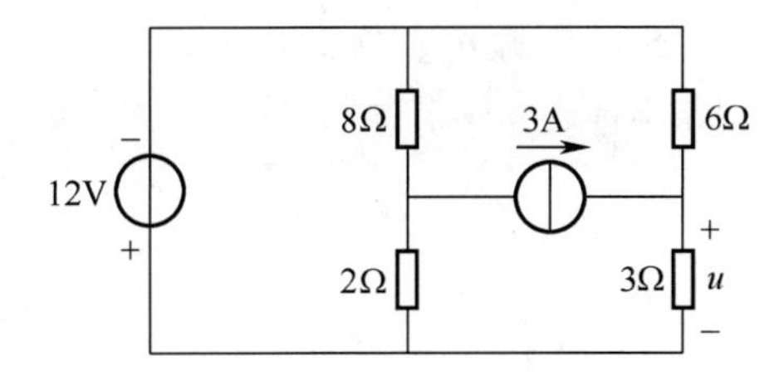

图 2-17　练习题 2-9 电路

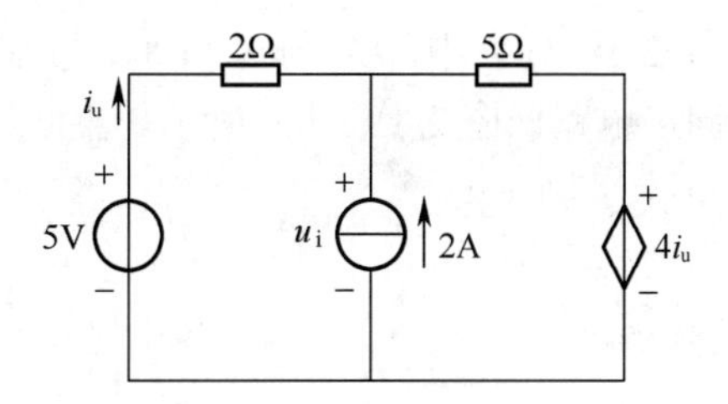

图 2-18　练习题 2-10 电路

2.5 置换定理

根据电路的等效性，置换的方法经常使用。例如两个电阻串联，可用一个电阻替代，阻值为两个电阻阻值之和；当令电路中的电源为零时，如果是电流源，可以用开路替代；如果是电压源，可用短路线替代。这种替代不会影响电路其他部分的工作状态。

置换定理是用等效变换方法求解电路时常用的一个定理。置换定理的内容是指在任意的具有唯一解的线性和非线性电路中，若已知其第 k 条支路的电压为u_{k}和电流为i_{k}，无论该支路由什么元件组成，都可以把这条支路移去，而用一个理想电压源来代替，这个电压源的电压u_{s}的大小和极性与支路 k 电压u_{k}的大小和极性一致；或用一个理想电流源来代替，这个电流源的电流i_{s}的大小和极性与支路 k 电流i_{k}的大小和极性一致。若置换后电路仍有唯一的解，则不会影响电路中其他部分的电流和电压。

【例 2-9】 如图 2-19 所示是一个具有 3 条支路、2 个网孔的线性电路，$u_{\mathrm{s1}}=30\mathrm{V}$，$u_{\mathrm{s2}}=24\mathrm{V}$、$R_1=R_2=R_3=10\Omega$，按指定的各支路电流参考方向和独立回路参考方向求出各支路电流和电压。（方法很多，常用支路电流法求解。）

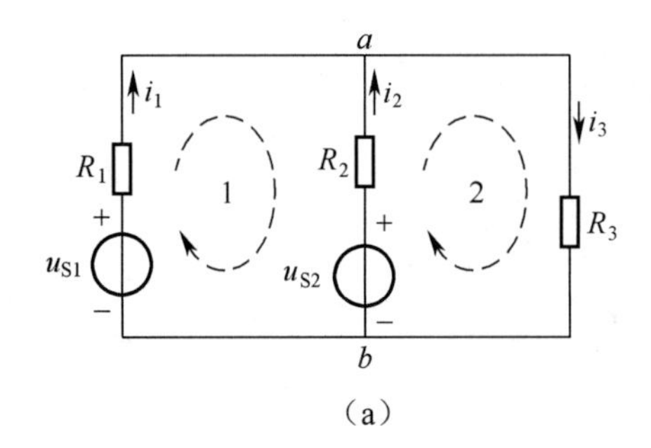

（a）

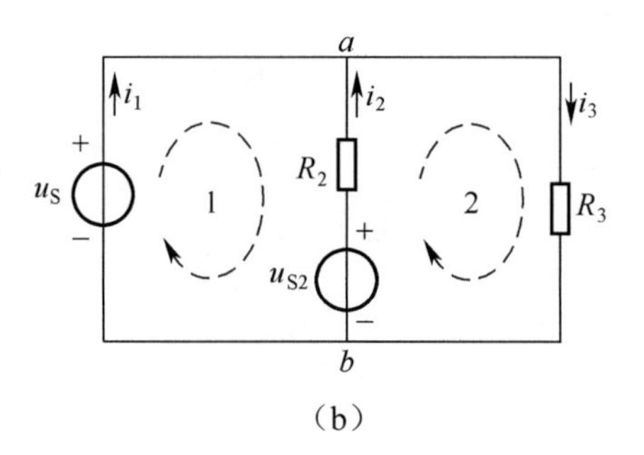

（b）

图 2-19 例 2-9 电路

解：（1）求支路电流。对图 2-19（a）列出电路方程

节点 $$-i_1-i_2+i_3=0$$

回路① $$R_1i_1-R_2i_2=u_{\mathrm{s1}}-u_{\mathrm{s2}}$$

回路② $$R_2i_2+R_3i_3=u_{\mathrm{s2}}$$

联立求解，得出

$$i_1=1.2\mathrm{A};\ i_2=0.6\mathrm{A};\ i_3=1.8\mathrm{A}$$

（2）求支路电压。各支路电压相等，等于节点 a 的节点电压，即

$$u_{\mathrm{a}}=u_1=u_2=u_3=i_3R_3=1.8\times10=18\mathrm{V}$$

将图 2-19（a）中的R_1与u_{s1}串联的支路用一个理想电压源u_{s}置换，$u_{\mathrm{s}}=u_1=18\mathrm{V}$，极性与$u_1$相同，电路如图 2-19（b）所示。重新计算各支路电流。

已知节点 a 的电压

$$u_{\mathrm{a}}=u_{\mathrm{s}}=18\mathrm{V}$$

支路电流

$$i_2 = \frac{u_{s2} - u_s}{R_2} = \frac{24 - 18}{10} = 0.6\text{A}$$

$$i_3 = \frac{u_s}{R_3} = \frac{18}{10} = 1.8\text{A}$$

根据基尔霍夫电流定律

$$i_1 = i_3 - i_2 = 1.8 - 0.6 = 1.2\text{A}$$

置换后所得电流i_1、i_2、i_3的值与图 2-19（a）电路用支路法所求得的值相等。虽然被置换的电压源的电流可以是任意的，但因为在置换前后，被置换的部分的工作条件没有改变，电路其他部分的结构没有改变，i_2、i_3 电流没有改变，流过电压源u_s 的电流i_1 也不会改变，是唯一的。也可以用电压源置换其他支路或用电流源进行置换，结果都是一致的。读者可以自行验证。

置换定理的应用可以从一条支路推广到一部分电路，只要这部分电路与其他电路只有两个连接点，就可以利用置换定理把电路分成两部分；也可以把一个复杂电路分成若干部分，使计算得到简化。

【例 2-10】 电路如图 2-20(a)所示，已知$R_1 = R_2 = R_3 = R_5 = R_6 = 1\Omega$，$R_4 = 2\Omega$，$u_s = 12\text{V}$，$i_{s7} = 1\text{A}$，现已求出$i_3 = 2.2\text{A}$，计算其余各支路电流。

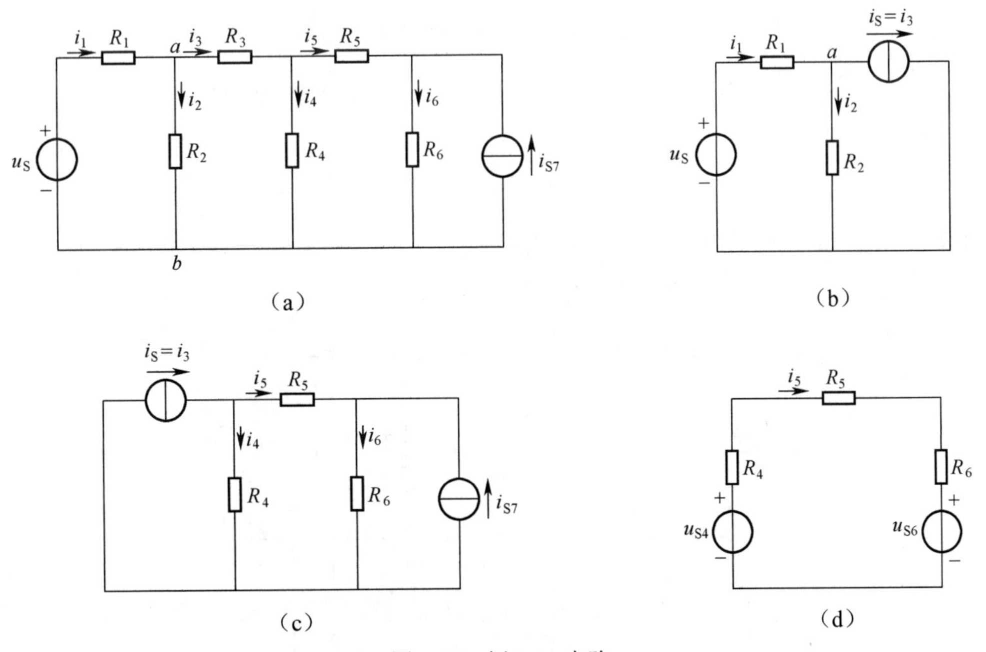

图 2-20　例 2-10 电路

解： 已知$i_3 = 2.2\text{A}$，用一个理想电流源$i_s = i_3 = 2.2\text{A}$进行置换，将电路分成两部分，如图 2-20（b）和图 2-20（c）所示。

（1）计算图 2-20（b）所示电路。用节点电压法求节点 a 的电压

$$\left(\frac{1}{R_1} + \frac{1}{R_2}\right)u_a = \frac{u_s}{R_1} - i_s$$

$$u_a = \frac{\frac{u_s}{R_1} - i_s}{\frac{1}{R_1} + \frac{1}{R_2}} = \frac{\frac{12}{1} - 2.2}{1+1} = 4.9\text{V}$$

$$i_1 = \frac{u_s - u_a}{R_1} = \frac{12-4.9}{1} = 7.1\text{A}$$

$$i_2 = \frac{u_a}{R_2} = \frac{4.9}{1} = 4.9\text{A}$$

（2）计算图 2-20（c）所示电路。应用电源等效变换

$$u_{s4} = i_s R_4 = 2.2\times 2 = 4.4\text{V}$$

$$u_{s6} = i_{s7} R_6 = 1\times 1 = 1\text{V}$$

得到图 2-20（d）所示电路，求支路电流 i_5

$$i_5 = \frac{u_{s4} - u_{s6}}{R_4 + R_5 + R_6} = \frac{4.4-1}{2+1+1} = 0.85\text{A}$$

根据图 2-20（c），应用基尔霍夫电流定律，得出

$$i_4 = i_s - i_5 = 2.2 - 0.85 = 1.35\text{A}$$

$$i_6 = i_{s7} + i_5 = 1 + 0.85 = 1.85\text{A}$$

在应用置换定理时，置换前后电路必须具有唯一的解，否则不能置换，电路如图 2-21（a）所示。

$$I = \frac{U_s}{R} = \frac{2}{1} = 2\text{A}；\ U_R = I\times R = 2\times 1 = 2\text{V}$$

如果用 2V 的理想电压源置换电阻所在的支路，如图 2-21（b）所示。置换后，电路中的电流 i 是不确定的，解不具有唯一性，置换是不成立的。

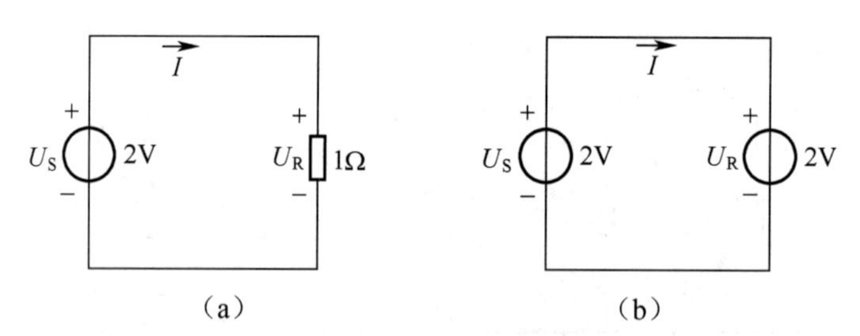

图 2-21　不能置换的电路

思考与练习

2-11　置换定理应用的条件是什么？

2-12　将图 2-19（a）中 R_3 所在的支路用一电压源置换，可行吗？为什么？如果可行，重新计算各支路电流。

2.6　戴维南定理和诺顿定理

只有一个输入或输出端口的电路，称为单口网络。因为只有两个引出端，又称为二端网络，如图 2-22 所示。二端网络内若含有电源则称为有源二端网络，如图 2-23 所示；二端网络内无电源则称为无源二端网络，如图 2-24（a）所示。

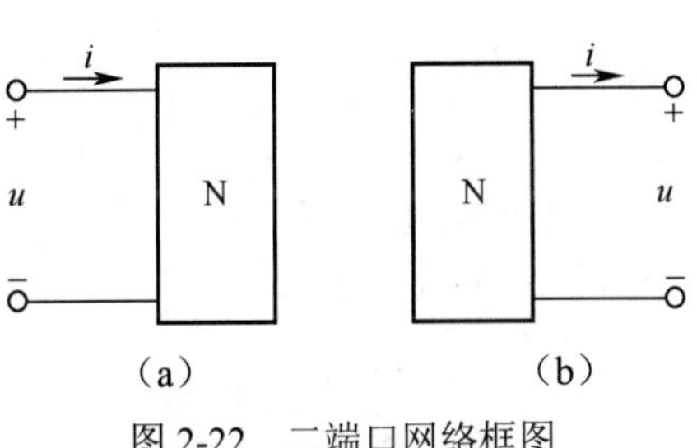

图 2-22　二端口网络框图

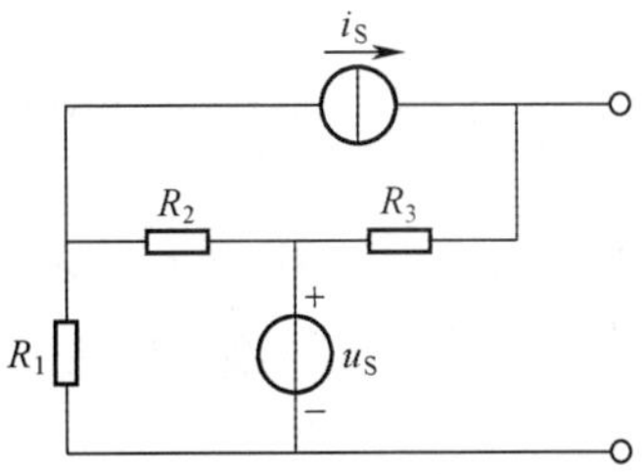

图 2-23　有源二端网络图

无源二端电阻网络无论内部电路多么复杂，对其内部进行简化，都可以等效为一个电阻，并保持网络端口的特性不变，即保持端口电压、电流的关系不变，如图 2-24（b）所示。这个电阻是从输入两端点看进去的等效电阻，称为无源二端电阻网络的入端电阻，阻值等于无源二端电阻网络端口电压与电流的比值，是表征无源二端网络端口特性的参数。

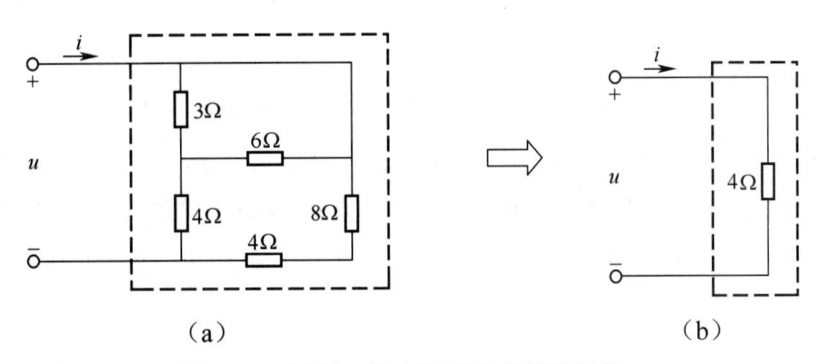

图 2-24　无源二端电阻网络及等效网络

对于有源二端网络，为了便于电路的计算，只要保持网络端口的特性不变，内部电路也是可以简化等效的，可用戴维南定理和诺顿定理进行。

2.6.1　戴维南定理

戴维南定理指出：对于任意一个线性有源二端网络，如图 2-25（a）所示，可用一个电压源及其内阻 R_s（也称为入端电阻）的串联组合来代替，如图 2-25（b）所示。电压源的电压为该网络 N 的开路电压 u_{oc}，如图 2-25（c）所示；内阻 R_s 等于该网络 N 中所有理想电源为零时，从网络两端看进去的电阻，如图 2-25（d）所示。理想电源为零即理想电压源短路，理想电流源开路。

网络 N 的开路电压 u_{oc} 的计算方法可根据网络 N 的实际情况，适当地选用所学的电阻性网络分析的方法及电源等效变换、叠加原理等进行。

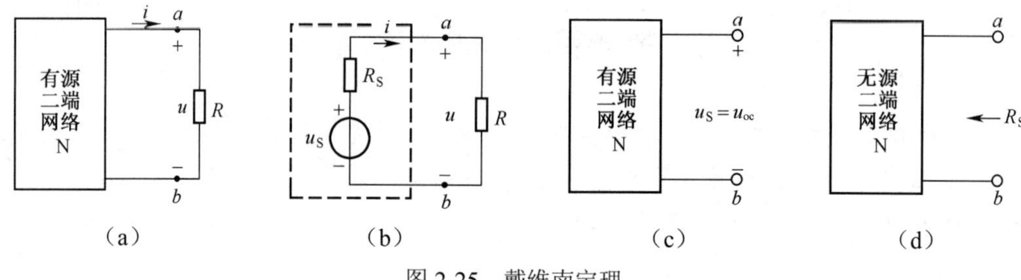

图 2-25　戴维南定理

内阻 R_s 的计算，除了可用无源二端网络的等效变换方法求出其等效电阻，还可以采用以下的方法：

（1）开路/短路法。先分别求出有源二端网络的开路电压 u_{oc} 和短路电流 i_{sc}，如图 2-26（a）、（b）所示，再根据戴维南等效电路求出入端电阻，如图 2-26（c）所示。

$$R_s=\frac{u_{oc}}{i_{sc}}$$

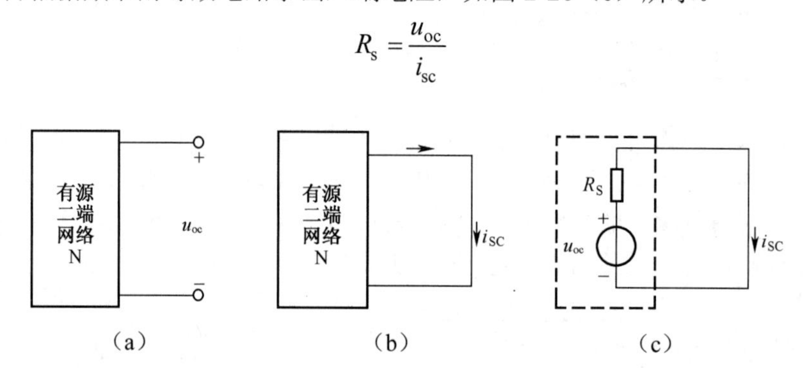

图 2-26　有源二端网络入端电阻的开路/短路法

（2）外加电源法。令网络 N 中所有理想电源为零，在所得到的无源二端网络两端之间外加一个电压源 u_s（或 i_s），如图 2-27（a）所示，求出电压源提供的电流 i_s（或电流源两端的电压 u_s），再根据图 2-27（b）求出入端电阻

$$R_s=\frac{u_s}{i_s}$$

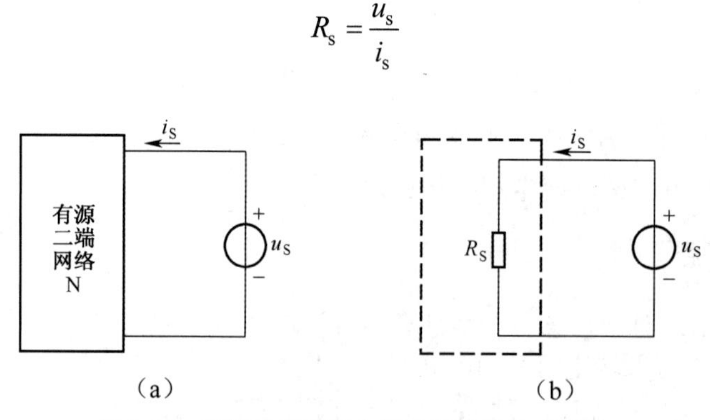

图 2-27　有源二端网络入端电阻的外加电压法

当有源二端网络中含受控源时，应该用方法（2）求输入电阻，当然也可用方法（1）。

戴维南定理特别适用于研究复杂网络中的一部分电路，或只需求出网络中某支路或负载元件的电流或电压。若用前面所学的网络分析方法虽可以进行求解，但分析计算复杂。如果将要进行求解的支路看成是负载电路，从网络中分离出来，剩余的部分就是一个有源二端网络。有源二端网络可用戴维南定理进行等效简化，从而简化了电路的组成，使分析计算变得十分简单。以下用例题说明应用戴维南定理解题的步骤。

【例 2-11】 用戴维南定理求图 2-28（a）所示电路中的电流 I。

解：（1）将待求支路电阻 R 作为负载断开，电路的剩余部分构成有源二端网络，如图 2-28（b）所示。

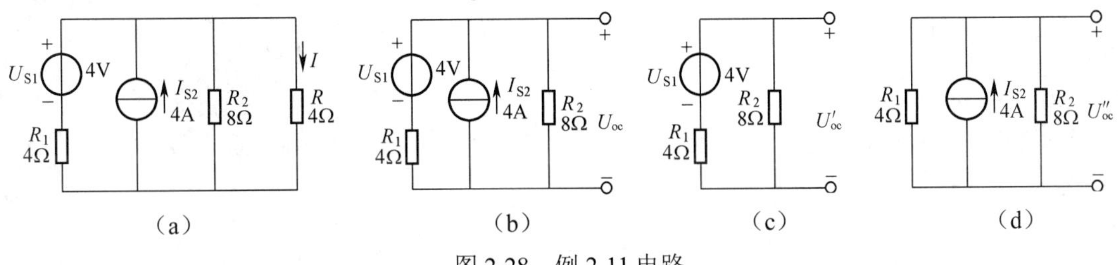

图 2-28　例 2-11 电路

（2）求网络的开路电压 U_{oc}。该例用叠加定理求解较简便，电源单独作用时的电路如图 2-28（c）、（d）所示。

$$U'_{oc}=\frac{U_{s1}}{R_1+R_2}R_2=\frac{4}{4+8}\times 8=2.667\text{V}$$

$$U''_{oc}=\frac{R_1R_2}{R_1+R_2}I_{s2}=\frac{4\times 8}{4+8}\times 4=10.667\text{V}$$

求得开路电压

$$U_s=U_{oc}=U'_{oc}+U''_{oc}=2.667+10.667=13.334\text{V}$$

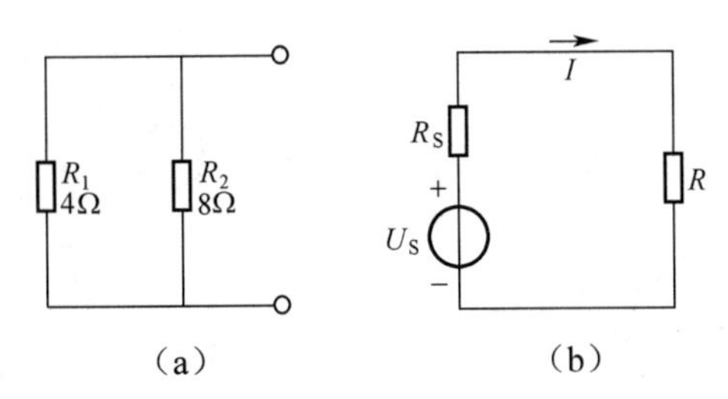

图 2-29　例 2-11 戴维南等效电路

（3）求等效电压源内阻 R_s。将图 2-28（b）电路中的电压源短路、电流源开路，得到如图 2-29（a）所示无源二端网络，其等效电阻

$$R_s=\frac{R_1R_2}{R_1+R_2}=\frac{4\times 8}{4+8}=2.667\Omega$$

画出戴维南等效电路，接入负载 R 支路，如图 2-29（b）所示，求得

$$I=\frac{U_s}{R_s+R}=\frac{13.334}{2.667+4}=2\text{A}$$

【例 2-12】 电路如图 2-30（a）所示，求 R_4 上获得最大功率时 R_4 的值，并求出 R_4 吸收的最大功率。

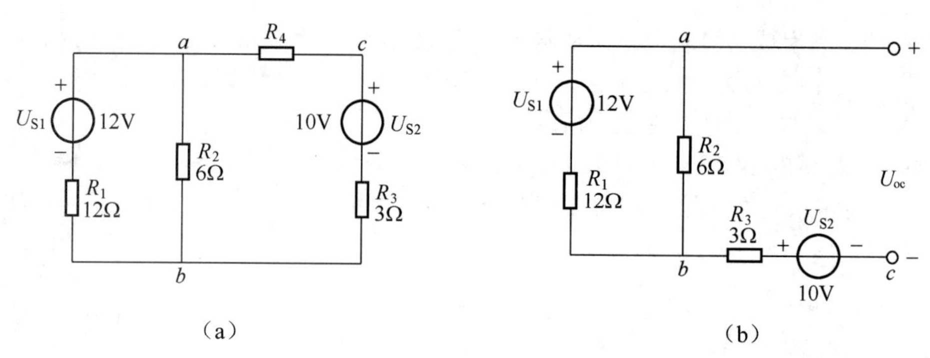

图 2-30　例 2-12 电路

解：将 R_4 作为负载电阻断开，电路的剩余部分构成有源二端网络，如图 2-30（b）所示。此网络 ab 两端的电压为

$$U_{ab}=\frac{U_{s1}}{R_1+R_2}R_2=\frac{6}{6+12}\times 12=4\text{V}$$

有源二端网络的开路电压为

$$U_s=U_{oc}=U_{ac}=U_{ab}+U_{bc}=4+10=14\text{V}$$

将图 2-30（b）电路中的电压源短路，得到如图 2-31（a）所示的无源二端网络，其等效电阻为

$$R_s=\frac{R_1R_2}{R_1+R_2}+R_3=\frac{12\times 6}{12+6}+3=7\Omega$$

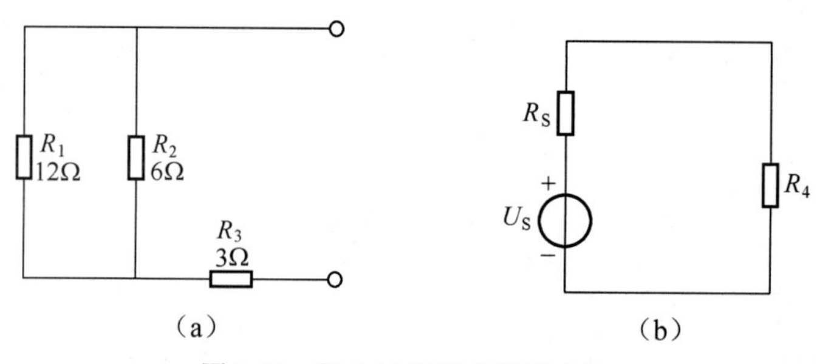

图 2-31　例 2-12 戴维南等效电路

画出戴维南等效电路，接入 R_4 支路，如图 2-31（b）所示。由最大功率传输定理（可以证明）可知，当 $R_4=R_s=7\Omega$ 时，R_4 可获得最大功率

$$P_{max}=\frac{U_s^2}{4R_4}=\frac{14^2}{4\times 7}=7\text{W}$$

2.6.2　诺顿定理

诺顿定理指出：对于任意一个线性有源二端网络，如图 2-32（a）所示，可用一个电流源及其内阻为 R_s 的并联组合来代替，如图 2-32（b）所示。电流源的电流为该网络 N 的短路电流 i_{sc}，如图 2-32（c）所示；内阻 R_s 等于该网络 N 中所有理想电源为零时，从网络两端看进去的电阻，如图 2-32（d）所示。

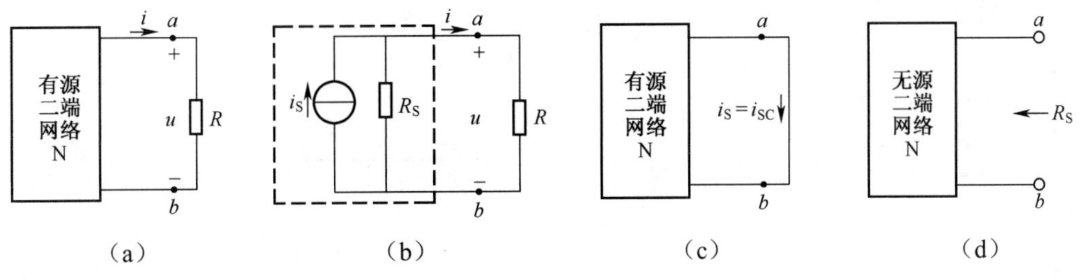

图 2-32　诺顿定理

下面用例题说明应用诺顿定理解题的方法及步骤。

【例 2-13】 求图 2-33（a）所示电路中的电流i。

解：(1) 将待求支路电阻R作为负载断开，电路的剩余部分构成有源二端网络，如图 2-33（b）所示。

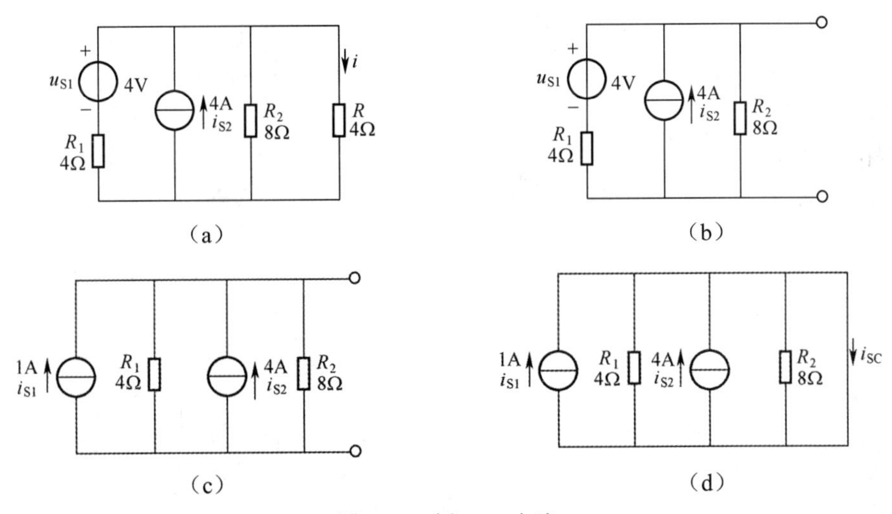

图 2-33　例 2-13 电路

(2) 求网络的短路电流i_{sc}。可用叠加定理求解，也可用电压源—电流源等效变换方法求解，该例用电压源—电流源等效变换方法求解较简便。

将u_{s1}与R_1串联组成的实际电压源等效变换成i_{s1}与R_1并联组成的实际电流源电路，如图 2-33（c）所示。

$$i_{s1}=\frac{u_{s1}}{R_1}=\frac{4}{4}=1\text{A}$$

将图 2-33（c）电路的输出端短路，如图 2-33（d）所示，求得短路电流

$$i_s=i_{sc}=i_{s1}+i_{s2}=1+4=5\text{A}$$

(3) 求等效电压源内阻R_s。将图 2-33（b）电路中的电压源短路、电流源开路，得到如图 2-34（a）所示无源二端网络，其等效电阻为

$$R_s=\frac{R_1R_2}{R_1+R_2}=\frac{4\times 8}{4+8}=2.667\Omega$$

画出诺顿等效电路，接入负载R支路，如图 2-34（b）所示，求得

$$i = \frac{i_s}{R_s + R} R_s = \frac{5}{2.667 + 4} \times 2.667 = 2A$$

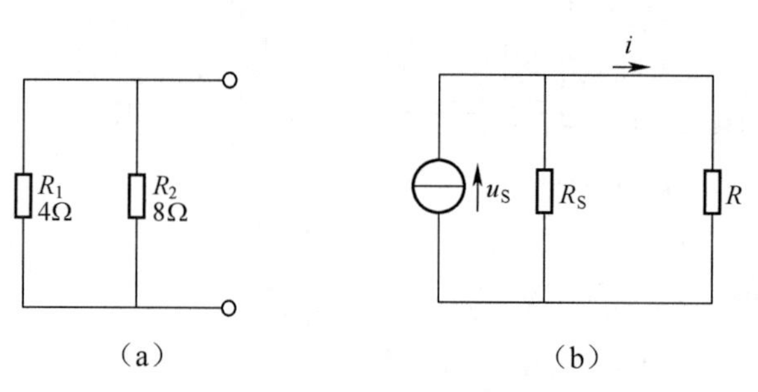

图 2-34 例 2-13 诺顿等效电路

【例 2-14】 用诺顿定理求出图 2-35（a）所示电路的各支路电流、各电源输出的功率及各电阻吸收的功率。

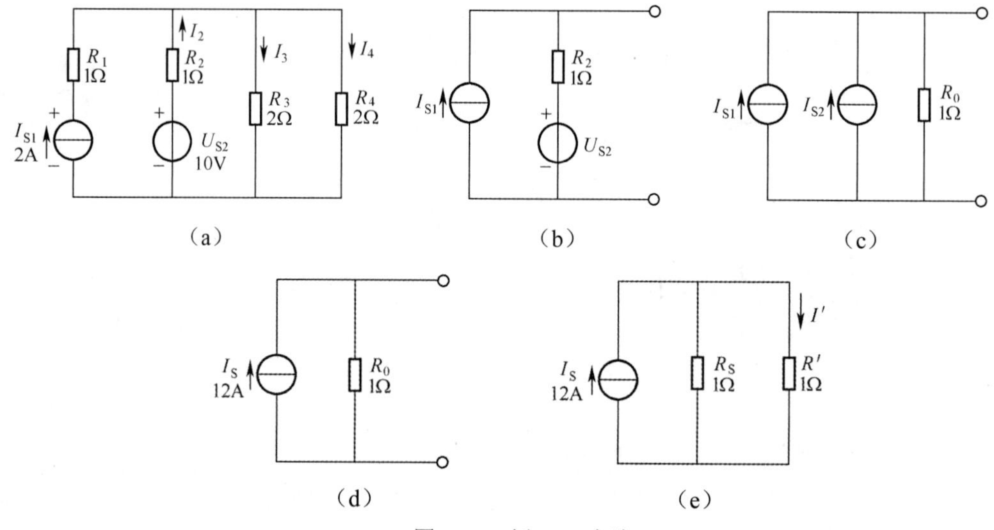

图 2-35 例 2-14 电路

解： 将 R_3、R_4 并联支路看成负载，剩余部分是一个有源二端网络，与电流源串联的电阻 R_1 不影响恒流源电流的大小，所以有源二端网络如图 2-35（b）所示。利用电压源—电流源等效变换，电路如图 2-35（c）所示。

$$I_{s2} = \frac{U_{s2}}{R_2} = \frac{10}{1} = 10A$$

根据诺顿定理，将输出端短路

$$I_s = I_{sc} = I_{s1} + I_{s2} = 2 + 10 = 12A$$

将电流源开路

$$R_s = R_0 = 1\Omega$$

诺顿定理的等效电路如图 2-35（d）所示。接上 R_3、R_4 并联的支路，如图 2-35（e）所示。

$$R' = \frac{R_3 R_4}{R_3 + R_4} = \frac{2 \times 2}{2+2} = 1\Omega$$

$$I' = \frac{R_s}{R_s + R'} I_s = \frac{1}{1+1} \times 12 = 6\text{A}$$

由图 2-35（a）可得

$$I_3 = I_4 = \frac{R_4}{R_3 + R_4} I' = \frac{2}{2+2} \times 6 = 3\text{A}$$

根据基尔霍夫电压定律，电流源两端电压

$$U_{I_{s1}} = I_{s1} R_1 + I_3 R_3 = 2 \times 1 + 3 \times 2 = 8\text{V}$$

根据基尔霍夫电流定律

$$I_2 = I' - I_{s1} = 6 - 2 = 4\text{A}$$

故电流源发出的功率

$$P_I = I_{s1} U_{I_{s1}} = 2 \times 8 = 16\text{W}$$

电压源发出的功率

$$P_U = I_2 U_{s2} = 4 \times 10 = 40\text{W}$$

各电阻吸收的功率分别为

$$P_{R_1} = I_{s1}^2 R_1 = 2^2 \times 1 = 4\text{W}$$

$$P_{R_2} = I_2^2 R_2 = 4^2 \times 1 = 16\text{W}$$

$$P_{R_3} = I_3^2 R_3 = 3^2 \times 2 = 18\text{W}$$

$$P_{R_4} = I_4^2 R_4 = 3^2 \times 2 = 18\text{W}$$

可以验证发出功率是等于吸收功率的。

由以上例题可以看出，如果只求支路的电压、电流或功率应用戴维南定理或诺顿定理求解是比较方便的。另外，戴维南等效电路与诺顿等效电路可以互相转换，在解题时可以根据需要灵活转换。

思考与练习

2-13　用戴维南定理求图 2-36 所示电路中通过电阻 R 的电流。

2-14　将图 2-37 所示的电路简化为一个等效电流源模型。

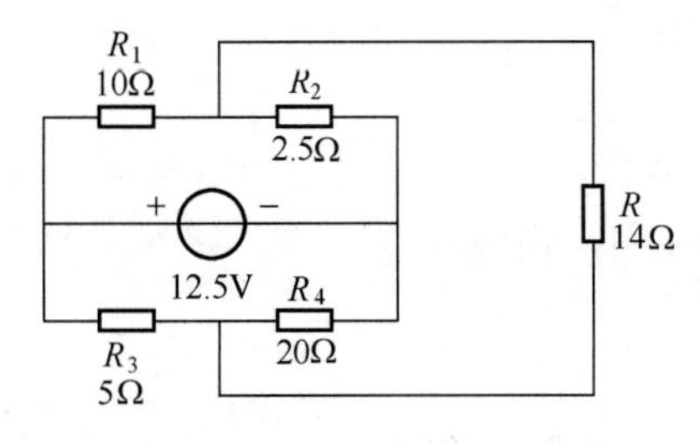

图 2-36　练习题 2-13 电路

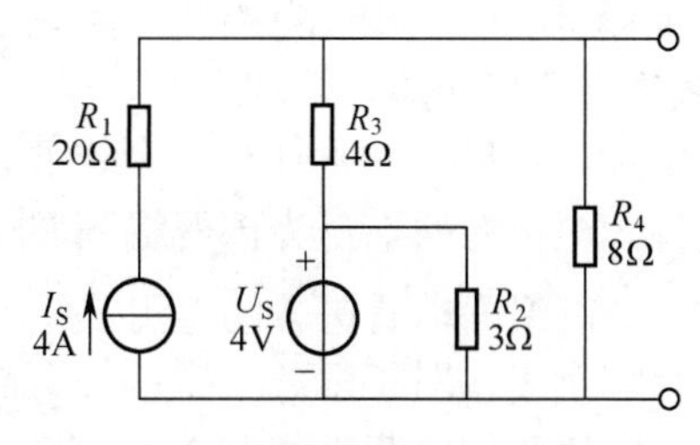

图 2-37　练习题 2-14 电路

小结

1. 支路电流法

支路电流法是以支路电流作为电路的待求量，列出与支路电流数目相等的方程。在选定各支路电流参考方向的情况下，首先应用基尔霍夫电流定律列出独立节点方程，其余的方程在独立回路选定绕行方向后，应用基尔霍夫电压定律和欧姆定律列出回路电压方程，然后联立解出各支路的电流。可以根据要求，再进一步求出其他待求量。

支路电流法适用于支路少的情况。

2. 节点电压法

参考点：在电路中任意选择一个节点为非独立节点，称此节点为参考点。

节点电压：其他独立节点与参考点之间的电压，称为该节点的节点电压。

节点电压法是以节点电压为求解电路的未知量，利用基尔霍夫定律和欧姆定律导出 $n-1$ 个独立节点的电压方程，或根据节点电压方程的一般形式代入已知的参数，自电导之和取“+”号、互电导取“−”号，流入节点的理想电流源的电流为正、流出为负，直接列出各节点电压方程，联立求解，得出各节点电压。

节点电压法适用于节点少、回路多及结构复杂、非平面电路、独立回路选择麻烦的电路的分析求解。缺点是对一般给出的电阻参数、电压源形式的电路，用节点法求解整理方程较麻烦。

3. 网孔电流法

网孔电流法是以网孔电流作为电路的变量，利用基尔霍夫电压定律和欧姆定律列出网孔电流方程，进行网孔电流的求解，然后再根据电路的要求，进一步求出待求量。

当平面电路的网孔个数少于独立节点数时，选用网孔法分析较简单；反之，选用节点法较简单。

4. 叠加定理

叠加定理是指在含有多个激励源的线性电路中，任一支路的电流（或任意两点间的电压）等于各理想激励源单独作用在该电路时，在该支路中产生的电流（或该两点间产生的电压）的代数之和。

理想激励源单独作用是考虑某一电源作用时，其余的理想电源应为零的情况，即理想电压源短路，理想电流源开路。如果有内阻则保留，其他的电路参数和连接形式不变。

叠加是代数量相加，当分量与总量的参考方向一致，分量取“+”号；分量与总量的参考方向相反，则取“−”号。

叠加定理只适用于线性电路中电流或电压的计算，而功率不能应用叠加定理进行计算。

5. 戴维南定理和诺顿定理

戴维南定理指出：对于任意一个线性有源二端网络，可用一个电压源及内阻为 R_s 的串联组合来代替。电压源的电压为该网络 N 的开路电压 U_{oc}，内阻 R_s 等于该网络 N 中所有理想电源为零时，从网络两端看进去的电阻。

诺顿定理指出：对于任意一个线性有源二端网络，可用一个电流源及内阻为 R_s 的并联组合来代替。电流源的电流为该网络 N 的短路电流 I_{sc}，内阻 R_s 等于该网络 N 中所有理想电源为零时，从网络两端看进去的电阻。

内阻 R_s 的计算方法有如下三种：

（1）直接法。所有理想电源为零时，无源二端网络的等效电阻。

（2）开路/短路法。先分别求出有源二端网络的开路电压 U_{oc} 和短路电流 I_{sc}，再根据戴维南等效电路求出入端电阻

$$R_s = \frac{U_{oc}}{I_{sc}}$$

（3）外加电源法。令网络 N 中所有理想电源为零，在所得到的无源二端网络两端之间外加一个电压源 U_s（或 I_s），求出电压源提供的电流 I_s（或电流源两端的电压 U_s）。入端电阻

$$R_s = \frac{U_s}{I_s}$$

6. 置换定理

置换定理是指在任意的具有唯一解的线性和非线性电路中，若已知其第 k 条支路的电压为 U_k 和电流为 I_k，无论该支路由什么元件组成，都可以把这条支路移去，而用一个理想电压源来代替，这个电压源的电压 U_s 的大小和极性与 k 支路电压 U_k 的大小和极性一致；或用一个理想电流源来代替，这个电流源的电流 I_s 的大小和极性与 k 支路电流 I_k 的大小和极性一致。若置换后电路仍有唯一的解，则不会影响电路中其他部分的电流和电压。

练习二

2-1　试用支路电流法求解图 2-38 所示电路中的各支路电流。

2-2　电路如图 2-39 所示，试用支路电流法求解各支路电流。

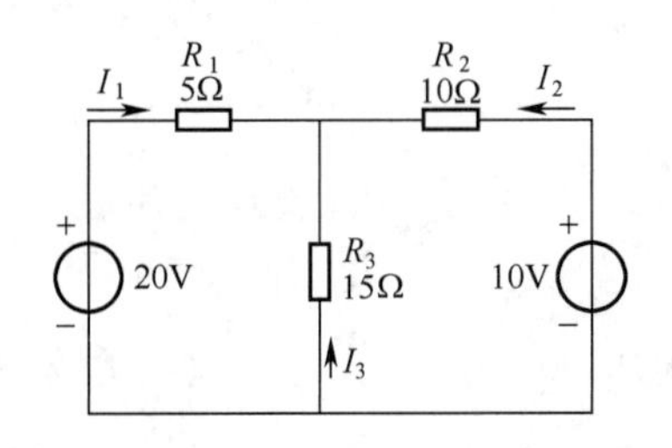

图 2-38　练习题 2-1 电路

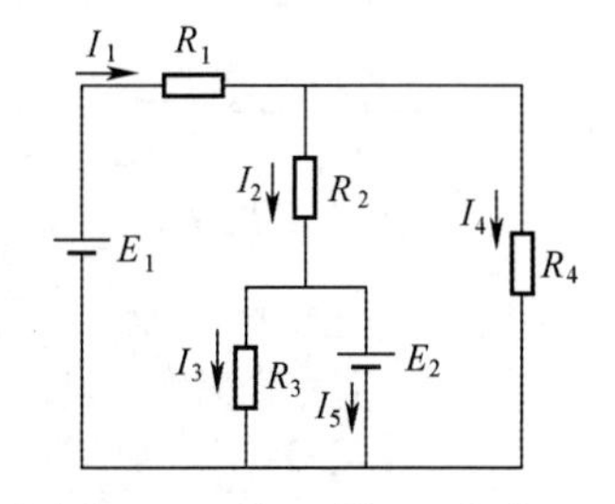

图 2-39　练习题 2-2 电路

2-3　电路如图 2-40 所示，试求电路中 2Ω电阻上的电压。

2-4　用节点电压法求解图 2-41 所示电路中的电压 u_{ab}。

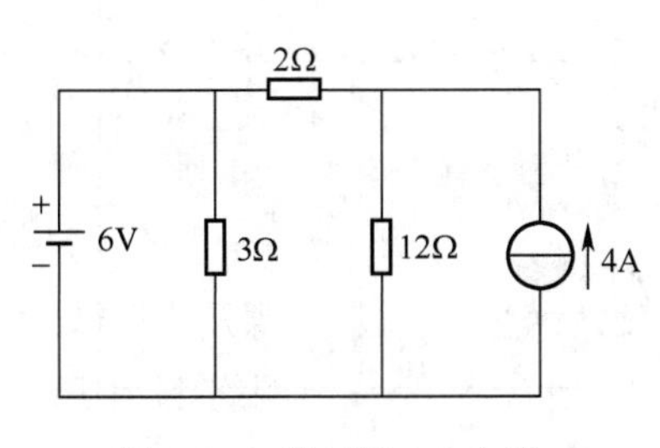

图 2-40　练习题 2-3 电路

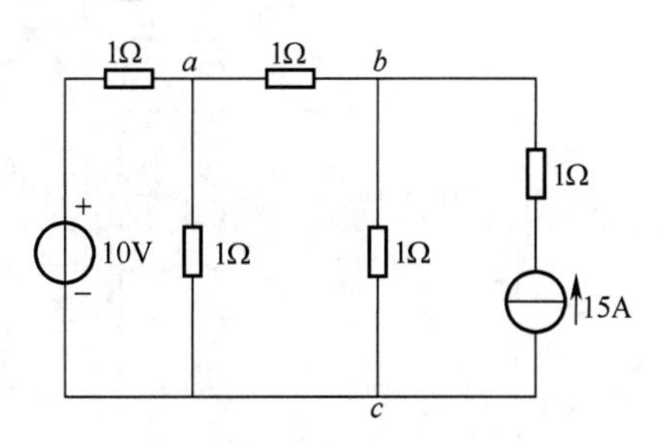

图 2-41　练习题 2-4 电路

2-5　试求解图 2-42 所示电路中通过二极管 VD 的电流 I（VD 为理想二极管，即正向电阻为 0）。

2-6　求图 2-43 所示电路中 A、B、C 点的电位值及流过 2Ω电阻的电流。

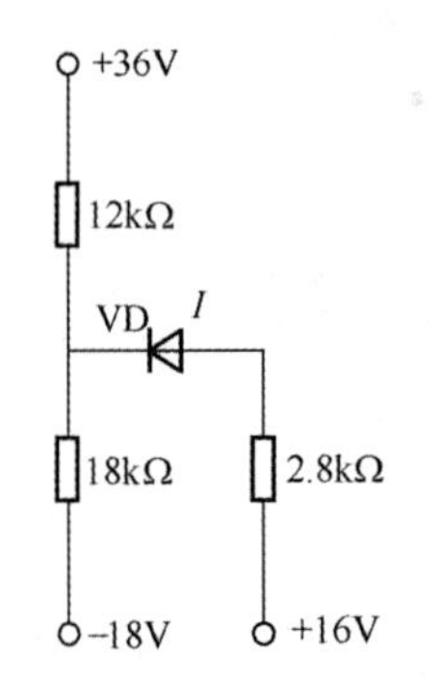

图 2-42　练习题 2-5 电路

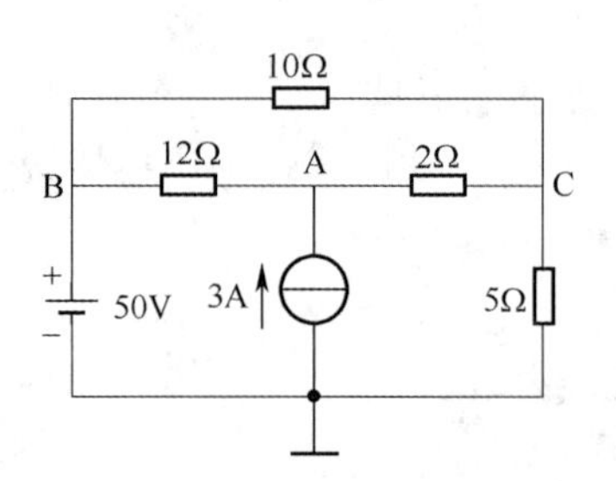

图 2-43　练习题 2-6 电路

2-7　用节点电压法求解图 2-44 所示电路中的电流 I_s 和 I_0。

2-8　用网孔电流法求解图 2-45 所示电路中两电阻支路的电流 I_1 和 I_2。

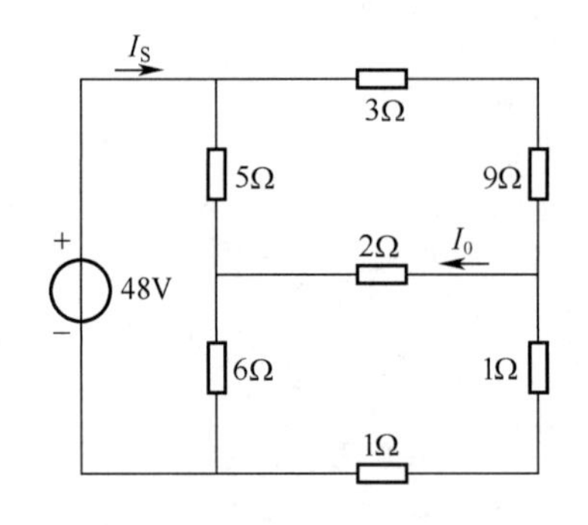

图 2-44　练习题 2-7 电路

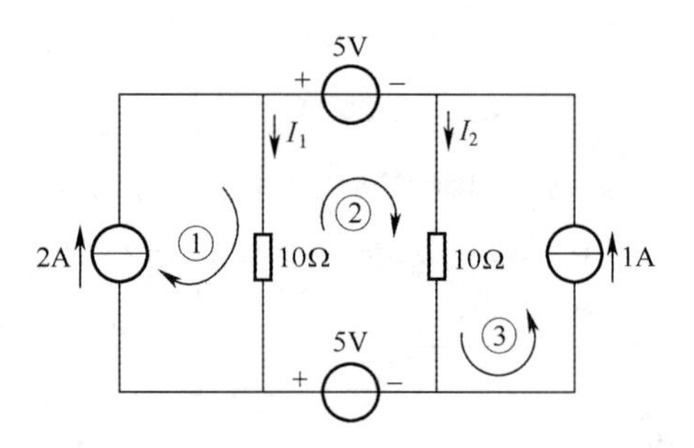

图 2-45　练习题 2-8 电路

2-9　用网孔电流法求解图 2-46 所示电路中的各支路电流。

2-10　用网孔电流法求解图 2-47 所示电路中的电压 U_0。

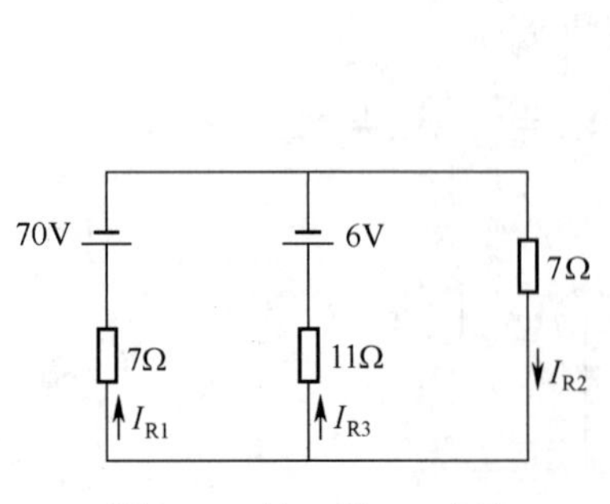

图 2-46　练习题 2-9 电路

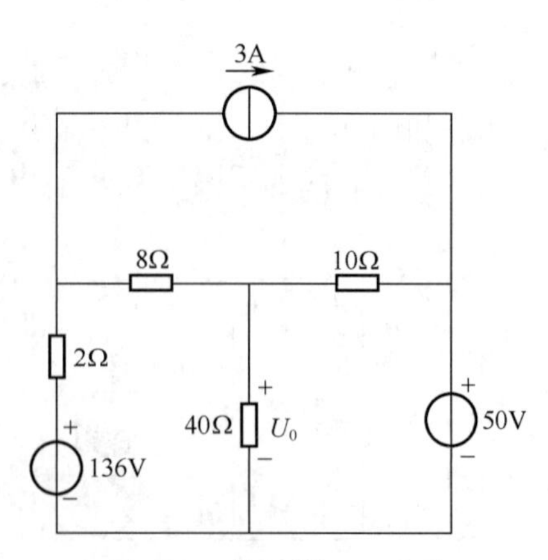

图 2-47　练习题 2-10 电路

2-11 求解图 2-48 所示电路中各电源提供的功率。

2-12 用叠加定理求解图 2-49 所示电路中的 I_x 和 U_x。

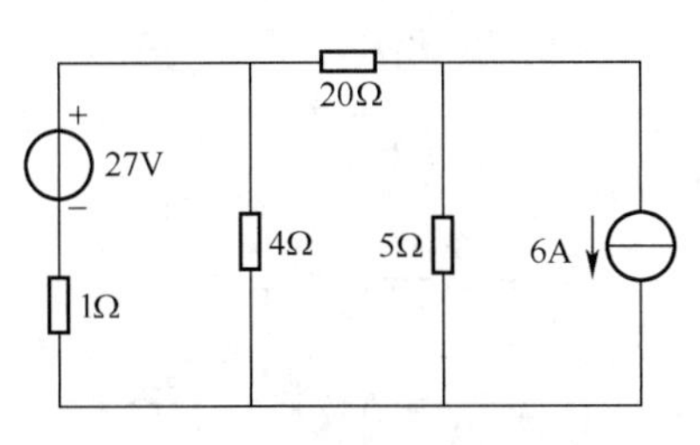

图 2-48 练习题 2-11 电路

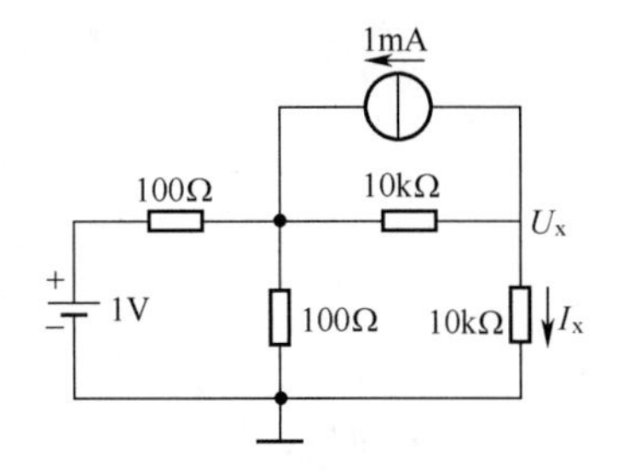

图 2-49 练习题 2-12 电路

2-13 求解图 2-50 所示电路中的电流 I。

2-14 试用置换定理求解图 2-51 所示电路中 R_x 为多少欧姆时，25V 电压源中的电流为 0？

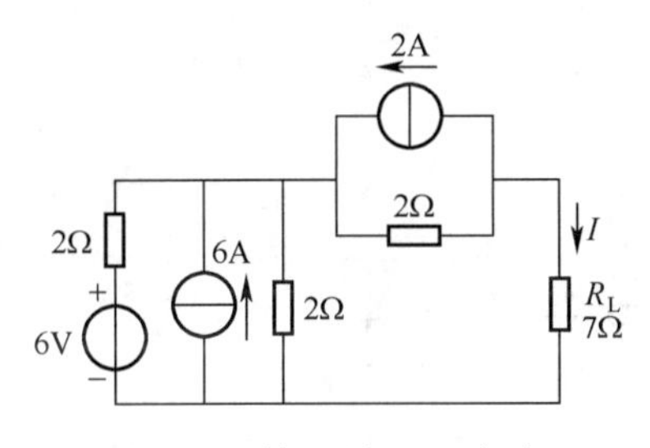

图 2-50 练习题 2-13 电路

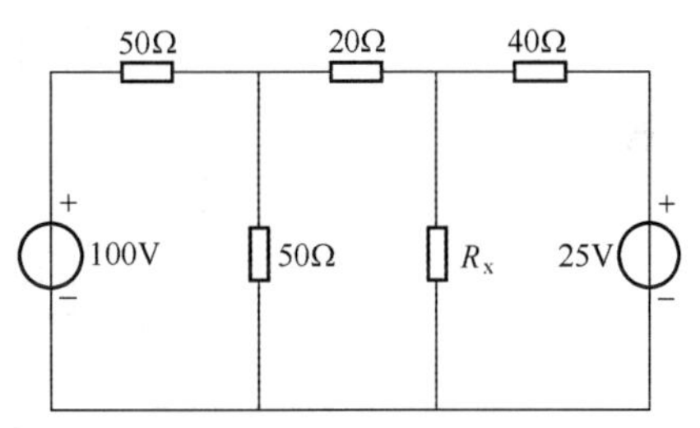

图 2-51 练习题 2-14 电路

2-15 试求图 2-52 所示电路中的电流 i。

2-16 运用戴维南定理求解图 2-53 所示电路中 2kΩ电阻上流过的电流 I。

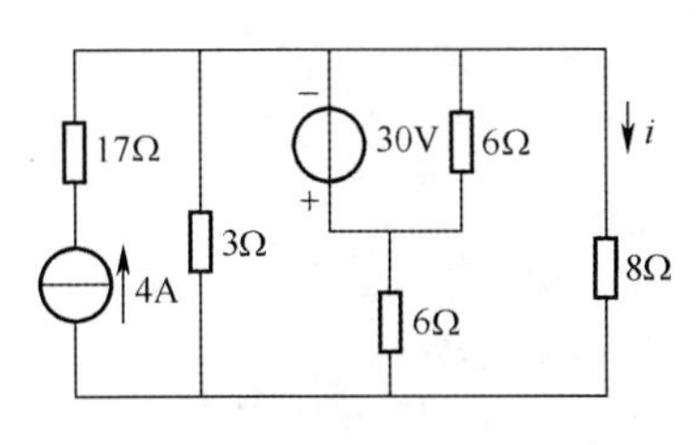

图 2-52 练习题 2-15 电路

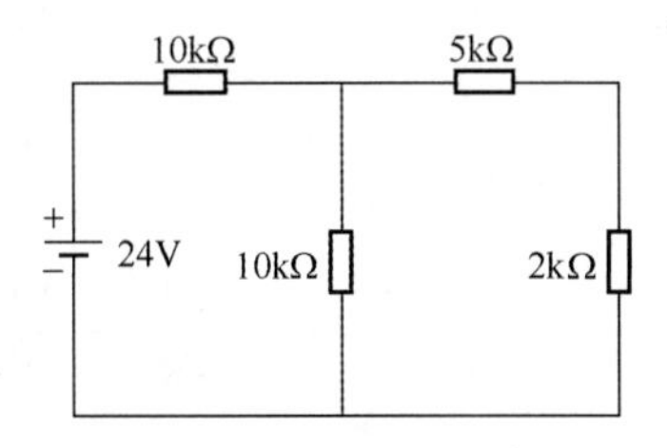

图 2-53 练习题 2-16 电路

2-17 电路如图 2-54 所示，试求通过 3Ω电阻的电流 I。

2-18 电路如图 2-55 所示，求当 $R_L = 25\Omega$ 时 R_L 吸收的功率。

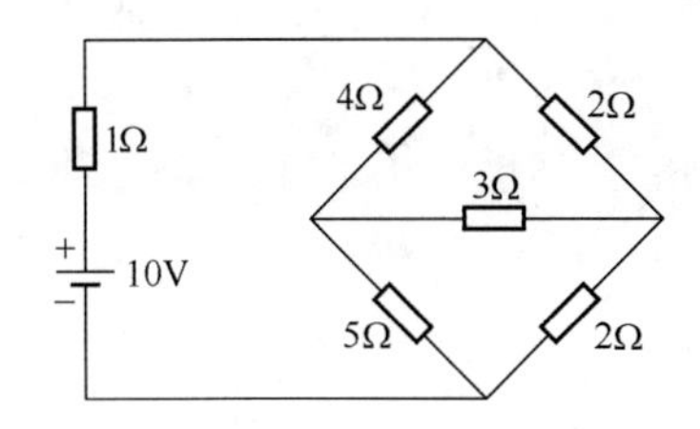

图 2-54 练习题 2-17 电路

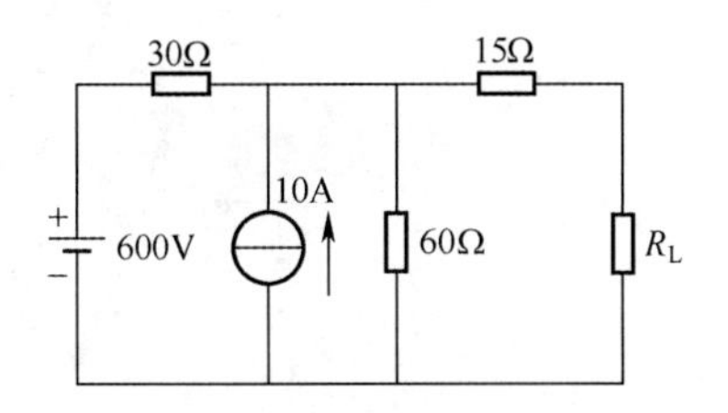

图 2-55 练习题 2-18 电路

2-19　试用诺顿定理求图 2-56 所示电路中 4Ω电阻中流过的电流。

2-20　图 2-57 所示电路中负载电阻 R_L 等于多大时其上可获得最大功率？并求该最大功率 P_{Lmax}。

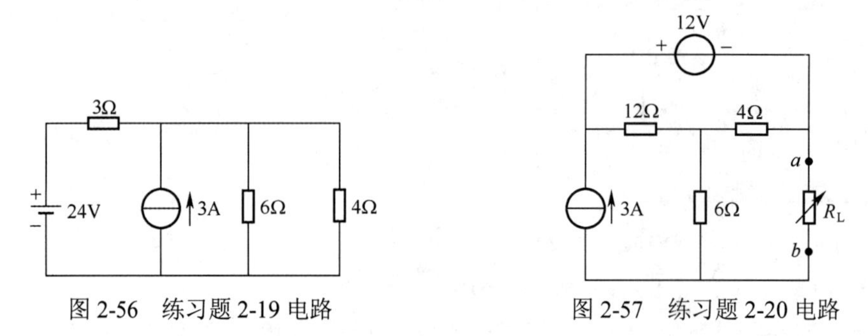

图 2-56　练习题 2-19 电路　　　　图 2-57　练习题 2-20 电路

2-21　试求图 2-58 所示电路中 3Ω 电阻上的电压 U_{ab}。

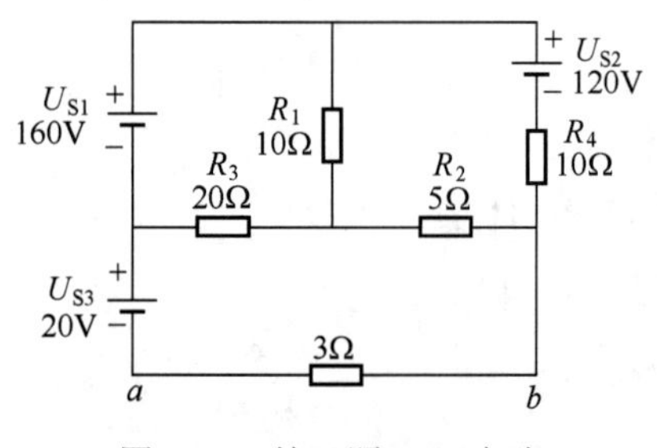

图 2-58　练习题 2-21 电路

第 3 章　正弦稳态电路分析

【本章重点】

- 正弦量的概念，正弦量的三要素及相互之间的关系。
- 正弦量的瞬时值、最大值和有效值的概念。
- 正弦量的相量表示法。
- 交流电路中电阻、电容、电感元件上的电压、电流之间有效值及相位的关系；KVL、KCL 的相量形式。
- 瞬时功率、平均功率、有功功率、无功功率和视在功率及相互之间的关系。
- 串联谐振、并联谐振产生的条件及其特点。
- 对称三相电动势的产生；三相电源作星形连接时线电压与相电压有效值之间的关系；三相电路各功率的计算。

【本章难点】

- 交流电路中电阻、电容、电感元件上的电压、电流之间有效值及相位的关系。
- 串联谐振、并联谐振产生的条件及其特点。

在电力系统中，随时间作正弦规律变化的交流电是常见的。与直流电路有所区别，交流电路有其自身的特点。由于电流（电压）是变化的，电路元件不仅要考虑电阻，还要考虑储能元件电感和电容的作用。交流电路包括单相交流电路和三相交流电路。这一章讨论正弦稳态电路的基本概念、各元件上电压、电流和功率的基本规律及单相（三相）电路的分析与计算。

3.1　正弦量的基本概念

线性电路在正弦激励源的作用下产生的响应有自由分量和强制分量两部分，理论上当 $t \to \infty$ 时，自由分量趋于零，电路进入正弦稳定状态，称为正弦稳态电路。此时电路中任一响应（电流和电压）均为与激励源同频率的正弦量，称为正弦稳态响应。故此，先研究正弦量。

3.1.1　正弦量的三要素

大小随时间变化的电流（电动势、电压）叫变动电流（电动势、电压）。而按一定规律作周期性变化的电流叫周期性变动电流。电流的方向随时间变化，且在一个周期内平均值为零的周期电流称为交变电流。变化的形式可以是多种多样的，按正弦规律变化是其中的一种，即电流 i 是时间 t 的正弦函数，称为正弦交变电流，有时也简称交流（*ac* 或 *AC*），以后提到交流大都可以理解为狭义的正弦交流。交流电路中，电流（或电压）随时间按正弦函数的规律变化，统称为正弦量。

以电流为例，正弦量的一般解析式为

$$i(t) = I_{\mathrm{m}} \sin(\omega t + \varphi_{\mathrm{i}})$$

波形如图 3-1 所示。

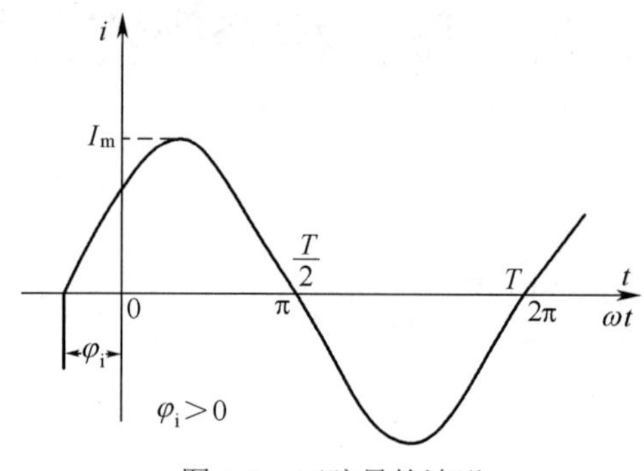

图 3-1 正弦量的波形

当然，正弦量的解析式和波形都是对应于已经选定的参考方向而言的。正弦量的大小、方向随时间变化，瞬时值为正，表示其方向与所选取的参考方向一致；瞬时值为负，表示其方向与所选取的参考方向相反。

I_m 是正弦量各瞬时值中最大的，叫做正弦量的最大值，也叫振幅。正弦量在一个周期内，两次达到同样的最大值，只是方向不同。

正弦量解析式中的角度 $\omega t+\varphi$ 叫做正弦量的相位角，简称相位。正弦量在不同的瞬间，有着不同的相位，在不同的瞬间，正弦量的值（大小和方向）不同，而且变化的趋势也不同。相位反映了正弦量每一瞬间的状态，相位随时间而变化。相位每增加 2π（弧度），正弦量经历一个周期，重复原先的变化规律。如果对 $\omega t+\varphi$ 求一阶导数，即 $\frac{\mathrm{d}(\omega t+\varphi)}{\mathrm{d}t}=\omega$，则将 ω 叫做正弦量的角频率，其单位为 rad/s（弧度/秒）。

因为正弦量每经历一个周期的时间 T，相位增加 2π，则角频率 ω、周期 T 和频率 f 之间的关系应为

$$
\begin{aligned}
T &= t_2 - t_1 \\
2\pi &= (\omega t_2+\varphi)-(\omega t_1+\varphi) \\
&= \omega(t_2-t_1)=\omega T
\end{aligned}
$$

因此

$$\omega=\frac{2\pi}{T}=2\pi f \tag{3-1}$$

ω、T、f 反映的都是正弦量变化的快慢，ω 越大，即 f 越大或 T 越小，正弦量变化越快；ω 越小，即 f 越小或 T 越大，正弦量变化越慢。直流量的大小、方向不变，可以看成是 $\omega=0$，$f=0$，$T=\infty$ 的正弦量。

我国电力工业规定 50Hz 为“工频”，它的周期为 0.02s，角频率 $\omega=100\pi=314\text{rad/s}$。不同国家有不同的标准频率。声音信号频率为 20～20000Hz，无线电波以 kHz、MHz 计，光波频率更高，达 $10^{14}\,\text{Hz}$。

φ 为 $t=0$ 时的相位角，叫做初相位或初相角，简称初相。初相反映了正弦量在计时起点的状态。如

$$i(0)=I_m\sin(\omega t+\varphi_i)=I_m\sin\varphi_i$$

用正弦函数表示正弦波形时，把波形图上原点前后$\pm\pi$（或$\pm\dfrac{T}{2}$）内曲线由负变正经过零值的那一点作为正弦波的起点，初相角就是波形起点到坐标原点的角度。因此初相角的绝对值不大于π，且波形起点在原点左侧时，$\varphi>0$；反之$\varphi<0$。如图 3-2 所示是初相分别为 0、$\dfrac{\pi}{2}$、$\dfrac{\pi}{6}$、$-\dfrac{\pi}{6}$时的波形图。

由图 3-2 可见，初相为正值的正弦量，在$t=0$时的值为正，起点在坐标原点之左；初相为负值的正弦量，在$t=0$时的值为负，起点在坐标原点之右。I_m反映了正弦量的幅度，ω反映了正弦量变化的快慢，φ反映了正弦量在$t=0$时的状态，只有确定了I_m、ω、φ，正弦量才是确定的。通常，将I_m、ω（或T、f）、φ合起来叫做正弦量的三要素。

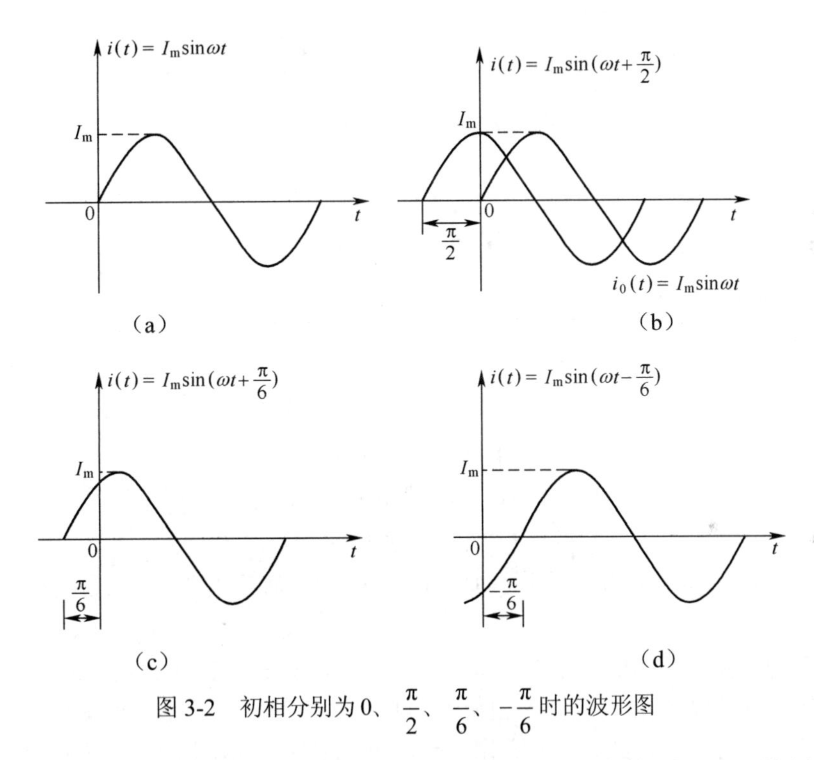

图 3-2　初相分别为 0、$\dfrac{\pi}{2}$、$\dfrac{\pi}{6}$、$-\dfrac{\pi}{6}$时的波形图

【例 3-1】　已知电路中某支路的电压、电流为工频正弦量，u_{ab}、i_{ab}的最大值分别为 311V、5A，初相为 45°、−60°，试写出它们的解析式，画出它们的波形，求出它们在$t=0.1$s 时的值。

解：它们的角频率为$\omega=2\pi\times50=100\pi\text{rad/s}$，则

$$u_{ab}=311\sin(100\pi t+45^\circ)\text{V}$$

$$i_{ab}=5\sin(100\pi t-60^\circ)\text{A}$$

0.1s 时u_{ab}、i_{ab}分别为

$$u_{ab}(0.1)=311\sin(100\pi\times0.1+\frac{\pi}{4})$$

$$=311\sin\frac{\pi}{4}=220\text{V}$$

$$i_{ab}(0.1) = 5\sin(100\pi \times 0.1 - \frac{\pi}{3})$$
$$= 5\sin(10\pi - \frac{\pi}{3})$$
$$= -5\sin\frac{\pi}{3} = -4.33\text{A}$$

u_{ab}、i_{ab} 的波形如图 3-3 所示。

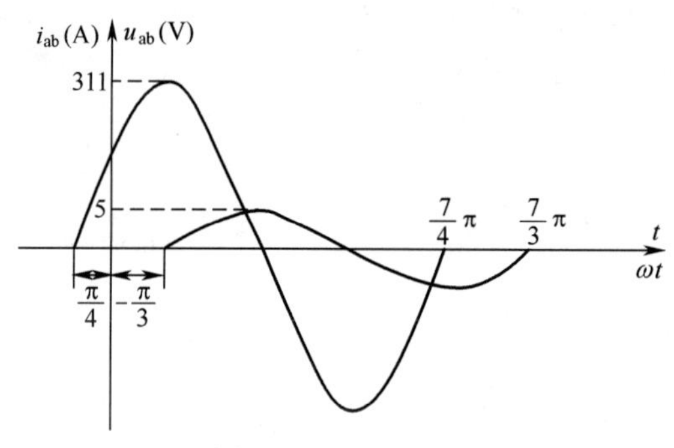

图 3-3 例 3-1 电路

3.1.2 同频率正弦量的相位差

设有两个同频率的正弦量为

$$i_1(t) = I_{m1}\sin(\omega t + \varphi_{i1})$$
$$i_2(t) = I_{m2}\sin(\omega t + \varphi_{i2})$$

它们的相位各为$(\omega t + \varphi_{i1})$、$(\omega t + \varphi_{i2})$，初相各为$\varphi_{i1}$、$\varphi_{i2}$，而把

$$\varphi_{12} = (\omega t + \varphi_{i1}) - (\omega t + \varphi_{i2}) = \varphi_{i1} - \varphi_{i2}$$

叫做它们的相位差。正弦量的相位是随时间变化的，但同频率的正弦量的相位差不变，等于它们的初相之差。

不同频率的正弦量的相位差是随时间变化的。一般说的相位差都是对同频率正弦量而言。

初相相等的两个正弦量，它们的相位差为零，这样的两个正弦量叫做同相。同相的正弦量同时达到零值，同时达到最大值，步调一致。两个正弦量的初相不等，相位差就不为零，即$\varphi_{12} = \varphi_1 - \varphi_2 \neq 0$，表明两个正弦量不同时达到零值，不同时达到最大值，步调不一致；如果$\varphi_{12} > 0$，则表示i_1超前i_2，或者说成是i_2滞后i_1；如果$\varphi_{12} < 0$，则表示i_1滞后i_2，或者说成是i_2超前i_1。如果$\varphi_{12} = \frac{\pi}{2}$，则称两个正弦量正交；如果$\varphi_{12} = \pi$，则称两个正弦量反相。$\varphi_{12}$与$\omega$的比值即$\frac{\varphi_{12}}{\omega}$就是两个正弦量达到零值相差的时间。

如图 3-4（a）、（b）、（c）、（d）所示分别表示两个正弦量同相、超前、正交、反相的情况。

对相位差的绝对值，规定不超过π。

同频率正弦量的相位差，不随时间变化，与计时起点的选择无关。为了分析问题的方便，在一些有关的同频率正弦量中，可以选择其中一个的初相为零，即以其达到零值的瞬间为计时起点。以这个初相为零的正弦量作参考，其他正弦量的初相必须与这个参考正弦量的初相比较，即其他正弦量的初相等于它们和参考正弦量之间的相位差。在 n 个正弦量中，只能选择一个为参考正弦量。

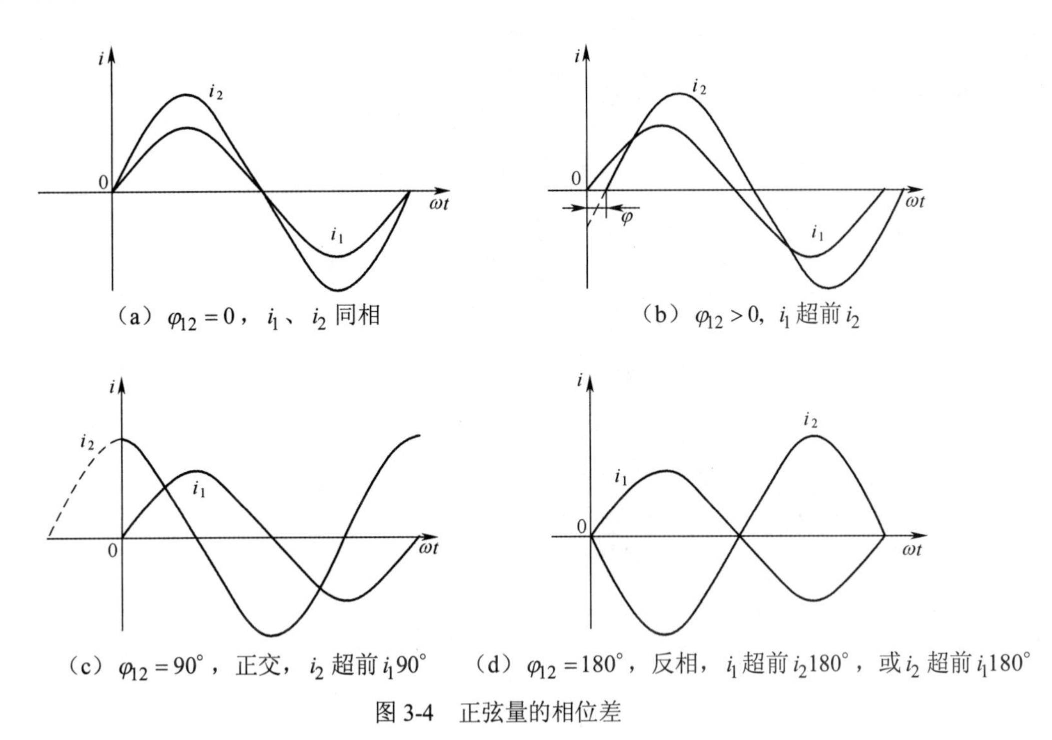

（a）$\varphi_{12}=0$，i_1、i_2 同相　（b）$\varphi_{12}>0$，i_1 超前 i_2

（c）$\varphi_{12}=90°$，正交，i_2 超前 $i_1 90°$　（d）$\varphi_{12}=180°$，反相，i_1 超前 $i_2 180°$，或 i_2 超前 $i_1 180°$

图 3-4　正弦量的相位差

3.1.3　正弦电流、电压的有效值

（1）有效值。电路的作用主要是能量的转换。周期量的瞬时值、平均值、最大值都不能确切反映它们在转换能量方面的效果，必须用有效值来描述。周期量的有效值用大写字母表示，如 I、U 等。

周期量的有效值定义为：一个周期量和一个直流量分别作用于同一电阻，如果经过一个周期的时间产生相等的热量，则这个周期量的有效值等于这个直流量的大小。

设一周期电流 $i(t)$ 通过电阻 R，因为电流是变化的，各瞬间的功率 i^2R 不同，在极短的时间 $\mathrm{d}t$ 内产生的热量为 $i^2R\mathrm{d}t$，在一个周期 T 内产生的热能为 $\int_0^T i^2R\mathrm{d}t$；如果通过电阻 R 的电流经过时间也为 T，直流电流 I 消耗的热量为 I^2RT，根据有效值的定义，则有

$$\int_0^T i^2R\mathrm{d}t = I^2RT$$

则周期电流的有效值为

$$I=\sqrt{\frac{1}{T}\int_0^T i^2\mathrm{d}t} \tag{3-2}$$

对于周期电压、周期电动势，也有类似结果

$$U=\sqrt{\frac{1}{T}\int_0^T u^2\mathrm{d}t}$$

$$E=\sqrt{\frac{1}{T}\int_0^T e^2\mathrm{d}t}$$

从数学上看，周期量的有效值等于它的瞬时值的平方在一个周期内的平均值的算术平方根，又叫方均根值。

（2）正弦量的有效值。对于正弦电流，设$i(t)=I_\mathrm{m}\sin(\omega t+\varphi_\mathrm{i})$，则

$$\begin{aligned}I&=\sqrt{\frac{1}{T}\int_0^T I_\mathrm{m}^2\sin^2(\omega t+\varphi_i)\mathrm{d}t}\\&=\sqrt{\frac{I_\mathrm{m}^2}{2T}\int_0^T\left[1-\cos2(\omega t+\varphi_i)\right]\mathrm{d}t}\\&=\sqrt{\frac{I_\mathrm{m}^2}{2T}t\,|_0^T}\\&=\sqrt{\frac{I_\mathrm{m}^2}{2}}\\&=\frac{I_\mathrm{m}}{\sqrt{2}}=0.707I_\mathrm{m}\end{aligned}$$

同理，正弦电压的有效值为

$$U=\frac{1}{\sqrt{2}}U_\mathrm{m}=0.707U_\mathrm{m}$$

可见，正弦量的有效值等于它的最大值除以$\sqrt{2}$，或者说成是最大值乘以 0.707。这就是说，最大值为 1A 的正弦电流在电路中转换能量的实际效果与 0.707A 的直流电流相当。

如$u(t)$的最大值为 311V，其有效值为$\frac{311}{\sqrt{2}}=220\mathrm{V}$。交流电气设备铭牌上所标的电流、电压值都是有效值。一般交流电流表、交流电压表的标尺都是按有效值刻度的。如“220V、40W”的白炽灯，指额定电压的有效值为 220V。若不加说明，交流量的大小都是对有效值而言。

正弦电流的解析式常写为

$$i(t)=\sqrt{2}I\sin(\omega t+\varphi_\mathrm{i})$$

上式说明，正弦量的三要素也可用有效值、角频率和初相角表示。

在分析击穿电压、绝缘耐压水平时，要按交流电压的最大值考虑。

思考与练习

3-1　什么是正弦交流电？正弦量的三要素是什么？

3-2　已知$i(t)=7.07\sin(100\pi t-45^\circ)\mathrm{A}$，$u(t)=311\sin(100\pi t+45^\circ)\mathrm{V}$，$i(t)$、$u(t)$的初相各为多少？哪个超前？超前时间为多少？作出$i(t)$、$u(t)$的波形图。

3-3　一个正弦电压初相为30°，在$t=\frac{3T}{4}$时瞬时值为$-268\mathrm{V}$，求它的有效值。

3-4　指出瞬时值、最大值、有效值的不同。

3.2　正弦量的相量表示法

3.2.1　复数的运算规律

直接用正弦量来计算正弦交流电路是很复杂的。为了简化计算，可以将正弦量用相量表示，按照复数的运算规律进行中间运算，只是最后将计算结果又反过来用正弦量表示。在正弦交流电路中，所有的响应都是与激励同频率的正弦量，只要用一个复数同时表示一个正弦量的有效值和初相，所有正弦量的角频率都集中考虑，这种正弦量的计算按照复数的运算规律进行的方法称为相量法。所以先复习复数的加、减、乘、除运算规律。

（1）复数的三种形式。电路分析中，常用 j 代表虚数单位，因为 i 代表电流。

复数的代数形式为

$$A = a + \mathrm{j}b$$

式中，A 代表复数；a、b 为实数，a 为实部，b 为虚部，并有

$$\mathrm{Re}[A] = a,\ \ \mathrm{Im}[A] = b$$

式中，符号 Re 的意思是对方括号中的复数取“实部”；符号 Im 的意思是对方括号中的复数取“虚部”。例如

$$\mathrm{Im}[-2-\mathrm{j}5] = -5\ ,\ \ \mathrm{Re}[-2-\mathrm{j}5] = -2$$

每一个复数 $A = a + \mathrm{j}b$，在复平面上都有一个点 $A(a,b)$ 与之对应，如图 3-5 所示。从复平面的原点 0 到复数对应的点 A 作一个矢量，这个矢量也与复数 $A = a + \mathrm{j}b$ 对应。即复数可以用矢量表示：矢量的长度 r 叫做复数 A 的模，φ 称为复数 A 的辐角，其关系式为

$$a = r\cos\varphi$$

$$b = r\sin\varphi$$

$$r = \sqrt{a^2 + b^2}$$

$$\varphi = \mathrm{arctg}\frac{b}{a}$$

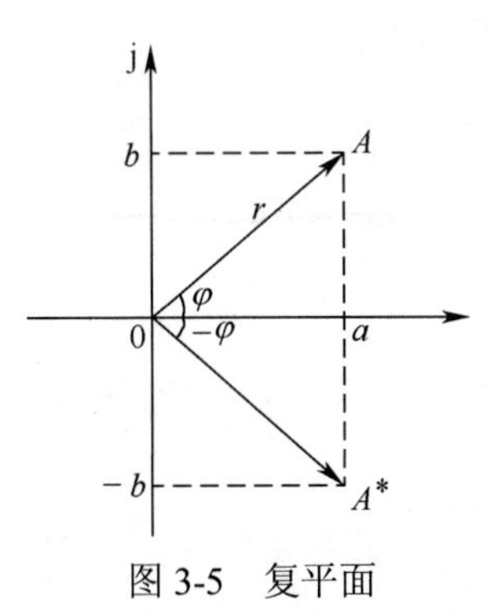

图 3-5　复平面

r 取平方根正值，φ 取主值$[0,\pi]$。

这样，复数 A 可以用代数形式，也可以用三角形式。根据欧拉公式，还可以用指数形式，即

$$A = a + \mathrm{j}b = r\cos\varphi + \mathrm{j}r\sin\varphi = r\mathrm{e}^{\mathrm{j}\varphi}$$

通常将指数形式简写为$r\angle\varphi$，即$re^{j\varphi}=r\angle\varphi$。

根据不同的要求，可以采用相应的形式来进行计算，即在代数形式、三角形式、指数形式中任选一种来简化计算。

由于a、b有正负的区别，相应的矢量的辐角可以落在Ⅰ、Ⅱ、Ⅲ、Ⅳ象限内，这时，r恒大于零。对于$|\varphi|\leqslant\pi$，如$-j3=0+j(-3)=3\angle-\frac{\pi}{2}$，$j3=0+j3=3\angle\frac{\pi}{2}$。对于$A=a+jb$，$A^*=a-jb$，如图3-5所示，它们关于实轴对称，称为共轭复数，即模相等，辐角异号。

（2）复数的运算规律。复数的加减运算规律：当两个复数相加（或相减）时，将实部与实部相加（或相减），虚部与虚部相加（或相减）。例如

$$A_1=a_1+jb_1=r_1\angle\varphi_1$$

$$A_2=a_2+jb_2=r_2\angle\varphi_2$$

相加、减的结果为

$$A_1\pm A_2=(a_1+jb_1)\pm(a_2+jb_2)=(a_1\pm a_2)+j(b_1\pm b_2)$$

复数乘除运算规律：两个复数相乘，将模相乘，辐角相加；两个复数相除，将模相除，辐角相减。例如

$$A_1A_2=r_1e^{j\varphi_1}\times r_2e^{j\varphi_2}=r_1r_2e^{j(\varphi_1+\varphi_2)}$$

$$=r_1r_2\angle\varphi_1+\varphi_2$$

$$\frac{A_1}{A_2}=\frac{r_1e^{j\varphi_1}}{r_2e^{j\varphi_2}}=\frac{r_1}{r_2}\angle\varphi_1-\varphi_2$$

通常规定：逆时针的辐角为正，顺时针的辐角为负。因此复数相乘相当于逆时针旋转矢量；复数相除相当于顺时针旋转矢量，如图3-6所示。

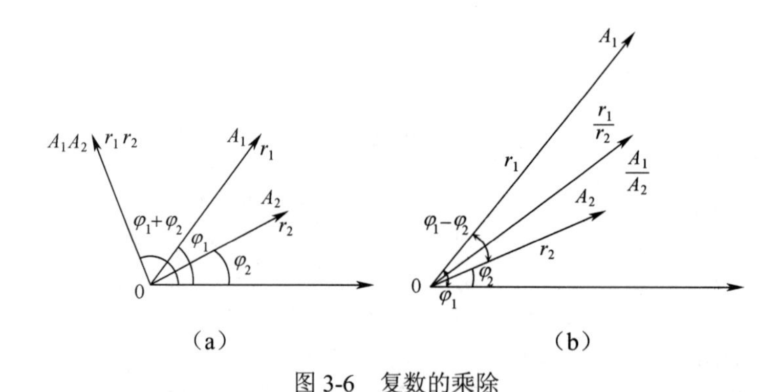

图3-6 复数的乘除

特别地，复数$e^{j\varphi}$的模为1，辐角为φ。把一个复数乘以$e^{j\varphi}$就相当于把此复数对应的矢量反时针方向旋转φ角。

3.2.2 正弦量的相量表示

设有一复数

$$A(t)=|A|e^{j(\omega t+\varphi)}$$

它与一般的复数不同，它不仅是复数，而且辐角还是时间的函数，称为复指数函数。因为

$$A(t)=|A|\mathrm{e}^{\mathrm{j}(\omega t+\varphi)}=|A|\mathrm{e}^{\mathrm{j}\varphi}\mathrm{e}^{\mathrm{j}\omega t}=A\mathrm{e}^{\mathrm{j}\omega t}$$

所以 $A(t)$ 等于复数 A（与时间无关的复数）乘以旋转因子 $\mathrm{e}^{\mathrm{j}\omega t}$，即在复平面上是以角速度 ω 沿逆时针方向旋转的复变量。由于

$$A(t)=|A|\mathrm{e}^{\mathrm{j}(\omega t+\varphi)}=|A|\cos(\omega t+\varphi)+\mathrm{j}|A|\sin(\omega t+\varphi)$$

可见 $A(t)$ 的虚部为正弦函数。这样就建立了正弦量和复数之间的关系，为用复数表示正弦信号找到了途径。

$$u(t)=\sqrt{2}U\sin(\omega t+\varphi_{\mathrm{u}})=\mathrm{Im}\left[\sqrt{2}U\mathrm{e}^{\mathrm{j}(\omega t+\varphi_{\mathrm{u}})}\right]=\mathrm{Im}\left[U\mathrm{e}^{\mathrm{j}\varphi_{\mathrm{u}}}\cdot\sqrt{2}\mathrm{e}^{\mathrm{j}\omega t}\right] \tag{3-3}$$

式（3-3）表明：正弦电压 $u(t)$ 等于复指数函数 $\sqrt{2}U\mathrm{e}^{\mathrm{j}(\omega t+\varphi_{\mathrm{u}})}$ 的虚部，该指数函数包含了正弦量的三要素，即 ω、U、φ。而其中复常数部分 $U\mathrm{e}^{\mathrm{j}\varphi_u}$ 是包含了正弦量的有效值 U 和初相 φ_{u} 的复指数，把这个复数称为正弦量的（电压）有效值相量，用符号 $\dot{U}$ 代表，即

$$\dot{U}=U\mathrm{e}^{\mathrm{j}\varphi_u}$$

而把复指数函数 $U\mathrm{e}^{\mathrm{j}(\omega t+\varphi_{\mathrm{u}})}=\dot{U}\mathrm{e}^{\mathrm{j}\omega t}$ 称为旋转相量。

对于电流，其有效值相量为 $\dot{I}=I\mathrm{e}^{\mathrm{j}\varphi_{\mathrm{i}}}$；对于电动势，其有效值相量为 $\dot{E}=E\mathrm{e}^{\mathrm{j}\varphi_{\mathrm{e}}}$。

正弦交流电路中各处的电流、电压是与电源激励同频率的正弦量，用相量方法进行分析与计算时，完全可以按照复数运算规律，因而简化了运算。

相量可以在复平面上用矢量表示，这种表示相量的图，称为相量图。为了方便，可以省略虚轴 $+\mathrm{j}$，有时实轴+1 也可省略。

同频率的正弦量之间的相位差等于初相之差，有完全确定的值，用相量表示时，可以画在同一个相量图上，其相量的加、减可用矢量相加、减的平行四边形法则。不同频率的正弦量之间的相位差是时间的函数，用相量表示时，不能画在同一个相量图上。

应该特别注意，相量与正弦量之间只具有对应的关系，而不是相等的关系。

【例 3-2】 已知 $u_1(t)=141\sin(\omega t+\frac{\pi}{3})\mathrm{V}$，$u_2(t)=70.7\sin(\omega t-\frac{\pi}{4})\mathrm{V}$。（1）求相量 $\dot{U}_1$、$\dot{U}_2$；（2）画出相量图；（3）求两电压之和的瞬时值 $u(t)$。

解：（1）

$$\dot{U}_1=\frac{141}{\sqrt{2}}\angle\frac{\pi}{3}=100\angle 60^\circ=100\mathrm{e}^{\mathrm{j}60^\circ}=(50+\mathrm{j}86.6)\mathrm{V}$$

$$\dot{U}_2=\frac{70.7}{\sqrt{2}}\angle-\frac{\pi}{4}=50\angle-45^\circ=50\mathrm{e}^{-\mathrm{j}45^\circ}=(35.35-\mathrm{j}35.35)\mathrm{V}$$

（2）相量图如图 3-7 所示。

（3）由相量图

$$\dot{U}=\dot{U}_1+\dot{U}_2=(50+\mathrm{j}86.6)+(35.35-\mathrm{j}35.35)$$

$$=99.55\angle 31^\circ=99.55\mathrm{e}^{\mathrm{j}31^\circ}$$

$$u(t)=99.55\sqrt{2}\sin(\omega t+31^\circ)\mathrm{V}$$

【例 3-3】 已知 $i_{\mathrm{A}}+i_{\mathrm{B}}+i_{\mathrm{C}}=0$，$i_{\mathrm{B}}=5\sqrt{2}\sin(\omega t+120^\circ)$，$i_{\mathrm{C}}=4\sqrt{2}\sin(\omega t-120^\circ)\mathrm{A}$。画出相量图，求 i_{A}。

解：

$$\dot{I}_B = 5\angle 120^\circ = 5\cos 120^\circ + j5\sin 120^\circ$$
$$= (-2.5 + j4.33)\text{A}$$
$$\dot{I}_C = 4\angle -120^\circ = 4\cos(-120^\circ) + j4\sin(-120^\circ)$$
$$= (-2 - j3.46)\text{A}$$

相量图如图 3-8 所示。

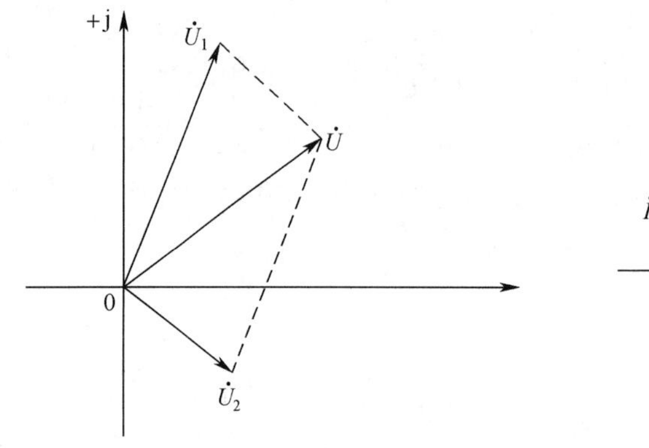

图 3-7　例 3-2 相量图

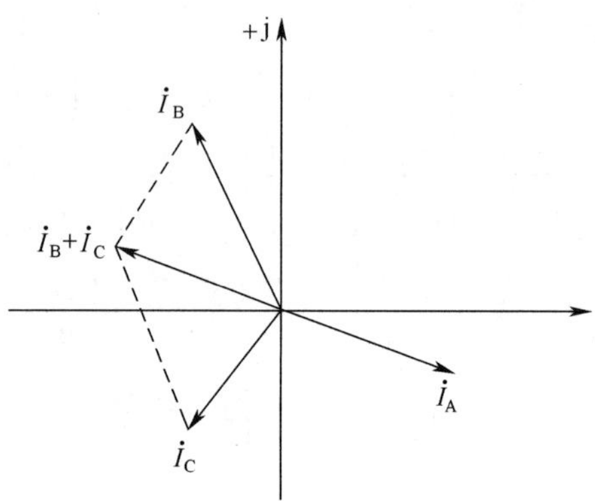

图 3-8　例 3-3 相量图

由相量图　　$\dot{I}_A = -(\dot{I}_B + \dot{I}_C)$

则　　$\dot{I}_A = -(\dot{I}_B + \dot{I}_C) = -[(-2.5 + j4.33) + (-2 - j3.46)]$

$$= 4.5 - j0.87 = 4.58\angle -10.9^\circ \text{ A}$$

所以　　$i_A = 4.58\sqrt{2}\sin(\omega t - 10.9^\circ)\text{A}$

思考与练习

3-5　什么是相量法？

3-6　相量与正弦量有什么区别和联系？

3-7　相量的运算规律是怎样的？

3-8　不同频率的正弦量是否可以画在同一个相量图上？

3-9　已知：$e_1 = 311\sin(\omega t + 30^\circ)\text{V}$，$e_2 = 141.4\sin(\omega t + 30^\circ)\text{V}$。

（1）画出相量图。

（2）求：$e_1 + e_2$；$e_1 - e_2$。

3-10　已知 $u_1 = 100\sin\omega t\text{V}$，$u_2 = 100\cos\omega t\text{V}$，求 $u_1 + u_2$。

3-11 已知 $\dot{I}_1 = (3 + j4)\text{A}$，$i_2 = 4.24\sin(\omega t + 45^\circ)\text{A}$，求 $\dot{I}_1 + \dot{I}_2$，$i_1 + i_2$。

3.3　基本元件 VCR 和 KCL、KVL 的相量形式

3.3.1　基本元件 VCR 的相量形式

在交流电路中，电压和电流是变动的，是时间的函数。电路元件不仅有耗能元件电阻，

而且有储能元件电感和电容。下面分别讨论电压和电流的关系式（即 VCR）的相量形式。

在关联参考方向下，线性非时变电阻、电容及电感元件的电压和电流关系分别为

$$u = Ri \tag{3-4}$$

$$i = C\frac{\mathrm{d}u_{\mathrm{C}}}{\mathrm{d}t} \tag{3-5}$$

$$u = L\frac{\mathrm{d}i_{\mathrm{L}}}{\mathrm{d}t} \tag{3-6}$$

式（3-5）、式（3-6）在 5.1 节中有详细的推导，符号 C 表示电容元件的参数，即电容；符号 L 表示电感元件的参数，即电感。

在正弦稳态电路中，这些元件的电压、电流都是同频率的正弦波。为适应使用相量进行正弦稳态分析的需要，我们将导出这三种基本元件 VCR 的相量形式。

设要研究的元件接在一正弦稳态电路中，如图 3-9 所示，则元件两端的电压和流过的电流可表示为

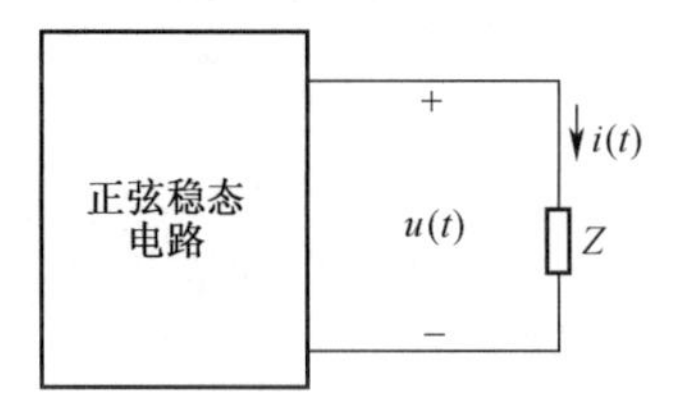

图 3-9　正弦稳态电路

$$u(t) = U_{\mathrm{m}}\sin(\omega t + \varphi_{\mathrm{u}}) = \mathrm{Im}(\sqrt{2}\dot{U}\mathrm{e}^{\mathrm{j}\omega t}) \tag{3-7}$$

$$i(t) = I_{\mathrm{m}}\sin(\omega t + \varphi_{\mathrm{i}}) = \mathrm{Im}(\sqrt{2}\dot{I}\mathrm{e}^{\mathrm{j}\omega t}) \tag{3-8}$$

其中 $\dot{U} = U\underline{/\varphi_{\mathrm{u}}}$，$\dot{I} = I\underline{/\varphi_{\mathrm{i}}}$。

现在要求出 $\dot{U}$ 和 $\dot{I}$ 之间的关系。

（1）电阻元件。

如图 3-10（a）所示。根据欧姆定律 $u = Ri$，并设 $i(t) = \sqrt{2}I\sin(\omega t + \varphi_{\mathrm{i}})$，得到

$$u(t) = \sqrt{2}RI\sin(\omega t + \varphi_{\mathrm{i}}) = \sqrt{2}U\sin(\omega t + \varphi_{\mathrm{u}}) \tag{3-9}$$

式中，R 是常数。上式表明电阻两端的正弦电压和流过的正弦电流是同相的，波形图如图 3-10（b）所示。

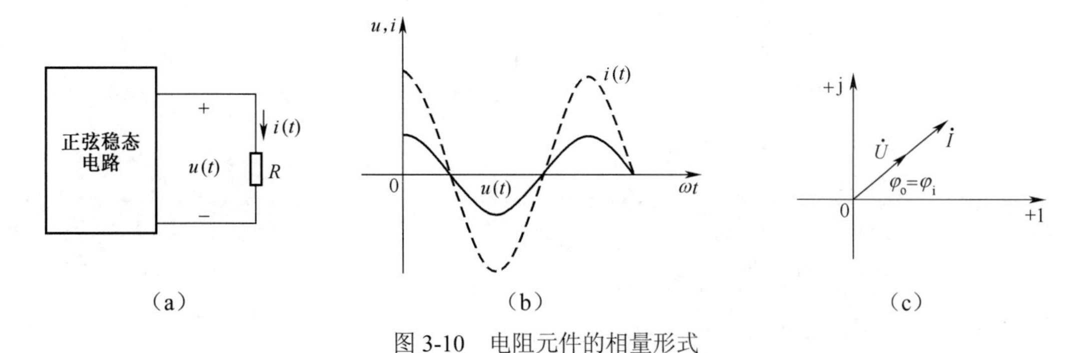

图 3-10　电阻元件的相量形式

把式（3-9）改写为

$$\mathrm{Im}[\sqrt{2}\dot{U}\mathrm{e}^{\mathrm{j}\omega t}]=R\,\mathrm{Im}[\sqrt{2}\dot{I}\mathrm{e}^{\mathrm{j}\omega t}]$$

即

$$\mathrm{Im}[\sqrt{2}\dot{U}\mathrm{e}^{\mathrm{j}\omega t}]=\mathrm{Im}[\sqrt{2}R\dot{I}\mathrm{e}^{\mathrm{j}\omega t}]$$

根据复数的运算规则，得到

$$\sqrt{2}\dot{U}=\sqrt{2}R\dot{I}$$

即

$$\dot{U}=R\dot{I} \tag{3-10}$$

其中

$$\dot{U}=U\angle\varphi_{\mathrm{u}} \qquad \dot{I}=I\angle\varphi_{\mathrm{i}}$$

式（3-10）就是要求的电阻元件上电压、电流的相量关系式。这个式子和直流电路中欧姆定律的表达式有完全相似的形式。它是一个复数关系式，它既能表明电压、电流有效值之间的关系，又能表明电压、电流相位之间的关系。如果对式（3-10）改写，则为

$$U\angle\varphi_{\mathrm{u}}=RI\angle\varphi_{\mathrm{i}}$$

即

$$U=RI \quad \varphi_{\mathrm{u}}=\varphi_{\mathrm{i}}$$

前者表明电压有效值和电流有效值符合欧姆定律；后者表明电压和电流是同相的，反映的相位关系可以通过相量图 3-10（c）表示出来。

当然，电阻元件上电压振幅和电流振幅也符合欧姆定律。

【例 3-4】 4Ω 电阻两端电压为 $u(t)=50\sqrt{2}\sin(100\pi t+60^\circ)\mathrm{V}$，用相量法求解：

（a）写出 $u(t)$ 的相量表达式。

（b）利用 $\dot{U}=R\dot{I}$ 求 $\dot{I}$。

（c）由 $\dot{I}$ 写出 $i(t)$。

解：（a）

$$\dot{U}=50\angle 60^\circ\,\mathrm{V}$$

（b）

$$\dot{I}=\frac{\dot{U}}{R}=\frac{50}{4}\angle 60^\circ=12.5\angle 60^\circ\,\mathrm{A}$$

（c）

$$i(t)=12.5\sqrt{2}\sin(100\pi t+60^\circ)\mathrm{A}$$

（2）电容元件。

把式（3-7）、式（3-8）代入式（3-5），并利用复数的运算规律，可得

$$\begin{aligned}\mathrm{Im}[\sqrt{2}\dot{I}\mathrm{e}^{\mathrm{j}\omega t}]&=C\frac{\mathrm{d}(\mathrm{Im}[\sqrt{2}\dot{U}\mathrm{e}^{\mathrm{j}\omega t}])}{\mathrm{d}t}\\&=C\,\mathrm{Im}\left[\frac{\mathrm{d}(\sqrt{2}\dot{U}\mathrm{e}^{\mathrm{j}\omega t})}{\mathrm{d}t}\right]\\&=C\,\mathrm{Im}[\mathrm{j}\omega\sqrt{2}\dot{U}\mathrm{e}^{\mathrm{j}\omega t}]\\&=\mathrm{Im}[\mathrm{j}\omega C\sqrt{2}\dot{U}\mathrm{e}^{\mathrm{j}\omega t}]\end{aligned}$$

根据复数相等的条件，则

$$\sqrt{2}\dot{I}=\mathrm{j}\omega C\sqrt{2}\dot{U} \tag{3-11}$$

即

$$\dot{I}=\mathrm{j}\omega C\dot{U} \tag{3-12}$$

这就是电容元件上电压、电流之间的相量关系式。式（3-12）也包含了电压、电流有效值之间的关系和它们相位之间的关系。如果对式（3-12）改写，则为

$$I\angle\varphi_{\mathrm{i}}=\mathrm{j}\omega CU\angle\varphi_{\mathrm{u}}=\omega CU\angle(\varphi_{\mathrm{u}}+90^\circ) \quad （注：\mathrm{j}=1\angle 90^\circ）$$

即
$$I=\omega CU\text{ 或 }U=\frac{I}{\omega C} \tag{3-13}$$
$$\varphi_{\mathrm{i}}=\varphi_{\mathrm{u}}+90^{\circ} \tag{3-14}$$

式（3-13）表明电容元件上电压、电流有效值之间的关系不仅与 C 有关，而且还与角频率 ω 有关。当 C 值一定时，ω 越高，所呈现的频率越大，I 越大；反之 ω 越小，频率越小，I 越小。通常把 $\frac{1}{\omega C}$ 定义为电容的容抗，用 X_{C} 表示，即 $X_{\mathrm{C}}=\frac{1}{\omega C}$。

在直流情况下，频率为零，$X_{\mathrm{C}}\to\infty$，电容相当于开路。

式（3-14）表明电容电流超前电容电压的角度为 90°，可以用相量图或波形图清楚地说明。如图 3-11 所示。

根据以上各式，电容上电压、电流的时间函数表达式为
$$u(t)=\sqrt{2}U\sin(\omega t+\varphi_{\mathrm{u}})$$
$$i(t)=\sqrt{2}U\omega C\sin(\omega t+\varphi_{\mathrm{i}})=\sqrt{2}I\sin(\omega t+\varphi_{\mathrm{u}}+90^{\circ})$$

即电容元件上，电流振幅为电压振幅的 ωC 倍，电流的相位超前电压相位 90°。

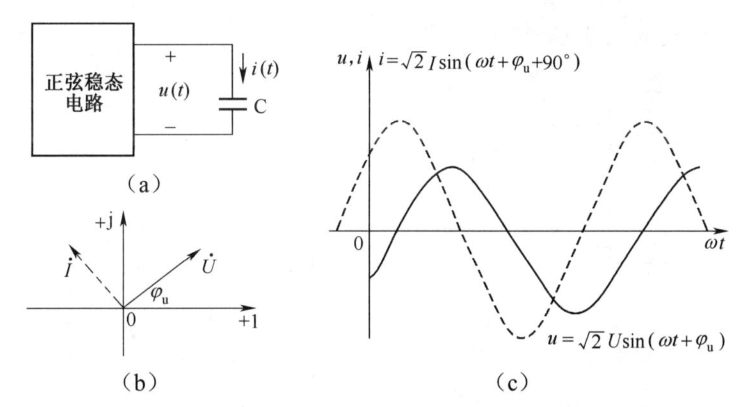

图 3-11　电容元件的相量形式

【例 3-5】 流过 0.25F 电容的电流为 $i(t)=2\sqrt{2}\sin(100\pi t+30^{\circ})\mathrm{A}$，试用相量法求电容两端的电压 $u(t)$，画出相量图。

解： 用相量法计算电容上的电压 $u(t)$。$i(t)$ 的有效值相量为 $\dot{I}=2\angle 30^{\circ}\mathrm{A}$，根据相量运算
$$\dot{U}=\frac{\dot{I}}{\mathrm{j}\omega C}=\frac{2\angle 30^{\circ}-90^{\circ}}{100\pi\times 0.25}\approx 0.03\angle -60^{\circ}\mathrm{V}$$

由 $\dot{U}$ 写出 $u(t)$
$$u(t)=0.03\sqrt{2}\sin(100\pi t-60^{\circ})\mathrm{V}$$

相量图如图 3-12 所示。

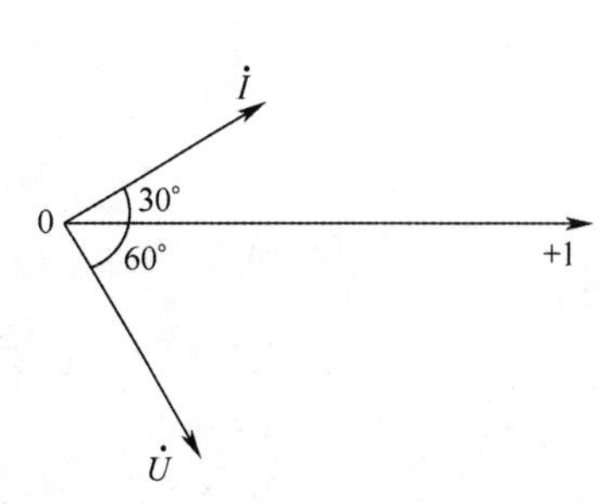

图 3-12　例 3-5 相量图

（3）电感元件。

对于电感元件，考虑它的 VCR（即 $u_{\mathrm{L}}=L\frac{\mathrm{d}i_{\mathrm{L}}}{\mathrm{d}t}$）与电容的 VCR（即 $i_{\mathrm{C}}=C\frac{\mathrm{d}u_{\mathrm{C}}}{\mathrm{d}t}$），两者存在对偶关系

（$i \to u$，$C \to L$，$u \to i$）。因此根据电容的 VCR 相量形式，把 $\dot{I} = \mathrm{j}\omega C\dot{U}$ 中的 $\dot{I}$ 换上 $\dot{U}$，把 $\dot{U}$ 换上 $\dot{I}$，C 换上 L，就得到电感的 VCR 相量形式

$$\dot{U} = \mathrm{j}\omega L\dot{I} \tag{3-15}$$

式（3-10）、式（3-12）、式（3-15）是电阻、电容和电感元件 VCR 相量形式的欧姆定律。式（3-15）表明

$$U = \omega LI \tag{3-16}$$

$$\varphi_{\mathrm{u}} = \varphi_{\mathrm{i}} + 90^\circ \tag{3-17}$$

式（3-16）表明电感元件上电压、电流有效值的关系不仅与 L 有关，还与角频率 ω 有关。通常把 ωL 定义为电感元件的感抗，它是电压有效值与电流有效值的比值，用 X_{L} 表示，即

$$X_{\mathrm{L}} = \omega L$$

对于一定的电感 L，当频率越高时，其所呈现的感抗越大；反之越小。在直流情况下，频率为零，$X_{\mathrm{L}} = 0$，电感相当于短路。

式（3-17）表明电感元件上电流滞后电压的角度为 90°。对电感元件来说，若

$$i(t) = \sqrt{2}I\sin(\omega t + \varphi_{\mathrm{i}})$$

则
$$u(t) = \sqrt{2}U\sin(\omega t + \varphi_{\mathrm{u}}) = \sqrt{2}\omega LI\sin(\omega t + \varphi_{\mathrm{i}} + 90^\circ)$$

其波形图和相量图如图 3-13（b）、（c）所示。

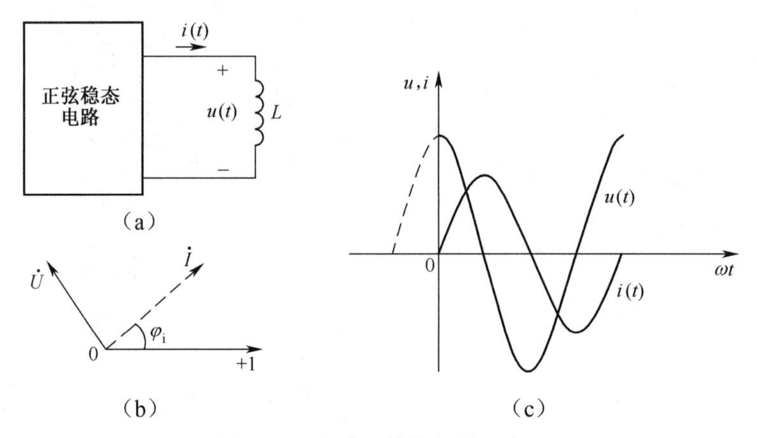

图 3-13 电感元件的相量形式

【例 3-6】 2H 的电感元件两端电压为 $u(t) = 18\sqrt{2}\sin(\omega t + 30^\circ)\mathrm{V}$，$\omega = 100\mathrm{rad/s}$，求流过电感的电流 $i(t)$。

解： 利用相量关系运算

$$\dot{U} = 18\angle 30^\circ\,\mathrm{V}$$

$$\dot{I} = \frac{\dot{U}}{\mathrm{j}\omega L} = \frac{18\angle 30^\circ}{\mathrm{j}100 \times 2} = \frac{18\angle 30^\circ}{200\angle 90^\circ} = 0.09\angle -60^\circ\,\mathrm{A}$$

$$i(t) = 0.09\sqrt{2}\sin(100t - 60^\circ)\mathrm{A}$$

【例 3-7】 已知 R、L、C 并联，$u(t) = 60\sqrt{2}\sin(100t + 90^\circ)\mathrm{V}$，$R = 15\Omega$，$L = 300\mathrm{mH}$，$C = 833\mu\mathrm{F}$，求总电流 $i(t)$。

解： 因为 R、L、C 并联，所以各元件两端电压相等，用相量法求出 $\dot{I}_{\mathrm{R}}$、$\dot{I}_{\mathrm{L}}$、$\dot{I}_{\mathrm{C}}$，再用电

流叠加求解。

$$\dot{U}=60\underline{/90^\circ}\text{V}$$

对于 R　　$\dot{I}_R=\dfrac{\dot{U}}{R}=\dfrac{60\underline{/90^\circ}}{15}=4\underline{/90^\circ}=\text{j}4\text{A}$

对于 C　　$\dot{I}_C=\text{j}\omega C\dot{U}=100\times 833\times 10^{-6}\times 60\underline{/(90^\circ+90^\circ)}$

$$=5\underline{/180^\circ}=-5\text{A}$$

对于 L　　$\dot{I}_L=\dfrac{\dot{U}}{\text{j}\omega L}=\dfrac{60\underline{/90^\circ}}{\text{j}100\times 300\times 10^{-3}}=2\underline{/0^\circ}\text{A}$

$$\dot{I}=\dot{I}_L+\dot{I}_R+\dot{I}_C=2\underline{/0^\circ}+\text{j}4-5=-3+\text{j}4=5\underline{/127^\circ}\text{A}$$

所以　　$i(t)=5\sqrt{2}\sin(100t+127^\circ)\text{A}$

3.3.2　KCL、KVL 的相量形式

由耗能元件 R、储能元件 L、C 以及供能元件正弦稳态电压源、电流源组成的复杂电路，对它的分析计算仍然根据基尔霍夫定律。如果是单个元件，直接用相量形式的欧姆定律。

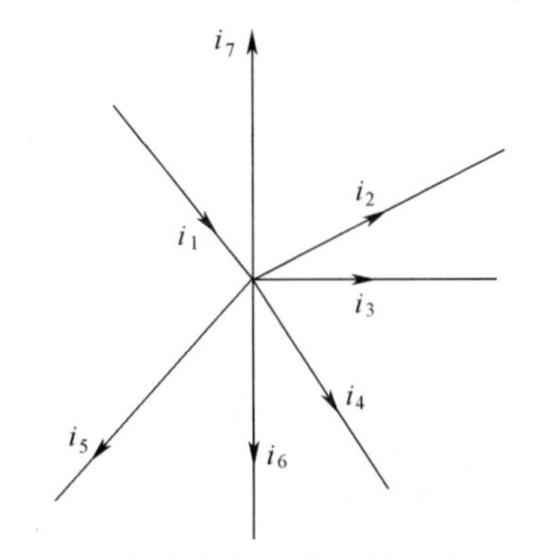

图 3-14　电路中任一节点的电流

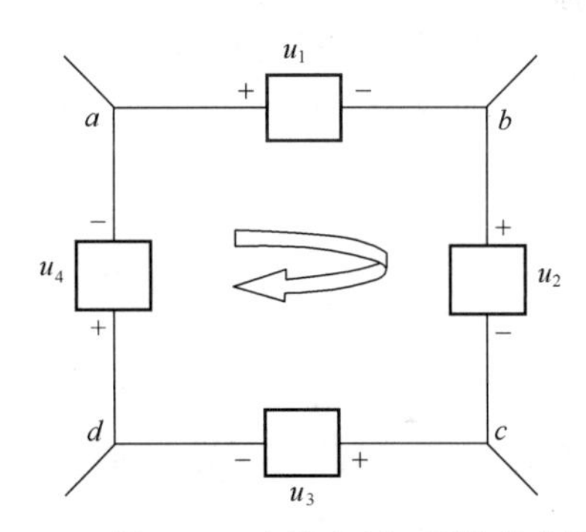

图 3-15　电路中任一回路的电压

对于复杂电路中的任一节点（如图 3-14 所示），基尔霍夫电流定律 KCL 是 $\sum i(t)=0$，与直流不同的是，每一支路电流 $i(t)$ 都是按正弦规律变化的（包括电压源、电流源），按相量法及复数的运算规律

$$i_k(t)=\sqrt{2}I_k\sin(\omega t+\varphi_{ik})$$

则

$$\sum_{k=1}^{n}i_k(t)=\sum_{k=1}^{n}\text{Im}\left[\sqrt{2}\dot{I}_k\text{e}^{\text{j}\omega t}\right]$$

$$=\text{Im}[\sqrt{2}(\sum_{k=1}^{n}\dot{I}_k)\text{e}^{\text{j}\omega t}]=0$$

式中，$i_k(t)$ 代表第 k 条支路的电流，n 为与该节点相连的支路数。

从而得

$$\sum_{k=1}^{n}\dot{I}_k(t)=0 \tag{3-18}$$

这就是基尔霍夫定律的相量形式。上式表明：在正弦稳态电路中，由任一节点流出（或

流入）的各支路电流相量的代数和为零。

对于任一回路（如图 3-15 所示），基尔霍夫电压定律 KVL 是 $\sum u(t)=0$ 。

则

$$\sum_{k=1}^{n} u_{\mathrm{k}}(t)=\sum_{k=1}^{n} \mathrm{Im}\left[\sqrt{2}\dot{U}_{\mathrm{k}}\mathrm{e}^{\mathrm{j}\omega t}\right]$$

$$=\mathrm{Im}\left[\sqrt{2}(\sum_{k=1}^{n}\dot{U}_{\mathrm{k}})\mathrm{e}^{\mathrm{j}\omega t}\right]=0$$

从而得

$$\sum_{k=1}^{n}\dot{U}_{\mathrm{k}}=0 \tag{3-19}$$

式（3-19）是基尔霍夫电压定律的相量形式，它和式（3-18）都说明网络连接的约束关系与构成网络的元件性质无关。

思考与练习

3-12 正弦稳态交流电路中，R、L、C 元件上，各自的电压、电流之间有什么关系？

3-13 写出 KCL、KVL 的相量形式。

3-14 已知 $u(t)=110\sqrt{2}\sin(314t-30^{\circ})\mathrm{V}$ 加在电感 $L=0.2\mathrm{H}$ 上，求电感上的电流 $i(t)$，画出 $\dot{U}$ 、$\dot{I}$ 的相量图。

3-15 已知通过电容的电流 $i(t)=0.2\sqrt{2}\sin(314t+60^{\circ})\mathrm{A}$ ，电容 $C=2\mu\mathrm{F}$，求电容上的电压 $u(t)$，画出 $\dot{I}$ 、$\dot{U}$ 的相量图。

3-16 由 KCL 得 $\sum\dot{I}=0$ ，问各支路电流 $\dot{I}$ 是否可以同时为正号。

3-17 已知 $R=10\Omega$ 的电阻，加在其上的电压 $u=220\sqrt{2}\sin(314t+60^{\circ})$ ，求通过的电流 $i(t)$，画出 $\dot{I}$ 、$\dot{U}$ 的相量图。

3-18 已知三个电流流进节点 A，$i_1(t)=5\sqrt{2}\sin(\omega t+30^{\circ})\mathrm{A}$，$i_2(t)=10\sqrt{2}\sin(\omega t-30^{\circ})\mathrm{A}$ ，求 $i_3(t)$ 。

3.4 复阻抗与复导纳

对于单个元件，R、L、C 上相量形式的欧姆定律的表达式分别为

$$\dot{U}_{\mathrm{R}}=R\dot{I}$$

$$\dot{U}_{\mathrm{C}}=-\mathrm{j}X_{\mathrm{C}}\dot{I}$$

$$\dot{U}_{\mathrm{L}}=\mathrm{j}X_{\mathrm{L}}\dot{I}$$

其中，$X_{\mathrm{L}}=\omega L$, $X_{\mathrm{C}}=\dfrac{1}{\omega C}$，分别称为感抗和容抗。

3.4.1 复阻抗

设由 R、L、C 串联组成无源二端电路。如图 3-16 所示，流过各元件的电流都为 i，各元件

上的电压分别为$u_R(t)$、$u_L(t)$、$u_C(t)$，端口电压为$u(t)$。对于正弦交流电路，同样存在相量形式的欧姆定律的表达式。

$$i_R = i_L = i_C = i$$
$$u(t) = u_R(t) + u_L(t) + u_C(t)$$

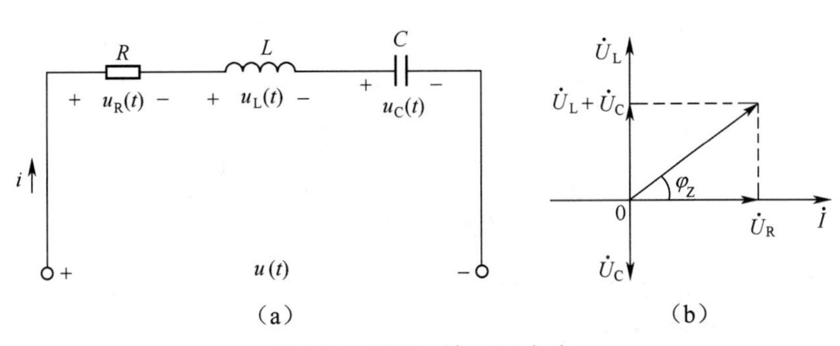

图 3-16　无源二端 *RLC* 电路

这是在如图 3-16 所示的参考方向下，任意时刻，无论电压电流怎样变化，仍然遵循基尔霍夫定律的表达式。

当电流按正弦规律变化时，各理想元件上的电压$u_R(t)$、$u_L(t)$、$u_C(t)$以及它们之和$u(t)$也都按正弦规律变化，且具有相同的频率。因为

$$u(t) = u_R(t) + u_L(t) + u_C(t)$$

即

$$\begin{aligned}\mathrm{Im}[\sqrt{2}\dot{U}\mathrm{e}^{\mathrm{j}\omega t}] &= \mathrm{Im}[\sqrt{2}\dot{U}_R\mathrm{e}^{\mathrm{j}\omega t}] + \mathrm{Im}[\sqrt{2}\dot{U}_L\mathrm{e}^{\mathrm{j}\omega t}] + \mathrm{Im}[\sqrt{2}\dot{U}_C\mathrm{e}^{\mathrm{j}\omega t}] \\ &= \mathrm{Im}[\sqrt{2}(\dot{U}_R + \dot{U}_L + \dot{U}_C)\mathrm{e}^{\mathrm{j}\omega t}]\end{aligned}$$

所以

$$\begin{aligned}\dot{U} = \dot{U}_R + \dot{U}_L + \dot{U}_C &= \dot{I}R + \dot{I}(\mathrm{j}X_L) + \dot{I}(-\mathrm{j}X_C) \\ &= \dot{I}[R + \mathrm{j}(X_L - X_C)] \\ &= \dot{I}(R + \mathrm{j}X) \\ &= \dot{I}Z\end{aligned}$$

即

$$\dot{I} = \frac{\dot{U}}{Z} \tag{3-20}$$

所以式（3-20）是正弦稳态电路相量形式的欧姆定律。Z为该无源二端电路的复阻抗（或阻抗），它等于端口电压相量与端口电流相量之比。当频率一定时，阻抗Z是一个复常数，可表示为指数型或代数型，即

$$Z = \frac{\dot{U}}{\dot{I}} = \frac{U}{I}\mathrm{e}^{\mathrm{j}(\varphi_u - \varphi_i)} = |Z|\mathrm{e}^{\mathrm{j}\varphi_Z} = R + \mathrm{j}X \tag{3-21}$$

$$|Z| = \frac{U}{Z} = \sqrt{R^2 + X^2}$$

式中，$|Z|$称为阻抗的模；$X = X_L - X_C$称为电抗，电抗和阻抗的单位都是欧姆；φ_Z称为阻抗角，它等于电压超前电流的相位角，即

$$\varphi_Z = \varphi_u - \varphi_i = \mathrm{arctg}\frac{X}{R} = \mathrm{arctg}\frac{X_L - X_C}{R}$$

R、$|Z|$ 和 X 构成一个直角三角形，称为阻抗三角形，U_R、U 和 U_X 也构成一个直角三角形，称为电压三角形。这两个三角形相似，如图 3-17 所示。

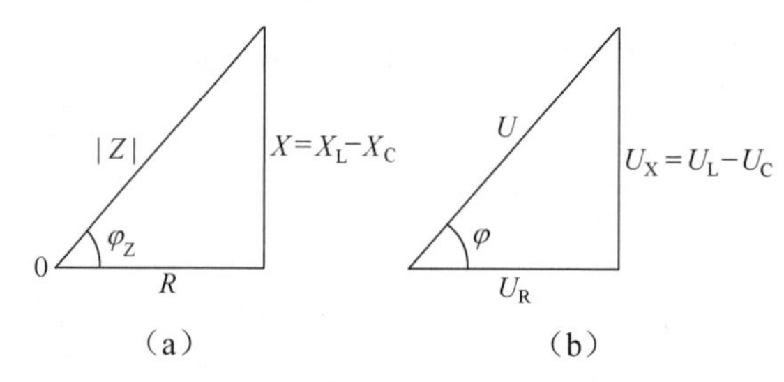

图 3-17　阻抗三角形和电压三角形

（1）当 $X = X_L - X_C > 0$ 时，$\varphi_Z > 0$，$\dot{U}$ 超前 $\dot{I}$，称电路为感性电路，如果 $X_C = 0$，则表示为 RL 串联电路，$Z = R + jX_L$。

（2）当 $X = X_L - X_C < 0$ 时，$\varphi_Z < 0$，$\dot{U}$ 滞后 $\dot{I}$，称电路为容性电路，如果 $X_L = 0$，则表示为 RC 串联电路，$Z = R - jX_C$。

（3）当 $X = X_L - X_C = 0$，$\dot{U}$ 与 $\dot{I}$ 同相，称为电阻性电路（串联谐振）。

把复阻抗 Z 当成一个二端元件，用符号表示时，须注明字母 Z。

电阻元件的阻抗　　$Z_R = R$

电容元件的阻抗　　$Z_C = -jX_C = -j\dfrac{1}{\omega C}$

电感元件的阻抗　　$Z_L = jX_L = j\omega L$

用电压、电流相量和复阻抗表示的电路图叫做相量形式的电路模型，如图 3-18 所示。

但要注意：

（1）复阻抗不是时间的函数，不是相量，只是复数，与电流相量、电压相量不同。

（2）复阻抗的串并联与直流电路的电阻串并联计算方法类似，只是遵守相量运算规律。

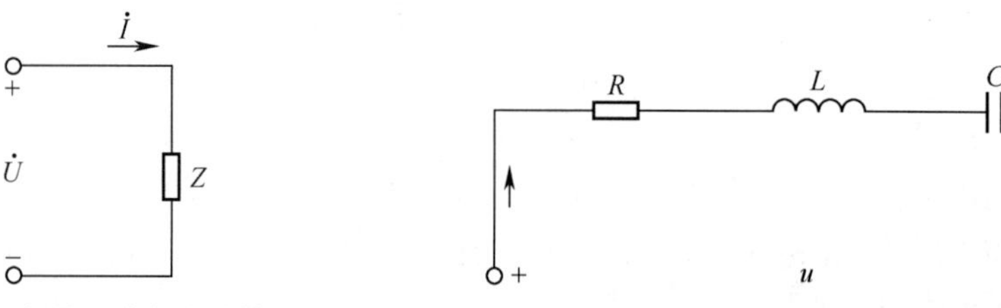

图 3-18　相量形式的电路模型　　　图 3-19　例 3-8 电路

【例 3-8】 已知如图 3-19 所示的 R、L、C 串联电路中，电路端电压为 $u(t) = 220\sqrt{2}\sin(100\pi t + 30^\circ)\text{V}$，已知 $R = 30\Omega$，$L = 445\text{mH}$，$C = 32\mu\text{F}$。

（1）求阻抗角 φ_Z。

（2）求电路中的电流 $i(t)$。

（3）求电阻、电感、电容的端电压的解析式。

解： $\dot{U} = 220\underline{/30^\circ}\text{V}$

（1）先计算感抗、容抗和阻抗，再求阻抗角。

$$X_L = 2\pi fL = 2\times3.14\times50\times0.445 \approx 140\Omega$$

$$X_C = \frac{1}{2\pi fC} = \frac{1}{2\times3.14\times50\times32\times10^{-6}} \approx 100\Omega$$

$$Z = R + \mathrm{j}(X_L - X_C) = (30 + \mathrm{j}40)\Omega$$

$$|Z| = \sqrt{30^2 + 40^2} = 50$$

则

$$I = \frac{U}{|Z|} = \frac{220}{50} = 4.4\mathrm{A}$$

阻抗角

$$\varphi_Z = \varphi_u - \varphi_i = \mathrm{arctg}\frac{X_L - X_C}{R}$$

$$= \mathrm{arctg}\frac{140-100}{30} = 53^\circ$$

（2）求$i(t)$。因$\varphi_Z > 0$，电路呈感性，故

$$i(t) = \sqrt{2}I\sin(\omega t + \varphi_i)$$

$$= 4.4\sqrt{2}\sin(100\pi t + 30^\circ - 53^\circ)$$

$$= 4.4\sqrt{2}\sin(100\pi t - 23^\circ)\mathrm{A}$$

（3）　因

$$\dot{U}_R = \dot{I}R$$

$$\dot{U}_L = \mathrm{j}X_L\dot{I}$$

$$\dot{U}_C = -\mathrm{j}X_C\dot{I}$$

而

$$\dot{I} = 4.4\angle{-23^\circ}\ \mathrm{A}$$

故

$$\dot{U}_R = \dot{I}R = 30\times4.4\angle{-23^\circ} = 132\angle{-23^\circ}\ \mathrm{V}$$

则

$$u_R(t) = 132\sqrt{2}\sin(100\pi t - 23^\circ)\mathrm{V}$$

$$\dot{U}_L = \mathrm{j}X_L\dot{I} = 140\times4.4\angle{-23^\circ+90^\circ} = 616\angle{67^\circ}\ \mathrm{V}$$

故

$$u_L(t) = 616\sqrt{2}\sin(100\pi t + 67^\circ)\mathrm{V}$$

同理

$$\dot{U}_C = -\mathrm{j}X_C\dot{I} = 100\times4.4\angle{-23^\circ-90^\circ} = 440\angle{-113^\circ}\ \mathrm{V}$$

则

$$u_C(t) = 440\sqrt{2}\sin(100\pi t - 113^\circ)\mathrm{V}$$

3.4.2　复导纳

在正弦稳态交流电路中，对理想电阻元件，也可以用电导表达相量形式的欧姆定律，$\dot{I}_R = \dfrac{\dot{U}}{R} = G\dot{U}$，$G$称为电导，单位是西门子（S）。同理，对于电感元件，$\dot{I}_L = \dfrac{\dot{U}}{\mathrm{j}X_L} = -\mathrm{j}B_L\dot{U}$，$B_L = \dfrac{1}{X_L}$叫做感纳，单位是西门子。这样

$$B_L = \frac{1}{X_L} = \frac{1}{\omega L}$$

$$\dot{I}_L = -\mathrm{j}B_L\dot{U}$$

电流相量滞后电压相量 90°。

对于电容元件，因为 $\dot{I}_C=\dfrac{\dot{U}}{-jX_C}$，令 $B_C=\dfrac{1}{X_C}=\omega C$，则

$$\dot{I}_C=jB_C\dot{U}$$

式中，B_C 称为容纳，单位为西门子（S）。电流相量超前电压相量 90°。

用电导、感纳、容纳特别适合于计算并联电路。如图 3-20 所示的 R、L、C 并联电路，根据相量形式的电路模型，并以 KCL 运用于每一条支路，得到

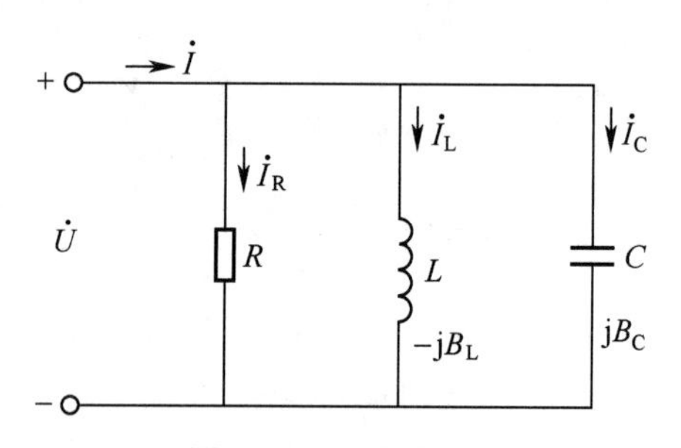

图 3-20　电路模型

$$\begin{aligned}\dot{I}&=\dot{I}_R+\dot{I}_L+\dot{I}_C\\ \dot{I}&=G\dot{U}_R+(-jB_L\dot{U}_L)+jB_C\dot{U}_C\\ &=G\dot{U}+(-jB_L\dot{U})+jB_C\dot{U}\\ &=[G-j(B_L-B_C)]\dot{U}\\ &=(G-jB)\dot{U}=Y\dot{U}\end{aligned}$$

Y 为无源二端电路的复导纳（或导纳）。

$$Y=G-jB=|Y|\angle\varphi_Y \tag{3-22}$$

式中，其实部 G 为导纳的电导部分，虚部 B 称为电纳，$|Y|$称为导纳模，φ_Y 称为导纳角。它们之间的关系为

$$|Y|=\sqrt{G^2+(B_L-B_C)^2} \tag{3-23}$$

$$\varphi_Y=\text{arctg}\frac{-(B_L-B_C)}{G}=\text{arctg}\frac{(B_C-B_L)}{G} \tag{3-24}$$

由于　$$Y=\frac{\dot{I}}{\dot{U}}=\frac{Ie^{j\varphi_i}}{Ue^{j\varphi_u}}=\frac{I}{U}e^{j(\varphi_i-\varphi_u)}=|Y|e^{j\varphi_Y}$$

所以　$$|Y|=\frac{I}{U}=\frac{I_m}{U_m}=\frac{1}{|Z|},\ \varphi_Y=\varphi_i-\varphi_u=-\varphi_Z \tag{3-25}$$

由式（3-25）可知，导纳模等于电流、电压有效值（或振幅）之比，它也等于阻抗模的倒数；导纳角等于电流与电压的相位差，它也等于负的阻抗角。所以对于同一电路，导纳与阻抗互为倒数。

注意：若 $\varphi_Y>0$，表示电流 $\dot{I}$ 超前电压 $\dot{U}$，电路为容性电路；若 $\varphi_Y<0$，电流 $\dot{I}$ 滞后电压 $\dot{U}$，电路为感性电路；若 $\varphi_Y=0$，则 $B=0$，$Y=G$，导纳等效电导，电流 $\dot{I}$ 与电压 $\dot{U}$ 同相（并联谐振）。

电阻元件的导纳　　$Y_R = \frac{1}{R} = G$

电容元件的导纳　　$Y_C = \mathrm{j}\frac{1}{X_C} = \mathrm{j}\omega C$

电感元件的导纳　　$Y_L = \frac{1}{\mathrm{j}X_L} = -\mathrm{j}\frac{1}{\omega L}$

并联电路复导纳的计算与直流电路中求电导的形式相同，但要按照复数的运算规律运算。

【例 3-9】 在 R、L、C 并联电路中，$R = 40\Omega$，$X_L = 15\Omega$，$X_C = 30\Omega$，接到外加电压 $u = 120\sqrt{2}\sin(100\pi t + \frac{\pi}{6})\mathrm{V}$ 的电源上。求：（1）电路上的总电流；（2）电路的总阻抗。

解：（1）

$$\dot{U} = 120\angle\frac{\pi}{6}\,\mathrm{V}$$

$$\dot{I}_R = G\dot{U} = \frac{\dot{U}}{R} = \frac{120\angle\frac{\pi}{6}}{40} = 3\angle\frac{\pi}{6}\,\mathrm{A}$$

$$\dot{I}_L = -\mathrm{j}B_L\dot{U} = \frac{\dot{U}}{\mathrm{j}X_L} = \frac{120\angle\frac{\pi}{6}}{\mathrm{j}\times 15} = 8\angle -60^\circ\,\mathrm{A}$$

$$\dot{I}_C = \mathrm{j}B_C\dot{U} = \frac{\dot{U}}{-\mathrm{j}X_C} = \frac{120\angle\frac{\pi}{6}}{-\mathrm{j}\times 30} = 4\angle 120^\circ\,\mathrm{A}$$

因　　$\dot{I} = \dot{I}_R + \dot{I}_L + \dot{I}_C$

故　　$\dot{I} = 3\angle 30^\circ + 8\angle -60^\circ + 4\angle 120^\circ$

$$= 3\angle 30^\circ + 4\angle -60^\circ$$

$$= 5\angle -23^\circ$$

（2）由　　$\dot{I} = Y\dot{U}$ 或 $\dot{I} = \frac{\dot{U}}{Z}$

得　　$Z = \frac{\dot{U}}{\dot{I}} = \frac{120\angle\frac{\pi}{6}}{5\angle -23^\circ} = 24\angle(30^\circ + 23^\circ) = 24\angle 53^\circ$

阻抗模　　$|Z| = 24\Omega$

3.4.3 复阻抗与复导纳的变换

在 R、L、C 元件串联时，引出复阻抗 $Z = R + \mathrm{j}X$ 的概念；在 R、L、C 并联时，引出复导纳 $Y = G - \mathrm{j}B$ 的概念。相应的电路模型分别如图 3-21 所示，等效为二端元件模型。

对于图 3-21（a）所示的模型，用相量形式的欧姆定律表示为 $\dot{I} = \frac{\dot{U}}{Z}$。对于图 3-21（b）的模型，则表示为 $\dot{I} = Y\dot{U}$。

一个无源二端网络，不考虑其内部结构，可以用复阻抗 Z 表示，也可以用复导纳 Y 表示。也就是说，二端阻抗网络可以用导纳网络代替，即 R、L、C 串联电路可以用 R、L、C 并联电

路代替，这样有如下关系

$$\dot{I}=\frac{\dot{U}}{Z} \text{及} \dot{I}=Y\dot{U}$$

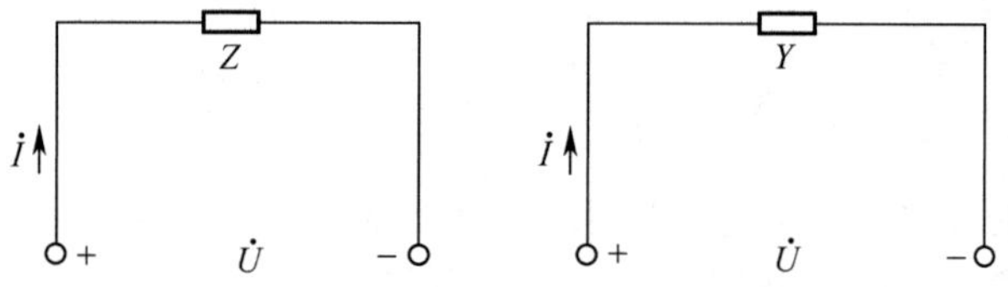

图 3-21　复阻抗与复导纳的电路模型

故　$$Y=\frac{1}{Z}$$

因为　$$Z=R+\mathrm{j}X=|Z|\angle\varphi_Z$$

故　$$Y=\frac{1}{Z}=\frac{1}{R+\mathrm{j}X}=\frac{R}{R^2+X^2}-\mathrm{j}\frac{X}{R^2+X^2}$$

而　$$Y=G-\mathrm{j}B=|Y|\angle-\varphi_Z$$

故　$$\begin{cases} G=\dfrac{R}{R^2+X^2},\ B=\dfrac{X}{R^2+X^2} \\ |Y|=\dfrac{1}{|Z|} \end{cases} \tag{3-26}$$

式（3-26）是已知阻抗求对应导纳的公式。

也可以由 $Y=G-\mathrm{j}B$ 反推到 Z，则有

$$\begin{cases} R=\dfrac{G}{G^2+B^2},\ X=\dfrac{B}{G^2+B^2} \\ |Z|=\dfrac{1}{|Y|} \end{cases} \tag{3-27}$$

式（3-27）是已知导纳求对应阻抗的公式。

【例 3-10】 已知 R、L 串联电路，$R=20\Omega$，$L=0.1\text{H}$，$f=50\text{Hz}$，求等效复导纳。

解：

$$Z=R+\mathrm{j}X=20+\mathrm{j}2\times\pi\times f\times0.1$$

$$=20+\mathrm{j}31.4=37.2\angle57.5^\circ\Omega$$

所以

$$Y=\frac{1}{Z}=\frac{R}{R^2+X^2}-\mathrm{j}\frac{X}{R^2+X^2}=\frac{20}{1386}-\mathrm{j}\frac{31.4}{1386}$$

$$=0.0144-\mathrm{j}0.0227=0.0269\angle-57.5^\circ\text{S}$$

思考与练习

3-19　已知 R、C 串联电路中 $R=50\Omega$，$C=100\mu\text{F}$，接在频率为 50Hz 、$U=220\text{V}$ 的电源

上，求复阻抗 Z 及电流 $\dot{I}$，画出相量图。

3-20　已知 $Z=(20+\mathrm{j}20)\Omega$，求等效复导纳，并画等效电路。

3-21 已知 $Y=1\angle-45^{\circ}\mathrm{S}$，求等效复阻抗，并画等效电路。

3.5　正弦稳态电路分析

前面论述了正弦量、元件的电压和电流的关系 VCR、基尔霍夫定律 KVL、KCL 的相量形式，以及阻抗、导纳、相量图的概念。借助相量和相量图分析线性正弦稳态电路的方法，称为相量法。

因为对于线性电阻电路有

$$\sum i=0$$

$$\sum u=0$$

$$u=Ri$$

$$i=Gu$$

对于线性正弦稳态电路有

$$\sum \dot{I}=0$$

$$\sum \dot{U}=0$$

$$\dot{U}=Z\dot{I}$$

$$\dot{I}=Y\dot{U}$$

所以线性电阻电路的各种分析方法和电路定理可以推广用于线性电路的正弦稳态分析。具体方法是所有电压、电流用相量形式，元件用阻抗或导纳形式，画出电路的相量模型，从而建立相量形式的代数方程。

【例 3-11】 图 3-22 所示电路中的独立电源全部是同频率的正弦量，试列出该电路的节点电压方程和回路电流方程。

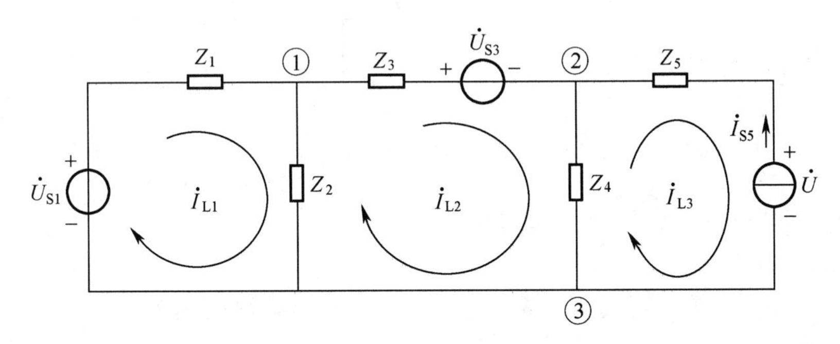

图 3-22　例 3-11 电路

解：用导纳表示各元件有

$$Y_1=\frac{1}{Z_1},\ Y_2=\frac{1}{Z_2},\ Y_3=\frac{1}{Z_3},\ Y_4=\frac{1}{Z_4},\ Y_5=\frac{1}{Z_5}$$

节点电压方程为（以③为参考节点）

对① $(Y_1+Y_2+Y_3)\dot{U}_1-Y_3\dot{U}_2=Y_1\dot{U}_{S1}+Y_3\dot{U}_{S3}$

对② $-Y_3\dot{U}_1+(Y_3+Y_4)\dot{U}_2=-Y_3\dot{U}_{S3}+\dot{I}_{S5}$

注意：Z_5在列写方程中不起作用，因为Z_5上的电流只能是$\dot{I}_{S5}$。

回路电路方程为（各回路绕行方向如3-22图所示）

对回路1 $(Z_1+Z_2)\dot{I}_{L1}-Z_2\dot{I}_{L2}=\dot{U}_{S1}$

对回路2 $-Z_2\dot{I}_{L1}+(Z_2+Z_3+Z_4)\dot{I}_{L2}-Z_4\dot{I}_{L3}=-\dot{U}_{S3}$

对回路3 $-Z_4\dot{I}_{L2}+(Z_4+Z_5)\dot{I}_{L3}=-\dot{U}$

补充 $\dot{I}_{L3}=-\dot{I}_{S5}$

注意：$\dot{U}$是假设的，是电流源的端电压。列方程时，可将电流源视为电压为$\dot{U}$的电压源。

【例3-12】 图3-23中，已知$\dot{U}_S=50\underline{/0^\circ}$V，$\dot{I}_S=10\underline{/30^\circ}$A，$X_L=5\Omega$，$X_C=3\Omega$，求$\dot{U}$。

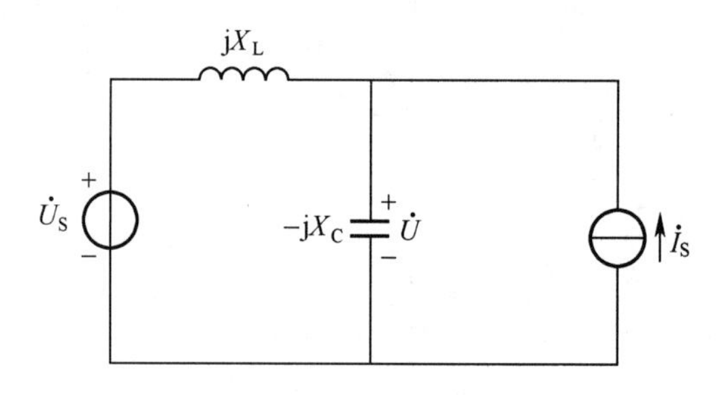

图3-23 例3-12电路

解：本例求解方法很多，这里用电源等效变换求解。

先将$\dot{U}_S$和jX_L串联的戴维南电路变换成等效的$\dot{I}_{S1}$和jX_L并联的诺顿电路，如图3-24（a）所示。

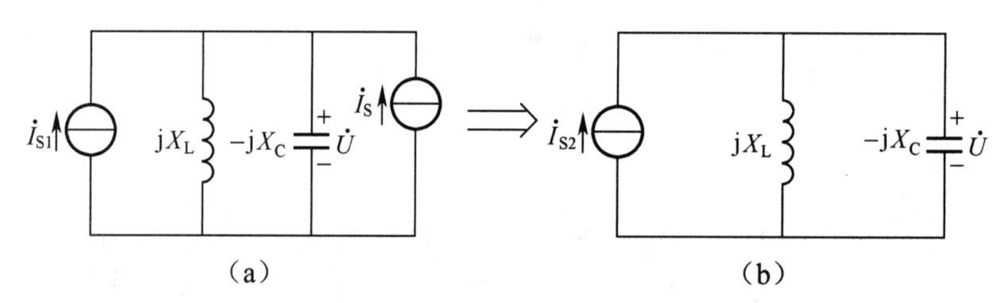

（a） （b）

图3-24 例3-12变换电路

$\dot{I}_{S1}=\dfrac{\dot{U}_S}{jX_L}=\dfrac{50\underline{/0^\circ}}{j5}=10\underline{/-90^\circ}$ A，再将$\dot{I}_{S1}$和$\dot{I}_S$并联得

$$\dot{I}_{S2}=\dot{I}_{S1}+\dot{I}_S=10\underline{/-90^\circ}+10\underline{/30^\circ}=10\underline{/-30^\circ}\text{ A}$$

变换后电路如图3-24（b）所示。

电感和电容元件并联的等效导纳

$$Y=Y_L+Y_C=\frac{1}{jX_L}+\frac{1}{-jX_C}=-j\frac{1}{5}+j\frac{1}{3}=j(\frac{1}{3}-\frac{1}{5})=j\frac{2}{15}\text{S}$$

所以 $$\dot{U}=\frac{\dot{I}_{S2}}{Y}=\frac{10\angle-30^\circ}{j\frac{2}{15}}=75\angle-120^\circ\ \text{V}$$

思考与练习

3-22 某正弦量为 $-6\sqrt{2}\sin(5t+75^\circ)$，其相应的有效值相量是什么？

3-23 一正弦稳态的 R、L、C 串联支路，支路两端电压的有效值是否一定大于其中某个元件电压的有效值？

3-24 对 R、C 串联二端电路，当电路的角频率 $\omega=1\text{rad/s}$ 时，其等效阻抗 $Z=(5-j2)\Omega$，当 $\omega=2\text{rad/s}$，求阻抗 Z 的值。

3.6 正弦稳态电路中的功率

由于在正弦稳态电路中，L、C 是储能元件，功率和能量的计算不同于直流电路。下面分别研究 R、L、C 元件的功率和储能情况、二端电路的功率以及无功功率、视在功率和复功率。

3.6.1 *R*、*L*、*C* 元件的功率和能量

（1）功率和能量的基本概念。

瞬时功率 p 定义为能量对时间的导数，由同一时刻的电压与电流的乘积来确定，即

$$p(t)=\frac{\mathrm{d}w}{\mathrm{d}t}=u(t)i(t) \tag{3-28}$$

在时间间隔 t_0 到 t_1 内，给予二端元件或二端电路的能量为

$$\int_{w_0}^{w}\mathrm{d}w=\int_{t_0}^{t_1}u(t)i(t)\mathrm{d}t$$

即 $$w(t_1)-w(t_0)=\int_{t_0}^{t_1}u(t)i(t)\mathrm{d}t$$

如果 $u(t)$ 与 $i(t)$ 的参考方向一致，则 $p(t)$ 就是流入元件或电路的能量的变化率，$p(t)$ 称为该元件（或电路）吸收的功率。如果 $p(t)>0$，就表示元件（或电路）真正吸收能量；反之 $p(t)<0$，则表示元件（或电路）消耗能量。

如果是电阻元件，吸收的能量将转换成热能而被消耗，因此，对电阻而言，$p(t)>0$。如果是储能元件电感或电容，吸收的能量可以被存储起来，而在其他时刻再释放出来，这样，$p(t)$ 可正可负。

（2）电阻元件的功率。

在正弦稳态电路中，在关联参考方向下，根据式（3-28），瞬时功率为

$$p(t)=u(t)i(t)$$

对于电阻元件，设流过的电流为

$$i_R(t)=\sqrt{2}I_R\sin\omega t$$

其电阻两端电压为 $$u_R(t)=\sqrt{2}I_R R\sin\omega t=\sqrt{2}U_R\sin\omega t$$

则瞬时功率为

$$p_{\mathrm{R}}(t)=u_{\mathrm{R}}(t)i_{\mathrm{R}}(t)=2U_{\mathrm{R}}I_{\mathrm{R}}\sin^2\omega t=U_{\mathrm{R}}I_{\mathrm{R}}(1-\cos 2\omega t) \tag{3-29}$$

由于$\cos 2\omega t\leqslant 1$，故

$$p_{\mathrm{R}}(t)=U_{\mathrm{R}}I_{\mathrm{R}}(1-\cos 2\omega t)\geqslant 0$$

其瞬时功率的波形图如图 3-25 所示。由图可见，电阻元件的瞬时功率是以 2 倍于电压的频率变化的，而且$p_{\mathrm{R}}(t)\geqslant 0$，说明电阻元件是耗能元件。

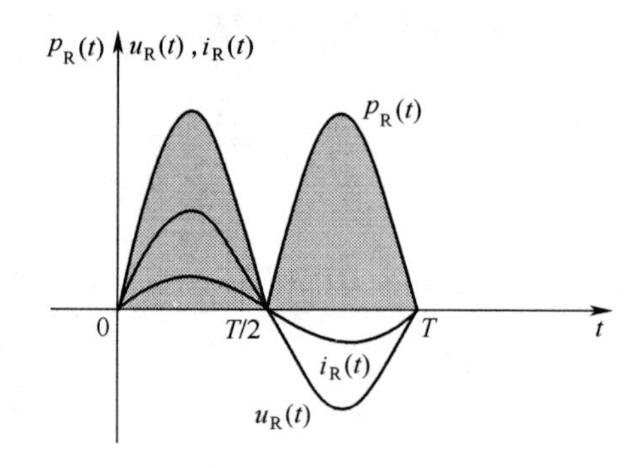

图 3-25 电阻元件的瞬时功率

瞬时功率的意义不大，常用平均功率（也叫有功功率）表示，平均功率是指瞬时功率在一个周期内的平均值，用大写 P 表示，即

$$P=\frac{1}{T}\int_0^T p(t)\mathrm{d}t \tag{3-30}$$

将式（3-29）代入式（3-30），得到电阻元件在正弦稳态电路中的平均功率为

$$P_{\mathrm{R}}=\frac{1}{T}\int_0^T (U_{\mathrm{R}}I_{\mathrm{R}}-U_{\mathrm{R}}I_{\mathrm{R}}\cos 2\omega t)\mathrm{d}t$$

所以

$$P_{\mathrm{R}}=U_{\mathrm{R}}I_{\mathrm{R}}=I_{\mathrm{R}}^2R=\frac{U_{\mathrm{R}}^2}{R} \tag{3-31}$$

可见对于电阻元件，平均功率的计算公式与直流电路相似。

式（3-30）适用于所有的周期性交流电路。平均功率代表消耗能量的平均速度，具有明确的物理意义。

在工程技术上，平均功率（有功功率）简称功率。常说的电动机的功率为 10kW，是指平均功率（有功功率）。

（3）电感元件的功率。

在关联参考方向下，设流过电感元件的电流为

$$i_{\mathrm{L}}(t)=\sqrt{2}I_{\mathrm{L}}\sin\omega t$$

则电感电压为

$$u_{\mathrm{L}}(t)=\sqrt{2}U_{\mathrm{L}}\sin(\omega t+\frac{\pi}{2})$$

$$=\sqrt{2}I_{\mathrm{L}}X_{\mathrm{L}}\sin(\omega t+\frac{\pi}{2})$$

其瞬时功率为

$$p_{\mathrm{L}}(t)=u_{\mathrm{L}}(t)i_{\mathrm{L}}(t)$$

$$=2U_{\mathrm{L}}I_{\mathrm{L}}\sin(\omega t+\frac{\pi}{2})\sin\omega t$$

所以

$$p_{\mathrm{L}}(t)=U_{\mathrm{L}}I_{\mathrm{L}}\sin 2\omega t \tag{3-32}$$

式（3-32）表明，电感元件的瞬时功率也是以2倍于电压的频率变化的；且$p_{\mathrm{L}}(t)$的值可正可负，$p_{\mathrm{L}}(t)$的波形图如图3-26所示。

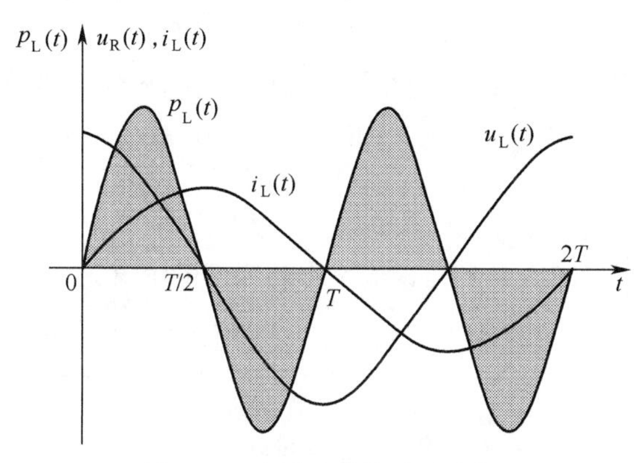

图3-26　电感元件的瞬时功率

从图3-26可以看出，当$u(t)$、$i(t)$都为正值或都为负值时，$p_{\mathrm{L}}(t)$为正，说明此时电感吸收电能并转化为磁场能量储存起来；反之，当$p_{\mathrm{L}}(t)$为负时，电感元件向外释放能量。$p_{\mathrm{L}}(t)$的值正负交替，说明电感元件与外电路不断地进行着能量的交换。且$p_{\mathrm{L}}(t)$为正时$p_{\mathrm{L}}(t)$的波形与横轴所包围的阴影面积等于$p_{\mathrm{L}}(t)$为负时$p_{\mathrm{L}}(t)$波形与横轴所包围的阴影面积。故在一个周期内，吸收的平均功率为零。电感消耗的平均功率为

$$P_{\mathrm{L}}=\frac{1}{T}\int_{0}^{T}p_{\mathrm{L}}(t)\mathrm{d}t=\frac{1}{T}\int_{0}^{T}U_{\mathrm{L}}I_{\mathrm{L}}\sin 2\omega t\mathrm{d}t=0$$

电感消耗的平均功率为零，说明电感元件不消耗功率，只是与外界交换能量。

电感的瞬时能量为

$$w_{\mathrm{L}}(t)=\frac{1}{2}Li_{\mathrm{L}}^{2}(t)=\frac{1}{2}LI_{\mathrm{m}}^{2}\sin^{2}\omega t$$

$$=\frac{1}{2}LI^{2}(1-\cos 2\omega t)$$

其波形图如图3-27所示。能量以2ω的角频率在其平均值W_{L}上下波动，但$w_{\mathrm{L}}(t)$恒大于或等于零。电感储能平均值为

$$W_{\mathrm{L}}=\frac{1}{T}\int_{0}^{T}w_{\mathrm{L}}(t)\mathrm{d}t=\frac{1}{2}LI^{2} \tag{3-33}$$

工程上把电感元件瞬时功率的最大值定义为电感元件的无功功率，它代表电感元件与外电路交换能量的最大速率。电感元件的无功功率用Q_{L}表示，根据定义有

$$Q_{\mathrm{L}}=U_{\mathrm{L}}I_{\mathrm{L}}=I_{\mathrm{L}}^{2}X_{\mathrm{L}}=\frac{U_{\mathrm{L}}^{2}}{X_{\mathrm{L}}} \tag{3-34}$$

为了与有功功率的单位相区别，无功功率的单位为乏（var）。

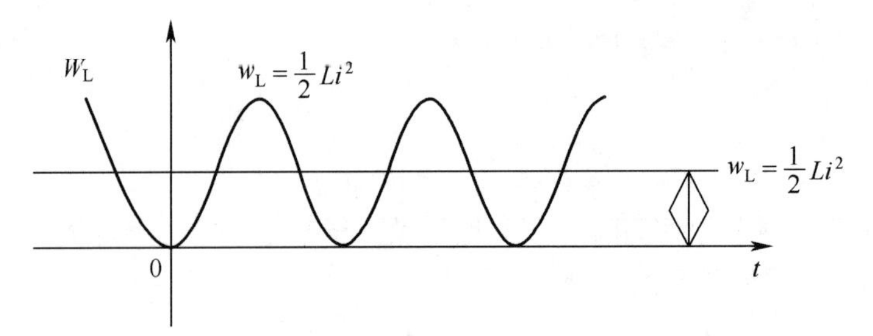

图 3-27　电感的瞬时能量波形

无功功率在工程上占有极为重要的地位，例如电动机和变压器都是具有电感的设备，没有磁场就无法工作，磁场能量是由电源供给的，所以需电感元件吸收一定的无功功率，才能完成能量的转换。“无功”是指“交换而不消耗”，而不是“无用”。

（4）电容元件的功率。

在电压、电流的关联参考方向下，设流过电容元件的电流为

$$i_c(t)=\sqrt{2}I_c\sin\omega t$$

则电容电压为

$$\begin{aligned}u_c(t)&=\sqrt{2}U_c\sin(\omega t-\frac{\pi}{2})\\&=\sqrt{2}I_cX_c\sin(\omega t-\frac{\pi}{2})\end{aligned}$$

其瞬时功率为

$$\begin{aligned}p_c(t)&=u_c(t)i_c(t)\\&=2U_cI_c\sin(\omega t-\frac{\pi}{2})\sin\omega t\\&=-U_cI_c\sin 2\omega t\end{aligned}$$

$u_c(t)$、$i_c(t)$、$p_c(t)$ 的波形如图 3-28 所示。从图上看出，$p_c(t)$ 与 $p_L(t)$ 的波形（如图 3-26 所示）相似，即电容元件只与外界交换能量而不消耗能量。电容消耗的平均功率为零，即

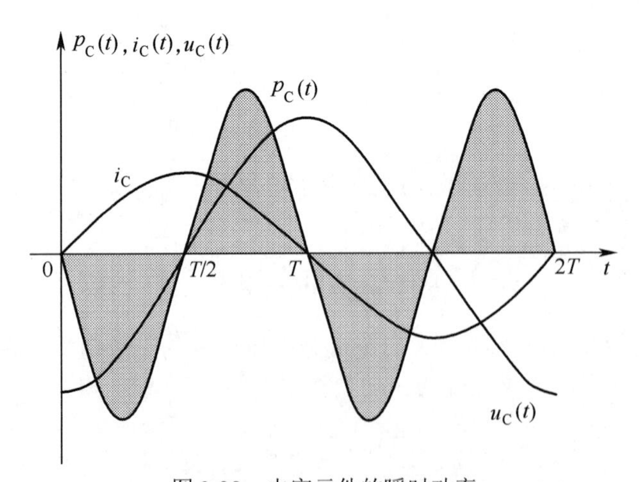

图 3-28　电容元件的瞬时功率

$$p_c(t)=\frac{1}{T}\int_0^T p_c(t)\mathrm{d}t$$
$$=\frac{1}{T}\int_0^T(-U_c I_c\sin 2\omega t)\mathrm{d}t=0 \tag{3-35}$$

从图 3-28 看出，$p_c(t)>0$ 时，能量流入电容，电容储能增长；$p_c(t)<0$ 时，能量自电容流出，电容储能减少。能量在电容与外电路之间不断往返，这是电容的储能本质在正弦稳态下的表现。

电感元件以磁场能量与外界进行能量交换，电容元件是以电场能量与外界进行能量交换。与电感类似，定义瞬时功率的最大值为电容的无功功率，即

$$Q_C=U_C I_C=I_C^2 X_C=\frac{U_C^2}{X_C} \tag{3-36}$$

电容元件是发出无功功率的。

电容的瞬时能量为

$$w_C(t)=\frac{1}{2}Cu^2(t)=\frac{1}{2}CU_m^2\cos^2\omega t$$
$$=\frac{1}{2}CU^2(1+\cos 2\omega t) \tag{3-37}$$

$w_C(t)$ 的波形图如图 3-29 所示。能量是以 2ω 的角频率在其平均值 W_C 上下波动，但任何时刻，$w_C(t)\geqslant 0$。电容储能平均值为

$$W_C=\frac{1}{2}CU^2 \tag{3-38}$$

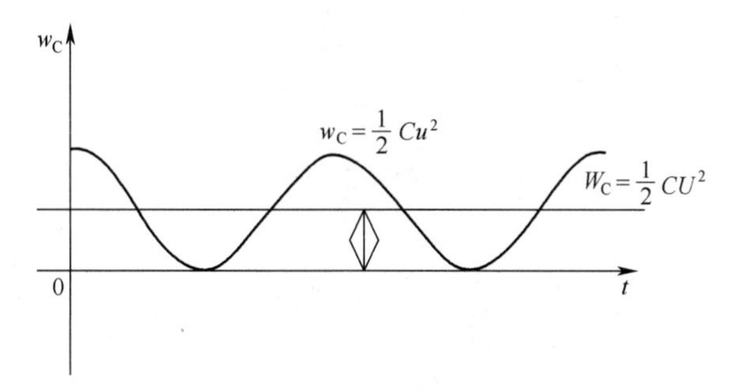

图 3-29　电容元件的瞬时能量波形

3.6.2　二端电路的功率

上面讨论了单个元件的功率，现在来讨论二端电路的功率。

（1）瞬时功率。

在图 3-30 所示二端电路（或 R、L、C 并联电路）中，设电流 $i(t)$ 及端电压 $u(t)$ 在关联参考方向下分别为

$$i(t)=\sqrt{2}I\sin\omega t$$
$$u(t)=\sqrt{2}U\sin(\omega t+\varphi)$$

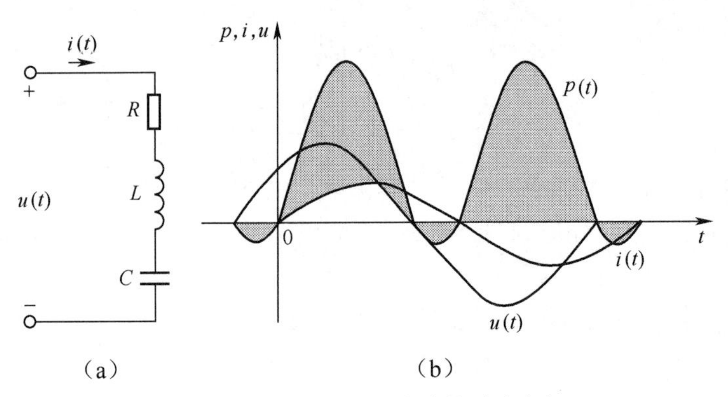

图 3-30　二端 R、L、C 电路的瞬时功率

则二端电路的瞬时功率为

$$\begin{aligned} p(t) &= u(t)i(t) = \sqrt{2}U\sin(\omega t+\varphi)\times\sqrt{2}I\sin\omega t \\ &= UI\left[\cos\varphi-\cos(2\omega t+\varphi)\right] \\ &= UI\cos\varphi - UI\cos(2\omega t+\varphi) \end{aligned} \tag{3-39}$$

式（3-39）表明，二端电路的瞬时功率由两部分组成，$UI\cos\varphi$ 为常量，$UI\cos(2\omega t+\varphi)$ 是以 2 倍于电压角频率而变化的正弦量。

从图 3-30 中看出，$i(t)$ 或 $u(t)$ 为零时，$p(t)$ 也为零；$i(t)$、$u(t)$ 同号时，$p(t)$ 为正，电路吸收功率；$i(t)$、$u(t)$ 异号时，$p(t)$ 为负，电路放出功率，就是说电路与外界有能量的相互交换。图中阴影面积说明，一个周期内电路吸收的能量比释放的能量多，电路有能量的消耗。

（2）有功功率（也叫平均功率）和功率因素。

将式（3-39）代入式（3-30），可得平均功率为

$$\begin{aligned} P &= \frac{1}{T}\int_0^T p(t)\mathrm{d}t \\ &= \frac{1}{T}\int_0^T \left[UI\cos\varphi - UI\cos(2\omega t+\varphi)\right]\mathrm{d}t \end{aligned}$$

所以

$$P = UI\cos\varphi \tag{3-40}$$

式中，$\cos\varphi$ 称为二端电路的功率因素。功率因素 $\cos\varphi$ 的值取决于电压与电流之间的相位差 φ，$\varphi=\varphi_{\mathrm{u}}-\varphi_{\mathrm{i}}$，$\varphi$ 角也称为功率因素角。

式（3-40）表明二端电路的平均功率，不仅与电压、电流的有效值有关，还与它们之间的相位差有关。式（3-40）是一个重要公式，具有普遍意义。

3.6.3　无功功率、视在功率和复功率

将式（3-39）瞬时功率展开为另一种形式

$$p(t) = UI\cos\varphi(1-\cos 2\omega t) + UI\sin\varphi\sin 2\omega t \tag{3-41}$$

式（3-41）的第一项在一个周期内的平均值为 $UI\cos\varphi$，即平均功率，第二项是以 $UI\sin\varphi$ 为最大值、角频率为 2ω 而作正弦变化的量，它在一个周期内的平均值为零，反映了电路与外界进行能量交换的情况。所以定义 $UI\sin\varphi$ 为二端电路吸收的无功功率，即

$$Q = UI\sin\varphi \tag{3-42}$$

先讨论三个理想元件吸收的无功功率。

（1）纯电阻的无功功率。因纯电阻$\varphi = 0$，$\sin\varphi = 0$，故它吸收的无功功率$Q = 0$。

（2）纯电感的无功功率。因纯电感$\varphi = \pi/2$，$\sin\varphi = 1$，故它吸收的无功功率$Q = UI$。

（3）纯电容的无功功率。因纯电容$\varphi = -\pi/2$，$\sin\varphi = -1$，故它吸收的无功功率$Q = -UI$。

为了强调无功功率与有功功率的区别，无功功率的国际制单位不叫瓦特，而叫乏：

1 乏=1 伏×1 安

二端电路由于L、C的存在，Q_L、Q_C互相补偿，它们先在电路中交换能量，不足部分再与外界进行交换。这样二端电路的无功功率为

$$Q = Q_L - Q_C \tag{3-43}$$

式(3-43)表明二端电路的无功功率是电感元件的无功功率与电容元件无功功率的代数和，Q值可正可负。

关于视在功率，通常将二端电路电压和电流有效值的乘积称为视在功率，用S表示，即

$$S = UI \tag{3-44}$$

视在功率本应与有功功率有相同的单位（即在国际制中的单位应为瓦特），但是为了区别这两个量，习惯上把视在功率的国际制单位称为伏安（VA）或（kVA）。

视在功率S不随$\cos\varphi$的值变化而变化，通常用来表示电气设备的额定容量。

根据式（3-40）、式（3-42）和式（3-44）可知，P、Q、S之间存在如下关系

$$\left.\begin{aligned} &P = UI\cos\varphi = S\cos\varphi \\ &Q = UI\sin\varphi = S\sin\varphi \\ &S = \sqrt{P^2 + Q^2} = UI \\ &\varphi = \text{arctg}\frac{Q}{P} \end{aligned}\right\} \tag{3-45}$$

P、Q（$Q = Q_L - Q_C$）、S构成的直角三角形称为二端电路的功率三角形，如图 3-31 所示，它与电压三角形、阻抗三角形和电流三角形是相似三角形。

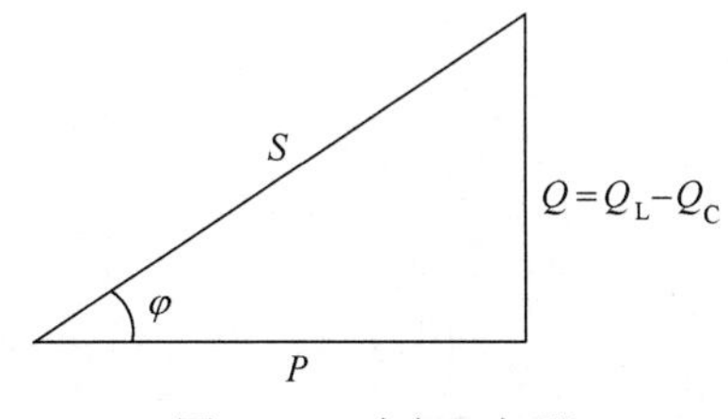

图 3-31　功率三角形

工程上为了计算方便，把有功功率作为实部，无功功率作为虚部，组成复数，称为复功率，用$\tilde{S}$表示复功率，即

$$\tilde{S} = P + jQ \tag{3-46}$$

将式（3-40）和式（3-42）代入式（3-46），则有

$$\begin{aligned} \tilde{S} &= UI\cos\varphi + jUI\sin\varphi \\ &= UI\underline{/\varphi} = UI\underline{/\varphi_u - \varphi_i} \\ &= U\underline{/\varphi_u} \times I\underline{/-\varphi_i} \end{aligned}$$

$$\tilde{S}=\dot{U}\dot{I}^{*} \tag{3-47}$$

式中$\dot{I}^{*}$为$\dot{I}$的共轭复数，$\dot{I}^{*}=I\underline{/-\varphi_{\mathrm{i}}}$。

可以证明，对于任何复杂的正弦稳态电路，全电路吸收的总的有功功率等于电路各部分有功功率的和，全电路吸收的总的无功功率等于电路各支路吸收的无功功率的和，复功率也如此。即电路中有功功率、无功功率和复功率守恒，但视在功率可以证明是不守恒的。

最后来讨论一下如何提高功率因素。功率因素是指有功功率和视在功率的比值，即

$$\lambda=\cos\varphi=\frac{P}{S}$$

功率因素的大小反映了电源功率被利用的程度。电路的功率因素越大，表示电源所发出的电能转换为热能或机械能越多，电源的利用率越高。如果负载为纯电阻，$\cos\varphi=1$，$P=S$，电源提供的视在功率全部转换为有功功率；如果负载电路是感性或容性时，$\cos\varphi<1$，$P<S$，电源提供的视在功率一部分转换为有功功率，而另一部分用于储能元件之间进行的能量交换。常见的负载（如电动机、日光灯等）大多是感性负载，功率因数值多在0.4～0.85之间。功率因素的大小对电源功率的利用有直接的影响，例如，一台容量为10000kVA的大型变压器，在功率因素$\cos\varphi=1$的条件下使用，其输出功率（有功功率）为 10000kW；当其在功率因素$\cos\varphi=0.6$的条件下时，其输出功率只能达到6000kW。可见，为了充分利用电源设备的容量，应适当提高功率因素。

此外，电路的功率因素的高低还会影响供电线路上电能损失的大小。输电线上电流$I=P/(U\cos\varphi)$，当负载有功功率和电压U一定时，$\cos\varphi$越大，则输电线上的电流越小，消耗在导线上的电能越小；反之，损耗越大。因此，从减小输电损耗的角度看，也应提高功率因素。

工程上，力求使功率因素接近于1。提高功率因素的方法有两种：一是在感性负载两端并联电容；二是并联过励的同步电动机。第一种方法用得最为普遍。

【例3-13】 在图3-32中，有一感性负载，其额定功率为1.1kW，功率因素$\cos\varphi=0.5$，接在50Hz、220V的电源上，若要将功率因素$\cos\varphi$提高到0.8，问需要并联多大的电容器。

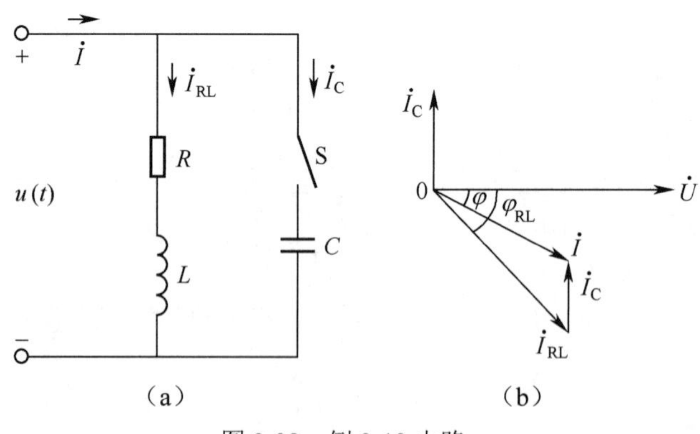

图3-32　例3-13电路

解：画出各支路电流和总电流的相量图，如图3-32（b）所示。可以看出

$$I_{\mathrm{C}}+I\sin\varphi=I_{\mathrm{RL}}\sin\varphi_{\mathrm{RL}} \quad ①$$

由

$$I\cos\varphi=I_{\mathrm{RL}}\cos\varphi_{\mathrm{RL}}$$

得
$$I=\frac{I_{RL}\cos\varphi_{RL}}{\cos\varphi} \qquad ②$$

将②代入①得

$$I_C+\sin\varphi\times\frac{I_{RL}\cos\varphi_{RL}}{\cos\varphi}=I_{RL}\sin\varphi_{RL}$$

故

$$\begin{aligned}I_C&=I_{RL}\sin\varphi_{RL}-I_{RL}\cos\varphi_{RL}\frac{\sin\varphi}{\cos\varphi}\\&=I_{RL}\cos\varphi_{RL}\frac{\sin\varphi_{RL}}{\cos\varphi_{RL}}-I_{RL}\cos\varphi_{RL}\frac{\sin\varphi}{\cos\varphi}\\&=I_{RL}\cos\varphi_{RL}\operatorname{tg}\varphi_{RL}-I_{RL}\cos\varphi_{RL}\operatorname{tg}\varphi\end{aligned}$$

而
$$I_{RL}\cos\varphi_{RL}=\frac{P}{U}$$

$$I_C=\frac{U}{X_C}=U\omega C$$

故
$$U\omega C=\frac{P}{U}(\operatorname{tg}\varphi_{RL}-\operatorname{tg}\varphi)$$

$$C=\frac{P}{U^2\omega}(\operatorname{tg}\varphi_{RL}-\operatorname{tg}\varphi)$$

由于
$$\lambda_{RL}=\cos\varphi_{RL}=0.5 \quad \varphi_{RL}=60^\circ$$

$$\lambda=\cos\varphi=0.8 \quad \varphi=36.9^\circ$$

所以并联的电容器为

$$\begin{aligned}C&=\frac{P}{U^2\omega}(\operatorname{tg}\varphi_{RL}-\operatorname{tg}\varphi)\\&=\frac{1100}{2\pi\times50\times220^2}(\operatorname{tg}60^\circ-\operatorname{tg}36.9^\circ)\\&\approx71\mu F\end{aligned}$$

3.6.4　正弦稳态电路的最大功率传输

在直流电路中，负载电阻从电源获得最大功率的条件已经讨论过。现在讨论在正弦稳态时负载从电源获得最大功率的条件。

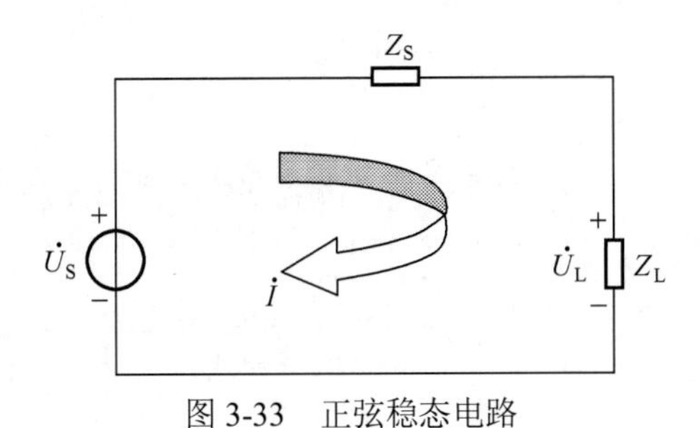

图 3-33　正弦稳态电路

如图 3-33 所示，交流电源的电压为$\dot{U}_{S}$，其内阻抗为$Z_{S}=R_{S}+jX_{S}$，负载阻抗$Z_{L}=R_{L}+jX_{L}$，负载电阻获得最大功率的条件取决于电路中什么是定值，什么是变量。假设电源电压及阻抗已知，那么根据欧姆定律，图 3-33 电路中的电流为

$$\dot{I}=\frac{\dot{U}_{S}}{Z_{S}+Z_{L}}=\frac{\dot{U}_{S}}{(R_{S}+R_{L})+j(X_{S}+X_{L})}$$

电流有效值为

$$I=\frac{U_{S}}{\sqrt{(R_{S}+R_{L})^{2}+(X_{S}+X_{L})^{2}}}$$

负载吸收的平均功率为

$$P_{L}=I^{2}R_{L}=\frac{U_{S}^{2}}{(R_{S}+R_{L})^{2}+(X_{S}+X_{L})^{2}}R_{L}$$

（1）由上式可见，若R_{L}保持不变，只改变X_{L}，当$X_{S}+X_{L}=0$时，则分母为最小，P_{L}可获得最大值，这时$P_{L}=\dfrac{U_{S}^{2}R_{L}}{(R_{S}+R_{L})^{2}}$，但还不能确定$R_{L}$为何值时$P_{L}$最大。为此需求出$P_{L}$对$P_{L}$的导数，并使之为零，即

$$\frac{dP_{L}}{dR_{L}}=U_{S}^{2}\frac{(R_{S}+R_{L})^{2}-2(R_{S}+R_{L})R_{L}}{(R_{S}+R_{L})^{4}}=0$$

由上式有

$$(R_{S}+R_{L})^{2}-2(R_{S}+R_{L})R_{L}=0$$

得

$$R_{L}=R_{S}$$

故此，如负载电阻R_{L}和电抗X_{L}均可变时，负载获取最大功率的条件为

$$\begin{cases}X_{L}=-X_{S}\\R_{L}=R_{S}\end{cases}\tag{3-48}$$

即

$$Z_{L}=Z_{S}^{*}\tag{3-49}$$

式（3-49）表明，当负载阻抗等于电源内阻抗的共轭复数时，负载能获得最大功率，称为最大功率匹配或共轭匹配。此时负载获得的最大功率为

$$P_{L\max}=\frac{U_{S}^{2}}{4R_{S}}=\frac{1}{2}\times\frac{U_{Sm}^{2}}{4R_{S}}=\frac{U_{Sm}^{2}}{8R_{S}}\tag{3-50}$$

（2）某些情况下，负载常常是电阻性设备，也就是说，负载是一个纯电阻。在这种情况下，负载电阻应满足什么条件才能获得最大功率呢？

设$Z_{L}=R_{L}$，由图 3-33 可知，此时电路中的电流为

$$\dot{I}=\frac{\dot{U}_{S}}{Z_{S}+R_{L}}=\frac{\dot{U}_{S}}{(R_{S}+R_{L})+jX_{S}}$$

电流的有效值为

$$I=\frac{U_{S}}{\sqrt{(R_{S}+R_{L})^{2}+X_{S}^{2}}}$$

负载吸收的平均功率为

$$P_{\rm L}=I^2R_{\rm L}=\frac{U_{\rm S}^2R_{\rm L}}{(R_{\rm S}+R_{\rm L})^2+X_{\rm S}^2}$$

当 $R_{\rm L}$ 改变，$P_{\rm L}$ 获得最大功率的条件是

$$\frac{{\rm d}P_{\rm L}}{{\rm d}R_{\rm L}}=U_{\rm S}^2\frac{(R_{\rm S}+R_{\rm L})^2+X_{\rm S}^2-2R_{\rm L}(R_{\rm S}+R_{\rm L})}{[(R_{\rm S}+R_{\rm L})^2+X_{\rm S}^2]^2}=0$$

由上式得

$$(R_{\rm S}+R_{\rm L})^2+X_{\rm S}^2-2R_{\rm L}(R_{\rm S}+R_{\rm L})=0$$

得

$$R_{\rm L}=\sqrt{R_{\rm S}^2+X_{\rm S}^2}=|Z_{\rm S}| \tag{3-51}$$

式中，$|Z_{\rm s}|$ 为内阻抗模。这时 $P_{\rm L}$ 获得最大值。式（3-51）说明，当负载为纯电阻时，负载电阻获得最大功率的条件是负载电阻与电源内阻抗的模相等。

思考与练习

3-25　电压 $u(t)$ 施加于 6Ω 及 20mH 电感的串联电路，求电路的平均功率。（1）$u(t)=10\cos 400t$ V；（2）$u(t)=10\sin 400t$ V。

3-26　电路输入阻抗为 $Z=20\underline{/60^\circ}\ \Omega$，外施电压为 $\dot{U}=100\underline{/-30^\circ}\ {\rm V}$，求电路消耗的功率及功率因素。

3-27　试确定 50kW 负载的无功功率及视在功率。功率因素为：（1）0.80（滞后）；（2）0.90（超前）。（滞后指电流滞后电压，超前指电流超前电压。）

3-28　正弦稳态电路中负载获得最大功率的条件是什么？

3-29　已知电源电压 $\dot{U}=141\underline{/0^\circ}\ {\rm V}$，$Z_{\rm S}=(5+{\rm j}10)\Omega$，求：

（1）负载与电源匹配时的最大功率。

（2）负载为电阻且与电源阻抗匹配时负载获得的功率。

3.7　谐振电路

在电器设备中，要考虑耐压和耐冲击问题；在电子线路中，要考虑选频、滤波、倍频等因素，这些都与谐振电路有关。因此，研究谐振现象有重要的实际意义。

本节讲述谐振概念，讨论串联谐振和并联谐振的条件、特点及谐振的频率特性和通频带等问题。

当二端电路的端口电压与电流同相位时，即电路呈电阻性，工程上将电路的这种状态称为谐振。

3.7.1　串联谐振

如图 3-34 电路中，回路在外加电压 $u_{\rm S}=U_{\rm Sm}\sin\omega t$ 作用下，电路的复阻抗为

$$Z=R+{\rm j}\omega X=R+{\rm j}(\omega L-\frac{1}{\omega C})$$

当改变电源频率或改变 L、C 的值时，都会使电抗 $\omega L-\dfrac{1}{\omega C}=0$，电路呈电阻性，使回路中的电流达到最大值，此时电路发生谐振。由于是 R、L、C 元件串联，所以又叫串联谐振。

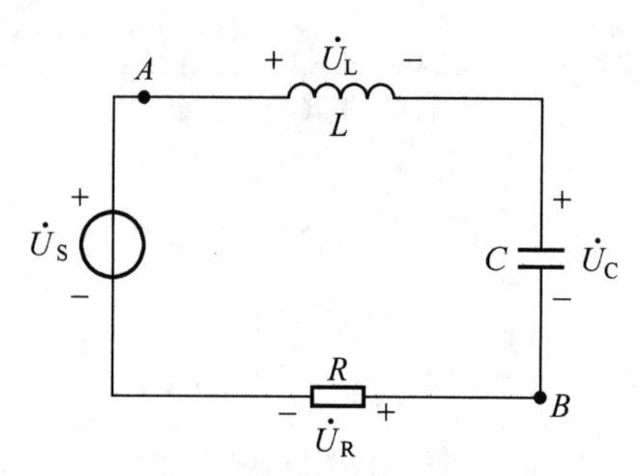

图 3-34　串联谐振电路

下面讨论回路发生串联谐振的条件。

外加电源 $u_S=U_{Sm}\sin\omega t$，应用复数计算法得回路电流为

$$\dot{I}=\frac{\dot{U}_S}{R+j(\omega L-\dfrac{1}{\omega C})}=\frac{\dot{U}_S}{R+jX}=\frac{\dot{U}_S}{Z} \tag{3-52}$$

其中，阻抗

$$Z=|Z|e^{j\varphi_Z}$$

$$|Z|=\sqrt{R^2+X^2}=\sqrt{R^2+(\omega L-\frac{1}{\omega C})^2}$$

$$\varphi_Z=\text{arctg}\frac{X}{R}=\text{arctg}\frac{\omega L-\dfrac{1}{\omega C}}{R} \tag{3-53}$$

式中，$|Z|$ 为阻抗模，φ_Z 为阻抗角。

在某一频率时，若回路满足下列条件

$$X=\omega_0 L-\frac{1}{\omega_0 C}=0 \tag{3-54}$$

则电路呈电阻性，回路发生谐振。所以式（3-54）称为串联电路发生谐振的条件，即当回路中容抗等于阻抗时，称回路发生了串联谐振。这时频率称为串联谐振频率，用 f_0 表示，相应的角频率用 ω_0 表示，由式（3-54）可以导出回路发生串联谐振的角频率 ω_0 及频率 f_0 分别为

$$\omega_0=\frac{1}{\sqrt{LC}}\text{rad/s 或 } f_0=\frac{1}{2\pi\sqrt{LC}}\text{Hz} \tag{3-55a}$$

将式（3-55a）代入式（3-54）得

$$\omega_0 L=\frac{1}{\omega_0 C}=\frac{1}{\sqrt{LC}}\times L=\sqrt{\frac{L}{C}}=\rho \tag{3-55b}$$

ρ 称为谐振电路的特性阻抗，单位为 Ω。ρ 的大小由 L 和 C 决定，上式说明谐振时感抗和容抗相等，并且等于电路的特性阻抗 ρ。

在工程中，常用电路的特性阻抗 ρ 与电路电阻的比值表征谐振电路的品质因数，用 Q 表示，即

$$Q=\frac{\omega_0 L}{R}=\frac{1}{\omega_0 CR}=\frac{1}{R}\sqrt{\frac{L}{C}}=\frac{\rho}{R}$$

谐振电路的品质因数 Q 也是一个仅与电路参数有关的常量。在实际电路中，Q 的取值范围从几十到几百。

1. 串联谐振电路的特点

（1）谐振时，回路电抗 $X=0$，阻抗 $Z=R$ 为最小值，且为纯电阻。在其他频率时，回路电抗 $X\neq 0$。当外加电压的角频率 ω 满足 $\omega L>\dfrac{1}{\omega C}$ 时，即 $\omega>\omega_0$，回路呈感性；当 ω 满足 $\omega L<\dfrac{1}{\omega C}$ 时，即 $\omega<\omega_0$，回路呈容性。

（2）谐振时，回路电流最大，即 $\dot{I}_0=\dfrac{\dot{U}_S}{R}$，且电流 $\dot{I}_0$ 与外加电压 $\dot{U}_S$ 同相位，阻抗角等于零。

（3）谐振时，电容 C 上的电压与电感 L 上的电压相位相反、大小相等，且都等于外加电压的 Q 倍。

$$\dot{U}_{L0}=\dot{I}_0 j\omega_0 L=\frac{\dot{U}_S}{R}j\omega_0 L=j\frac{\omega_0 L}{R}\dot{U}_S=jQ\dot{U}_S$$

$$\dot{U}_{C0}=\dot{I}_0\frac{1}{j\omega_0 C}=\frac{\dot{U}_S}{R}\frac{1}{j\omega_0 C}=-j\frac{1}{\omega_0 CR}\dot{U}_S=-jQ\dot{U}_S$$

串联谐振时，$\dot{U}_{R0}$、$\dot{U}_{L0}$、$\dot{U}_{C0}$、$\dot{U}_0$ 与 $\dot{I}_0$ 的关系如图 3-35 所示。

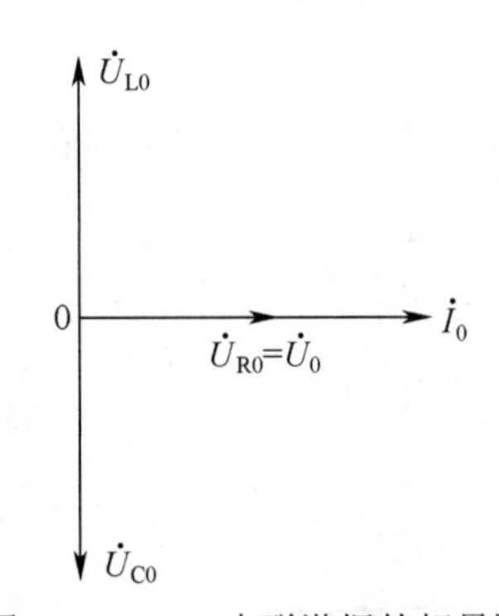

图 3-35　*RLC* 串联谐振的相量图

在一般情况下，实际电路的品质因数 Q 值可达几十到几百，这就意味着，谐振时电容（或电感）上的电压可以比信号源电压大几十到几百倍，所以要注意耐压，这是串联谐振时的特有现象，正因为串联谐振电路具有这样的特点，所以串联谐振电路又称为电压谐振电路。从图 3-35 可以看出，$\dot{U}_{L0}$ 与 $\dot{U}_{C0}$ 相位相反、模相等，使得图 3-34 中 A、B 两点短路。但如果考虑到线圈本身的损耗，则 $\dot{U}_{L0}$ 超前 $\dot{I}_0$ 的角度可以小于 90°。

（4）谐振时，能量只在 R 上消耗，电感和电容之间进行磁场能量和电场能量的转换。

2. 谐振曲线、选择性与通频带

以上讨论了串联谐振电路的谐振及其特点，这里进一步研究串联谐振电路的谐振曲线、选择性与通频带。

由式（3-52），在任意频率下的回路电流$\dot{I}$与谐振时回路电流$\dot{I}_0$之比为

$$\frac{\dot{I}}{\dot{I}_0}=\frac{1}{1+\mathrm{j}\dfrac{(\omega L-\dfrac{1}{\omega C})}{R}}=\frac{1}{1+\mathrm{j}\dfrac{\omega_0 L}{R}(\dfrac{\omega}{\omega_0}-\dfrac{\omega_0}{\omega})}=\frac{1}{1+\mathrm{j}Q(\dfrac{\omega}{\omega_0}-\dfrac{\omega_0}{\omega})} \tag{3-56a}$$

在实际应用中，外加电压的角频率ω与回路谐角振频率ω_0之差$\Delta\omega=\omega-\omega_0$，表示角频率偏离谐振的程度，$\Delta\omega$为失谐振量。

式（3-56a）也可以表示为

$$\frac{\dot{I}}{\dot{I}_0}=\frac{1}{1+\mathrm{j}\xi} \tag{3-56b}$$

式中$\xi=Q(\frac{\omega}{\omega_0}-\frac{\omega_0}{\omega})$具有失谐振量的含义，称为广义失谐振量。

式（3-56a）的模为

$$\frac{I}{I_0}=\frac{1}{\sqrt{1+Q^2(\dfrac{\omega}{\omega_0}-\dfrac{\omega_0}{\omega})^2}} \tag{3-57}$$

式中I_0为谐振时的电流，$\eta=\frac{\omega}{\omega_0}$是激励角频率与谐振角频率之比。谐振时$\eta=1$（$\omega=\omega_0$），$\frac{I}{I_0}=1$；失谐时（即电路处于非谐振状态），$\eta\neq1$，$\frac{I}{I_0}<1$。电流比$\frac{I}{I_0}$不但随$\omega$变化，而且与电路$Q$值有关，以$\eta$（$\eta=\frac{\omega}{\omega_0}$）为横坐标，$\frac{I}{I_0}$为纵坐标，对于不同的$Q$值，画出一组$\frac{I}{I_0}$随$\frac{\omega}{\omega_0}$变化的曲线，这种曲线叫做通用谐振曲线，如图3-36所示。从图中可见，在$\eta=1$，即$\omega=\omega_0$时曲线出现顶峰，在$\eta<1$或$\eta>1$时曲线下降，说明串联谐振电路对偏离谐振点的输出有抑制作用，只有在谐振点附近（$\eta_1\sim\eta_2$之间）才有较大的输出，电路的这种特性称为选择性。Q值越大，谐振曲线的顶部越尖，在谐振点两侧曲线越陡。因此，具有高Q值的电路对偏离谐振频率的信号有较强的抑制能力，Q值越高，电路的选择性越好；反之，Q值越小时，谐振点附近的电流变化不大，曲线顶部形状较平缓，电路的选择性差。因此品质因数影响着谐振曲线的形状，决定了电路选择性的好坏。

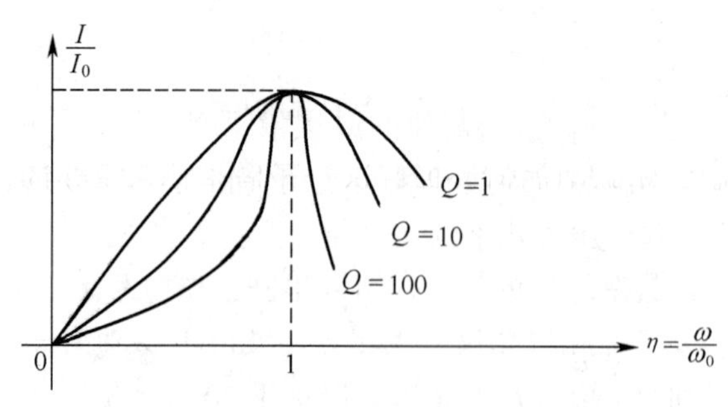

图3-36　串联谐振的谐振曲线

工程技术上为了衡量这种选择性，定义对应的ω_L为下限角频率（或下限频率f_L），对应的ω_H为上限角频率（或上限频率f_H），$\omega_H-\omega_L$（或f_H-f_L）称为通频带，通频带示意图如图3-37所示。

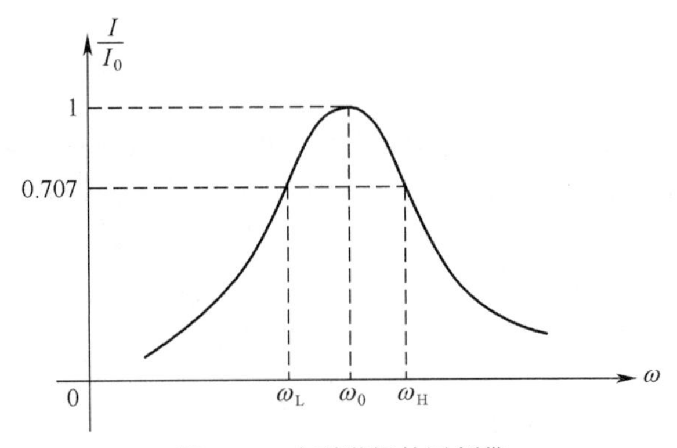

图 3-37　串联谐振的通频带

通频带
$$BW = \omega_H - \omega_L \tag{3-58}$$
或
$$BW = f_H - f_L$$

当外加信号电压的幅值不变，频率改变为 $f = f_L$ 或 $f = f_H$ 时，此时回路电流等于谐振值的 $\frac{1}{\sqrt{2}} = 0.707$ 倍。

式（3-58）中，f_L 和 f_H 又称为通频带的边界频率。可以证明

$$BW = f_H - f_L = \frac{f_0}{Q} \tag{3-59}$$

或
$$BW = \omega_H - \omega_L = \frac{\omega_0}{Q}$$

式（3-59）表明：电路的通频带与电路的谐振频率 f_0 成正比，与电路的品质因素 Q 成反比。Q 越高，通频带越窄，谐振曲线越尖锐，回路的选择性越好，但失真度大。

谐振电路 Q 值高，有利于从各种单一频率信号中选择出所需要的信号而抑制其他的干扰。可是，实际信号都占有一定的频带宽度，就是说，实际信号是由若干频率分量所组成的多频率信号，不能只选择出需要的实际信号中的某一频率分量而把实际信号中其余有用的频率分量抑制掉，那就会引起信号严重失真，是不能允许的。人们期望谐振电路能够把实际信号中的各种有用频率分量都选择出来，而且对各种有用的频率分量都“一视同仁”地进行传输；对不需要的信号（统称为干扰）最大限度地加以抑制。

电路的 Q 值高，电路的选择性好，但通频带窄。对实际应用的谐振电路，既要求它的选择性好，又要求它具有满足传输信号所需要的通频带宽度。从某种意义上说，“选择性”与“带宽”两者存在着矛盾。实际中如何处理好这一矛盾是非常重要的。通常，在满足电路通频带等于或略大于要传输信号带宽的前提下，应尽量使电路 Q 值高，以利于“选择性”。从另一个方面来看，为了减小所要传输信号的失真，不但要使信号的各频率分量都处于电路带宽之内，而且电路对它们要“平等对待”地传输，这就要求在通频带内的那部分谐振曲线最好是平坦的。电路的 Q 值越低，带内曲线平坦度越好。由以上讨论可见：电路的 Q 值是高好还是低好，要针对具体情况做具体分析。若主要矛盾方面是“选择性”，那就可使用 Q 值高些的电路；反之，若主要矛盾方面是“通频带”，那就可适当地降低电路的 Q 值。对于收音机而言，希望电路的频率选择性要好，同时通频带要足够，这样声音的品质才好，因此要综合考虑两方面的因素。

3.7.2 并联谐振

串联谐振回路适用于信号源内阻等于零或很小的情况，如果信号源内阻很大，采用串联谐振电路将严重地降低回路的品质因数，使选择性显著变坏（通频带过宽），这样就必须采用并联谐振回路。在图 3-38 所示的 *RLC* 并联电路中，电路的总导纳 *Y* 为

$$Y = Y_R + Y_L + Y_C = \frac{1}{R} + \frac{1}{jX_L} + \frac{1}{-jX_C} = \frac{1}{R} - j(\frac{1}{X_L} - \frac{1}{X_C}) = G - jB$$

上式中其导纳模 $|Y| = \sqrt{\frac{1}{R^2} + (\frac{1}{X_L} - \frac{1}{X_C})^2}$

相应的阻抗模

$$|Z| = \frac{1}{\sqrt{\frac{1}{R^2} + (\frac{1}{X_L} - \frac{1}{X_C})^2}} \tag{3-60}$$

从式（3-60）中可以看出，只有当 $X_L = X_C$ 时，有 $|Z| = R$，电路呈电阻性，电路发生谐振。由于 *R*、*L*、*C* 并联，所以又称为并联谐振。

可见，并联谐振的条件是 $X_L = X_C$，即当 $\omega_0 L = \frac{1}{\omega_0 C}$ 时发生并联谐振。其谐振角频率为

$$\omega_0 = \frac{1}{\sqrt{LC}}$$

谐振频率为

$$f_0 = \frac{1}{2\pi\sqrt{LC}} \tag{3-61}$$

并联谐振电路的特点为：

（1）$X_L = X_C$，$|Z| = R$，$|Y| = G$，电路阻抗为纯电阻性。

（2）谐振时，因阻抗最大，导纳最小，当激励电流 $\dot{I}$ 一定时，并联电路的电压的有效值 $U_0 = \frac{I}{|Y|} = \frac{I}{G}$ 最大。

（3）电感和电容上电流有效值相等，其值为总电流的 *Q* 倍，即

$$I_C = I_L = \frac{U}{\omega_0 L} = \frac{I}{G\omega_0 L} = QI \tag{3-62}$$

所以并联谐振又称为电流谐振。式（3-62）中，*Q* 称为并联谐振电路的品质因数，其值为

$$Q = \frac{1}{G\omega_0 L} = \frac{\omega_0 C}{G}$$

与串联谐振时的 *Q* 值对偶。

谐振时的电压、电流相量图如图 3-39 所示，此时激励电流全部通过电阻支路，电感与电容支路的电流大小相等，相位相反，使图 3-38 中 *A*、*B* 间相当于开路。

（3）谐振时，能量只在 *R* 上消耗，电容和电感之间进行电场能量和磁场能量的转换。

下面讨论电感线圈和电容器的并联谐振电路。

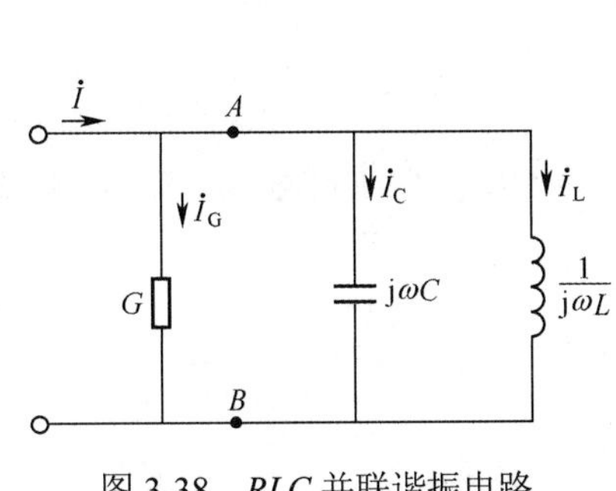

图 3-38　*RLC* 并联谐振电路

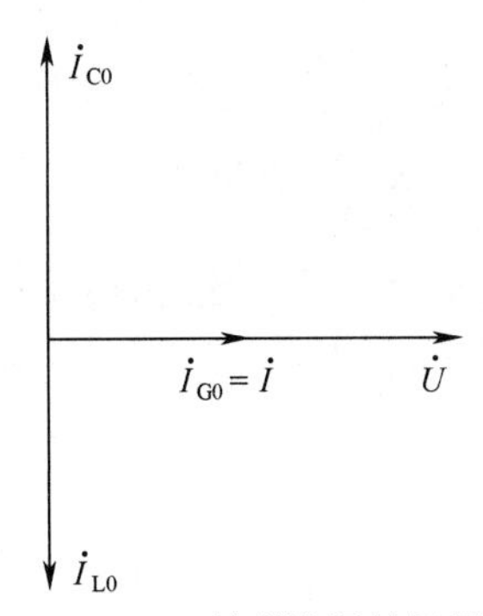

图 3-39　*RLC* 并联谐振的相量图

工程上广泛应用电感线圈与电容器组成并联谐振电路，由于实际电感线圈的电阻不可忽略，用 R 表示实际线圈本身的损耗电阻，信号源是理想电流源 $\dot{I}_S$。通常，实际电容元件的损耗很小，可以忽略不计，其电路如图 3-40 所示。

设正弦激励电流源的角频率为 ω，电流相量为 $\dot{I}_S$，为了讨论问题简便，取 $\dot{I}_S$ 的初相位为零。并联回路两端导纳为

$$Y = \mathrm{j}\omega C + \frac{1}{R + \mathrm{j}\omega L} = \frac{R}{R^2 + \omega^2 L^2} + \mathrm{j}(\omega C - \frac{\omega L}{R^2 + \omega^2 L^2}) \tag{3-63}$$

谐振时，电纳为零，即

$$\omega_0 C - \frac{\omega_0 L}{R^2 + \omega_0^2 L^2} = 0 \tag{3-64}$$

则

$$C = \frac{L}{R^2 + \omega_0^2 L^2}$$

式（3-64）称为这种并联谐振电路的谐振条件。由式（3-64）得

$$R^2 + \omega_0^2 L^2 = \frac{L}{C}$$

所以

$$\omega_0 = \sqrt{\frac{1}{LC} - \frac{R^2}{L^2}} \tag{3-65}$$

上式表明，对于图 3-40 所示的并联谐振电路，其谐振角频率不但与回路中的电抗元件有关，而且与回路中的损耗电阻 R 有关。谐振时其电压、电流相量图如图 3-41 所示。

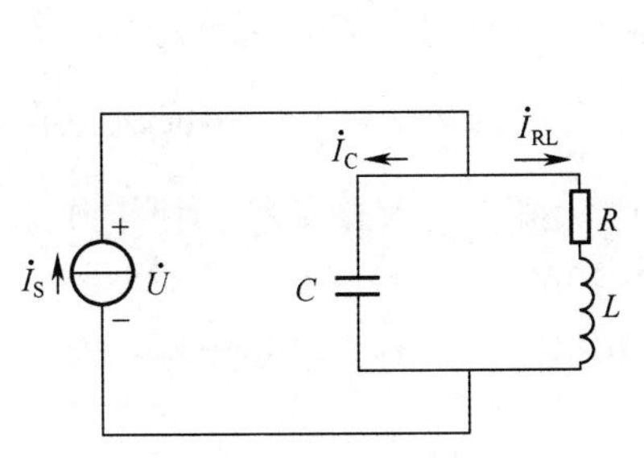

图 3-40　电感与电容的并联谐振电路

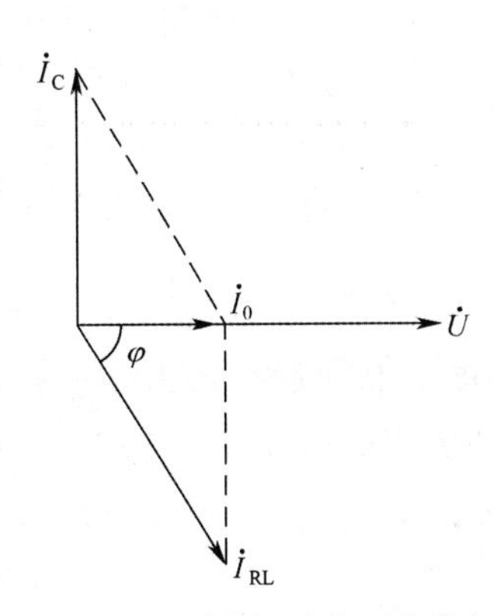

图 3-41　*RC* 并联谐振时电压电流相量图

由上面几个式子可以看出，不论R、L、ω为何值，调节电容量C总可以达到谐振，但要调节激励频率ω使电路发生谐振，必须使$\frac{1}{LC}-\frac{R^2}{L^2}>0$（$\omega_0$才有可能为实数），即$R<\sqrt{\frac{L}{C}}$。

在高频的情况下，由于线圈的品质因数相当高（ωL远远大于R），这种并联谐振的条件近似为$\frac{1}{\omega_0 L}=\omega_0 C$。谐振的角频率条件近似为

$$\omega_0 \approx \frac{1}{\sqrt{LC}}$$

或

$$f_0 \approx \frac{1}{2\pi\sqrt{LC}}$$

思考与练习

3-30 比较串联谐振和并联谐振的特点。

3-31 通频带与选择性有什么关系？

3-32 已知某一RLC串联电路，$L=5\text{mH}$，$C=2\mu\text{F}$，求谐振频率。

3-33 在$L=1.3\times10^{-4}\text{H}$、$C=588\text{pF}$、$R=10\Omega$所组成的串联电路中，已知电源电压$U_\text{S}=5\text{mV}$，求谐振频率、电路中的电流和元件$L$、$C$上的电压及电路的品质因数。

3-34 一串联谐振回路，其特性阻抗$\rho=100\Omega$，谐振时的$\omega_0=1000\text{rad/s}$，求$L$、$C$的值。

3-35 在图3-38中，已知$\omega_0=5\times10^6\text{rad/s}$，$Q$为$100\Omega$，$|Z_0|=2\text{k}\Omega$，求$R$、$L$、$C$。

3.8 三相电路

三相交流电源是三个单相交流电源按一定方式进行的组合，且单相交流电源的频率相等，幅值（最大值）相等，相位彼此相差120°。

3.8.1 三相交流电动势的产生

三相交流电动势是由三相交流发电机产生的，如图3-42（a）所示是一台最简单的三相交流电动机的示意图。发电机的转子绕组有U_1-U_2、V_1-V_2、W_1-W_2三个，每个绕组称为一相，各相绕组匝数相等，结构相同，它们的始端（U_1、V_1、W_1）在空间位置上彼此相差120°，它们的末端（U_2、V_2、W_2）在空间位置上也彼此相差120°。当转子以角速度ω逆时针方向旋转时，由于三个绕组的空间位置彼此相隔120°，这样第一相电动势达到最大值，第二相需要转过$\frac{1}{3}$周（120°）后，电动势才能达到最大值，也就是第一相电动势的相位超前第二相电动势的相位120°；同样第二相电动势超前第三相120°，第三相又超前第一相120°。显然，三个相的电动势幅值相等，频率相等，相位彼此相差120°。

设第一相为0°，第二相为−120°，第三相为120°，所以瞬时电动势为

$$e_1 = E_m \sin \omega t$$

$$e_2 = E_m \sin(\omega t - 120^\circ)$$

$$e_3 = E_m \sin(\omega t + 120^\circ)$$

这样的电动势叫对称三相电动势。其相量图和波形图如图 3-42（b）、（c）所示。

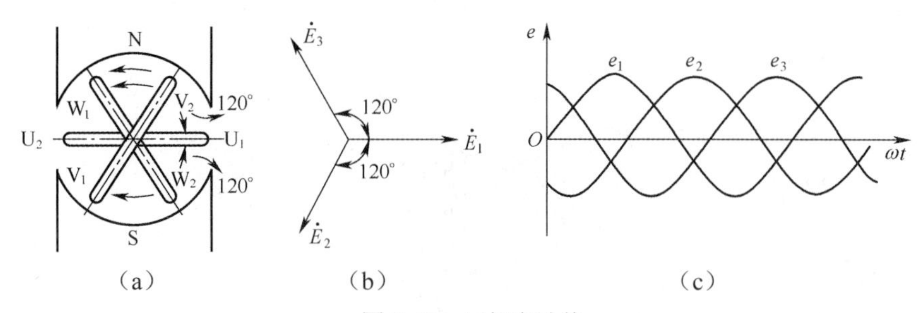

图 3-42　三相电动势

三个电动势达到最大值（或零）的先后次序叫做相序。如果是从 U 相到 V 相到 W 相再到 U 相，则为正序；与正序相反，如果第三相电动势的相位超前第二相电动势的相位 120°；第二相电动势超前第一相 120°，第一相又超前第三相 120°，即从 W 相到 V 相到 U 相再到 W 相，则为逆序。由相量图可知，对称三相电动势相量和为零，即

$$\dot{E}_1 + \dot{E}_2 + \dot{E}_3 = 0$$

由波形图可知，三相电动势对称时任一瞬间的代数和为零，即

$$e_1 + e_2 + e_3 = 0$$

3.8.2　三相电源的连接

三相发电机的每一相绕组都是独立的电源，均可单独给负载供电，但这样供电需要六根线。实际上是将三相电源按一定方式连接之后，再向负载供电，通常采用星形连接方式。

如图 3-43 所示，将发电机三相绕组的末端 U_2、V_2、W_2 连接在一点，始端 U_1、V_1、W_1、分别与负载连接，这种方法叫星形连接，三个末端 U_2、V_2、W_2 相连接的点称为中点或零点，用字母 N 表示，从中点引出的一根线叫做中线或零线。从始端 U_1、V_1、W_1 引出的三根线叫做端线或相线，又称火线。

低压配电系统中，采用三根相线和一根中线输电，称为三相四线制；高压输电工程中，由三根相线组成输电，称为三相三线制。

每相绕组始端与末端之间的电压，也就是相线和中线之间的电压，叫相电压，其瞬时值用 u_1、u_2、u_3 表示，通用 u_p 表示。因为电动势和电压的关系是大小相等，方向相反，所以三个相电压也是互相对称的。

任意两相线之间的电压，叫线电压，瞬时值用 u_{12}、u_{23}、u_{31} 表示，通用 u_l 表示。

下面讨论相电压和线电压之间的关系。

第一步，规定电压的方向。电动势的方向规定为从绕组末端指向始端，则相电压的方向由始端指向末端，线电压的方向按三相电源的相序确定，从图 3-43 中可以看出：

$$u_{12}=u_1-u_2$$
$$u_{23}=u_2-u_3$$
$$u_{31}=u_3-u_1$$

其次，作出线电压和相电压的相量图，如图 3-44 所示。可以看出：各线电压在相位上超前各对应的先行相的相电压 30°。由于相电压对称，所以线电压也对称，相位也彼此相差 120°。

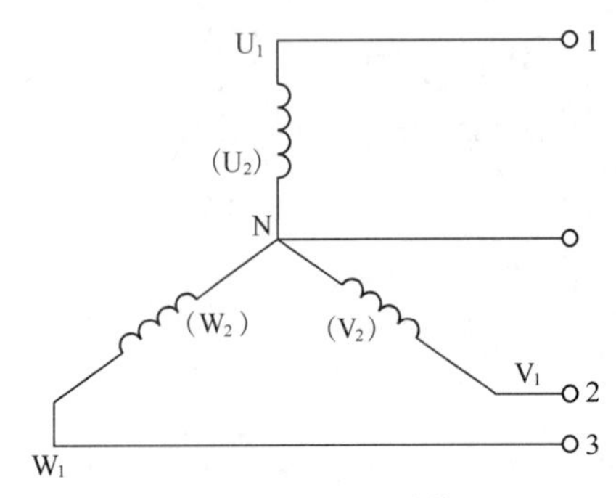

图 3-43　星形连接

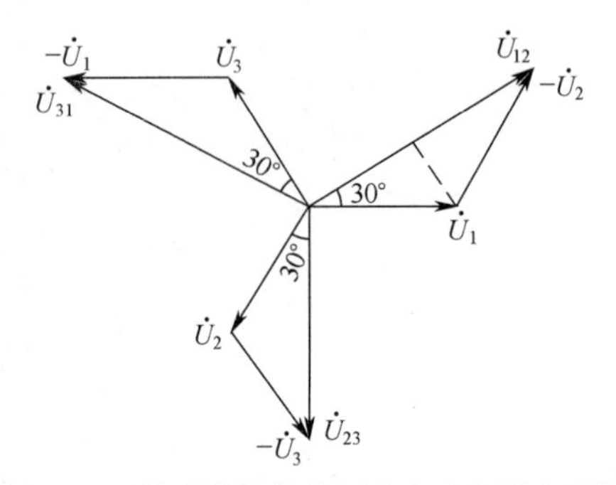

图 3-44　星形连接线电压和相电压的相量图

由于$\dot{U}_1$、$-\dot{U}_2$、$\dot{U}_{12}$构成等腰三角形，所以

$$\dot{U}_{12}=\sqrt{3}\dot{U}_1\angle 30^\circ$$

同理

$$\dot{U}_{23}=\sqrt{3}\dot{U}_2\angle 30^\circ$$
$$\dot{U}_{31}=\sqrt{3}\dot{U}_3\angle 30^\circ$$

可以看出，当发电机绕组作星形连接时，三个相电压和三个线电压均为三相对称电压，各线电压的有效值为相电压有效值的$\sqrt{3}$倍，且线电压相位比对应的先行相的相电压超前 30°。

3.8.3　对称三相负载的星形连接

所有的用电器统称为负载，负载按对电源的要求分单相和三相负载。单相负载指需要单相电源供电的设备，如照明用的白炽灯、电烙铁等。三相负载指同时需要三相电源供电的负载，如三相异步电动机、大功率熔炼炉等。在三相负载中，如果每相负载的电阻、电抗相同，则称三相对称负载。

三相电路负载有星形连接和三角形连接两种方式。

如图 3-45 所示是对称三相负载作星形连接时的电路图。略去输电电线上的电压降，各相负载的相电压就等于电源的相电压，这样负载端的线电压为负载相电压的$\sqrt{3}$倍，即

$$U_l=\sqrt{3}U_{\text{Yp}}$$

式中，U_{Yp}为星形连接负载的相电压。

在三相电路中，流过每根相线的电流叫做线电流，即I_1、I_2、I_3，通用I_{Yl}表示，方向规定为由电源流向负载；流过负载的电流叫做相电流，用I_{Yp}表示，其方向与相电压方向一致；流过中线的电流叫做中线电流，用I_{N}表示，其方向规定由负载中点 N′ 流向电源中点 N。

显然，在负载星形连接时，线电流等于相电流，即

$$I_{\text{Yl}}=I_{\text{Yp}}$$

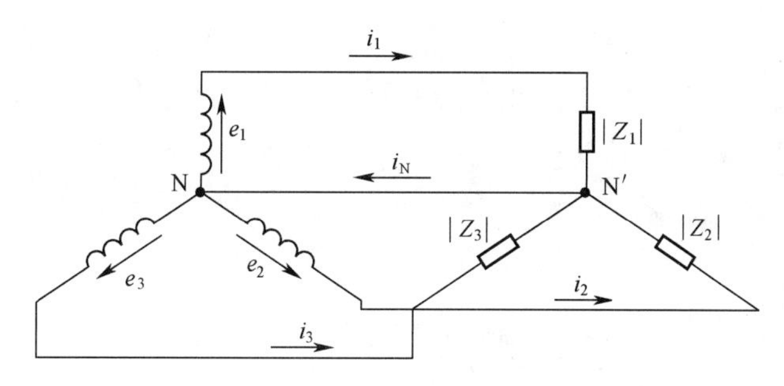

图 3-45　三相负载的星形连接

若三相负载对称，即 $Z_1 = Z_2 = Z_3 = Z_p$，因各相电压对称，所以各相电流的有效值相等，即

$$I_1 = I_2 = I_3 = I_{Yp} = \frac{U_{Yp}}{|Z_p|}$$

并且，各相电压与各相电流的相位差相等，即

$$\varphi_1 = \varphi_2 = \varphi_3 = \arccos\frac{R_p}{|Z_p|}$$

同时，三个相电流的相位差互为 120°，满足

$$\dot{I}_1 + \dot{I}_2 + \dot{I}_3 = 0 \text{或} i_1 + i_2 + i_3 = 0$$

由基尔霍夫第一定律（KCL）可知

$$i_N = i_1 + i_2 + i_3 = 0$$

这样，对称的三相负载作星形连接时，中线电流为零。这时，可以省略中线而成为三相三线制，而并不影响电路工作。

如果三相负载不对称，各相电流大小就不相等，相位差也不一定是 120°，中线电流不为零，此时就不能省去中线，否则会影响电路正常工作，甚至造成事故。所以三相四线制中除尽量使负载平衡运行之外，作为良导电体的中线上不准安装熔丝和开关。

【例 3-14】 如图 3-46 所示的负载为星形连接对称三相电路，电源线电压为 380V，每相负载电阻为 8Ω，电抗为 6Ω，求：

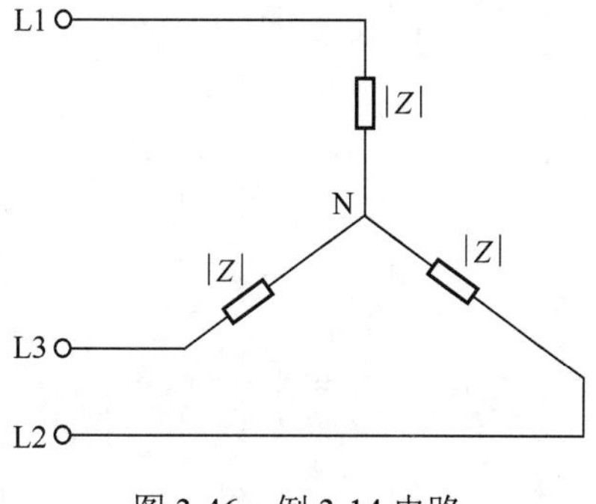

图 3-46　例 3-14 电路

（1）正常情况下，每相负载的相电压和相电流。

（2）第三相负载短路时，其余两相负载的相电压和相电流。

（3）第三相负载断路时，其余两相负载的相电压和相电流。

解：（1）在正常情况下，由于三相负载对称，中线电流为零，中线可以省去，且各相负载的相电压仍为对称的电源相电压，即

$$U_1 = U_2 = U_3 = U_{Yp} = U_p = \frac{U_l}{\sqrt{3}} = \frac{380}{\sqrt{3}} = 220V$$

每相负载阻抗模为

$$|Z_p| = \sqrt{R^2 + X^2} = \sqrt{8^2 + 6^2} = 10\Omega$$

每相的相电流为

$$I_{Yp} = \frac{U_{Yp}}{|Z_p|} = \frac{220}{10} = 22A$$

（2）第三相负载短路时，线电压通过短路线直接加在第一相和第二相的负载两端，所以这时两相的相电压等于线电压，即

$$U_1 = U_2 = 380V$$

每相电流为

$$I_1 = I_2 = \frac{U_1}{|Z_p|} = \frac{380}{10} = 38A$$

（3）第三相负载断开时，第一、二两相负载串联后接在线电压上，由于两阻抗相等，所以相电压为线电压的一半，即

$$U_1 = U_2 = \frac{380}{2} = 190V$$

这样，两相的相电流为

$$I_1 = I_2 = \frac{U_1}{|Z_p|} = \frac{190}{10} = 19A$$

若电路接有中线（阻抗为零的理想导线），则（2）、（3）两种情况如何？请思考。

3.8.4 对称三相负载的三角形连接

如图 3-47 所示，将三相负载分别接在三相电源的两根相线之间的接法，称为三相负载的三角形连接。不论负载对称与否，各相负载承受的电压均为对称电源的线电压。

对于对称三相负载，相电压等于线电压，其有效值

$$U_{\Delta p} = U_{\Delta l},\ I_{\Delta p} = \frac{U_{\Delta p}}{|Z_p|}$$

各相负载阻抗角

$$\varphi_1 = \varphi_2 = \varphi_3 = \varphi_p = \arccos\frac{R_p}{|Z_p|}$$

即各相电压与各相电流的相位差也相同。于是三相电流的相位差也互为 120° 。各相电流的方向与该相的电压方向一致。由 KCL 知

$$\dot{I}_1 = \dot{I}_{12} - \dot{I}_{31}$$
$$\dot{I}_2 = \dot{I}_{23} - \dot{I}_{12}$$
$$\dot{I}_3 = \dot{I}_{31} - \dot{I}_{23}$$

由此可以作出线电流和相电流的相量图，如图 3-48 所示。

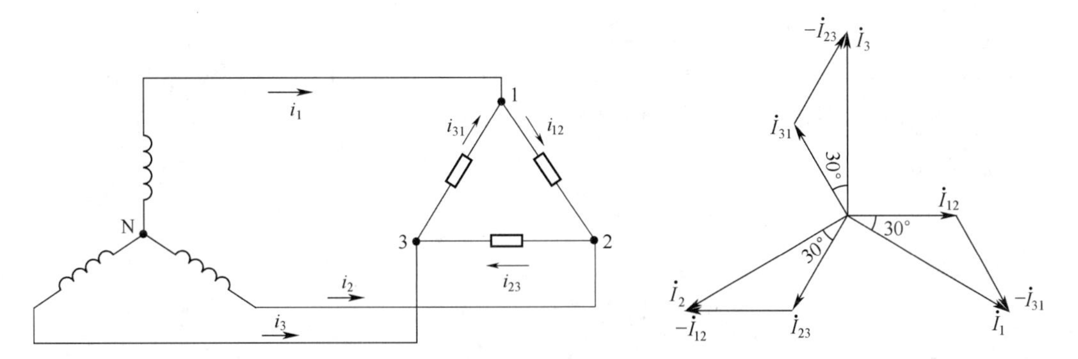

图 3-47　三相负载的三角形连接　　　图 3-48　三角形连接线电流和相电流的相量图

从图中看出：各线电流在相位上比各对应的先行相的相电流滞后 30°。由于相电流对称，所以线电流也对称，各线电流之间相差 120°。可以看出

$$I_1 = 2I_{12}\cos 30^\circ = \frac{2I_{12}\sqrt{3}}{2} = \sqrt{3}I_{12}$$

所以

$$I_{\Delta l} = \sqrt{3}I_{\Delta p}$$

这些说明：对称三相负载呈三角形连接时，线电流的有效值为相电流有效值的 $\sqrt{3}$ 倍，线电流在相位上滞后于对应的先行相的相电流 30°。

三相负载既可以呈星形连接，也可以呈三角形连接。具体连接应根据负载的额定电压和电源的额定电压而定。

3.8.5　三相电路的功率

三相电路的功率等于各相负载吸收功率的总和，即

$$\begin{cases} P = P_1 + P_2 + P_3 \\ Q = Q_1 + Q_2 + Q_3 \\ S = \sqrt{P^2 + Q^2} \end{cases}$$

当三相负载对称时，各相功率相等，总功率为一相功率的三倍，即

$$\begin{cases} P = 3P_{\mathrm{p}} = 3U_{\mathrm{p}}I_{\mathrm{p}}\cos\varphi_{\mathrm{z}} \\ Q = 3Q_{\mathrm{p}} = 3U_{\mathrm{p}}I_{\mathrm{p}}\sin\varphi_{\mathrm{z}} \\ S = 3S_{\mathrm{p}} = 3U_{\mathrm{p}}I_{\mathrm{p}} \end{cases}$$

通常，相电压和相电流不易测量，计算三相电路的功率时，通过线电压和线电流来计算。不论对称负载作星形连接还是三角形连接，总的有功功率、无功功率和视在功率相同，即

$$\begin{cases} P = \sqrt{3}U_1 I_1 \cos\varphi_Z \\ Q = \sqrt{3}U_1 I_1 \sin\varphi_Z \\ S = \sqrt{3}U_1 I_1 \end{cases}$$

需要指出的是，上述三个公式适用于对称三相负载的星形连接和三角形连接，但绝不是指在线电压相同的情况下，两种连接消耗的功率相等。

【例 3-15】 有一对称三相负载，每相电阻为6Ω，电抗为8Ω，电源线电压为380V，试计算负载星形连接和三角形连接的有功功率。

解：每相负载的阻抗模为

$$|Z| = \sqrt{R^2 + X^2} = \sqrt{6^2 + 8^2} = 10\Omega$$

星形连接时

$$U_{\mathrm{Yp}} = \frac{U_1}{\sqrt{3}} = \frac{380}{\sqrt{3}} = 220\mathrm{V}$$

$$I_{\mathrm{Yl}} = I_{\mathrm{Yp}} = \frac{U_{\mathrm{Yp}}}{|Z|} = \frac{220}{10} = 22\mathrm{A}$$

$$\cos\varphi_{\mathrm{p}} = \frac{R}{|Z|} = \frac{6}{10} = 0.6$$

所以有功功率为

$$P_{\mathrm{Y}} = \sqrt{3}U_1 I_1 \cos\varphi_{\mathrm{p}} = \sqrt{3} \times 380 \times 22 \times 0.6 \approx 8.7\mathrm{kW}$$

三角形连接时

$$U_{\Delta\mathrm{p}} = U_{\Delta\mathrm{l}} = 380\mathrm{V}$$

$$I_{\Delta\mathrm{p}} = \frac{U_{\Delta\mathrm{p}}}{|Z|} = \frac{380}{10} = 38\mathrm{A}$$

$$I_{\Delta\mathrm{l}} = \sqrt{3}I_{\Delta\mathrm{p}} \approx 66\mathrm{A}$$

负载功率因素不变，所以

$$P_{\Delta} = \sqrt{3}U_1 I_1 \cos\varphi_{\mathrm{p}} = \sqrt{3} \times 380 \times 66 \times 0.6 \approx 26\mathrm{kW}$$

可见，在相同线电压下，负载作三角形连接的有功功率是星形连接的有功功率的 3 倍。对于无功功率和视在功率有同样的结论。

思考与练习

3-36　对称三相电源有什么特点？

3-37　对称三相电源作星形连接和三角形连接有什么区别？

3-38　三相负载作星形连接时，中线是否可以去掉，为什么？

3-39　三相负载作星形连接与三角形连接有什么区别？

小结

本章的主要内容包括正弦交流电路的基本概念、正弦稳态电路的分析、正弦稳态电路中各种功率及其分析计算、谐振电路、三相电路连接及分析计算等问题。

（1）利用复数概念，将正弦量用复数表示，使正弦交流电路的分析计算化为相量运算。

（2）阻抗或导纳虽然不是正弦量，但也能用复数表示，从而归结出相量形式的欧姆定律与基尔霍夫定律。以此为依据，使一切简单或复杂的直流电路的规律、原理、定理和方法都能适用于交流电路。

（3）分析电路在正弦稳态下各部分的电压、电流、功率等问题称为正弦稳态分析，采用的方法主要是相量法。

（4）交流电路的分析计算除了数值上的问题，还有相位问题。专门讨论了正弦稳态电路的平均功率、无功功率、视在功率、功率因素之间的关系。

（5）当二端电路端口电压与电流同相位时，即电路呈电阻性，工程上将电路的这种状态称为谐振。*RLC* 串联和并联电路是两类典型的谐振电路，由于二者互为对偶电路，我们着重分析串联谐振电路，发生串联谐振时，回路阻抗$Z=R$，电路呈电阻性，回路电流最大，且回路电流与外加电压同相。

（6）三相电路是交流复杂电路的一种特殊形式，它的分析计算的依据仍然是基尔霍夫两条定律。特殊性在于三相电动势是对称的，同时电源和负载都有三角形和星形两种接法。我们只讨论了对称三相电路的计算。

练习三

3-1　在图 3-49 中，当选择电流参考方向由 a 指向 b 时，电流的解析式为 $i(t)=28.2\sin(314t-\dfrac{2}{3}\pi)\text{A}$。如选择参考方向相反，解析式如何写？求两种情况下$t=0.1\text{s}$时电流的瞬时值。

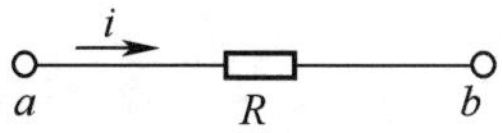

图 3-49　练习题 3-1 图

3-2　已知正弦电流最大值为 20A，频率为 100Hz，在 0.02s 时，瞬时值为 15A，求初相φ_{i}，写出解析式。

3-3　已知一正弦电流在$t=0$时为 3mA，经过 0.007s 时达到最大值，但方向与$t=0$时的电流方向相反，电流频率为 50Hz，试写出其瞬时表达式并画出波形图。

3-4　已知电流相量$\dot{I}=(5+\text{j}3)\text{A}$，频率$f=50\text{Hz}$，求$t=0.01\text{s}$时电流的瞬时值表达式。

3-5　已知$\dot{I}_1=6\angle 30^\circ\ \text{A}$，$\dot{I}_2=8\angle -120^\circ\ \text{A}$，求：

（1）$\dot{I}_3=\dot{I}_2-\dot{I}_1$；（2）$\dot{I}_4=\dot{I}_2+\dot{I}_1$，并作出$\dot{I}_1\sim\dot{I}_4$的相量图。

3-6　对于不含独立电源且电压、电流参考方向关联的二端网络，试根据欧姆定律的相量形式计算下列各题：

（1）$\dot{U}=120\underline{/-30^\circ}$ V，$\dot{I}=4\underline{/30^\circ}$ A，求Z。

（2）$\dot{U}=100\underline{/-30^\circ}$ V，$Z=(3+\mathrm{j}4)\Omega$，求$\dot{I}$。

（3）$u=-100\sin(\omega t-67^\circ)$V，$Z=(32+\mathrm{j}25)\Omega$，求$I$。

3-7　试计算如图 3-50 所示二端网络的阻抗和导纳（$\omega=2\text{rad/s}$）。

3-8　试求如图 3-51 所示二端电路在①$\omega=1\text{rad/s}$；②$\omega=4\text{rad/s}$；③$\omega=8\text{rad/s}$三种情况下的阻抗，并说明端口电压、电流的相位关系。

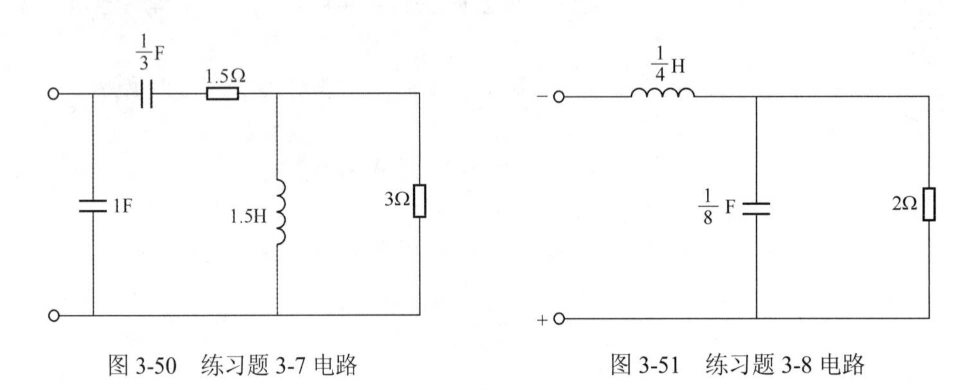

图 3-50　练习题 3-7 电路　　图 3-51　练习题 3-8 电路

3-9　如图 3-52 中的两电路为$\omega=314\text{rad/s}$的等效电路，已知$R_1=800\Omega$，$R_3=400\Omega$，$C_1=5.3\mu\text{F}$，求R_2和C_2。

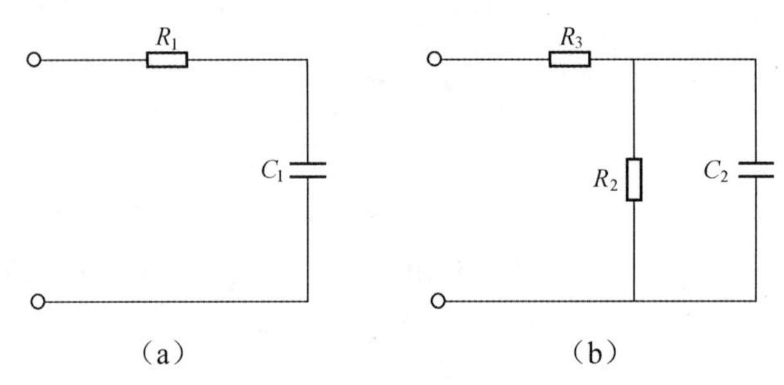

图 3-52　练习题 3-9 电路

3-10　在如图 3-53 所示的电路中，已知$R_1=1\text{k}\Omega$，$R_2=2\text{k}\Omega$，$X_1=2\text{k}\Omega$，$X_2=1\text{k}\Omega$，$\dot{I}_\text{S}=100\underline{/30^\circ}$ mA。（1）求电流源电压$\dot{U}$；（2）若将A、B断开，重新求$\dot{U}$。

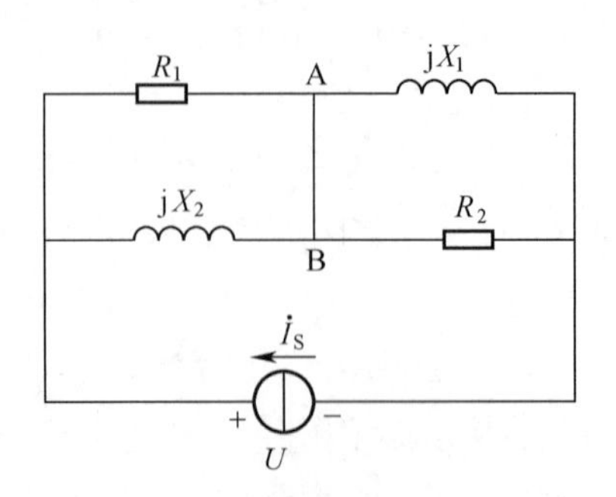

图 3-53　练习题 3-10 电路

3-11　在如图 3-54 所示电路中，$\dot{U}_S = 10\angle 0^\circ$ V，$\dot{I}_S = 5\angle 90^\circ$ A，$Z_1 = 3\angle 90^\circ\Omega$，$Z_2 = \mathrm{j}2\Omega$，$Z_3 = -\mathrm{j}2\Omega$，$Z_4 = 1\Omega$。试选用叠加定理、电源等效变换、戴维南定理、节点法、网孔法五种方法中的任意两种，计算电流 $\dot{I}_2$。

3-12 在如图 3-55 所示的电路中，已知 $u_S(t) = \sqrt{2}\sin 100t$V，$R_1 = R_2 = 1\Omega$，$L = 0.02$H，$C_1 = C_2 = 0.01$F，求电流 i_1、i_2、i_3 和电压 u。

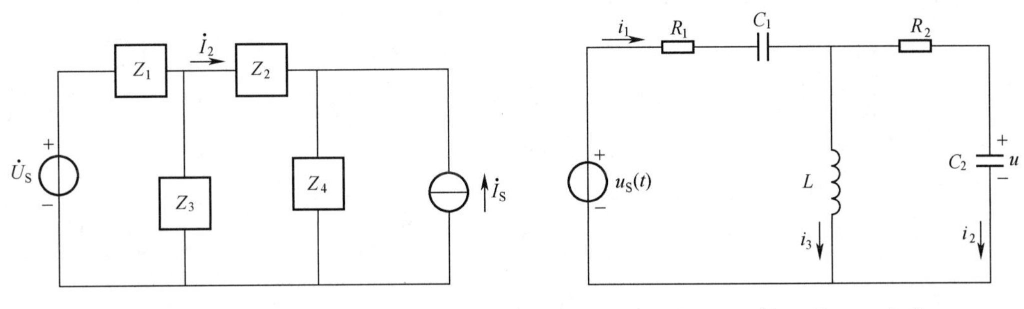

图 3-54　练习题 3-11 电路　　　图 3-55　练习题 3-12 电路

3-13　在如图 3-56 所示的电路中，已知 $\dot{U}_S = 50\angle 0^\circ$ V，$\dot{I}_S = 10\angle 30^\circ$ A，$X_L = 5\Omega$，$X_C = 3\Omega$，求 $\dot{U}$。

3-14　求如图 3-57 所示电路中的 $\dot{I}_1$ 和 $\dot{I}_2$。

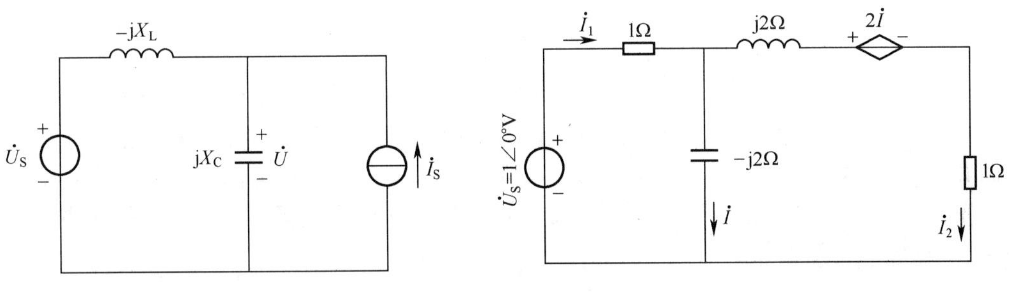

图 3-56　练习题 3-13 图电路　　　图 3-57　练习题 3-14 电路

3-15　端口电压、电流参考方向相关联，试计算下列情况下二端网络吸收的有功功率、无功功率和功率因数。

（1）$\dot{U} = 50\angle 0^\circ$ V，$\dot{I} = 0.6\angle -60^\circ$ A

（2）$\dot{U} = 10\angle 30^\circ$ V，$Z = (50 - \mathrm{j}100)\Omega$

（3）$\dot{I} = 1\angle 20^\circ$ A，$Y = (3 + \mathrm{j}4)$S

3-16 求如图 3-58 所示电路中每个电源提供的功率。

3-17 在如图 3-59 所示电路中电压表、电流表的读数分别为 220V 和 4.2A，电路吸收的功率为 325W。试计算 R、C，并画出阻抗三角形、电压三角形和功率三角形（$f = 50$Hz）。

3-18　功率为 60W，功率因数 0.5 的日光灯（感性）负载与功率为 100W 的白炽灯各 50 只并联在 220V 的正弦电源上（$f = 50$Hz）。如果要把电路的功率因数提高到 0.92，应并联多大的电容？

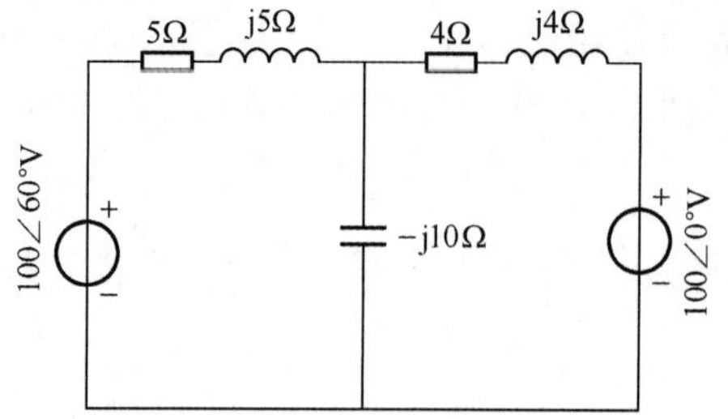

图 3-58 练习题 3-16 电路

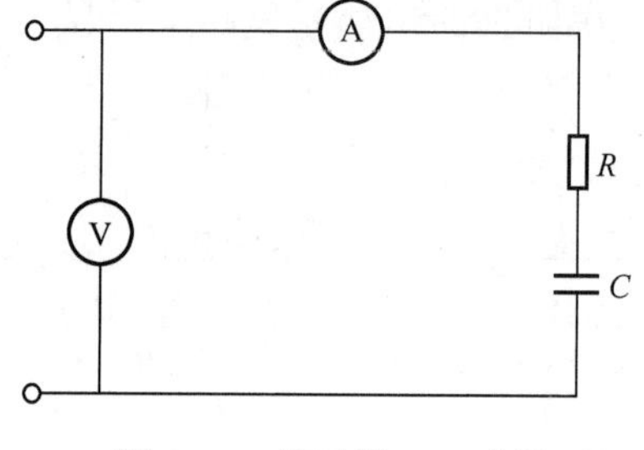

图 3-59 练习题 3-17 电路

3-19 在如图 3-60 所示的电路中，电源电压 $U=10\text{V}$，$\omega=10^4\text{rad/s}$，调节电容 C 使电路中电流达最大值 100mA，这时电容上的电压为 600V。求：

（1）R、L、C 的值及电路的品质因数 Q。

（2）若此后电源角频率下降 10%，R、L、C 参数不变，求电路中电流和电容电压的大小。

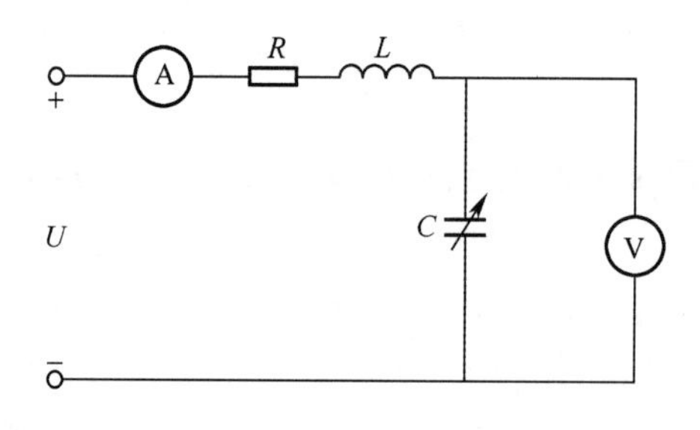

图 3-60 练习题 3-19 电路

3-20 在 RLC 串联谐振电路中，$R=50\Omega$，$L=400\text{mH}$，$C=0.254\mu\text{F}$，电源电压 $U=10\text{V}$。

（1）求电路的谐振频率、品质因数、谐振时电路中的电流、各元件的电压大小和总的电磁能量。

（2）谐振时，如果在电容 C 两端并入一电阻 R_1，并调节电源频率，使电路能重新达到谐振状态，求 R_1 的取值范围。

3-21 电感线圈在高频时需要考虑匝间分布电容 C_g，其等效电路如图 3-61 所示，现为了测量电感 L 与匝间电容 C_g，用一电容 C_1 与线圈并联，当 $C_1=10\text{pF}$ 时，谐振频率 $f_0=6\text{MHz}$，而当 $C_1=20\text{pF}$ 时，$f_0=5\text{MHz}$，求 L 和 C_g。

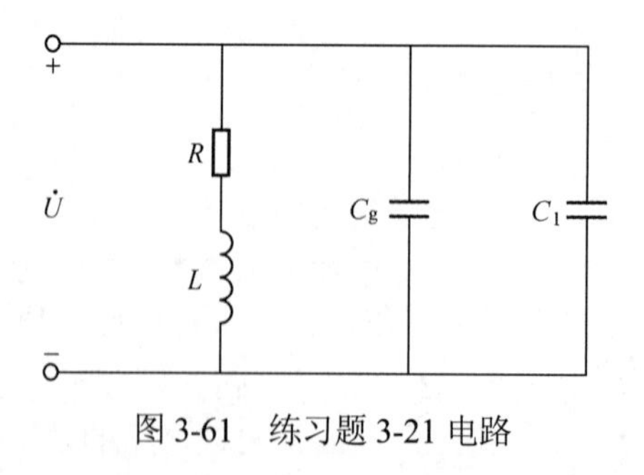

图 3-61 练习题 3-21 电路

3-22 在如图 3-62 所示的电路中，电源为三相对称，且 $\dot{U}_{AB}=380\angle 0^\circ\text{V}$，负载阻抗

$Z=(40+\mathrm{j}30)\Omega$，$R=100\Omega$，计算$\dot{I}_{\mathrm{A}}$、$\dot{I}_{\mathrm{B}}$和$\dot{I}_{\mathrm{C}}$。

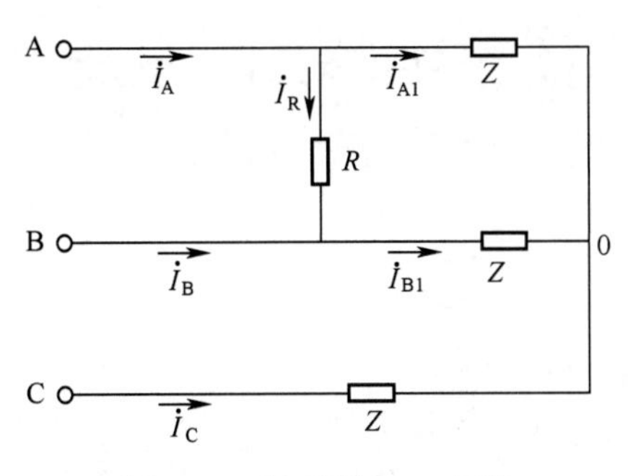

图 3-62　练习题 3-22 电路

3-23　三相电动机接在线电压为 380V 的线路上，吸收的功率为 1.4kW，通过的电流为 2.5A，求电动机的功率因数。

第4章　耦合电感元件和理想变压器

【本章重点】

- 互感线圈、互感系数、耦合系数的含义。
- 互感电压和互感线圈的同名端。
- 互感线圈串联、并联去耦等效及 T 型去耦等效。
- 空芯变压器电路在正弦稳态下的分析方法——回路分析法。
- 理想变压器的含义。理想变压器变换电压、电流及阻抗的关系式。

【本章难点】

- 互感电压和互感线圈的同名端。
- 空芯变压器电路在正弦稳态下的分析方法——回路分析法。

在前几章电路中所涉及的理想电源、电阻、电容、电感均是二端元件，受控源和运算放大器均是多端元件，本章将要介绍另一类电路元件，即耦合电感元件与理想变压器，它们也属于多端元件。在实际电路中，如收音机、电视机中使用的中周、振荡线圈，在整流电源里使用的变压器等，都是耦合电感与变压器元件。

4.1　耦合电感元件

4.1.1　耦合电感的概念

图 4-1 是两个相距很近的线圈（电感），匝数分别为 N_1 和 N_2，为讨论方便，规定每个线圈的电压、电流取关联参考方向，且每个线圈的电流和该电流所产生的磁通的参考方向符合右手螺旋法则。

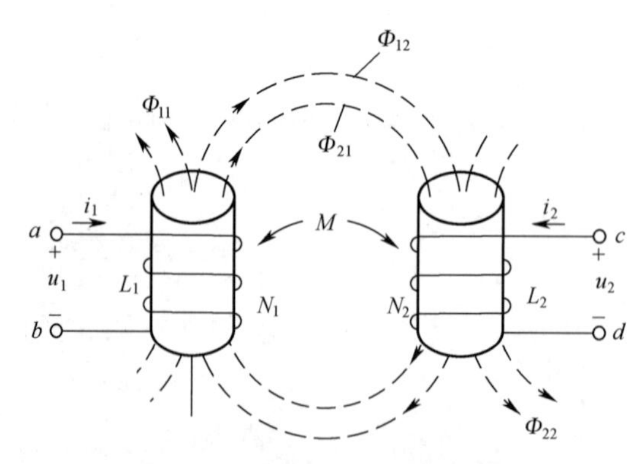

图 4-1　磁通相助的耦合电感

当线圈 1 中通入电流 i_1 时，在线圈 1 中就会产生自感磁通 Φ_{11}，而其中有一部分磁通 Φ_{21}，不仅穿过线圈 1，同时也穿过线圈 2，且$\Phi_{21} \leqslant \Phi_{11}$。同样，若在线圈 2 中通入电流$i_2$，它产生的自感磁通$\Phi_{22}$，其中也有一部分磁通$\Phi_{12}$，不仅穿过线圈 2，同时也穿过线圈 1，且$\Phi_{12} \leqslant \Phi_{22}$。像这种一个线圈的磁通与另一个线圈相交链的现象，称为磁耦合，即互感。Φ_{21}和Φ_{12}称为耦合磁通或互感磁通。为讨论方便起见，假定穿过线圈每一匝的磁通都相等，则交链线圈 1 的自感磁链与互感磁链分别为$\psi_{11} = N_1\Phi_{11}$，$\psi_{12} = N_1\Phi_{12}$；交链线圈 2 的自感磁链与互感磁链分别为$\psi_{22} = N_2\Phi_{22}$，$\psi_{21} = N_2\Phi_{21}$。

类似于自感系数的定义，互感系数的定义为

$$M_{21} = \frac{\psi_{21}}{i_1} \tag{4-1a}$$

$$M_{12} = \frac{\psi_{12}}{i_2} \tag{4-1b}$$

式（4-1a）表明线圈 1 对线圈 2 的互感系数M_{21}，等于穿越线圈 2 的互感磁链与激发该磁链的线圈 1 中的电流之比。式（4-1b）表明线圈 2 对线圈 1 的互感系数M_{12}，等于穿越线圈 1 的互感磁链与激发该磁链的线圈 2 中的电流之比。可以证明

$$M_{21} = M_{12} = M$$

所以，我们以后不再加下标，一律用 M 表示两线圈的互感系数，简称互感。互感的单位与自感相同，也是亨利（H）。应该明确，两线圈的互感系数小于等于两线圈自感系数的几何平均值，即

$$M \leqslant \sqrt{L_1L_2}$$

因为$\Phi_{21} \leqslant \Phi_{11}$，$\Phi_{12} \leqslant \Phi_{22}$，所以

$$M^2 = M_{21}M_{12} = \frac{\psi_{21}}{i_1}\frac{\psi_{12}}{i_2} = \frac{N_2\Phi_{21}}{i_1}\frac{N_1\Phi_{12}}{i_2} \leqslant \frac{N_1\Phi_{11}}{i_1}\frac{N_2\Phi_{22}}{i_2} = L_1L_2$$

故可得

$$M \leqslant \sqrt{L_1L_2}$$

上式仅说明互感 M 比$\sqrt{L_1L_2}$小（最多相等），但并不能说明 M 比$\sqrt{L_1L_2}$小到什么程度。为此，工程上常用耦合系数 K 来表示两线圈的耦合松紧程度，其定义为

$$M = K\sqrt{L_1L_2}$$

或

$$K = \frac{M}{\sqrt{L_1L_2}} \tag{4-2}$$

由式（4-2）可知，$0 \leqslant K \leqslant 1$，$K$ 值越大，说明两个线圈之间耦合越紧；当$K = 1$时，称全耦合；当$K = 0$时，说明两线圈没有耦合。

耦合系数 K 的大小与两线圈的结构、相互位置以及周围磁介质有关。如图 4-2（a）所示的两线圈绕在一起，其 K 值可能接近 1。相反，如图 4-2（b）所示的两线圈相互垂直，其 K 值可能近似于零。由此可见，改变或调整两线圈的相互位置可以改变耦合系数 K 的大小。

在工程上有时为了避免线圈之间的相互干扰，应尽量减小互感的作用，除采用磁屏蔽方法外，还可以合理布置线圈的相互位置。在电子技术和电力变压器中，为了更好地传输功率和信号，往往采用极紧密的耦合，使 K 值尽可能接近 1，一般都采用铁磁材料制成芯子以达到这一目的。

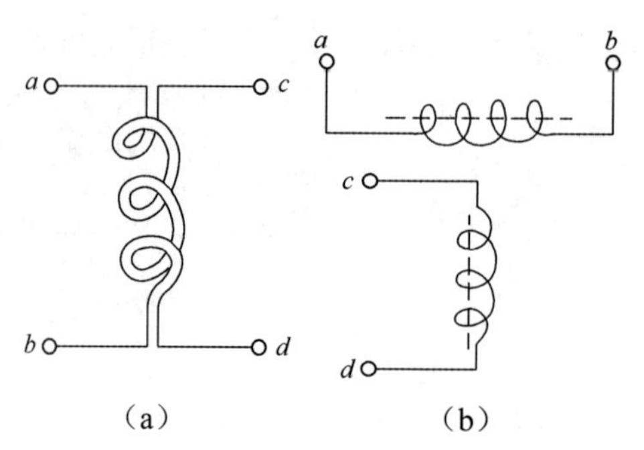

图 4-2　耦合系数 K 与线圈相互位置的关系

4.1.2　耦合电感元件的电压、电流关系

由前面分析可知，当有互感的两线圈上都有电流时，交链每一线圈的磁链不仅与该线圈本身的电流有关，也与另一个线圈的电流有关。如果每个线圈的电压、电流为关联参考方向，且每个线圈的电流与该电流产生的磁通符合右手螺旋法则，而自感磁通又与互感磁通方向一致，即磁通相助，如图 4-1 所示，这种情况下，交链线圈 1、2 的磁链分别为

$$\psi_1 = \psi_{11} + \psi_{12} = L_1 i_1 + M i_2 \tag{4-3a}$$

$$\psi_2 = \psi_{22} + \psi_{21} = L_2 i_2 + M i_1 \tag{4-3b}$$

由电磁感应定律，当通过线圈的电流变化时，线圈两端会产生感应电压

$$\begin{cases} u_1 = \dfrac{\mathrm{d}\psi_1}{\mathrm{d}t} = L_1 \dfrac{\mathrm{d}i_1}{\mathrm{d}t} + M \dfrac{\mathrm{d}i_2}{\mathrm{d}t} \\ u_2 = \dfrac{\mathrm{d}\psi_2}{\mathrm{d}t} = L_2 \dfrac{\mathrm{d}i_2}{\mathrm{d}t} + M \dfrac{\mathrm{d}i_1}{\mathrm{d}t} \end{cases} \tag{4-4}$$

式中，$L_1 \dfrac{\mathrm{d}i_1}{\mathrm{d}t}$、$L_2 \dfrac{\mathrm{d}i_2}{\mathrm{d}t}$ 分别为线圈 1、2 的自感电压；$M \dfrac{\mathrm{d}i_2}{\mathrm{d}t}$、$M \dfrac{\mathrm{d}i_1}{\mathrm{d}t}$ 分别为线圈 1、2 的互感电压。

如果自感磁通与互感磁通的方向相反，即磁通相消，如图 4-3 所示，交链线圈 1、2 的磁链分别为

$$\psi_1 = \psi_{11} - \psi_{12} = L_1 i_1 - M i_2 \tag{4-5a}$$

$$\psi_2 = \psi_{22} - \psi_{21} = L_2 i_2 - M i_1 \tag{4-5b}$$

此时

$$\begin{cases} u_1 = \dfrac{\mathrm{d}\psi_1}{\mathrm{d}t} = L_1 \dfrac{\mathrm{d}i_1}{\mathrm{d}t} - M \dfrac{\mathrm{d}i_2}{\mathrm{d}t} \\ u_2 = \dfrac{\mathrm{d}\psi_2}{\mathrm{d}t} = L_2 \dfrac{\mathrm{d}i_2}{\mathrm{d}t} - M \dfrac{\mathrm{d}i_1}{\mathrm{d}t} \end{cases} \tag{4-6}$$

式（4-4）和式（4-6）分别为图 4-1 和图 4-3 所示耦合电感的电压、电流关系方程式。对这两种情况进行归纳总结，可以得出：自感电压 $L_1 \dfrac{\mathrm{d}i_1}{\mathrm{d}t}$、$L_2 \dfrac{\mathrm{d}i_2}{\mathrm{d}t}$ 取正还是取负，取决于本电感的 u、i 的参考方向是否关联。若关联，自感电压取正；反之，自感电压取负。而互感电压 $M \dfrac{\mathrm{d}i_2}{\mathrm{d}t}$、$M \dfrac{\mathrm{d}i_1}{\mathrm{d}t}$ 的符号这样确定：当两线圈电流均从同名端（详见 4.1.3 节）流入（或流出）时，线圈

中磁通相助，互感电压与该线圈中的自感电压同号，即自感电压取正号时互感电压也取正号，自感电压取负号时互感电压也取负号；否则，当两线圈电流分别从异名端流入（或流出）时，由于线圈中磁通相消，故互感电压与自感电压异号，即自感电压取正号时互感电压取负号，反之亦然。

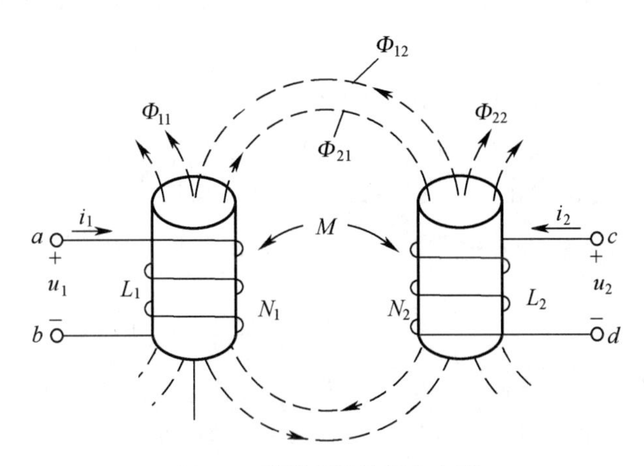

图 4-3　磁通相消的耦合电感

4.1.3　同名端

由前面的分析可知，要确定互感电压前的正负号，必须知道互感磁通与自感磁通相助还是相消，如果像图 4-1 和图 4-3 那样，知道线圈的相对位置和各线圈绕向，假设线圈上电流 i_1、i_2 的参考方向，就可以根据右手螺旋法则判断出自感磁通与互感磁通是相助还是相消。但在实际中，互感线圈往往是密封的，看不到其绕向和相对位置，况且在电路中将线圈的绕向和空间位置画出来既麻烦又不易表示清晰，于是人们规定了一种标志，即同名端，由同名端与电流参考方向就可以判定磁通相助还是相消。

线圈的同名端是这样规定的：具有磁耦合的两线圈，当电流分别从两线圈各自的某端同时流入（或流出）时，若两者产生的磁通相助，则这两端叫作互感线圈的同名端，用黑点“•”或星号“*”作标记。未用黑点或星号作标记的两个端子也是同名端。

例如，对图 4-4（a），当 i_1、i_2 分别由端钮 a 和 d 流入（或流出）时，它们各自产生的磁通相助，因此 a 端和 d 端是同名端（当然 b 端和 c 端也是同名端）；a 端与 c 端（或 b 端与 d 端）称异名端。有了同名端规定后，像图 4-4（a）所示的互感线圈在电路中可以用图 4-4（b）所示的模型表示。在图 4-4（b）中，设电流 i_1、i_2 分别从 a、d 端流入，就认为磁通相助，如果再设各线圈的 u、i 为关联参考方向，那么两线圈上的电压分别为

$$\begin{cases} u_1 = L_1 \dfrac{\mathrm{d}i_1}{\mathrm{d}t} + M \dfrac{\mathrm{d}i_2}{\mathrm{d}t} \\ u_2 = L_2 \dfrac{\mathrm{d}i_2}{\mathrm{d}t} + M \dfrac{\mathrm{d}i_1}{\mathrm{d}t} \end{cases} \tag{4-7}$$

如果像图 4-4（c）所示，设 i_1 仍从 a 端流入，而 i_2 从 d 端流出，可以判定磁通相消，那么两线圈上的电压分别为

$$\begin{cases} u_1 = L_1 \dfrac{\mathrm{d}i_1}{\mathrm{d}t} - M\dfrac{\mathrm{d}i_2}{\mathrm{d}t} \\ u_2 = L_2 \dfrac{\mathrm{d}i_2}{\mathrm{d}t} - M\dfrac{\mathrm{d}i_1}{\mathrm{d}t} \end{cases} \tag{4-8}$$

这样，对于已标定同名端的耦合电感，可根据u、i的参考方向以及同名端的位置写出其$u-i$关系方程。

另外，由式（4-7）和式（4-8），可以将耦合电感的特性用电感元件和受控电压源来模拟，例如图 4-4（b）、（c）电路可分别用图 4-4（d）、（e）电路来代替。可以看出：受控电压源（互感电压）的极性与产生它的变化电流的参考方向对同名端是一致的。例如图 4-4（c）中，由于i_1是从L_1打“•”的a端流入的，故它在L_2中产生的互感电压$M\dfrac{\mathrm{d}i_1}{\mathrm{d}t}$的参考方向应由其打“•”的$d$端指向另一端，$i_2$由不打“•”的$C$端流入的，则它在$L_1$中产生的互感电压$M\dfrac{\mathrm{d}i_2}{\mathrm{d}t}$的参考方向应由其不打“•”的$b$端指向另一端。这样，将互感电压模拟成受控电压源后，可直接由图 4-4（e）写出两线圈上的电压，其结果与式（4-8）相同。使用这种方法，在列互感线圈$u-i$关系方程时，会非常方便。

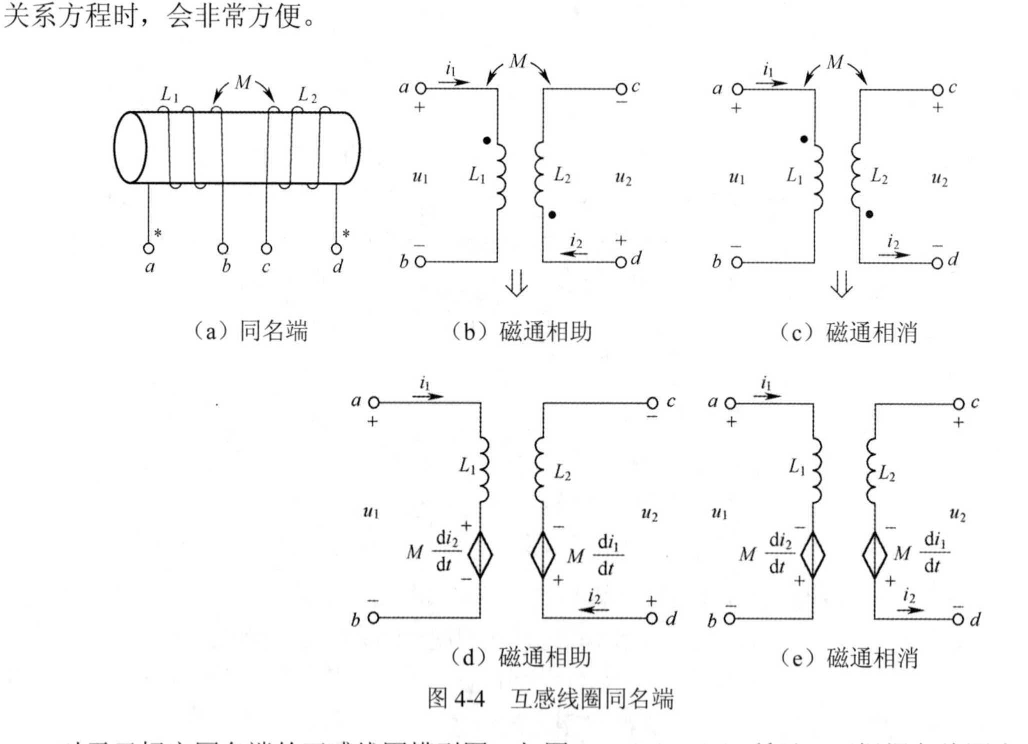

图 4-4　互感线圈同名端

对于已标定同名端的互感线圈模型图，如图 4-4（b）、（c）所示，可根据各线圈上u、i的参考方向及同名端写出互感线圈上$u-i$关系方程式。那么，如果给定一对不知绕向的互感线圈，如何判断出它们的同名端呢？这可采用如图 4-5 所示的实验装置，把一个线圈通过开关 S 接到一直流电源上，再将一个直流电压表（或电流表）接到另一个线圈上，当开关 S 迅速闭合时，就有随时间增长的电流i_1从电源正极流入L_1的端钮 1，这时$\mathrm{d}i_1/\mathrm{d}t$大于零。如果电压表指针正向偏转，而且电压表正接线柱接端钮 2，这说明端钮 2 为高电位端，即L_2中的互感电压的正极性在端钮 2 处，由此可以判定端钮 1 和端钮 2 是同名端；反之，若电压表指针反向偏转，则说明端钮 2′ 为高电位端，可判定端钮 1 和端钮 2′ 为同名端。

【例 4-1】 电路如图 4-6 所示，试确定开关 S 打开瞬间，22′ 间电压的真实极性。

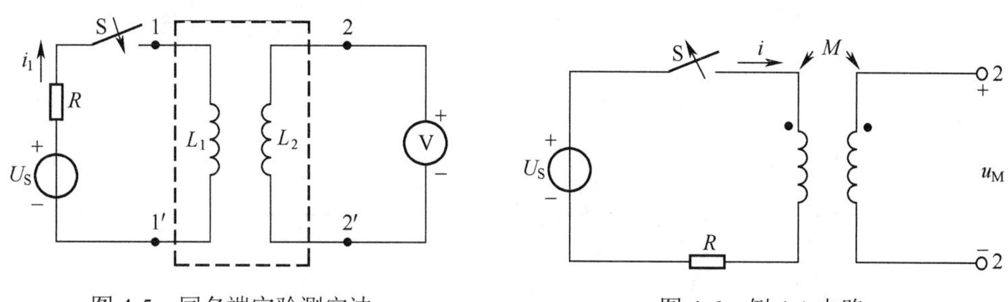

图 4-5　同名端实验测定法　　　　图 4-6　例 4-1 电路

解： 假定 i 及互感电压 u_{M} 的参考方向如图 4-6 所示，则根据同名端的含义可得

$$u_{\mathrm{M}} = M\frac{\mathrm{d}i}{\mathrm{d}t}$$

当 S 打开瞬间，正值电流减小，$\frac{\mathrm{d}i}{\mathrm{d}t} < 0$，故知 $u_{\mathrm{M}} < 0$，其极性与假设相反，即 2′ 为高电位端，2 为低电位端。

【例 4-2】 求图 4-7（a）所示电路的开路电压 u_0。

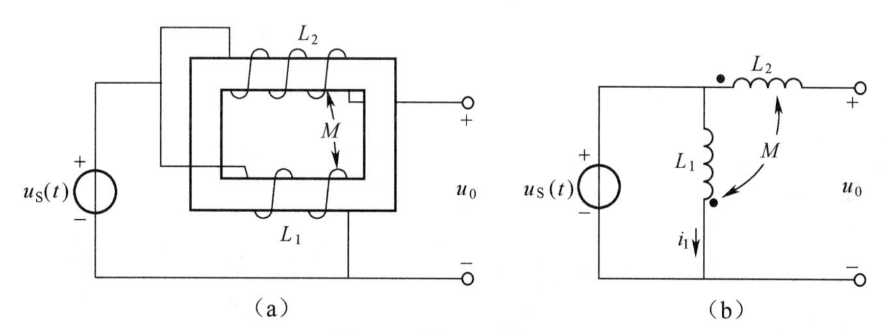

图 4-7　例 4-2 电路

解： 由同名端的判别方法，可判定图 4-7（a）中 L_2 的左端钮与 L_1 的右端钮是同名端，作出标有同名端标记的电路模型，如图 4-7（b）所示。由于 L_2 开路，其电流为零，所以 L_2 上自感电压为零，L_2 上仅有电流 i_1 对它产生的互感电压，L_1 上仅有自感电压。

$$u_{\mathrm{s}} = L_1\frac{\mathrm{d}i_1}{\mathrm{d}t} \qquad 即 \qquad \frac{\mathrm{d}i_1}{\mathrm{d}t} = \frac{u_{\mathrm{s}}}{L_1}$$

$$u_0 = M\frac{\mathrm{d}i_1}{\mathrm{d}t} + u_{\mathrm{S}} = M\frac{u_{\mathrm{S}}}{L_1} + u_{\mathrm{S}} = u_{\mathrm{S}}(1 + \frac{M}{L_1})$$

【例 4-3】 已知电路如图 4-8（a）所示，$R_1 = 10\Omega$，$L_1 = 5\mathrm{H}$，$L_2 = 2\mathrm{H}$，$M = 3\mathrm{H}$。已知 $i(t)$ 波形如图 4-8（b）所示。求电源电压 u_{ac} 及线圈的开路电压 u_{de}。

解： 由于线圈 2 开路无电流，因而在该线圈内无电阻电压及自感电压，仅有由 i 产生的互感电压。由 i 的参考方向及同名端位置可知

（a）　　　　（b）

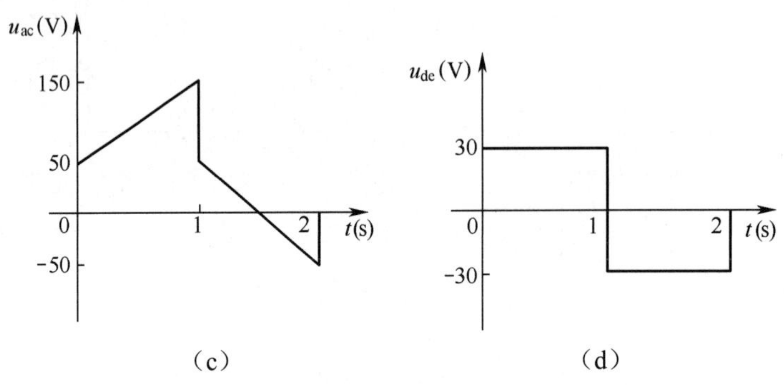

（c）　　　　（d）

图 4-8　例 4-3 电路

$$u_{de} = M\frac{di}{dt}$$

因线圈 2 开路无电流，故对线圈 1 不产生互感电压，线圈 1 上仅有自感电压

$$u_{bc} = L_1\frac{di}{dt}$$

电源两端电压

$$u_{ac} = u_{ab} + u_{bc} = R_1 i + L_1\frac{di}{dt}$$

在 $0 \leqslant t \leqslant 1$ 时，$i = 10t\text{A}$（由给出的 i 波形得出）

$$u_{ab} = R_1 i = 100t\text{V}$$

$$u_{bc} = L_1\frac{di}{dt} = 5\frac{d}{dt}10t = 50\text{V}$$

$$u_{ac} = u_{ab} + u_{bc} = 100t + 50\text{V}$$

在 $1 \leqslant t \leqslant 2$ 时，$i = -10t + 20\text{A}$

$$u_{ab} = 10 \times (-10t + 20) = -100t + 200\text{V}$$

$$u_{bc} = 5\frac{d}{dt}(-10t + 20) = -50\text{V}$$

$$u_{ac} = u_{ab} + u_{bc} = -100t + 150\text{V}$$

在 $t \geqslant 2$ 时，$i = 0$，$u_{ab} = 0$，$u_{bc} = 0$。又因为

$$u_{de} = M\frac{di}{dt} = 3\frac{di}{dt}$$

故知在 $0 \leqslant t \leqslant 1$ 时

$$u_{de} = 3\frac{di}{dt} = 3\frac{d}{dt}(10t) = 30V$$

在 1≤t≤2 时

$$u_{de} = 3\frac{di}{dt} = 3\frac{d}{dt}(-10t + 20) = -30V$$

在 t≥2 时，$u_{de} = 0$。故可得

$$u_{ac} = \begin{cases} 100t + 50V & 0 \leqslant t \leqslant 1\,S \\ -100t + 150V & 1 < t \leqslant 2\,S \\ 0 & \text{其他} \end{cases}$$

$$u_{de} = \begin{cases} 30V & 0 < t \leqslant 1\,S \\ -30V & 1 < t \leqslant 2\,S \\ 0 & \text{其他} \end{cases}$$

根据u_{ac}、u_{de}的表达式，画出其波形分别如图 4-8（c）和（d）所示。

思考与练习

4-1　两线圈之间的互感系数 M 大，就能说明两线圈间的耦合系数 K 一定大吗？

4-2　两个有耦合的线圈，若互感磁通与自感磁通对于一个线圈是相助的，是否对另一个线圈也必然相助？

4-3　如图 4-9 所示各为两个互感线圈，已知线圈位置及绕向，试判别同名端。

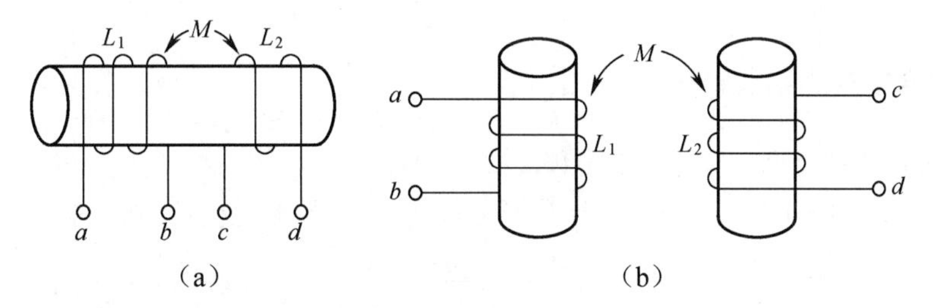

图 4-9　练习题 4-3 图

4-4　如图 4-10 所示各为两个互感线圈，试写出每个互感线圈的u、i关系方程式。

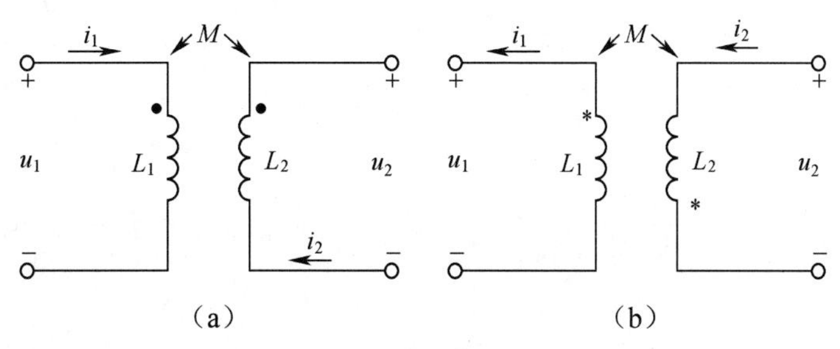

图 4-10　练习题 4-4 图

4-5　求图 4-11 所示的 4 个电路中标有问号的电压表达式。

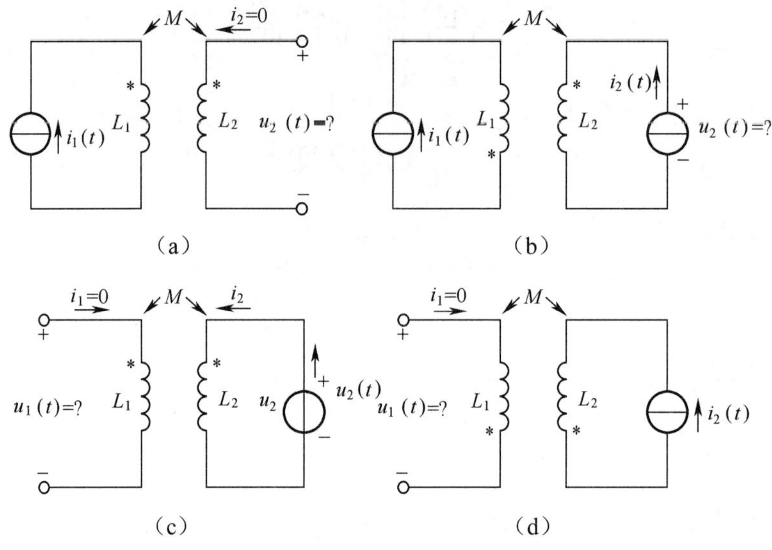

图 4-11　练习题 4-5 图

4.2　耦合电感的去耦等效

具有互感的两个线圈，每一线圈上的电压不但与本线圈的电流变化率有关，而且与另一线圈上的电流变化率也有关，其电压、电流关系方程式又因同名端位置及所设电压、电流的参考方向的不同而有几种表达形式，这对分析含有互感的电路来说很不方便。这一节讨论通过电路等效变换来去掉互感耦合。

4.2.1　耦合电感的串联等效

耦合电感的串联有两种方式：顺接和反接。顺接就是异名端相接，如图 4-12（a）所示。把互感电压看作受控电压源后得到的电路如图 4-12（b）所示，由该图可得

$$u_1 = L_1\frac{\mathrm{d}i}{\mathrm{d}t} + M\frac{\mathrm{d}i}{\mathrm{d}t} + L_2\frac{\mathrm{d}i}{\mathrm{d}t} + M\frac{\mathrm{d}i}{\mathrm{d}t} = (L_1 + L_2 + 2M)\frac{\mathrm{d}i}{\mathrm{d}t} = L\frac{\mathrm{d}i}{\mathrm{d}t}$$

其中

$$L = L_1 + L_2 + 2M \tag{4-9}$$

由此可知，顺接串联的耦合电感可以用一个等效电感 L 来代替，等效电感 L 的值由式(4-9)来确定。

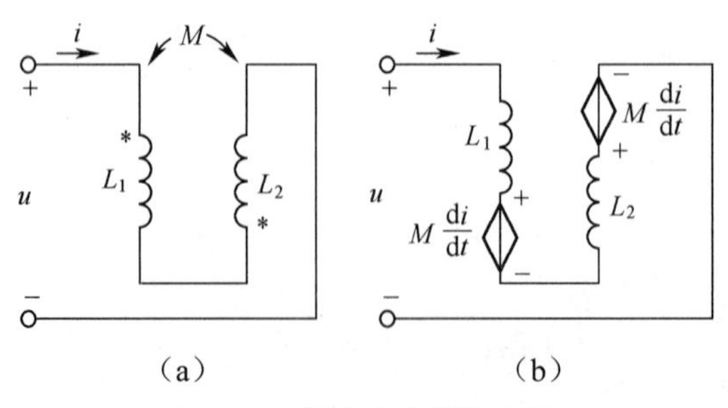

图 4-12　耦合电感顺接串联

耦合电感的另一种串联方式是反接串联。反接串联是同名端相接，如图 4-13（a）所示，把互感电压看作受控电压源后得电路如图 4-13（b）所示，由该图可得

$$u_1 = L_1\frac{di}{dt} - M\frac{di}{dt} + L_2\frac{di}{dt} - M\frac{di}{dt} = (L_1 + L_2 - 2M)\frac{di}{dt} = L\frac{di}{dt}$$

其中

$$L = L_1 + L_2 - 2M \tag{4-10}$$

由此可知，反接串联的耦合电感可以用一个等效电感 L 代替，等效电感 L 的值由式（4-10）来确定。

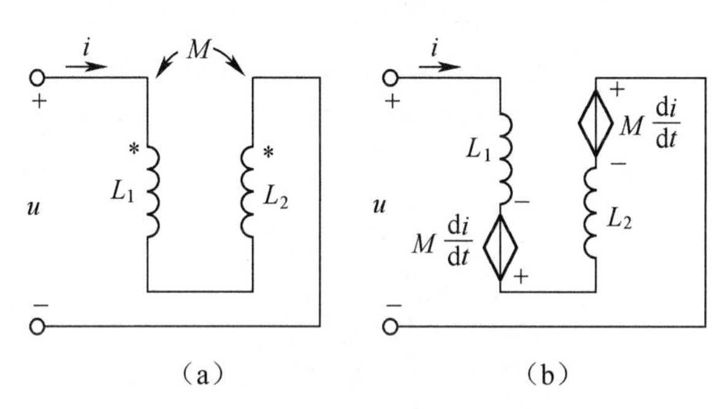

图 4-13　耦合电感反接串联

比较式（4-9）和式（4-10）可知，顺接串联的等效电感比反接串联的等效电感大 $4M$。据此结论可以用交流实验方法判断同名端和进行 M 值的测定。在实际应用中，若将耦合线圈串接时，必须注意同名端，否则不但达不到预期效果，甚至有烧毁线圈的危险。

4.2.2　耦合电感的 T 型等效

耦合电感的串联去耦等效属于二端电路等效，而下面讨论的三个支路共一个节点，其中两支路存在互感的电路等效，即 T 型去耦等效，这属于多端等效。下面分两种情况进行讨论。

（1）互感线圈的同名端连在一起。如图 4-14（a）所示，为三支路共一节点，其中有两条支路存在互感的电路，由图可知，L_1 的 b 端与 L_2 的 d 端是同名端，且连接在一起，两线圈上的电压分别为

$$\begin{cases} u_1 = L_1\dfrac{di_1}{dt} + M\dfrac{di_2}{dt} \\ u_2 = L_2\dfrac{di_2}{dt} + M\dfrac{di_1}{dt} \end{cases}$$

将以上两式经数学变换可得

$$\begin{cases} u_1 = L_1\dfrac{di_1}{dt} - M\dfrac{di_1}{dt} + M\dfrac{di_1}{dt} + M\dfrac{di_2}{dt} = (L_1 - M)\dfrac{di_1}{dt} + M\dfrac{d(i_1 + i_2)}{dt} \\ u_2 = L_2\dfrac{di_2}{dt} - M\dfrac{di_2}{dt} + M\dfrac{di_2}{dt} + M\dfrac{di_1}{dt} = (L_2 - M)\dfrac{di_2}{dt} + M\dfrac{d(i_1 + i_2)}{dt} \end{cases} \tag{4-11}$$

由式（4-11）画得 T 型等效电路如图 4-14（b）所示。

在图 4-14（b）中因有三个电感相互间无互感，它们的自感系数分别为 $L_1 - M$、$L_2 - M$ 和 M，又连接成 T 型结构形式，所以称之为互感线圈的 T 型去耦等效电路。

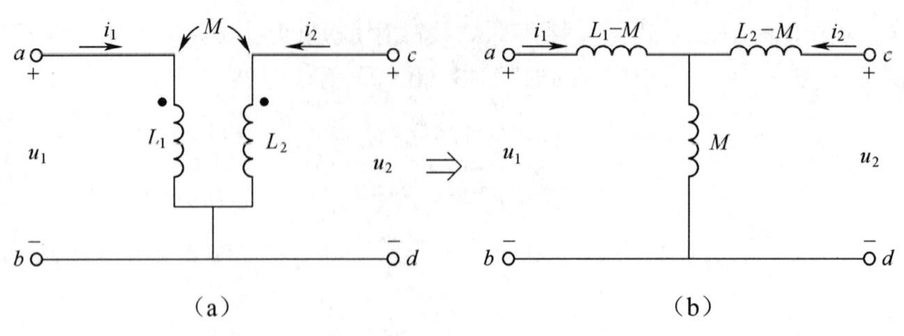

图 4-14 同名端相连的 T 型去耦等效电路

（2）互感线圈的异名端连接在一起。图 4-15（a）与图 4-14（a）两电路相比较，其结构一样，不同的只是具有互感的两支路的异名端连接在一起，即 L_1 的 b 端与 L_2 的 d 端为异名端共节点，两线圈上的电压分别为

$$\begin{cases} u_1 = L_1 \dfrac{di_1}{dt} - M\dfrac{di_2}{dt} \\ u_2 = L_2 \dfrac{di_2}{dt} - M\dfrac{di_1}{dt} \end{cases}$$

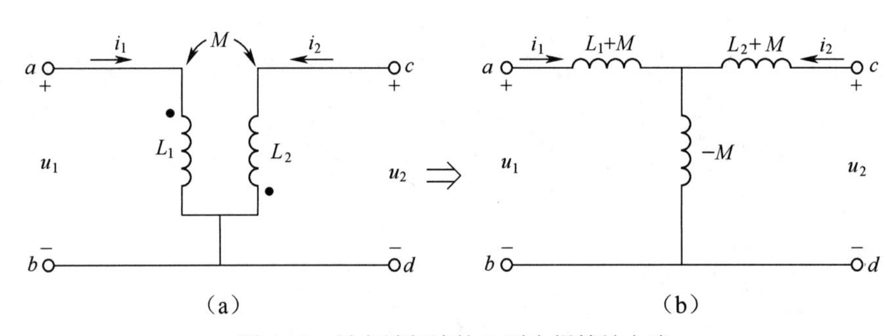

图 4-15 异名端相连的 T 型去耦等效电路

将以上两式经数学变换可得

$$\begin{cases} u_1 = L_1 \dfrac{di_1}{dt} + M\dfrac{di_1}{dt} - M\dfrac{di_1}{dt} - M\dfrac{di_2}{dt} = (L_1 + M)\dfrac{di_1}{dt} - M\dfrac{d(i_1+i_2)}{dt} \\ u_2 = L_2 \dfrac{di_2}{dt} + M\dfrac{di_2}{dt} - M\dfrac{di_2}{dt} - M\dfrac{di_1}{dt} = (L_2 + M)\dfrac{di_2}{dt} - M\dfrac{d(i_1+i_2)}{dt} \end{cases} \tag{4-12}$$

由式（4-12）画得 T 型等效电路如图 4-15（b）所示，其中 $-M$ 为一等效的负电感。

以上讨论的两种主要的去耦等效方法，它们适用于任何变动电压、电流情况，自然也适用于正弦稳态交流电路。

利用上述等效电路，可以得出图 4-16（a）、（c）所示的耦合电感并联的去耦等效电路分别如图 4-16（b）、（d）所示。由图 4-16（b）应用无互感的电感串、并联关系，可以得到同名端连接时耦合电感并联的等效电感为

$$L = M + \frac{(L_1 - M)(L_2 - M)}{(L_1 - M) + (L_2 - M)} = \frac{L_1L_2 - M^2}{L_1 + L_2 - 2M} \tag{4-13}$$

同理，由图 4-16（d）可以得到异名端连接时，耦合电感并联的等效电感为

$$L = -M + \frac{(L_1 + M)(L_2 + M)}{(L_1 + M) + (L_2 + M)} = \frac{L_1 L_2 - M^2}{L_1 + L_2 + 2M} \tag{4-14}$$

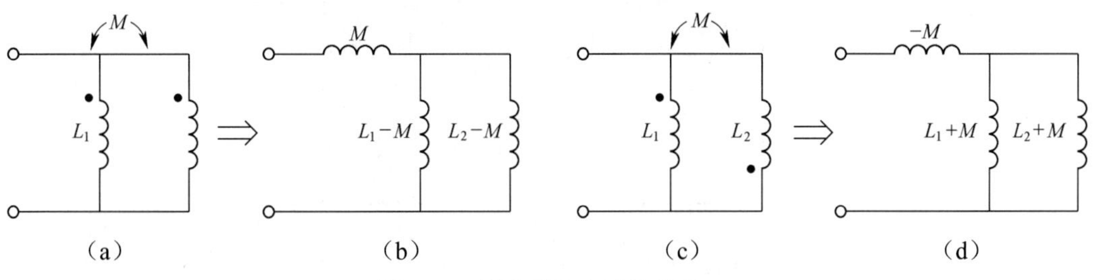

图 4-16　两个耦和电感的并联

显然，同名端连接时，耦合电感并联的等效电感较大。因此，将耦合电感并联时，必须注意同名端。

【例 4-4】 在如图 4-17（a）所示的电路中，$L_1 = 10\text{mH}$，$L_2 = 22.5\text{mH}$，耦合电感的耦合系数$K = 0.8$。当线圈 2 短接时，试求线圈 1 端口的等效电感 L。

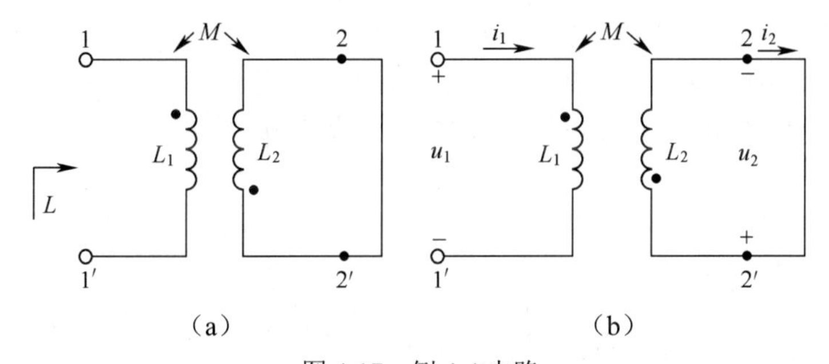

图 4-17　例 4-4 电路

解：两线圈的互感

$$M = K\sqrt{L_1 L_2} = 0.8 \times \sqrt{10 \times 22.5} = 12\text{mH}$$

解法 1：设u_1、i_1、u_2、i_2如图 4-17（b）所示，则

$$\begin{cases} u_1 = L_1 \dfrac{\text{d}i_1}{\text{d}t} + M\dfrac{\text{d}i_2}{\text{d}t} & ① \\ u_2 = L_2 \dfrac{\text{d}i_2}{\text{d}t} + M\dfrac{\text{d}i_1}{\text{d}t} & ② \end{cases}$$

由②得$\dfrac{\text{d}i_2}{\text{d}t} = -\dfrac{M}{L_2}\dfrac{\text{d}i_1}{\text{d}t}$，代入①得出

$$u_1 = L_1\frac{\text{d}i_1}{\text{d}t} - \frac{M^2}{L_2}\frac{\text{d}i_1}{\text{d}t} = (L_1 - \frac{M^2}{L_2})\frac{\text{d}i_1}{\text{d}t}$$

所以线圈 1 端口的等效电感为

$$L = L_1 - \frac{M^2}{L_2} = 10 - \frac{12^2}{22.5} = 3.6\text{mH}$$

解法 2：将图 4-17（a）中的$1'$和$2'$短接（短接后两线圈的电压、电流关系不会改变）得

到图 4-18（a）所示的电路，然后去耦合变成图 4-18（b）所示的电路。

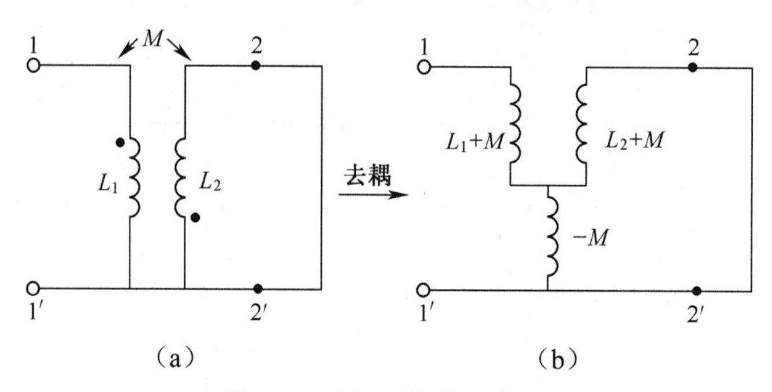

（a）　　　　　　　　（b）

图 4-18　例 4-4 解法 2 电路

对图 4-18（b），由电感的串、并联得出线圈 1 端口的等效电感为

$$L=L_1+M+\frac{(L_2+M)(-M)}{(L_2+M)+(-M)}=L_1+M-\frac{L_2M+M^2}{L_2}$$

$$=L_1-\frac{M^2}{L_2}=10-\frac{12^2}{22.5}=3.6\text{mH}$$

【例 4-5】 图 4-19（a）所示的正弦稳态电路含有互感线圈，已知$u_s(t)=2\sin(2t+45^\circ)\text{V}$，$L_1=L_2=1.5\text{H}$，$M=0.5\text{H}$，负载电阻$R_L=1\Omega$，求$R_L$吸收的功率。

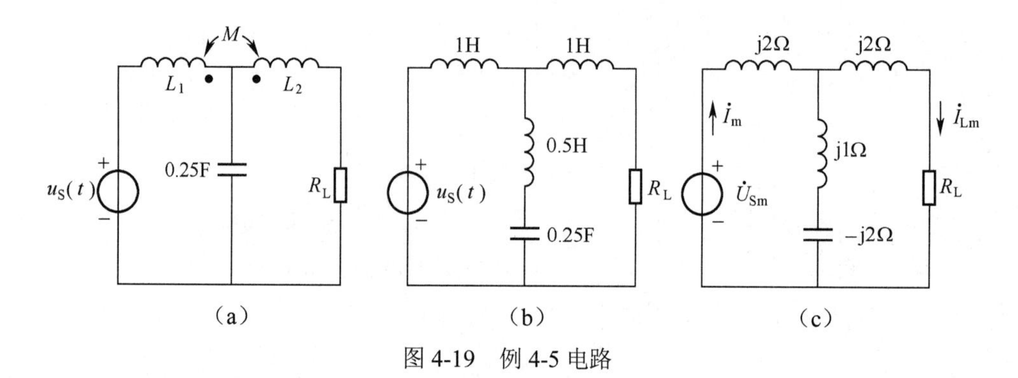

（a）　　　　　　（b）　　　　　　（c）

图 4-19　例 4-5 电路

解： 应用 T 型去耦等效将图 4-19（a）等效为图 4-19（b），再画相量模型电路如图 4-19（c）所示。对图 4-19（c），由阻抗串、并联求得

$$\dot{I}_m=\frac{\dot{U}_{sm}}{(1+\text{j}2)//[\text{j}1+(-\text{j}2)]+\text{j}2}=\frac{2\angle 45^\circ}{\frac{1}{\sqrt{2}}\angle 45^\circ}=2\sqrt{2}\angle 0^\circ\text{A}$$

由分流公式得

$$\dot{I}_{Lm}=\frac{\text{j}1-\text{j}2}{1+\text{j}2+\text{j}1-\text{j}2}\times\dot{I}_m=\frac{-\text{j}1}{1+\text{j}1}\times 2\sqrt{2}\angle 0^\circ=2\angle -135^\circ\text{A}$$

所以

$$P_L=\frac{1}{2}I_{Lm}^2R_L=\frac{1}{2}\times 2^2\times 1=2\text{W}$$

【例 4-6】 图 4-20 是确定互感线圈同名端及 M 值的交流实验电路。将两个互感线圈串联接到 220V、50Hz 的正弦电源上，如图 4-20（a）所示连接时，端口电流$I=2.5\text{A}$，$P=62.5\text{W}$。

如图 4-20（b）连接时（线圈位置不变），$I=5\text{A}$。试根据实验结果确定两线圈同名端及互感 M。

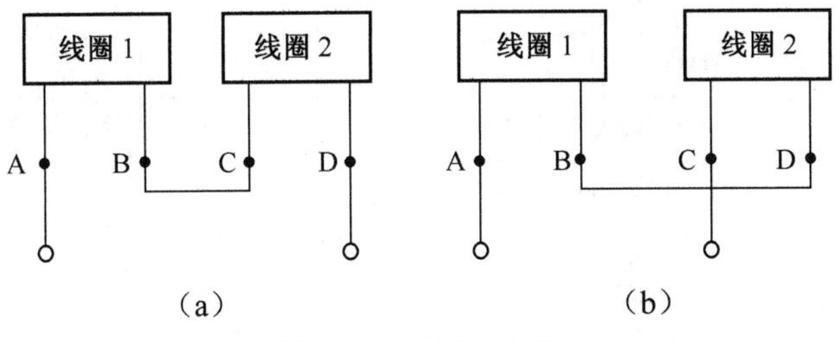

图 4-20　例 4-6 电路

解：由式（4-9）和式（4-10）可知，耦合电感顺接串联时等效电感必大于反接串联时的等效电感，故顺接时的等效阻抗也必定大于反接时的等效阻抗。因此端口电压相同时，顺接时端口电流必定小于反接时的端口电流，故可确定图 4-20（a）所示为顺接（$I=2.5\text{A}$），图 4-20（b）所示为反接（$I=5\text{A}$），即端组 A 和 C 是同名端。

设线圈 1、2 的电阻和自感分别为 R_1、L_1 和 R_2、L_2，两线圈的互感为 M。

对图 4-20（a），即顺接时

$$I=\frac{220}{\sqrt{(R_1+R_2)^2+\omega^2(L_1+L_2+2M)^2}}=2.5\text{A} \qquad ①$$

$$P=(R_1+R_2)I^2=(R_1+R_2)\times 2.5^2=62.5\text{W} \qquad ②$$

对图 4-20（b），即反接时

$$I=\frac{220}{\sqrt{(R_1+R_2)^2+\omega^2(L_1+L_2-2M)^2}}=5\text{A} \qquad ③$$

由②得

$$R_1+R_2=\frac{62.5}{2.5^2}=10\Omega \qquad ④$$

将④及 $\omega=2\pi f=2\times 3.14\times 50=314$ 代入①和③，得出

$$\begin{cases}\dfrac{220^2}{100+314^2(L_1+L_2+2M)^2}=2.5^2\\ \dfrac{220^2}{100+314^2(L_1+L_2-2M)^2}=5^2\end{cases} \qquad ⑤$$

解方程组⑤得

$$M=35.5\text{mH}$$

思考与练习

4-6　用去耦等效变换求图 4-21 所示的两电路的输入阻抗 Z_i（设角频率为 ω）。

4-7　如图 4-22 所示电路，已知 $L_1=2\text{H}$，$L_2=4\text{H}$，$L_3=6\text{H}$，$M=3\text{H}$，$L_4=0.5\text{H}$，求 a、b 端口的等效电感。

4-8　如图 4-23 所示电路，$R_1=12\Omega$，$\omega L_1=12\Omega$，$\omega L_2=10\Omega$，$\omega M=6\Omega$，$R_3=8\Omega$，

$\omega L_3 = 6\Omega$，$\dot{U} = 120\underline{/0^\circ}$ V，求$\dot{I}_1$、$\dot{I}_3$及$\dot{U}_{AB}$。

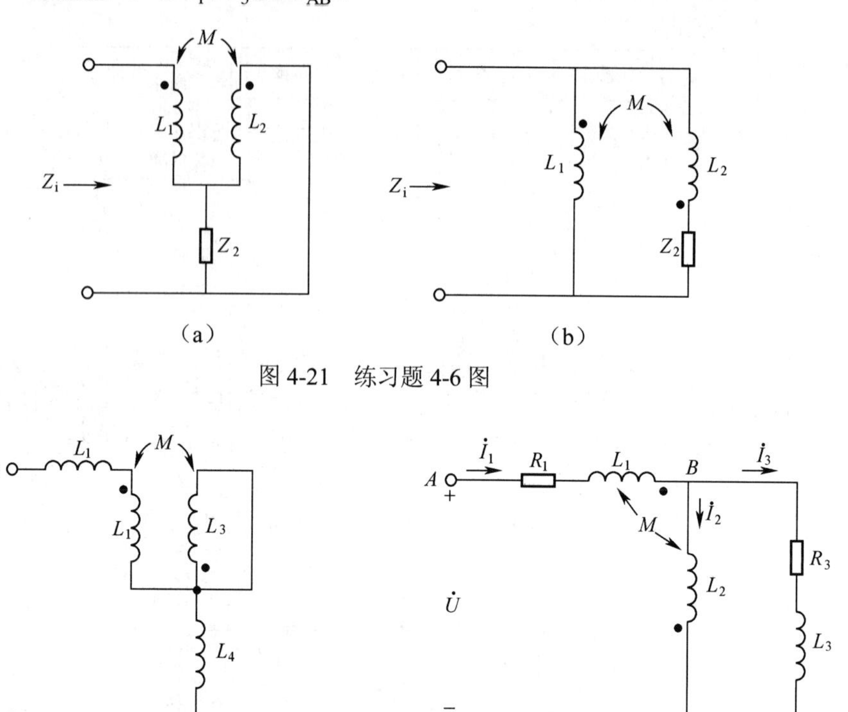

图 4-21　练习题 4-6 图

图 4-22　练习题 4-7 图

图 4-23　练习题 4-8 图

4.3　空芯变压器电路的分析

变压器是利用电磁感应原理传输电能或电信号的器件。比如在电力系统中用电力变压器把发电机输出的电压升高后进行远距离传输，到达目的地后再用变压器把电压降低以方便用户使用，以此减少传输过程中电能的损耗；在电子设备和仪器中常用小功率电源变压器改变市电电压，再通过整流和滤波，得到电路所需要的直流电压；在放大电路中用耦合变压器传递信号或进行阻抗的匹配等。变压器通常有一个初级绕组和一个次级绕组，初级绕组接电源，次级绕组接负载，能量可以通过磁场的耦合，由电源传递给负载。

常用的实际变压器有空芯变压器和铁芯变压器两种类型。所谓空芯变压器是由两个绕在非铁磁材料制成的芯子上并且具有互感的绕组组成的，其耦合系数较小，属于松耦合；铁芯变压器是由两个绕在铁磁材料制成的芯子上并且具有互感的绕组组成的，其耦合系数可接近 1，属于紧耦合。

因变压器是利用电磁感应原理而制成的，故可以用耦合电感来构成它的模型。这一模型常用于分析空芯变压器电路。本节讨论这类电路的正弦稳态分析方法。

在 4.1 节已指出，互感的作用可以在电路中用增添受控电压源来计及，因此分析含耦合电感元件的电路时，常常使用回路分析法。

设空芯变压器电路如图 4-24（a）所示，其中R_1、R_2分别为变压器初、次级绕组的电阻，R_L为负载电阻，设u_s为正弦输入电压。

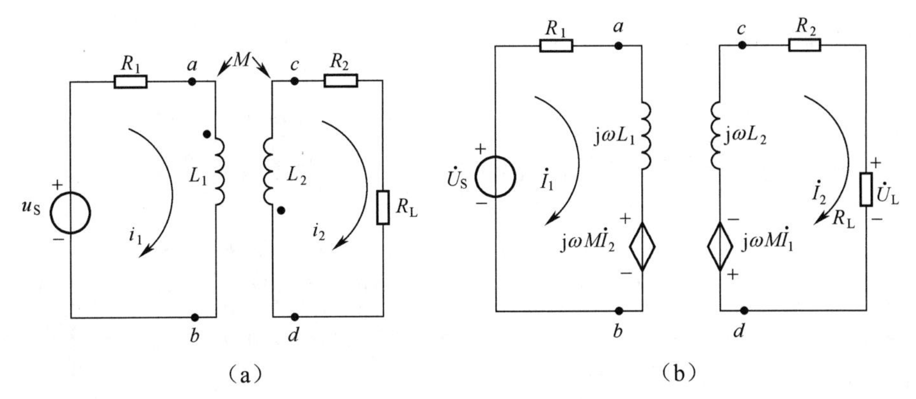

图 4-24　空芯变压器电路

由图 4-24（b）所示的相量模型图可列出回路方程为

$$(R_1+\mathrm{j}\omega L_1)\dot{I}_1+\mathrm{j}\omega M\dot{I}_2=\dot{U}_S \tag{4-15a}$$

$$\mathrm{j}\omega M\dot{I}_1+(R_2+\mathrm{j}\omega L_2+R_L)\dot{I}_2=0 \tag{4-15b}$$

或写为

$$Z_{11}\dot{I}_1+Z_{12}\dot{I}_2=\dot{U}_S \tag{4-16a}$$

$$Z_{21}\dot{I}_1+Z_{22}\dot{I}_2=0 \tag{4-16b}$$

式中，$Z_{11}=R_1+\mathrm{j}\omega L_1$，称为初级回路自阻抗；$Z_{22}=R_2+\mathrm{j}\omega L_2+R_L$，称为次级回路自阻抗；$Z_{12}=Z_{21}=\mathrm{j}\omega M$，称为初次级回路互阻抗。

由式（4-16a）和式（4-16b），可求得图 4-24 所示耦合电感的初级、次级电流相量分别为

$$\dot{I}_1=\frac{\begin{vmatrix}\dot{U}_S & Z_{12}\\ 0 & Z_{22}\end{vmatrix}}{\begin{vmatrix}Z_{11} & Z_{12}\\ Z_{21} & Z_{22}\end{vmatrix}}=\frac{Z_{22}\dot{U}_S}{Z_{11}Z_{22}-Z_{12}Z_{21}}=\frac{R_2+\mathrm{j}\omega L_2+R_L}{(R_1+\mathrm{j}\omega L_1)(R_2+\mathrm{j}\omega L_2+R_L)-(\mathrm{j}\omega M)^2}\dot{U}_S$$

$$=\frac{R_2+\mathrm{j}\omega L_2+R_L}{(R_1+\mathrm{j}\omega L_1)(R_2+\mathrm{j}\omega L_2+R_L)+\omega^2M^2}\dot{U}_S \tag{4-17a}$$

$$\dot{I}_2=\frac{-\mathrm{j}\omega M}{(R_1+\mathrm{j}\omega L_1)(R_2+\mathrm{j}\omega L_2+R_L)+\omega^2M^2}\dot{U}_S \tag{4-17b}$$

$\dot{I}_2$ 是由次级中的感应电压 $\mathrm{j}\omega M\dot{I}_1$ 产生的，根据图 4-24（b）中所示的感应电压极性，不难理解式（4-17b）中负号的来历。显然，如果同名端的位置不同或电流参考方向不同，互阻抗的符号将会改变，例如若图 4-24 中耦合绕组的同名端不是 a、d 端，而是 a、c 端，或者次级电流参考方向不是从 d 端流入，而是从 c 端流入，则互阻抗 $Z_{12}=Z_{21}=-\mathrm{j}\omega M$，在式（4-17a）和式（4-17b）中，$\mathrm{j}\omega M$ 前应变号。对初级电流 $\dot{I}_1$ 来说，由于式中的 $\mathrm{j}\omega M$ 以平方形式出现，不管 $\mathrm{j}\omega M$ 的符号为正还是为负，得出的 $\dot{I}_1$ 都是一样的。但对于 $\dot{I}_2$ 却不同，随着 $\mathrm{j}\omega M$ 前符号的改变，$\dot{I}_2$ 的符号也要改变。这就是说，如果把变压器次级绕组接负载的两个端钮对调一下，或是改变两绕组的相对绕向，流过负载的电流将反相 180°。

由式（4-17a）可求得由电源端看进去的输入阻抗为

$$Z_i=\frac{\dot{U}_S}{\dot{I}_1}=R_1+\mathrm{j}\omega L_1+\frac{\omega^2M^2}{R_2+\mathrm{j}\omega L_2+R_L}=Z_{11}+Z_{ref} \tag{4-18}$$

由此可见，输入阻抗由两部分组成

$$Z_{11} = R_1 + \mathrm{j}\omega L_1$$

$$Z_{\mathrm{ref}} = \frac{\omega^2 M^2}{R_2 + \mathrm{j}\omega L_2 + R_{\mathrm{L}}} = \frac{\omega^2 M^2}{Z_{22}}$$

式中，Z_{11}即初级回路的自阻抗，Z_{ref}即次级回路在初级回路的反映阻抗（Reflected Impedance）。当$\dot{I}_2 = 0$，即次级开路时，由式（4-16a）可知，$Z_{\mathrm{i}} = Z_{11}$；当$\dot{I}_2 \neq 0$时，输入阻抗就增加了反映阻抗这一项。这就是说，次级回路对初级回路的影响可以用反映阻抗来计及。因此，由电源端看进去的等效电路，也就是初级等效电路应如图 4-25 所示。当只需要求解初级电流时，可利用这一等效电路迅速求得结果。

反映阻抗的算法是很容易记住的，把$\omega^2 M^2$除以次级回路的阻抗即为反映阻抗。显然，从以上推导可以看出：反映阻抗的概念不能用于次级含有独立源的耦合电感电路。

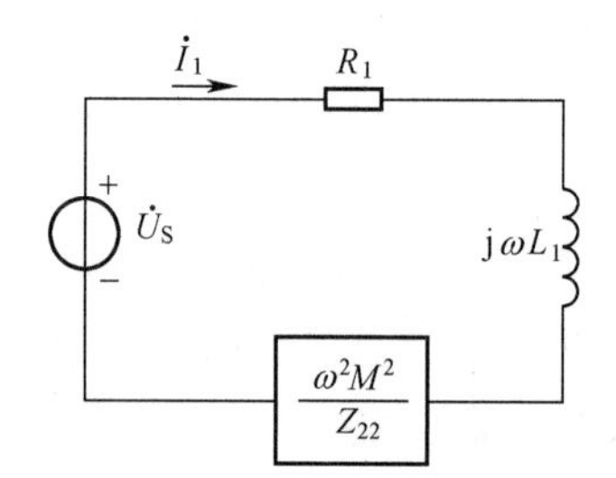

图 4-25　初级等效电路

另外，由式（4-17a）、式（4-17b）还可求得次、初级电流之比为

$$\frac{\dot{I}_2}{\dot{I}_1} = \frac{-\mathrm{j}\omega M}{R_2 + \mathrm{j}\omega L_2 + R_{\mathrm{L}}}$$

即

$$\dot{I}_2 = \frac{-\mathrm{j}\omega M\dot{I}_1}{R_2 + \mathrm{j}\omega L_2 + R_{\mathrm{L}}} = \frac{-\mathrm{j}\omega M\dot{I}_1}{Z_{22}} \tag{4-19}$$

式中，$-\mathrm{j}\omega M\dot{I}_1$是初级电流$\dot{I}_1$通过互感而在次级绕组中产生的感应电压，次级电流就是这一电压作用的结果。因此，$-\mathrm{j}\omega M\dot{I}_1$除以次级的总阻抗$(R_2 + \mathrm{j}\omega L_2 + R_{\mathrm{L}})$即得次级电流$\dot{I}_2$。在算得$\dot{I}_1$后，可利用式（4-19）求得$\dot{I}_2$。因此，式（4-18）、式（4-19）常用来计算耦合电感电路的初级、次级电流。需要注意的是式（4-19）是在图 4-24 所示的同名端位置及$\dot{I}_1$、$\dot{I}_2$的参考方向下推导出来的，当同名端不是 a、d 端，而是 a、c 端，或$\dot{I}_2$是从 c 端流入时，式（4-19）中的分子不是$-\mathrm{j}\omega M\dot{I}_1$，而是$\mathrm{j}\omega M\dot{I}_1$。

在计算次级电流的公式（4-19）中，分母仅含次级阻抗，为什么次级对初级有反映阻抗，而初级对次级就没有考虑反映阻抗呢？其实，两回路的相互影响都是产生互感电压。次级对初级的感应电压为$\mathrm{j}\omega M\dot{I}_2 = \left(\dfrac{\omega^2 M^2}{Z_{22}}\right)\dot{I}_1$（感应电压等于反映阻抗乘以初级电流相量），可以看成是由$\dot{I}_1$在假想的阻抗$\dfrac{\omega^2 M^2}{Z_{22}}$上产生的电压降。故在初级回路内考虑有一个反映阻抗，实际上也是计及次级对初级感应电压的一种方法。在式（4-19）中，由于已考虑了初级对次级的感应

电压 $-\mathrm{j}\omega M\dot{I}_1$，因此不必再用反映阻抗来考虑初级对次级的影响。

【例 4-7】 电路如图 4-26（a）所示，已知 $L_1=5\mathrm{H}$，$L_2=1.2\mathrm{H}$，$M=1\mathrm{H}$，$R=10\Omega$，$u_\mathrm{S}=10\sqrt{2}\sin 10t\ \mathrm{V}$，求稳态电流 i_2；又若 $K=1$，求稳态电流 i_2。

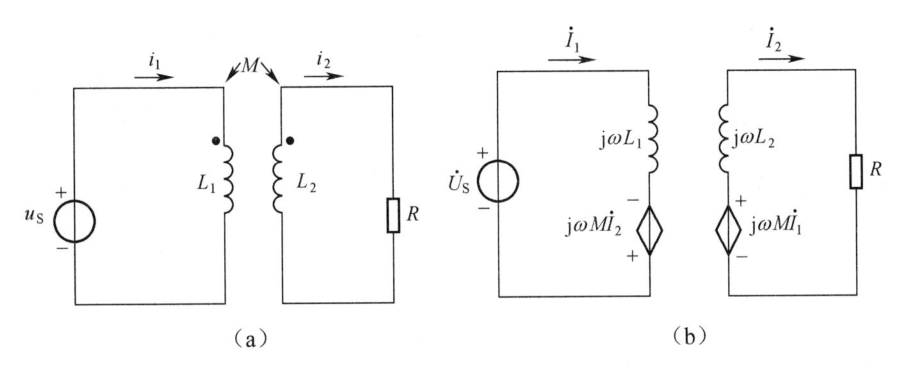

图 4-26　例 4-7 电路

解：由图 4-26（a）可以画出相量模型如图 4-26（b）所示，互感的作用以受控电压源来表示。回路方程为

$$\mathrm{j}\omega L_1\dot{I}_1-\mathrm{j}\omega M\dot{I}_2=\dot{U}_\mathrm{S}$$

$$-\mathrm{j}\omega M\dot{I}_1+(R+\mathrm{j}\omega L_2)\dot{I}_2=0$$

$$\dot{I}_2=\frac{\begin{vmatrix}\mathrm{j}\omega L_1 & \dot{U}_\mathrm{S}\\ -\mathrm{j}\omega M & 0\end{vmatrix}}{\begin{vmatrix}\mathrm{j}\omega L_1 & -\mathrm{j}\omega M\\ -\mathrm{j}\omega M & R+\mathrm{j}\omega L_2\end{vmatrix}}=\frac{\mathrm{j}\omega M\dot{U}_\mathrm{S}}{\mathrm{j}\omega L_1(R+\mathrm{j}\omega L_2)+\omega^2M^2}$$

$$=\frac{\dot{U}_\mathrm{S}(M/L_1)}{R+\mathrm{j}\omega L_2+\dfrac{\omega^2M^2}{\mathrm{j}\omega L_1}}=\frac{\dot{U}_\mathrm{S}(M/L_1)}{R+\mathrm{j}\omega\left[L_2-\dfrac{M^2}{L_1}\right]}=\frac{\dot{U}_\mathrm{S}(M/L_1)}{R+\mathrm{j}\omega\left[\dfrac{L_1L_2-M^2}{L_1}\right]}$$

将数据代入得

$$\dot{I}_2=\frac{10\times(1/5)}{10+\mathrm{j}10\times\left(\dfrac{6-1}{5}\right)}=\frac{2}{10+\mathrm{j}10}=\frac{2}{10\sqrt{2}\angle 45^\circ}=0.14\angle -45^\circ\ \mathrm{A}$$

所以

$$i_2(t)=0.14\sqrt{2}\cos(10t-45^\circ)\mathrm{A}$$

当 $K=1$ 时，$M^2=L_1L_2$，有

$$\dot{I}_2=\frac{\dot{U}_\mathrm{S}(M/L_1)}{R}=\frac{\dot{U}_\mathrm{S}}{R}\sqrt{\frac{L_2}{L_1}}$$

代入数据得

$$\dot{I}_2=\frac{10}{10}\sqrt{\frac{1.2}{5}}=0.49\mathrm{A}$$

则

$$i_2(t)=0.49\sqrt{2}\cos 10t\ \mathrm{A}$$

比较两种情况下的$i_2(t)$可知，当$K<1$时电流将减小且产生相位移。

【例 4-8】 电路如图 4-27（a）所示，已知$L_1=3.6\text{H}$，$L_2=0.06\text{H}$，$M=0.465\text{H}$，$R_1=20\Omega$，$R_2=0.08\Omega$，$R_L=42\Omega$，正弦电压$u_s(t)=115\sqrt{2}\sin 314t\ \text{V}$，求初级电流$\dot{I}_1$及次级电流$\dot{I}_2$。

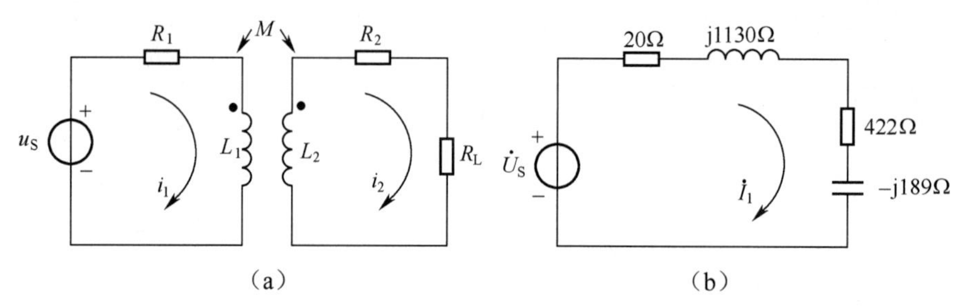

图 4-27　例 4-8 电路

解：用反映阻抗的概念求解本题。

$$Z_{11}=R_1+\text{j}\omega L_1=20+\text{j}314\times3.6=20+\text{j}1130\Omega$$

$$Z_{22}=R_L+R_2+\text{j}\omega L_2=42.08+\text{j}314\times0.06=42.08+\text{j}18.84=46.1\angle 24.1^\circ\Omega$$

反映阻抗

$$Z_{\text{ref}}=\frac{\omega^2M^2}{Z_{22}}=\frac{314^2\times0.465^2}{46.1\angle 24.1^\circ}=462.4\angle -24.1^\circ=422-\text{j}189\Omega$$

注意，次级回路中的感性阻抗反映到初级回路为容性阻抗（$X=-189\Omega$）。

输入阻抗为

$$Z_i=Z_{11}+Z_{\text{ref}}=20+\text{j}1130+422-\text{j}189=442+\text{j}941=1040\angle 64.8^\circ\Omega$$

初级等效电路如图 4-27（b）所示，初级电流相量为

$$\dot{I}_1=\frac{\dot{U}_S}{Z_i}=\frac{115\angle 0^\circ}{1040\angle 64.8^\circ}=110.6\angle -64.8^\circ\text{mA}$$

次级电流相量为

$$\dot{I}_2=\frac{\text{j}\omega M\dot{I}_1}{Z_{22}}=\frac{314\times0.465\angle 90^\circ\times110.6\times10^{-3}\angle -64.8^\circ}{46.1\angle 24.1^\circ}=0.35\angle 1.1^\circ\text{A}$$

注意，这一结果是根据图 4-27（a）所示的同名端位置及电流的参考方向得出的。如果改变同名端位置，其结果应为$-0.35\angle 1.1^\circ$ A，即$0.35\angle 181.1^\circ$A。

【例 4-9】 如图 4-28 所示的电路，次级短路，求 ab 端的等效电感 L。已知$L_1=0.1\text{H}$，$L_2=0.4\text{H}$，$M=0.12\text{H}$。

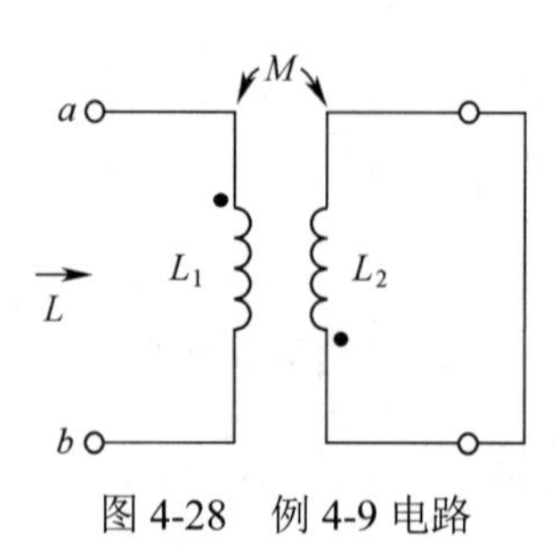

图 4-28　例 4-9 电路

解：用反映阻抗的概念求解。Z_{ref} 表示反映阻抗，则初级等效阻抗为

$$Z = \mathrm{j}\omega L_1 + Z_{\text{ref}} = \mathrm{j}\omega L_1 + \frac{\omega^2 M^2}{\mathrm{j}\omega L_2} = \mathrm{j}\omega\left(L_1 - \frac{M^2}{L_2}\right)$$

式中$\left(L_1 - \frac{M^2}{L_2}\right)$即为所求的等效电感。代入数据得

$$L = L_1 - \frac{M^2}{L_2} = 0.064\text{H} = 64\text{mH}$$

思考与练习

4-9　耦合电感 $L_1 = 6\text{H}$，$L_2 = 4\text{H}$，$M = 3\text{H}$，若 L_2 短路，求 L_1 端的等效电感。

4-10　接续上题，若 L_1 短路，求 L_2 端的等效电感。

4-11　如图 4-29 所示的电路，求输出电压 $\dot{U}_2$。

4-12　试对图 4-30 所示的电路推导输入阻抗。

$$Z_{\text{i}} = R_1 + \mathrm{j}\omega(L_1 - M) + \frac{[R_2 + \mathrm{j}\omega(L_2 - M)](\mathrm{j}\omega M + R_0)}{R_2 + R_0 + \mathrm{j}\omega L_2}$$

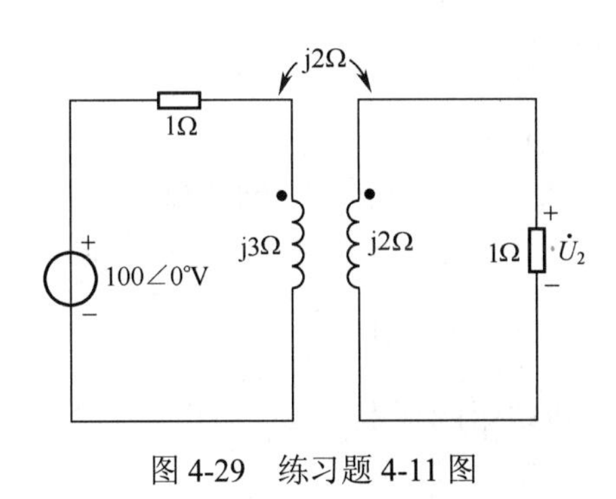

图 4-29　练习题 4-11 图

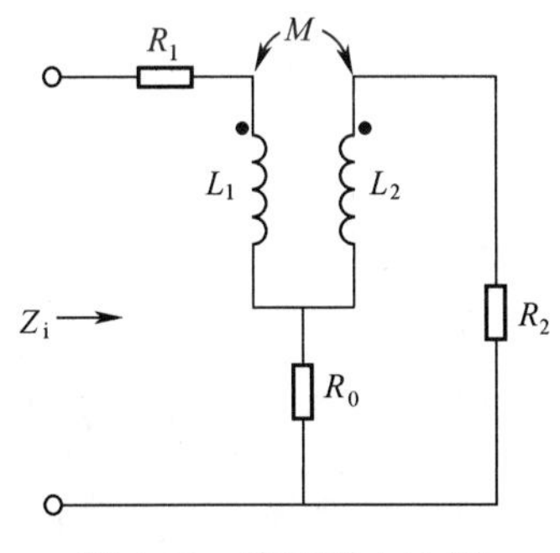

图 4-30　练习题 4-12 图

4.4　理想变压器

理想变压器是铁芯变压器的理想化模型，它的唯一参数只是一个称之为变比的常数 n，而不是 L_1、L_2、M 等参数，理想变压器满足以下三个理想条件：

（1）耦合系数 $K = 1$，即为全耦合；做芯的铁磁材料的磁导率 μ 无穷大。

（2）自感系数 L_1、L_2 为无穷大，但 L_1/L_2 为常数。

（3）无任何损耗，这意味着绕组的金属导线无任何电阻。

4.4.1　理想变压器两个端口的电压、电流之间的关系

图 4-31（a）所示的铁芯变压器，其初、次级匝数分别为 N_1 和 N_2，由图 4-31（a）可判定 a、c 为同名端，设 i_1、i_2 分别从同名端流入（属磁通相助），初、次级电压 u_1、u_2 与各自绕组上

的电流 i_1、i_2 为关联参考方向。由于为全耦合，则绕组的互感磁通必等于自感磁通，即 $\Phi_{21}=\Phi_{11}$，$\Phi_{12}=\Phi_{22}$，穿过初、次级绕组的磁通相同，即

$$\Phi_{11}+\Phi_{12}=\Phi_{11}+\Phi_{22}=\Phi$$

$$\Phi_{22}+\Phi_{21}=\Phi_{22}+\Phi_{11}=\Phi$$

式中，Φ 称为主磁通。而与初、次级绕组交链的磁链 ψ_1、ψ_2 分别为

$$\psi_1=N_1\Phi$$

$$\psi_2=N_2\Phi$$

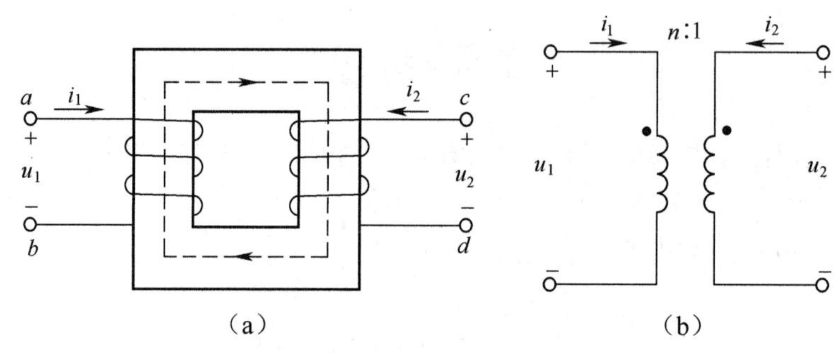

图 4-31　变压器示意图及其模型

对 ψ_1、ψ_2 求导，得初、次级电压分别为

$$u_1=\frac{\mathrm{d}\psi_1}{\mathrm{d}t}=N_1\frac{\mathrm{d}\Phi}{\mathrm{d}t}$$

$$u_2=\frac{\mathrm{d}\psi_2}{\mathrm{d}t}=N_2\frac{\mathrm{d}\Phi}{\mathrm{d}t}$$

故

$$\frac{u_1}{u_2}=\frac{N_1}{N_2}=n\text{或}u_1=nu_2 \tag{4-20}$$

式中，n 称为匝比或变比，它等于初级绕组与次级绕组的匝数之比。理想变压器的电路模型如图 4-31（b）所示。

由安培环路定律

$$i_1N_1+i_2N_2=Hl=\frac{B}{\mu}l=\frac{\Phi}{\mu s}l$$

式中，H、B 分别为铁芯中的磁场强度和磁感应强度；S 为铁芯截面积；l 为铁芯中平均磁路长度。由于 μ 为无穷大，磁通 Φ 为有限值，因此

$$i_1N_1+i_2N_2=0$$

即

$$\frac{i_1}{i_2}=-\frac{N_2}{N_1}=-\frac{1}{n}\text{或}i_1=-\frac{1}{n}i_2 \tag{4-21}$$

式（4-20）和式（4-21）分别反映了理想变压器初、次级电压及初、次级电流之间的关系，说明理想变压器具有变换电压和电流的作用。在正弦稳态下，其相量形式为

$$\frac{\dot{U}_1}{\dot{U}_2}=\frac{N_1}{N_2}=n \tag{4-22}$$

$$\frac{\dot{I}_1}{\dot{I}_2}=-\frac{N_2}{N_1}=-\frac{1}{n} \tag{4-23}$$

应该强调以下几点：

（1）对于变压关系式（4-20）的 n 前取“+”还是取“−”，仅取决于电压参考方向与同名端的位置。当 u_1、u_2 参考方向在同名端极性相同时，该式冠以“+”号；反之，若 u_1、u_2 参考方向一个在同名端为“+”，一个在异名端为“+”，该式冠以“−”号。

（2）对于变流关系式（4-21）的 $\frac{1}{n}$ 前取“+”还是取“−”，仅取决于电流参考方向与同名端的位置。当初、次级电流 i_1、i_2 分别从同名端同时流入（或同时流出）时，该式冠以“−”号；反之，若 i_1、i_2 中一个从同名端流入，一个从异名端流入，该式冠以“+”号。

例如，根据上述原则，图 4-32（a）所示理想变压器的变压、变流关系式分别是 $u_1=nu_2$ 和 $i_1=-\frac{1}{n}i_2$；而图 4-32（b）所示的理想变压器的变压、变流关系式分别是 $u_1=-nu_2$ 及 $i_1=\frac{1}{n}i_2$。

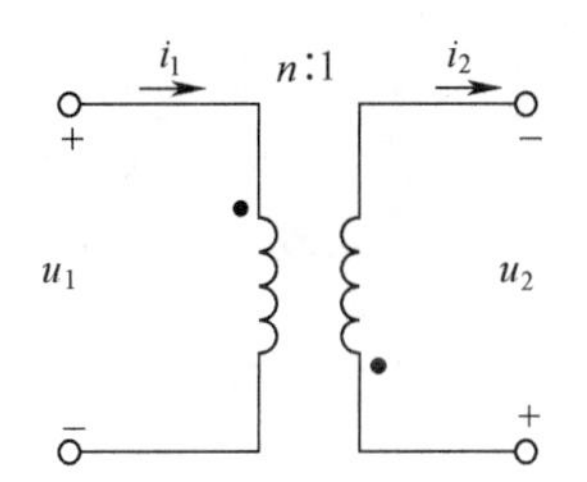

（a）变压关系带正号、变流关系带负号的变压器模型

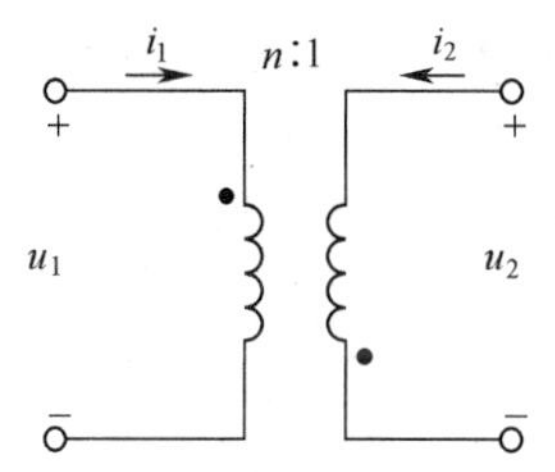

（b）变压关系带负号、变流关系带正号的变压器模型

图 4-32　说明变压变流关系图

（3）任意时刻，理想变压器吸收的功率恒等于零。例如对图 4-31 所示的理想变压器，其瞬时功率

$$p(t)=u_1i_1+u_2i_2=nu_2(-\frac{1}{n}i_2)+u_2i_2=0$$

这就是说，理想变压器不消耗能量也不储存能量，从初级绕组输入的功率全部都能从次级绕组输出到负载。理想变压器不存储能量，是一种无记忆元件。在电路图中，理想变压器虽然也用线圈作为模型符号，但这符号并不意味着任何电感的作用，它并不代表 L_1 或 L_2，只代表着如同式（4-20）、式（4-21）所示的电压之间以及电流之间的简单的约束关系。

4.4.2　理想变压器的阻抗变换性质

理想变压器在正弦稳态电路中，还表现出有变换阻抗的特性，如图 4-33 所示的理想变压器，次级接负载阻抗 Z_L，由假设的电压、电流参考方向及同名端位置可得理想变压器在正弦电路里相量形式为

$$\dot{U}_1=\frac{N_1}{N_2}\dot{U}_2$$

$$\dot{I}_1=-\frac{N_2}{N_1}\dot{I}_2$$

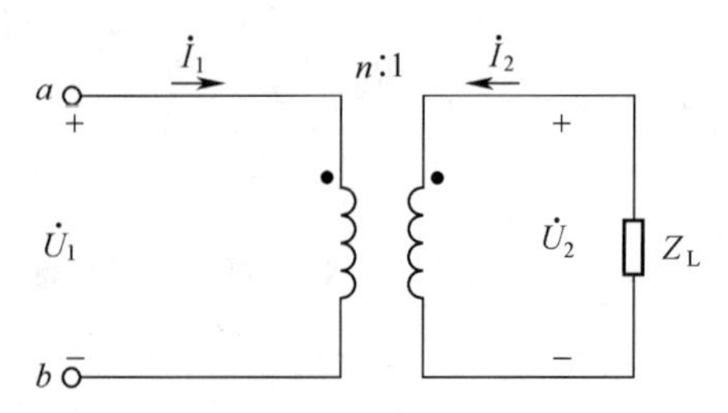

图 4-33 推导理想变压器变换阻抗关系图

从 ab 端看，输入阻抗

$$Z_i=\frac{\dot{U}_1}{\dot{I}_1}=\frac{\frac{N_1}{N_2}\dot{U}_2}{-\frac{N_2}{N_1}\dot{I}_2}=\left(\frac{N_1}{N_2}\right)^2\left(-\frac{\dot{U}_2}{\dot{I}_2}\right)=n^2\left(-\frac{\dot{U}_2}{\dot{I}_2}\right)$$

因负载 Z_L 上电压、电流为非关联参考方向，则 $Z_L=-\frac{\dot{U}_2}{\dot{I}_2}$，代入上式，即得

$$Z_i=\left(\frac{N_1}{N_2}\right)^2 Z_L=n^2 Z_L \tag{4-24}$$

式（4-24）表明，当次级接阻抗 Z_L，对初级来说，相当于在初级接一个值为 n^2Z_L 性质与 Z_L 相同的阻抗，即理想变压器有变换阻抗的作用。习惯上把 n^2Z_L 称为次级对初级的折合阻抗。在实际应用中，一定的电阻负载 R_L 接在变压器次级，在变压器初级相当于接 $(N_1/N_2)^2R_L$ 的电阻。如果改变 $n=N_1/N_2$，输入电阻 n^2Z_L 也改变，所以可利用改变变压器匝比来改变输入电阻，实现与电源匹配，使负载获得最大功率。例如收音机的输出变压器就是为此目的而设计的。

由式（4-24）不难得到两种特殊情况下理想变压器的输入阻抗：当 $Z_L=0$，则 $Z_i=0$；当 $Z_L=\infty$，则 $Z_i=\infty$。也就是说理想变压器次级短路相当于初级也短路，次级开路相当于初级也开路。

由以上介绍可知，理想变压器有三个主要性能，即变压、变流、变阻抗。理想变压器的变压关系适用于一切变动的电压、电流情况。另外，理想变压器的伏安关系本身并没有不能用于直流的限制，但实际的铁芯变压器在直流下的表现是不能用理想变压器来表征的，因此，在直流情况下理想变压器不能作为实际铁芯变压器的模型。

理想变压器应满足三个理想条件：全耦合；参数（L_1、L_2）无穷大、且 $\sqrt{\frac{L_1}{L_2}}=n$（常数）；无损耗。为了实现耦合系数 K 为 1 的条件，应该把初级绕组和次级绕组同绕在一个用磁导率 μ 为无穷大的磁性材料制成的芯子上，这样才能把全部磁通都限制在芯子中，实现全耦合。实际上这是办不到的，但用制成芯子的磁性材料（如铁、镍、钴及合金、铁氧体等），其磁导率约为空气的数千倍，可认为绝大部分磁通都限制在芯子内，漏磁通很少。电感为无穷大的条件实际上也是办不到的，但是使用磁导率高的材料作芯子，并使线圈的匝数增多（电感与匝数的平方成正比），可以使电感很大。

【例 4-10】 如图 4-34 所示的电路，$\dot{U}_s=100\angle 0^\circ\text{V}$，$R_0=100\Omega$，$R_L=1\Omega$，$n=5$。求 $\dot{I}_1$、$\dot{I}_2$

及 R_L 吸收的功率 P_{R_L}。

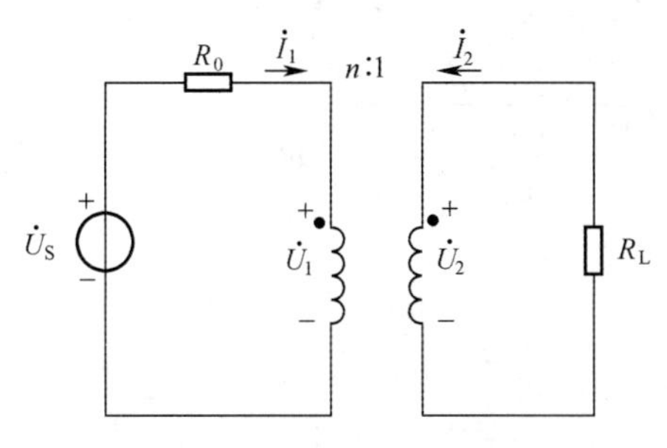

图 4-34　例 4-10 电路

解：

方法一

$$\dot{U}_s = R_0\dot{I}_1 + \dot{U}_1 = R_0\dot{I}_1 + n\dot{U}_2$$

$$= R_0\dot{I}_1 + n(-R_L\dot{I}_2) = R_0\dot{I}_1 + nR_L(n\dot{I}_1)$$

$$= (R_0 + n^2R_L)\dot{I}_1 \quad ①$$

方法二

$$\dot{U}_s = R_0\dot{I}_1 + \dot{U}_1 \quad ②$$

根据理想变压器变换阻抗的作用，其输入电阻

$$R_i = \frac{\dot{U}_1}{\dot{I}_1} = n^2R_L$$

将其代入②得

$$\dot{U}_s = R_0\dot{I}_1 + n^2R_L\dot{I}_1 = (R_0 + n^2R_L)\dot{I}_1 \quad ③$$

③式与①式完全相同。

$$\dot{I}_1 = \frac{\dot{U}_s}{R_0 + n^2R_L} = \frac{100\angle 0^\circ}{100 + 5^2 \times 1} = 0.8\angle 0^\circ \text{A}$$

$$\dot{I}_2 = -n\dot{I}_1 = -5 \times 0.8\angle 0^\circ = -4\angle 0^\circ \text{A} = 4\angle 180^\circ \text{A}$$

$$P_{R_L} = I_2{}^2R_L = 4^2 \times 1 = 16\text{W}$$

【例 4-11】 如图 4-35（a）所示为正弦稳态电路，已知 $u_s(t) = 8\sqrt{2}\sin t$ V。

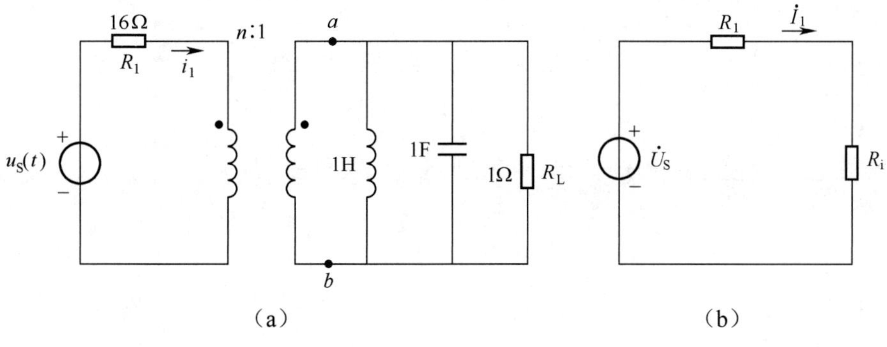

图 4-35　例 4-11 电路

（1）若 $n=2$，求电流 $\dot{I}_1$，并求 R_L 上消耗的平均功率 P_L。

（2）若匝比 n 可调整，问 n 为多少时可使 R_L 上获得最大功率，并求出该最大功率 P_{Lmax}。

解：（1）
$$Z_{ab}=\frac{1}{Y_{ab}}=\frac{1}{\frac{1}{R_L}-j\frac{1}{\omega L}+j\omega C}=\frac{1}{1-j\frac{1}{1\times1}+j1\times1}=1\Omega$$

从变压器初级看，输入阻抗 $Z_i=n^2Z_{ab}=2^2\times1=4\Omega$

即
$$R_i=Z_i=4\Omega$$

初级等效电路相量模型如图 4-35（b）所示，所以
$$\dot{I}_1=\frac{\dot{U}_s}{R_1+R_i}=\frac{8\angle0^\circ}{16+4}=0.4\angle0^\circ\text{A}$$

因为次级回路只有 R_L 上消耗平均功率，所以初级等效回路中 R_i 上消耗的功率就是 R_L 上消耗的功率。
$$P_L={I_1}^2R_i=0.4^2\times4=0.64\text{W}$$

（2）根据最大功率传输定理，负载获得最大功率的条件是负载电阻与电源内阻匹配（相等）。接入理想变压器后，只要次级在初级中的折合电阻等于电源内阻 R_1 时，负载便可获得最大功率，即
$$n^2Z_{ab}=R_1$$
$$n=\sqrt{\frac{R_1}{Z_{ab}}}=\sqrt{\frac{16}{1}}=4$$

即当变比 $n=4$ 时负载 R_L 上可以获得最大功率，此时
$$P_{Lmax}=\frac{{U_s}^2}{4R_1}=\frac{8^2}{4\times16}=1\text{W}$$

【例 4-12】 如图 4-36 所示的电路，求 a、b 端的等效电阻 R_{ab}。

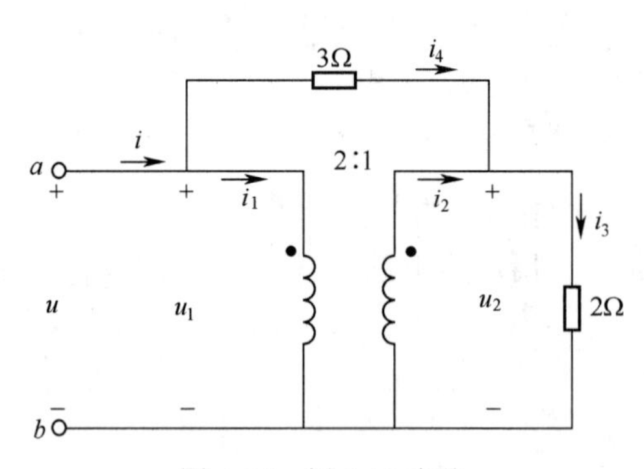

图 4-36 例 4-12 电路

解：设各电压、电流参考方向如图 4-36 所示。由图可知
$$\frac{u_1}{u_2}=n=2$$

所以
$$u_2=\frac{1}{2}u_1,\ \ u_1=u$$

$$i_3 = \frac{u_2}{2} = \frac{1}{4}u$$

由 KVL 有

$$3i_4 + u_2 - u_1 = 0$$

所以

$$i_4 = \frac{u_1 - u_2}{3} = \frac{u - \frac{1}{2}u}{3} = \frac{1}{6}u$$

由 KCL 有

$$i_2 = i_3 - i_4 = \frac{1}{4}u - \frac{1}{6}u = \frac{1}{12}u$$

由变流关系及 KCL 得

$$i_1 = \frac{1}{2}i_2 = \frac{1}{2} \times \frac{1}{12}u = \frac{1}{24}u$$

$$i = i_4 + i_1 = \frac{1}{6}u + \frac{1}{24}u = \frac{5}{24}u$$

所以

$$R_{ab} = \frac{u}{i} = \frac{24}{5} = 4.8\Omega$$

思考与练习

4-13　如图 4-37 所示的电路：（1）试选择匝比使传输到负载的功率为最大；（2）求 R_L 获得的最大功率。

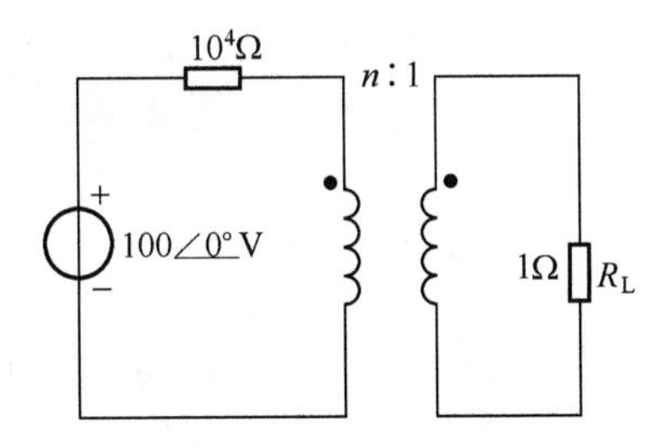

图 4-37　练习题 4-13 图

4-14　求图 4-38 所示电路的输入阻抗 Z_i。

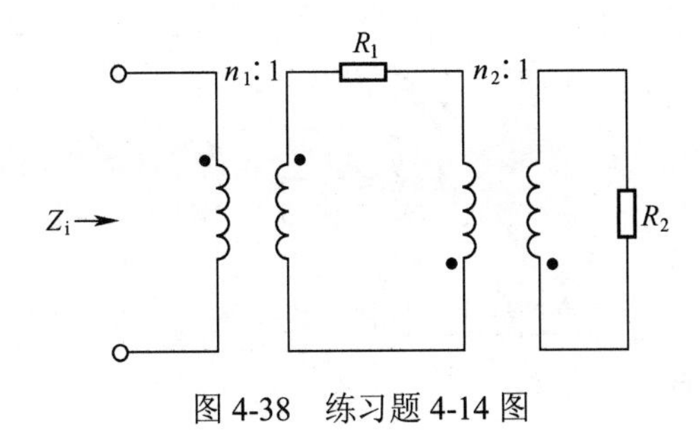

图 4-38　练习题 4-14 图

4-15　在图 4-39 所示电路中，已知电源内阻 $R_s = 9\text{k}\Omega$，电源角频率 $\omega = 10^4 \text{rad/s}$，负载电阻 $R_L = 1000\Omega$，为使负载获得最大功率，变压器的变比 n 应为多大。

4-16　在图 4-40 所示电路中，已知 $i_s(t) = \sin t$ A，求初级电压 $u_1(t)$。

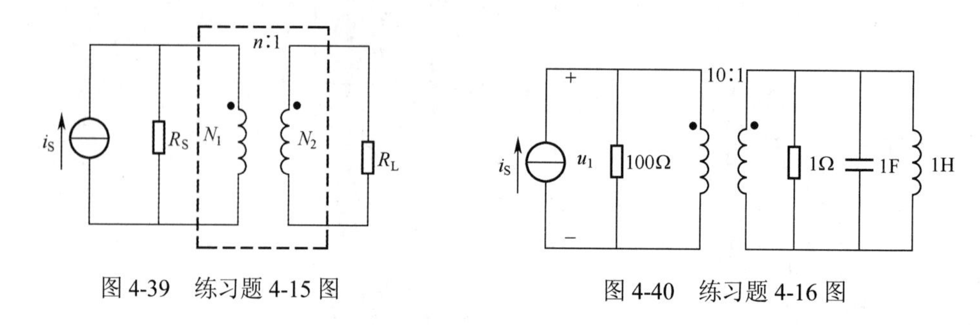

图 4-39　练习题 4-15 图　　　　图 4-40　练习题 4-16 图

小结

本章讲述的耦合电感元件是线性电路中一种主要的无源非时变多端元件，它就是实际中使用的空芯变压器，在实际电路中有着广泛的应用。耦合电感的时域模型、伏安关系和去耦等效形式具有普遍意义，对任何变动的电压、电流电路都适用，不只局限于正弦稳态电路。

耦合电感的同名端在列写伏安关系及去耦等效中是非常重要的，只有知道了同名端，并标出电压、电流参考方向的条件下，才能正确列写 $u-i$ 关系方程；也只有知道了同名端，才可进行去耦等效。

空芯变压器电路的分析，也就是对含互感线圈电路的分析，我们讲述的是这类电路在正弦稳态下分析计算的基本方法，仍然是运用相量法，即根据相量模型列出初、次级的回路方程，进而求出初、次级电流相量、次级回路在初级回路中的反映阻抗等。必须注意的是，按 KVL 列回路方程，应计入由于互感作用而存在的互感电压 $\pm \text{j}\omega M\dot{I}$，并正确选定互感电压的正负号。

理想变压器是实际铁芯变压器的理想化模型，它是满足无损耗、全耦合、参数无穷大且 $\sqrt{\dfrac{L_1}{L_2}} = n$ 三个理想条件的另一类多端元件。它的初、次级电压电流关系是代数关系，它是不储能、不耗能的即时元件，是一种无记忆元件。变压、变流、变阻抗是理想变压器的三个重要特征，其变压、变流关系式与同名端及所设电压、电流参考方向密切相关，应用中只需记住变压与匝数成正比，变流与匝数成反比，至于变压、变流关系式中是带负号还是带正号，则要看同名端位置与所设电压、电流参考方向，不能一概而论、盲目记住一种变换式。在正弦稳态电路里，理想变压器变换阻抗时不改变原阻抗性质。

练习四

4-1　图 4-41 所示的两个互感线圈，已知同名端并标出了各线圈上电压、电流的参考方向，试写出每一互感线圈上的电压、电流关系方程式。

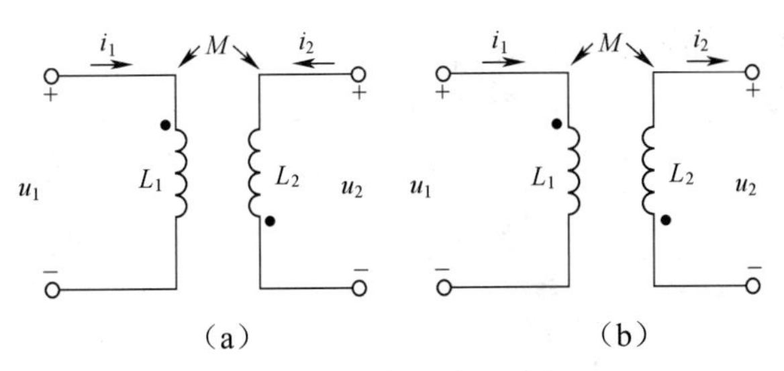

图 4-41　练习题 4-1 图

4-2 如图 4-42 所示的耦合电感，$L_1 = 4\text{H}, L_2 = 3\text{H}, M = 2\text{H}$，求 u_2。（1）$i_1 = 5\cos 6t$ A，$i_2 = 0$；（2）$i_1 = 0, i_2 = 3\cos 6t$ A。

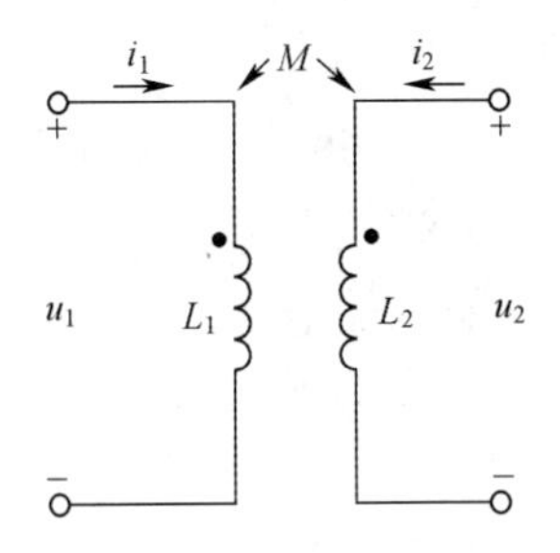

图 4-42　练习题 4-2 图

4-3　图 4-43（a）所示的电路，已知 $R_1 = 10\Omega, L_1 = 5\text{H}, L_2 = 2\text{H}, M = 1\text{H}$，$i_1(t)$ 的波形如图 4-43（b）所示，试求电流源两端电压 u_{ac} 及开路电压 u_{de}。

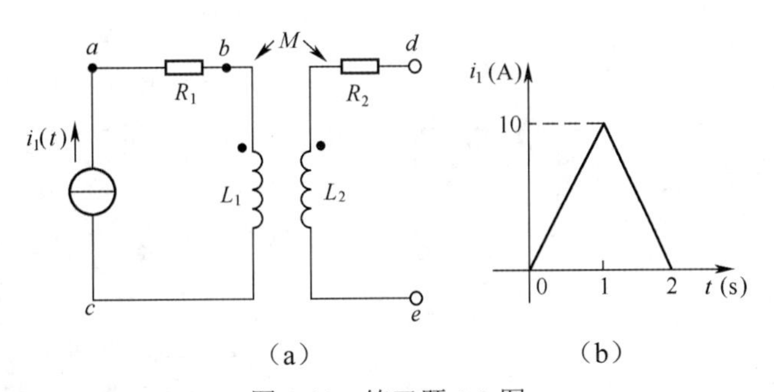

图 4-43　练习题 4-3 图

4-4　在如图 4-44 所示的电路中，耦合线圈为全耦合，$R_1 = 10\Omega, \omega L_1 = 10\Omega, \omega L_2 = 1000\Omega$，$\dot{U}_S = 10\underline{/0^\circ}$ V，求 22′ 端的开路电压 $\dot{U}_{oc}$。

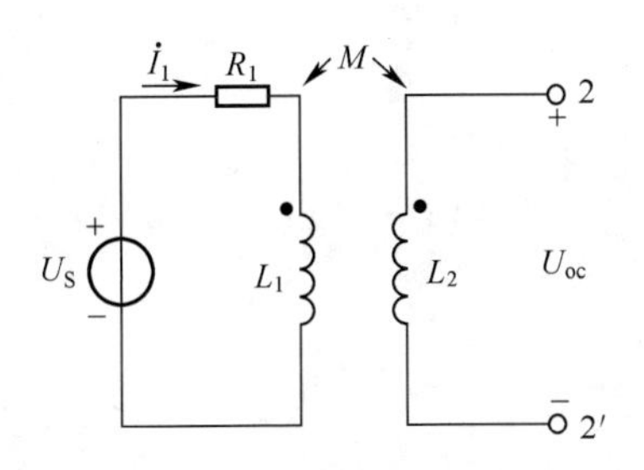

图 4-44　练习题 4-4 图

4-5　求图 4-45 所示电路的输入阻抗 Z_i。

4-6　求图 4-46 所示电路从 ab 端看进去的等效电感 L_{ab}。

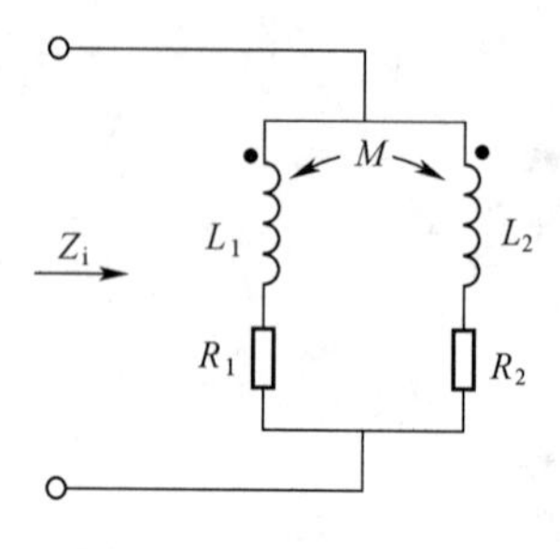

图 4-45　练习题 4-5 图

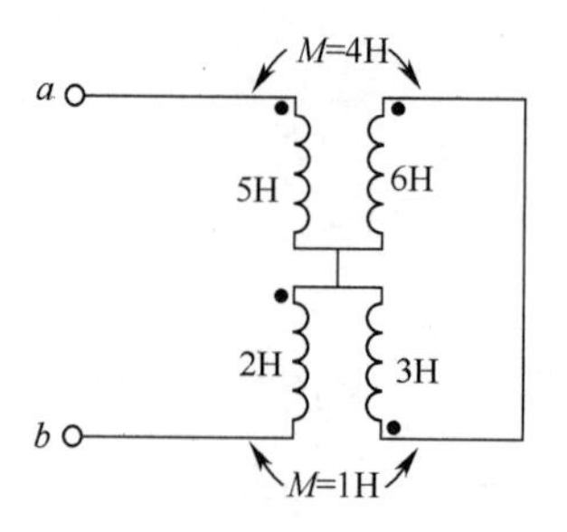

图 4-46　练习题 4-6 图

4-7　图 4-47 所示的电路中，已知 $L_1 = 4\text{mH}$，$L_2 = 9\text{mH}$，$M = 3\text{mH}$。

（1）当开关 S 打开时，求 ab 端的等效电感。

（2）当开关 S 闭合时，求 ab 端的等效电感。

4-8　对图 4-48 所示的电路，求 ab 端的输入电阻 R_{in}。

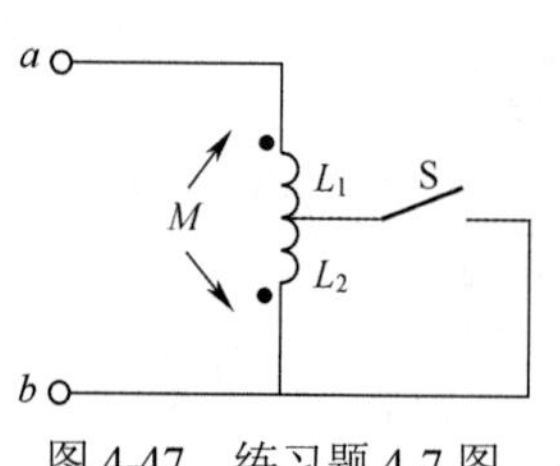

图 4-47　练习题 4-7 图

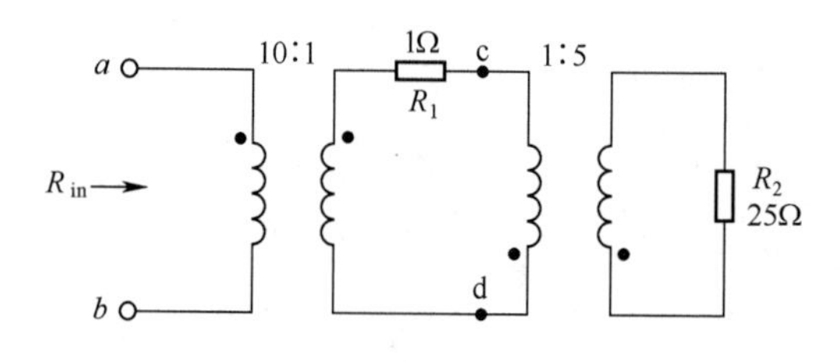

图 4-48　练习题 4-8 图

4-9　在图 4-49 所示的电路中，虚线框部分为理想变压器。负载电阻可以任意改变，问 R_L 等于多大时其上可以获得最大功率 P_{Lmax}。

4-10　在图 4-50 所示的电路中，已知变比 $n = N_1/N_2 = \sqrt{R_1/R_2}$，求电流 $\dot{I}_2$。

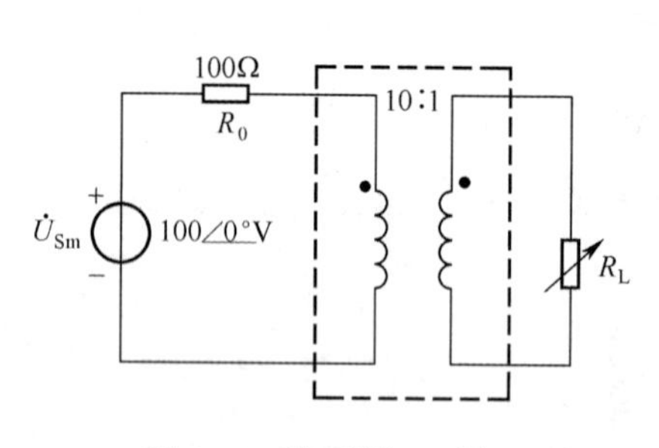

图 4-49　练习题 4-9 图

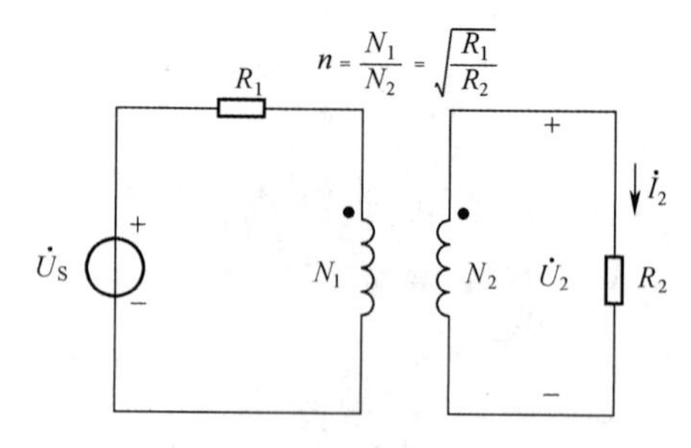

图 4-50　练习题 4-10 图

第 5 章　一阶动态电路分析

【本章重点】

- 动态元件电感、电容的特性。
- 初始值的求法、动态电路方程的建立及求解。
- 零输入响应、零状态响应、暂态响应和稳态响应的含义及其分析计算方法。
- 输入为直流信号激励下的一阶电路的三要素分析法。

【本章难点】

- 零输入响应、零状态响应、暂态响应和稳态响应的分析计算方法。
- 输入为直流信号激励下的一阶电路的三要素分析法。

在前面的章节中，讨论了由电阻元件和电源构成的电阻电路的分析方法。电阻电路是用代数方程来描述的，这就意味着如果外施的激励源（电压源或电流源）为常量，那么，当激励作用到电路的瞬间，电路的响应也立即为某一常量。例如，在一个由电压源和电阻元件组成的电路中，电路中电压与电流的关系是由 $u = Ri$ 这一线性代数方程来描述的，如果电源电压为 5V，电阻为 5Ω，则在 5V 电压（激励）施加于电路的瞬间，电路中立即就会有 1A 的电流（响应）；如果电源电压变为 10V，电路中的电流也立即变为 2A。这就是说，电阻电路在任一时刻 t 的响应仅与同一时刻的激励有关，而与过去的激励无关。因此，电阻电路是“无记忆”的或“即时”的，因而电阻元件也称无记忆元件或即时元件。本章将要介绍的电容元件和电感元件是不同于电阻元件的，它们都是具有“记忆”的元件。

5.1　电容元件和电感元件

在许多实际电路中，并不是只用电阻元件和电源元件来构成它的模型，往往不可避免地要包含电容元件和电感元件。包含电容元件、电感元件的电路称为动态电路。动态电路在任一时刻的响应与激励的全部过去历史有关，这与电阻电路是完全不同的。例如，一个动态电路，尽管输入已不再作用，但仍然可以有输出，因为输入曾经作用过。这就是说，动态电路是具有记忆的，因此电容元件和电感元件也叫记忆元件和动态元件，这两种元件的伏安关系都涉及对电流、电压的微分或积分。

5.1.1　电容元件

电容元件是实际电容器的理想化模型。电容元件的符号如 5-1（a）所示。

把两块金属极板用绝缘介质隔开，就构成一个简单的电容器，其原理模型如图 5-1（b）所示。两块金属板称为电容器的极板，其上引出的金属导线作为接线端子，极板间是理想介质。由于理想介质是不导电的，在外电源作用下，两块极板上能分别储存等量的异性电荷，并在介质中形成电场。当外电源撤走后，这些电荷依靠电场力的作用，互相吸引，但又因介质绝缘而不能中和，因而极板上的电荷能长久地储存。因此，电容器是一种能储存电荷的部件，并在电荷所建立的电场中，储存着能量，因此也可以说电容器是一种能够储存电场能量的部件。由此，可以定义出一种电容元件作为实际电容器的理想化模型。电容元件的定义为：如果一个二端元件，在任一时刻 t，它的电荷 $q(t)$ 与它的端电压 $u(t)$ 之间的关系可以用 $u-q$ 平面上的一条曲线来确定，则此二端元件称为电容元件，若该曲线为 $u-q$ 平面上通过原点且斜率不随时间变化的一条直线，如图 5-2 所示，则此电容元件称之为线性、非时变电容元件。这里讨论的仅指线性非时变电容元件。

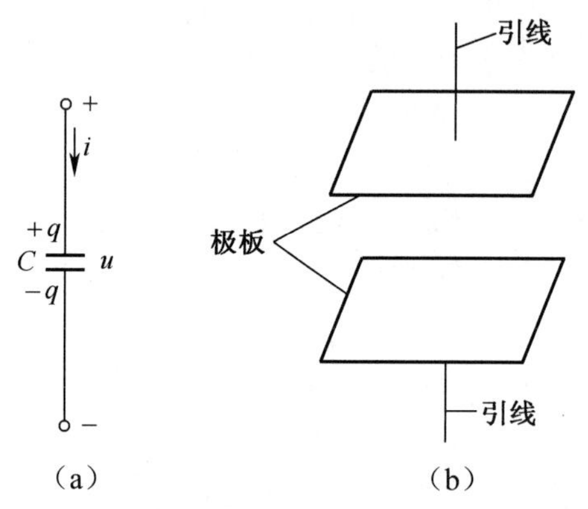

图 5-1　电容元件的符号和电容器的原理模型图

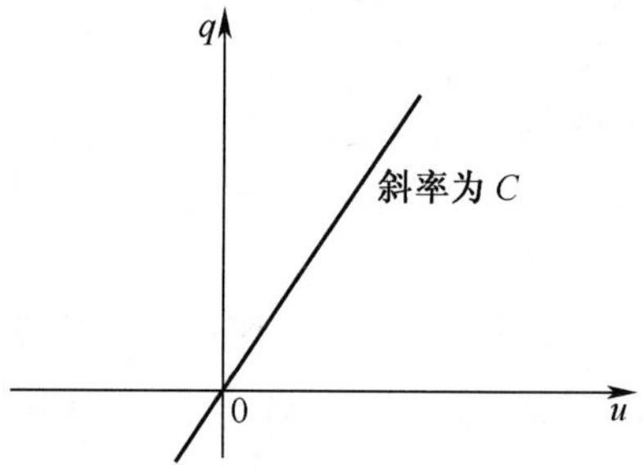

图 5-2　线性非时变电容的特性曲线

当电容元件上电压与电荷的参考方向为关联时，如图 5-1（a）所示，电荷量 q 与其两端的电压的关系为

$$q(t)=Cu(t) \tag{5-1}$$

式中，C 是电容元件的电容量，为正值常数，亦即特性曲线的斜率。电容的单位是法拉，简称法，用 F 表示。法是电容很大的单位，一般常用微法（μF），皮法（pF）等来表示。其关系为

$$1\text{F}=10^{6}\mu\text{F}=10^{12}\text{pF}$$

或

$$1\text{pF}=10^{-6}\mu\text{F}=10^{-12}\text{F}$$

习惯上，我们常把电容元件简称为电容，其符号 C 既表示元件的参数，也表示电容元件。

由式（5-1）可知，当电容两端的电压升高时，其储存的电荷量增加，这一过程称为充电；而当电压降低时，电荷量减少，这一过程称为放电。电容在充放电过程中，它所储存的电荷随时间而变化。在电路分析中，我们感兴趣的往往是元件的 VCR，当 u、i 为关联参考方向时，根据电流强度的定义

$$i=\frac{\mathrm{d}q}{\mathrm{d}t}$$

将式（5-1）代入可得

$$i=C\frac{\mathrm{d}u}{\mathrm{d}t} \tag{5-2}$$

若 u、i 为非关联参考方向，则

$$i=-C\frac{\mathrm{d}u}{\mathrm{d}t} \tag{5-3}$$

式（5-2）是电容元件伏安关系的微分形式，此式表明：在任一时刻 t，通过电容的电流与

该时刻电压的变化率成正比，即电压变化越快，电流越大，即使某时刻电压为零，也可能有电流，电容相当于短路。当电压为恒定值时，由于电压不随时间而变，即使电压很大，也没有电流，电容相当于开路，所以称电容有隔断直流的作用。

式（5-2）还表明了电容的一个重要性质：如果在任何时刻，通过电容的电流为有限值，那么，$\mathrm{d}u/\mathrm{d}t$ 就必须为有限值，这就意味着电容两端的电压不可能发生跃变，而只能是连续变化的。

对式（5-2）两边同时积分，电容的伏安关系还可写成

$$u(t)=\frac{1}{C}\int_{-\infty}^{t}i(\xi)\mathrm{d}\xi \tag{5-4}$$

上式称为电容元件伏安关系的积分形式。式中把积分号内的时间变量 t 改用 ξ 表示，以区别于积分上限 t。积分下限 $-\infty$ 抽象表示电容未充电的时刻，在该时刻电容电压 $u(-\infty)=0$ 。

如果取 $t=0$ 作为研究电容电压变化规律的起始时刻，可以把式（5-4）写为

$$\begin{aligned}u(t)&=\frac{1}{C}\int_{-\infty}^{0}i(\xi)\mathrm{d}\xi+\frac{1}{C}\int_{0}^{t}i(\xi)\mathrm{d}\xi\\&=u(0)+\frac{1}{C}\int_{0}^{t}i(\xi)\mathrm{d}\xi\end{aligned} \tag{5-5}$$

式中，$u(0)$ 是在 $t=0$ 时刻电容上已经积累的电压，称为电容的初始电压或初始状态。$u(0)=\frac{1}{C}\int_{-\infty}^{0}i(\xi)\mathrm{d}\xi$ 体现了起始时刻 $t=0$ 之前电流对电压的贡献；而 $\frac{1}{C}\int_{0}^{t}i(\xi)\mathrm{d}\xi$ 是在 $t=0$ 以后电容上形成的电压，体现了在 0～t 时间内电流对电压的贡献。式（5-5）告诉我们：在某一时刻 t，电容电压 u 不仅与该时刻的电流 i 有关，而且与 t 以前电流的全部历史状况有关。因此，我们说电容是一种记忆元件，有“记忆”电流的作用。

【例 5-1】 在图 5-3（a）所示电路中，已知电容 $C=1\mathrm{F}$，电容电压 $u(t)$ 的波形如图 5-3（b）所示，试求电容电流 $i(t)$ 的表达式，并作出波形图。

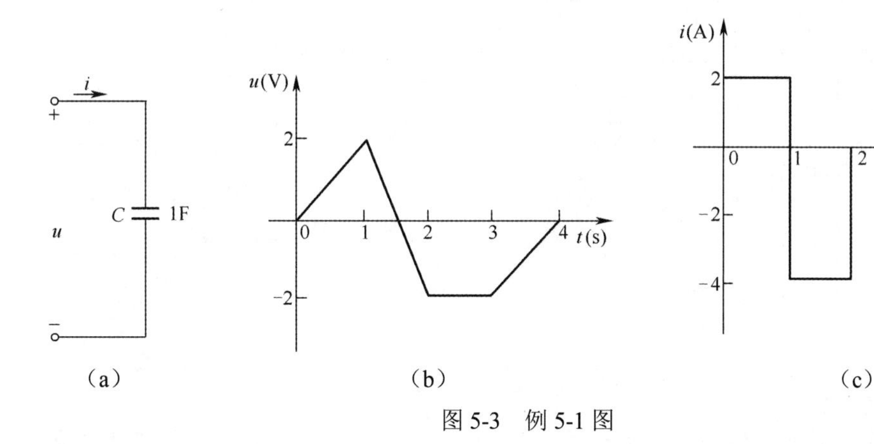

图 5-3　例 5-1 图

解： 先写出 $u(t)$ 的表达式

$$u(t)=\begin{cases}2t & 0\leqslant t<1\mathrm{s}\\-4(t-3/2) & 1\mathrm{s}\leqslant t<2\mathrm{s}\\-2 & 2\mathrm{s}\leqslant t<3\mathrm{s}\\2(t-4) & 3\mathrm{s}\leqslant t<4\mathrm{s}\end{cases}$$

根据$i(t)=C\dfrac{\mathrm{d}u(t)}{\mathrm{d}t}$，则：

在$0\leqslant t<1\mathrm{s}$时，$u(t)=2t$

$$i(t)=1\times\frac{\mathrm{d}(2t)}{\mathrm{d}t}=2\mathrm{A}$$

在$1\mathrm{s}\leqslant t<2\mathrm{s}$时，$u(t)=-4(t-3/2)=6-4t$

$$i(t)=1\times\frac{\mathrm{d}(6-4t)}{\mathrm{d}t}=-4\mathrm{A}$$

在$2\mathrm{s}\leqslant t<3\mathrm{s}$时，$u(t)=-2$

$$i(t)=0$$

在$3\mathrm{s}\leqslant t<4\mathrm{s}$时，$u(t)=2(t-4)$

$$i(t)=1\times\frac{\mathrm{d}(2t-8)}{\mathrm{d}t}=2\mathrm{A}$$

综合以上有

$$i(t)=\begin{cases}2\mathrm{A} & 0\leqslant t<1\mathrm{s}\\ -4\mathrm{A} & 1\mathrm{s}\leqslant t<2\mathrm{s}\\ 0 & 2\mathrm{s}\leqslant t<3\mathrm{s}\\ 2\mathrm{A} & 3\mathrm{s}\leqslant t<4\mathrm{s}\end{cases}$$

$i(t)$的波形如图5-3（c）所示。

值得注意的是，应采用分段的形式写出电压$u(t)$的表达式，然后分段计算电流$i(t)$的值。对电压u的分段原则是，在该段时间内，波形具有同一函数表达式。

【例5-2】 在图5-4（a）所示的电路中，$C=1\mathrm{F}$，$u(0)=0$，电流i的波形如图5-4（b）所示。试说明：（1）当$t=0$、$1\mathrm{s}$、$2\mathrm{s}$时电容电压的变化是否连续？（2）作出$u(t)$的波形图。

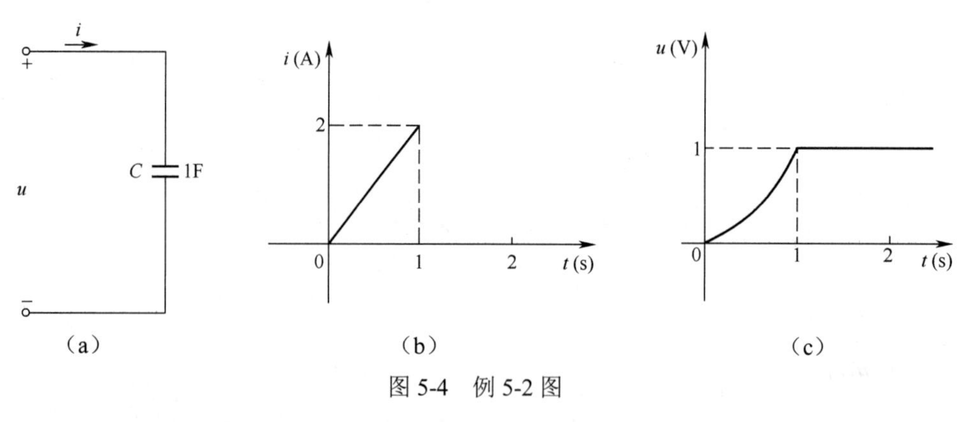

图5-4 例5-2图

解：（1）由电流波形图可知，当$t=0$时，$i=0$。当$t=1\mathrm{s}$时，电流从2A跳变到0，但为有界值。根据电容电压的连续性可以判定，在上述时刻电容电压的变化是连续的，不会发生跳变。

（2）电流i的分段表达式为

$$i(t)=\begin{cases}0 & t<0\\ 2t\text{A} & 0\leqslant t<1\text{s}\\ 0 & t\geqslant 1\text{s}\end{cases}$$

当 $0\leqslant t<1\text{s}$ 时

$$u(t)=u(0)+\frac{1}{C}\int_0^t i(\xi)\mathrm{d}\xi=\int_0^t 2\xi\mathrm{d}\xi=t^2\text{V}$$

当 $t=1\text{s}$ 时，$u(1)=1\text{V}$

当 $t>1\text{s}$ 时，$i=0$，故 $u=1\text{V}$ 保持不变。

综合以上有

$$u(t)=\begin{cases}t^2\text{V} & 0\leqslant t<1\text{s}\\ 1\text{V} & t\geqslant 1\text{s}\end{cases}$$

电压的波形如图 5-4（c）所示，它是一个连续变化的波形。

当电容电压和电流取关联方向时，电容吸收的瞬时功率为

$$p(t)=u(t)i(t)=Cu(t)\frac{\mathrm{d}u(t)}{\mathrm{d}t} \tag{5-6}$$

瞬时功率 $p(t)$ 可正可负。当 $p(t)>0$ 时，说明电容实际上是在吸收能量，即处于充电状态；当 $p(t)<0$ 时，说明电容供出能量，处于放电状态。

对式（5-6）从 $-\infty$ 到 t 进行积分，即得 t 时刻电容上的储能为

$$\begin{aligned}w_c(t)&=\int_{-\infty}^t p(\xi)\mathrm{d}\xi=\int_{-\infty}^t Cu(\xi)\frac{\mathrm{d}u(\xi)}{\mathrm{d}\xi}\mathrm{d}\xi\\ &=\int_{u(-\infty)}^{u(t)} Cu(\xi)\mathrm{d}u(\xi)=\frac{1}{2}Cu^2(t)-\frac{1}{2}Cu^2(-\infty)\end{aligned}$$

式中，$u(-\infty)$ 表示电容未充电时刻的电压值，应有 $u(-\infty)=0$。于是上式可简化为

$$w_\text{c}(t)=\frac{1}{2}Cu^2(t) \tag{5-7}$$

由式（5-7）可知：电容在某一时刻 t 的储能仅取决于此时刻的电压，而与电流无关，且 $w_\text{c}(t)\geqslant 0$。电容在充电时吸收的能量全部转换为电场能量，放电时又将储存的电场能量释放回电路，它本身不消耗能量，也不会释放出多于它所吸收的能量，所以又称电容为储能元件和无源元件。

【例 5-3】 有 2A 的恒定源，从 $t=0$ 开始对 $C=0.5\text{F}$ 的电容充电，求 20s 后电容所储存的能量是多少？设电容的初始电压 $u(0)=0$。

解： 由 $u(t)=u(0)+\frac{1}{C}\int_0^t i(\xi)\mathrm{d}\xi=0+\frac{1}{0.5}\int_0^t 2\mathrm{d}\xi=\frac{1}{0.5}\times 2\xi\,|_0^t=4t\ \text{V}$

当 $t=20\text{s}$ 时，$u(t)=80\text{V}$，所以

$$w(20)=\frac{1}{2}Cu^2=\frac{1}{2}\times 0.5\times 80^2=1600\text{J}$$

5.1.2　电感元件

把金属良导线绕在一骨架上，就构成了一个实际电感器，如图 5-5 所示。当电感器中有电

流通过时，就会在其周围产生磁场，并储存磁场能量。由于电感器是由导线绕制而成的，会有一定的电阻，但导线的电阻很微小，如忽略电阻等引起的次要效应，电感器就成为理想化的电感元件。

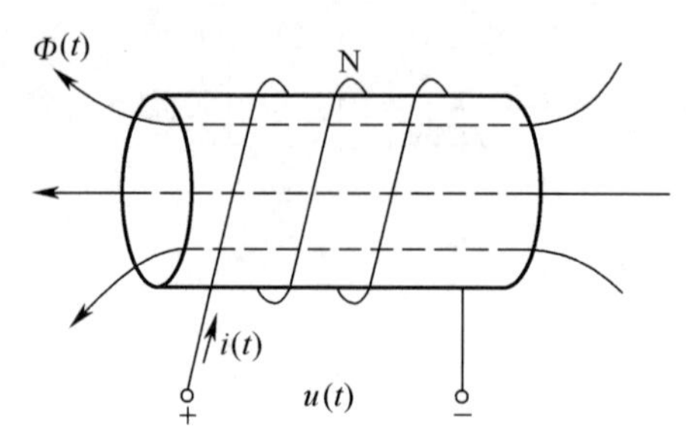

图 5-5 实际电感器

当电流通过电感器时，有磁通Φ穿过每匝线圈，若线圈有 N 匝，则与线圈交链的总磁通为$N\Phi$，称作磁链ψ，而$\psi = N\Phi$。磁通Φ、磁链ψ都是由线圈本身的电流所产生的，磁链是电流 i 的函数，即

$$\psi = f(i)$$

ψ 与 i 的关系可以用$i-\psi$平面上的曲线表示，该曲线称为电感元件的特性曲线。如果特性曲线是一条通过原点且斜率不随时间变化的直线，则此电感元件称为线性非时变电感元件，如图 5-6（a）所示。这里讨论的仅指线性非时变电感元件。

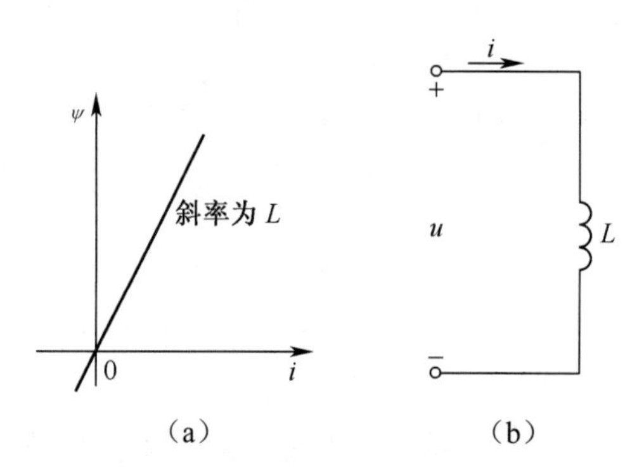

图 5-6 线性非时变电感元件特性曲线及符号

当规定磁通Φ的参考方向与电流 i 的参考方向之间符合右手螺旋关系时，磁链与电流的关系为

$$\psi(t) = Li(t) \tag{5-8}$$

式中，L 称为电感元件的电感或自感（即特性曲线的斜率），用图 5-6（b）中符号表示。L 既表示元件参数，也表示电感元件。在国际单位制中，ψ 的单位是韦伯（Wb），i 的单位是安培（A），则 L 的单位是亨利（H），常用单位还有毫亨（mH）和微亨（μH），它们之间的关系是

$$1\text{H} = 10^3\text{mH} = 10^6\mu\text{H}$$

或

$$1\mu\text{H} = 10^{-3}\text{mH} = 10^{-6}\text{H}$$

当变化的电流通过电感线圈时，在线圈周围产生变化的磁链，根据电磁感应定律，当穿

过线圈的磁链随时间变化时，线圈中将产生感应电动势 e，若 e 与 i 采用关联参考方向（e 的参考方向是由“–”极经电感元件内部指向“+”极），则

$$e=-\frac{\mathrm{d}\psi}{\mathrm{d}t}$$

将式（5-8）代入得

$$e=-L\frac{\mathrm{d}i}{\mathrm{d}t}$$

习惯上，电压 u 与电流 i 采用关联参考方向，则有

$$u=-e=L\frac{\mathrm{d}i}{\mathrm{d}t} \tag{5-9}$$

这是电感元件伏安关系的微分形式。由式（5-9）可知：

（1）电感上任一时刻的自感自压 u 取决于同一时刻的电感电流 i 的变化率。即电流变化越快（$\mathrm{d}i/\mathrm{d}t$ 越大），u 也越大，即使某时刻 $i=0$，也可能有电压，此时电感相当于开路。

（2）当电流 i 为恒定值时，由于电流不随时间变化，则 $u=0$，电感相当于短路。

（3）若任一时刻电感电压为有限值，电感电流 i 不能跃变。

对式（5-9）两边同时积分，则电感的电压和电流关系还可写成

$$\begin{aligned}i(t)&=\frac{1}{L}\int_{-\infty}^{t}u(\xi)\mathrm{d}\xi\\&=\frac{1}{L}\int_{-\infty}^{0}u(\xi)\mathrm{d}\xi+\frac{1}{L}\int_{0}^{t}u(\xi)\mathrm{d}\xi\end{aligned}$$

则

$$i(t)=i(0)+\frac{1}{L}\int_{0}^{t}u(\xi)\mathrm{d}\xi \tag{5-10}$$

式中，$i(0)$ 是在 $t=0$ 时刻电感上已积累的电流，体现了 $t=0$ 之前电压对电流的贡献，称为电感的初始电流或初始状态。$\frac{1}{L}\int_{0}^{t}u(\xi)\mathrm{d}\xi$ 是 $t=0$ 之后在电感中形成的电流。式（5-10）说明：任一时刻的电感电流，不仅取决于该时刻的电压值，还取决于从 $-\infty$ 到 t 所有时间的电压值，即与电压过去的全部历史有关。它也是一种记忆元件。

当电感电压和电流取关联方向时，电感吸收的瞬时功率为

$$p(t)=u(t)i(t)=Li(t)\frac{\mathrm{d}i(t)}{\mathrm{d}t} \tag{5-11}$$

与电容一样，电感的瞬时功率可正可负。正值表示电感从电路吸收功率，储存磁场能量；负值表示供出功率，释放磁场能量。可见，电感也是一种储能元件。

对式（5-11）从 $-\infty$ 到 t 进行积分，即 t 时刻电感上储能为

$$\begin{aligned}w_{\mathrm{L}}(t)&=\int_{-\infty}^{t}p(\xi)\mathrm{d}\xi=\int_{-\infty}^{t}Li(\xi)\frac{\mathrm{d}i(\xi)}{\mathrm{d}\xi}\mathrm{d}\xi\\&=\int_{i(-\infty)}^{i(t)}Li(\xi)\mathrm{d}i(\xi)=\frac{1}{2}L[i^2(t)-i^2(-\infty)]\end{aligned}$$

因为

$$i(-\infty)=0$$

所以

$$w_{\mathrm{L}}(t)=\frac{1}{2}Li^2(t) \tag{5-12}$$

由上式可知：电感在某一时刻的储能仅取决于该时刻的电流值，只要有电流存在，就有储能，且储能 $w_{\mathrm{L}}(t)\geqslant 0$。与电容元件一样，它也是一种无源元件。

【例 5-4】 在图 5-7（a）中，已知$L=2H$，$i(t)$的波形如图 5-7（b）所示，试计算$t>0$时电感电压$u(t)$、瞬时功率$p(t)$，并绘出它们的波形。

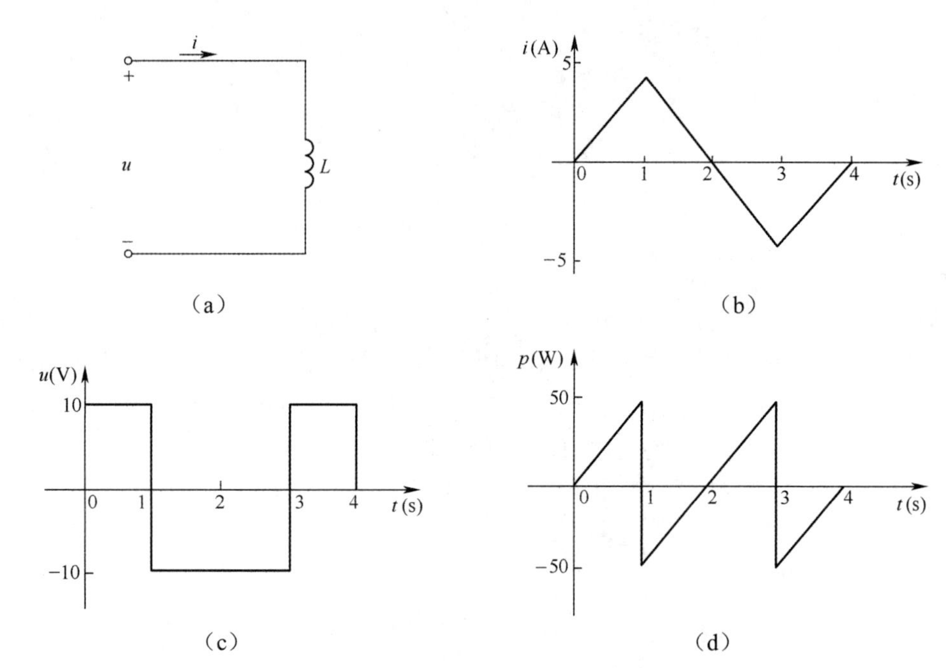

图 5-7 例 5-4 图

解：电流$i(t)$的表达式可分段写出，即

$$i(t)=\begin{cases}5t\text{A} & 0\leqslant t<1\text{s}\\ -5t+10\text{A} & 1\text{s}\leqslant t<3\text{s}\\ 5t-20\text{A} & 3\text{s}\leqslant t<4\text{s}\end{cases}$$

根椐 $u(t)=L\dfrac{\mathrm{d}i}{\mathrm{d}t}$，求$u(t)$

在$0\leqslant t<1\text{s}$内，$i(t)=5t$ A

$$u(t)=2\frac{\mathrm{d}(5t)}{\mathrm{d}t}=2\times5=10\text{V}$$

在$1\text{s}\leqslant t<3\text{s}$内，$i(t)=-5t+10\text{A}$

$$u(t)=2\frac{\mathrm{d}(-5t+10)}{\mathrm{d}t}=2\times(-5)=-10\text{V}$$

在$3\text{s}\leqslant t<4\text{s}$内，$i(t)=5t-20\text{A}$

$$u(t)=2\frac{\mathrm{d}(5t-20)}{\mathrm{d}t}=2\times5=10\text{V}$$

综合以上有

$$u(t)=\begin{cases}10\text{V} & 0\leqslant t<1\text{s}\\ -10\text{V} & 1\text{s}\leqslant t<3\text{s}\\ 10\text{V} & 3\text{s}\leqslant t<4\text{s}\end{cases}$$

电压$u(t)$的波形如图 5-7（c）所示。

再根据$p(t)=u(t)i(t)$有

$$p(t)=\begin{cases}50t\text{W} & 0\leqslant t<1\text{s}\\50(t-2)\text{W} & 1\text{s}\leqslant t<3\text{s}\\50(t-4)\text{W} & 3\text{s}\leqslant t<4\text{s}\end{cases}$$

$p(t)$的波形如图 5-7（d）所示。

思考与练习

5-1　某时刻的电容电压为零，该时刻的电容电流是否一定为零？某时刻的电容电流为零，该时刻的电容电压是否一定为零？

5-2　在电感电压为有限值时，电感电流是不能跃变的，为什么？

5-3　在图 5-8（a）所示电路中，$u_s(t)$波形如图 5-8（b）所示：（1）求电流i_c及功率$p(t)$；（2）求$t=3\text{s}$时的功率。

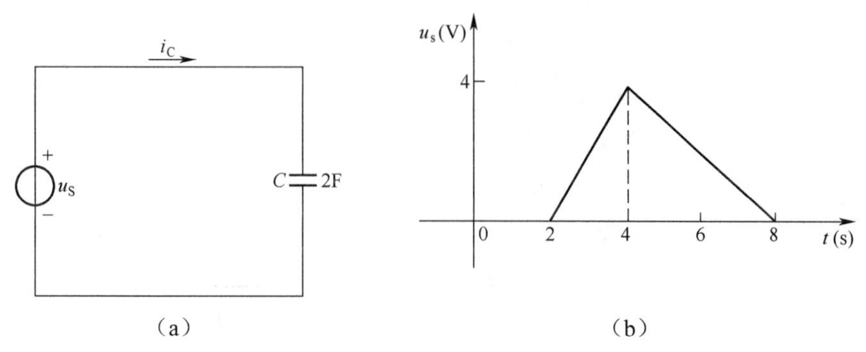

图 5-8　练习题 5-3 图

5-4　在图 5-9 所示的电路中，已知$L=0.1\text{H}$，若电流源$i_s(t)=5\sin100t\ \text{A}$，$t\geqslant0$，求$u(t)$。

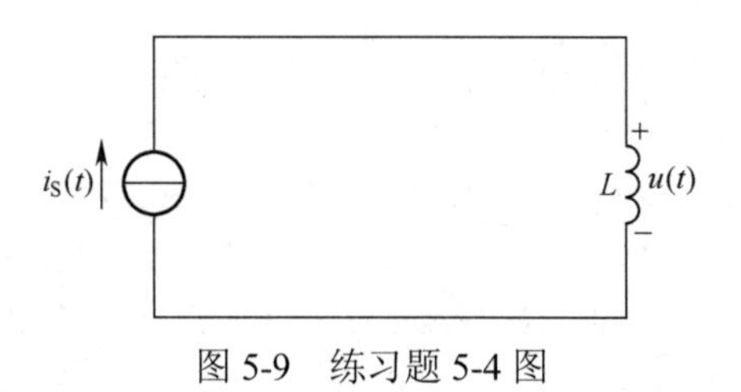

图 5-9　练习题 5-4 图

5.2　换路定律及初始值的确定

在分析动态电路时，确定电压、电流的初始值是十分重要的问题。动态电路需用微分方程描述，求解微分方程必须知道初始条件，否则无法求出解答，由于电路中的变量是电压或电流，因此，电路的初始条件包括待求电压、电流变量的初始值。要求初始值，需应用换路定律。

5.2.1　换路定律

通常，我们把电路中开关的接通、断开或电路参数的突然变化等统称为“换路”。我们研究的是换路后电路中电压或电流的变化规律，知道了电压、电流的初始值，就能掌握换路后电压、电流是从多大的初始值开始变化的。

在本章中前面已经指出：如果电容的电流保持为有限值，则电容电压不能跃变，即换路后一瞬间的电容电压值与换路前一瞬间的电容电压值相等；如果电感电压保持为有限值，则电感电流不能跃变，即换路后一瞬间的电感电流值与换路前一瞬间的电感电流值相等。通常，将换路瞬间定为$t=0$时刻，换路前的瞬间用$t=0_-$表示，接路后的瞬间用$t=0_+$表示。因此，换路定律可表达为

$$\left.\begin{aligned} u_c(0_+)=u_c(0_-) \\ i_L(0_+)=i_L(0_-) \end{aligned}\right\} \tag{5-13}$$

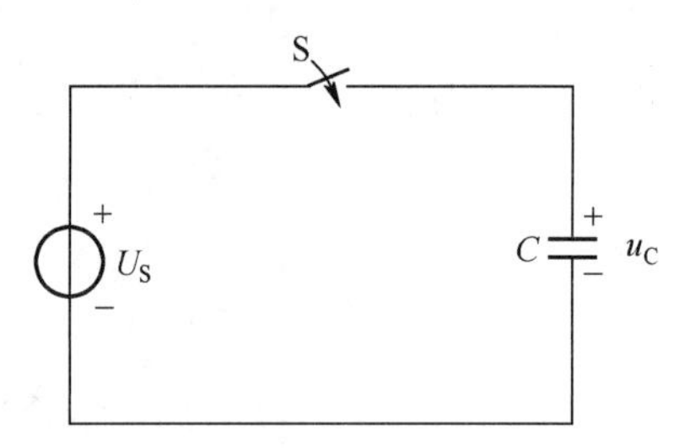

图 5-10　电容与理想电压源接通

需要特别注意的是：在换路时，只有u_c及i_L受换路定律的约束而保持不变，电路中其他的电压、电流是不受换路定律约束的，都可能发生跃变。还需指出，电路在特定的理想情况下，电容电压与电感电流也可能发生跃变。如图 5-10 所示，将电容元件与理想电压源接通，u_c会跃变为U_s。

5.2.2　初始值的确定

我们研究的重点是电路发生换路后（$t>0$）的电路响应，所以关心的是在$t=0_+$的初始值$u_c(0_+)$和$i_L(0_+)$。可以利用$t=0_-$电路，即由换路前（$t<0$时）电路的稳定工作状态来确定$u_c(0_-)$及$i_L(0_-)$，再根据换路定律，即可得到$u_c(0_+)$和$i_L(0_+)$的值。

电路中其他变量，如i_R、u_R、i_c和u_L的初始值不存在$t=0_+$与$t=0_-$时的值相等的规律性，它们的初始值$i_R(0_+)$、$u_R(0_+)$、$i_c(0_+)$和$u_L(0_+)$需要根据$t=0_+$的等效电路来求得。其具体的求法是：画出换路后$t=0_+$时刻的等效电路（简称$t=0_+$电路），根据置换定理，在$t=0_+$电路中，若$u_c(0_+)=u_c(0_-)=U_s\neq 0$，此时电容元件用一个电压为$U_s$的电压源代替；若$u_c(0_+)=0$，则电容元件用短路线代替。在$t=0_+$电路中，若$i_L(0_+)=i_L(0_-)=I_s\neq 0$，此时电感元件用一个电流为$I_s$的电流源代替；若$i_L(0_+)=0$，则电感元件作开路处理。下面举例说明初始值的求法。

【例 5-5】 在图 5-11（a）电路中，开关 S 在$t=0$时闭合，开关闭合前电路已处于稳定状态。试求初始值$u_c(0_+)$、$i_L(0_+)$、$i_1(0_+)$、$i_2(0_+)$、$i_c(0_+)$和$u_L(0_+)$。

解：（1）电路在$t=0$时发生换路，要求各电压、电流的初始值，应先求$u_c(0_+)$和$i_L(0_+)$。通过换路前处于稳定状态下的等效电路（$t=0_-$电路）可求得$u_c(0_-)$和$i_L(0_-)$。在直流稳态电路中，u_c不再变化，$\mathrm{d}u_c/\mathrm{d}t=0$，故$i_c=0$，即电容 C 相当于开路。同理i_L也不再变化，

$\mathrm{d}i_L / \mathrm{d}t = 0$，故 $u_L = 0$，即电感 L 相当于短路。所以 $t = 0_-$ 时刻的等效电路如图 5-11（b）所示，由该图可知

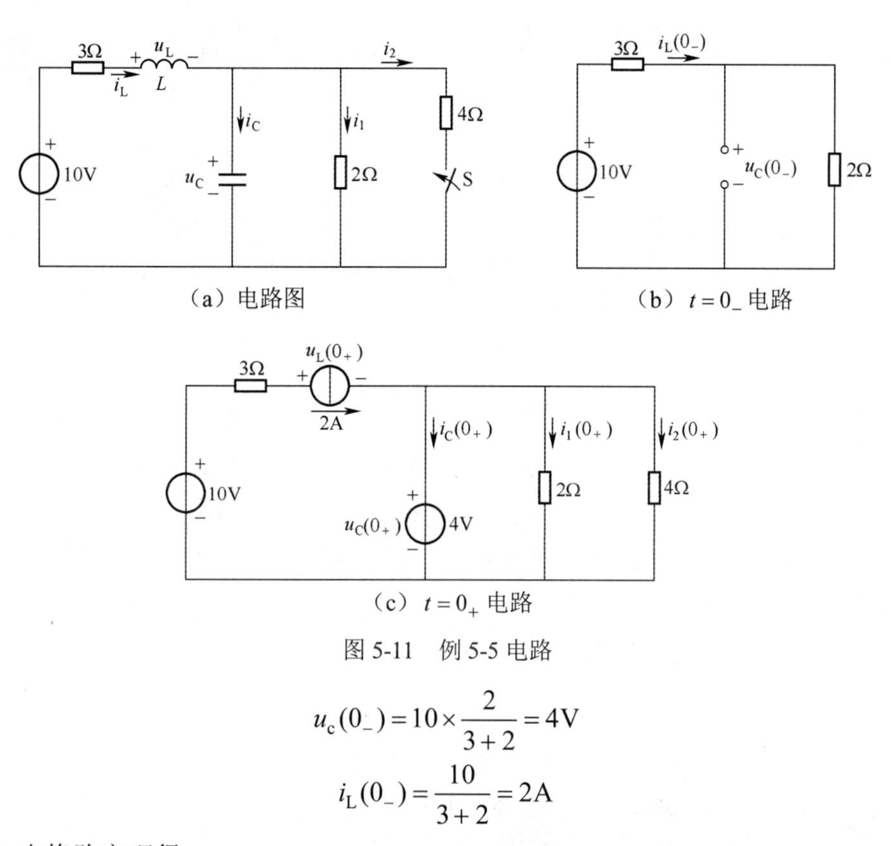

图 5-11　例 5-5 电路

$$u_c(0_-) = 10 \times \frac{2}{3+2} = 4\text{V}$$

$$i_L(0_-) = \frac{10}{3+2} = 2\text{A}$$

（2）由换路定理得

$$u_c(0_+) = u_c(0_-) = 4\text{V}$$

$$i_L(0_+) = i_L(0_-) = 2\text{A}$$

因此，在 $t = 0_+$ 瞬间，电容元件相当于一个 4V 的电压源，电感元件相当于一个 2A 的电流源。据此画出 $t = 0_+$ 时刻的等效电路，如图 5-11（c）所示。

（3）在 $t = 0_+$ 电路中，应用直流电阻电路的分析方法，可求出电路中其他电流、电压的初始值，即

$$i_1(0_+) = \frac{4}{2} = 2\text{A}$$

$$i_2(0_+) = \frac{4}{4} = 1\text{A}$$

$$i_c(0_+) = 2 - 2 - 1 = -1\text{A}$$

$$u_L(0_+) = 10 - 3 \times 2 - 4 = 0$$

【例 5-6】 电路如图 5-12（a）所示，开关 S 闭合前电路无储能，开关 S 在 $t = 0$ 时闭合，试求 i_1、i_2、i_3、u_c、u_L 的初始值。

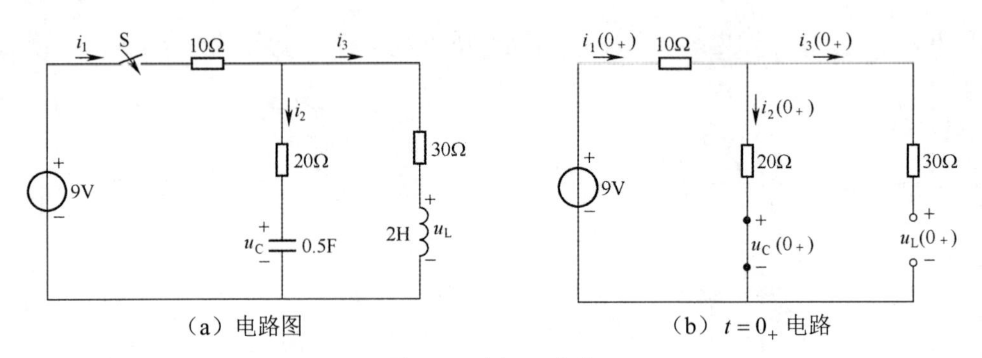

（a）电路图　　（b）$t=0_+$ 电路

图 5-12　例 5-6 电路

解：（1）由题意知

$$u_c(0_-)=0$$

$$i_3(0_-)=i_L(0_-)=0$$

（2）由换路定理得

$$u_c(0_+)=u_c(0_-)=0$$

$$i_L(0_+)=i_L(0_-)=0$$

因此，在 $t=0_+$ 电路中，电容应该用短路线代替，电感以开路代替，得到 $t=0_+$ 电路，如图 5-12（b）所示。

（3）在 $t=0_+$ 电路中，应用直流电阻电路的分析方法求得

$$i_1(0_+)=i_2(0_+)=\frac{9}{10+20}=0.3\text{A}$$

$$u_L(0_+)=20i_2(0_+)=20\times0.3=6\text{V}$$

通过上述例题，可以归纳出求初始值的一般步骤如下：

（1）根据 $t=0_-$ 时的等效电路，求出 $u_c(0_-)$ 及 $i_L(0_-)$。

（2）作出 $t=0_+$ 时的等效电路，并在图上标出各待求量（若激励是时间函数，则取 $t=0$ 时的值）。

（3）由 $t=0_+$ 等效电路，求出各待求量的初始值。

思考与练习

5-5　在动态电路分析中，电容元件时而看作开路，时而看作短路，时而看作电压源；电感元件时而看作短路，时而看作开路，时而看作电流源。试问这些处理方法各适用于什么情况？

5-6　图 5-13 所示的电路在 $t<0$ 时开关打开，电路已处于稳态。当 $t=0$ 时，开关闭合。求 i_1、i_2 和 i_c 的初始值。

5-7　图 5-14 所示的电路在 $t=0$ 时，开关由 1 扳向 2，在 $t<0$ 时电路已处于稳态，求初始值 $i_1(0_+)$、$i_2(0_+)$ 和 $u_L(0_+)$。

5-8　图 5-15 所示的电路在 $t=0$ 时开关打开，$t<0$ 时电路已达稳态。求 i_c、i_L、u_c、u_L 的初始值。

5-9　图 5-16 所示的电路在 $t<0$ 时 S_1 打开，S_2 闭合，电路已达稳态。$t=0$ 时，S_1 闭合，S_2 打开。求初始值 $i_1(0_+)$、$i_2(0_+)$、$i_L(0_+)$ 和 $u_L(0_+)$。

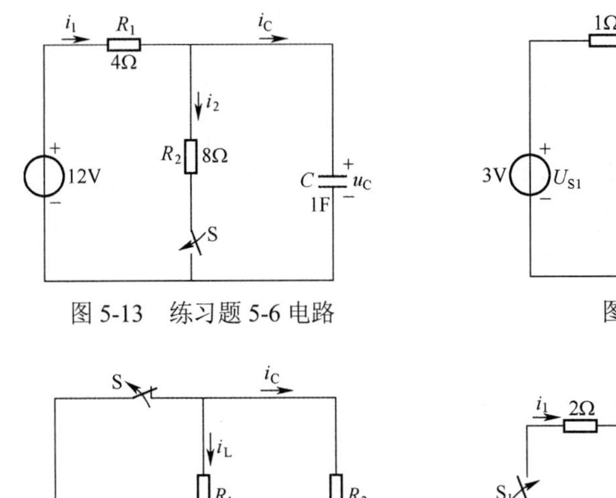

图 5-13　练习题 5-6 电路

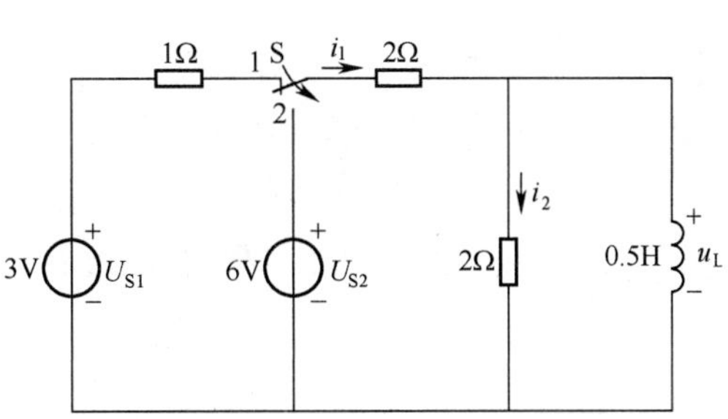

图 5-14　练习题 5-7 电路

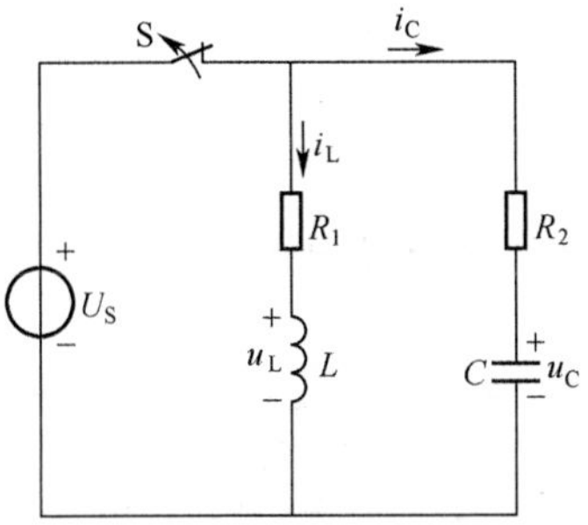

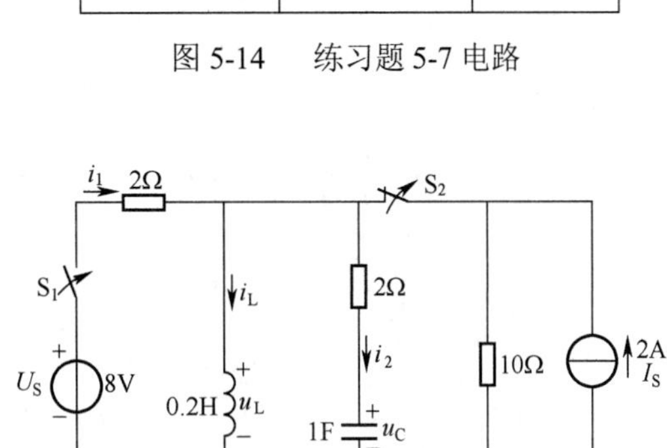

图 5-15　练习题 5-8 电路

图 5-16　练习题 5-9 电路

5.3　零输入响应

对于电阻电路，响应只能由电源（激励）引起，而对动态电路，电源以及电容、电感的初始储能均能作为激励而在电路中引起响应。

含有一个储能元件（电容或电感）的电路称为一阶电路。在一阶电路中，若输入激励信号为零，仅由储能元件的初始储能所激发的响应，称为零输入响应。下面分别讨论由电阻和电容构成的 *RC* 电路以及由电阻和电感构成的 *RL* 电路的零输入响应。

5.3.1　*RC* 电路的零输入响应

在图 5-17（a）所示的电路中，当$t<0$时开关 S 处于位置 1，电容 *C* 被电流源充电，电路已处于稳态，电容电压$u_c(0_-)=R_0I_s$。$t=0$时，开关扳向位置 2，这样在$t\geqslant 0$时，电容 *C* 将对 *R* 放电，如图 5-17（b）所示，电路中形成电流 *i*。$t>0$后，电路中无电源作用，电路的响应均是由电容的初始储能而产生，故属于 *RC* 电路的零输入响应。

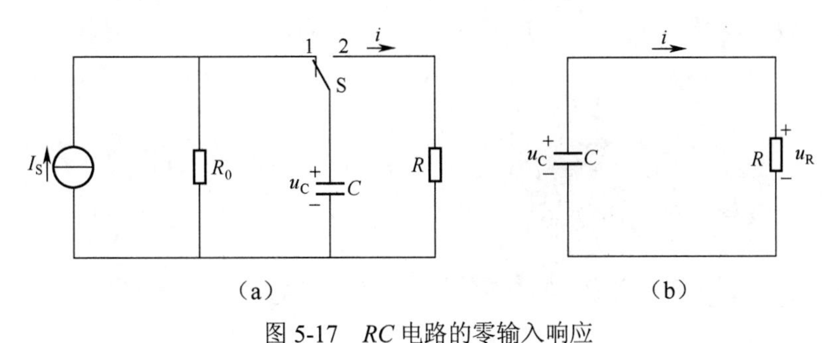

图 5-17　*RC* 电路的零输入响应

在换路瞬间，电容电压不会突变，由换路定理可得 $u_c(0_+)=u_c(0_-)=R_0I_s$，电流 $i(0_+)=u_c(0_+)/R=R_0I_s/R$。随着时间的推移，电容的储能逐渐被电阻所消耗，所以电容电压和放电电流都会逐渐减小，最后降至零，电路又达到新的稳定状态。

换路后由图 5-17（b）可知，根据 KVL 有

$$-u_R+u_c=0$$

而 $u_R=iR$，$i=-C\frac{du_c}{dt}$，代入上式可得

$$RC\frac{du_c}{dt}+u_c=0 \tag{5-14}$$

式（5-14）是一阶常系数齐次微分方程，其通解形式为

$$u_c=Ae^{pt} \qquad t\geqslant 0 \tag{5-15}$$

式中，A 为待定的积分常数，可由初始条件确定；p 为式（5-14）所对应的特征方程的根。将式（5-15）代入式（5-14）可得特征方程为

$$RCp+1=0$$

从而解出特征根为

$$p=-\frac{1}{RC}$$

则通解

$$u_c=Ae^{-\frac{t}{RC}} \tag{5-16}$$

将初始条件 $u_c(0_+)=R_0I_s$ 代入上式，求出积分常数 A 为

$$u_c(0_+)=A=R_0I_s$$

将 $u_c(0_+)$ 代入式（5-16），得到满足初始值的微分方程的通解为

$$u_c=u_c(0_+)e^{-\frac{t}{RC}}=R_0I_se^{-\frac{t}{RC}} \qquad t\geqslant 0 \tag{5-17}$$

放电电流为

$$i=-C\frac{du_c}{dt}=\frac{R_0I_s}{R}e^{-\frac{t}{RC}}=i(0_+)e^{-\frac{t}{RC}} \qquad t\geqslant 0 \tag{5-18}$$

令 $\tau=RC$，它具有时间的量纲，即

$$[\tau]=[RC]=\left[\frac{伏特}{安培}\times\frac{库仑}{伏特}\right]=\left[\frac{库仑}{库仑/秒}\right]=[秒]$$

故称 τ 为时间常数，这样式（5-17）与式（5-18）可分别写为

$$u_c=u_c(0_+)e^{-\frac{t}{\tau}} \qquad t\geqslant 0 \tag{5-19}$$

$$i=i(0_+)e^{-\frac{t}{\tau}} \qquad t\geqslant 0 \tag{5-20}$$

画出 u_c 及 i 的波形如图 5-18 所示。

由于 $p=-\frac{1}{RC}$ 为负值，故 u_c 和 i 均按指数规律衰减，它们的最大值分别为初始值

$u_c(0_+) = R_0 I_s$ 及 $i(0_+) = \dfrac{R_0 I_s}{R}$，当 $t \to \infty$ 时，u_c 和 i 衰减到零。

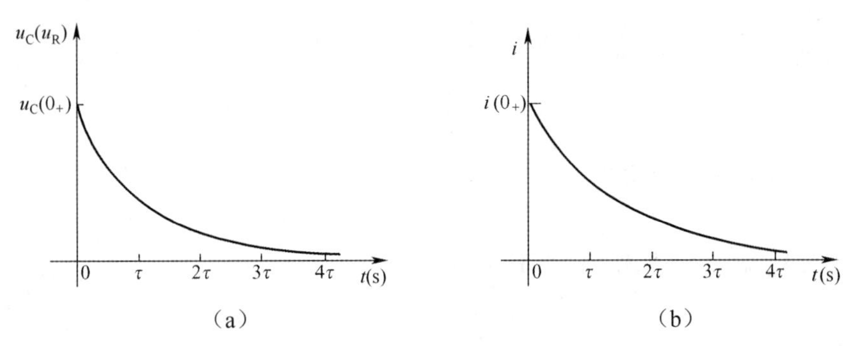

图 5-18　*RC* 电路零输入响应 u_c 及 i 的波形

从以上过程可知，在 $t < 0$ 时，电路处于稳定状态，电容被充电，其电压达到 $u(0_-) = R_0 I_s$，电路换路后，电容电压由 $u_c(0_+) = u_c(0_-) = R_0 I_s$ 逐渐下降到零，这一过程称为过渡过程或暂态过程。当 $t \to \infty$，过渡过程结束，电路又达到新的稳定状态。

在一阶电路中，τ 是一个重要参数，τ 的大小决定了电压、电流衰减的快慢程度。τ 越大，电压、电流衰减越慢；反之，τ 越小，电压、电流衰减越快。由式（5-19）可知，当 $t = \tau$ 时，有

$$u_c(\tau) = u_c(0_+)\mathrm{e}^{-1} = 0.368 u_c(0_+)$$

即 u_c 下降到初始值的 36.8%。

当 $t = 4\tau$ 时，有

$$u_c(4\tau) = u_c(0_+)\mathrm{e}^{-4} = 0.0184 u_c(0_+)$$

即 u_c 已降到初始值的 1.84%，可以认为响应已衰减完毕。

5.3.2　*RL* 电路的零输入响应

图 5-19（a）所示的电路中，$t = 0_-$ 时开关 S 闭合，电路已达稳态，电感 L 相当于短路，流过 L 的电流为 I_0，即 $i_L(0_-) = I_0$，故电感储存了磁能。在 $t = 0$ 时开关 S 打开，所以在 $t \geqslant 0$ 时，电感 L 储存的磁能将通过电阻 R 释放，在电路中产生电流和电压，如图 5-19（b）所示。由于 $t > 0$ 后，换路后回路中的电流及电压均是由电感 L 的初始储能产生的，所以为 *RL* 电路的零输入响应。

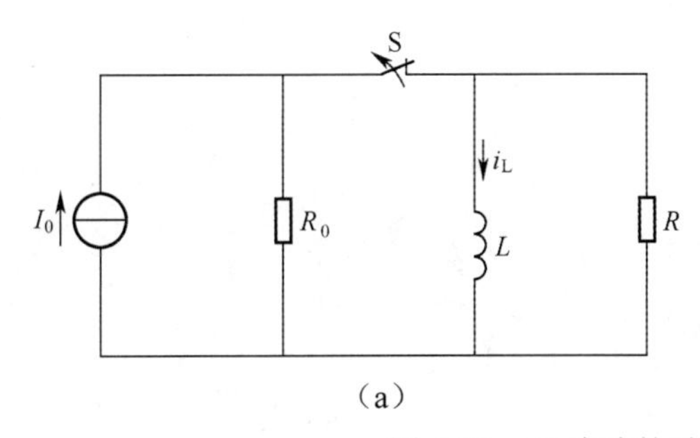

（a）

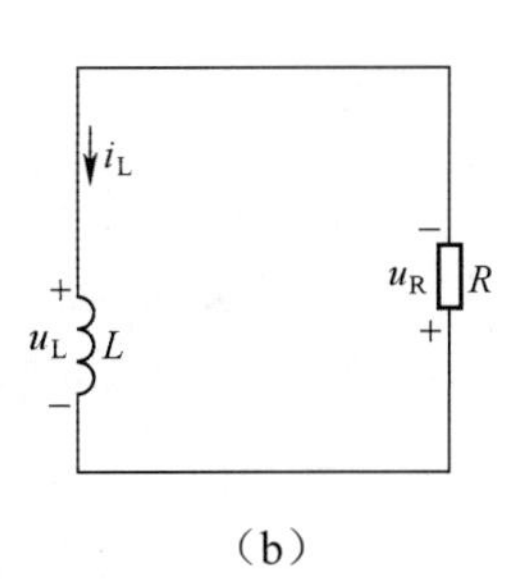

（b）

图 5-19　*RL* 电路的零输入响应

由图 5-19（b），根据 KVL 有

$$u_L + u_R = 0$$

将$u_L = L\dfrac{di_L}{dt}$及$u_R = Ri_L$代入上式得

$$L\frac{di_L}{dt} + Ri_L = 0 \tag{5-21}$$

上式为一阶常系数齐次微分方程，其通解形式为

$$i_L = Ae^{pt} \quad t \geqslant 0 \tag{5-22}$$

将式（5-22）代入式（5-21），得特征方程为

$$Lp + R = 0$$

故特征根为

$$p = -\frac{R}{L}$$

则通解为

$$i_L = Ae^{-\frac{R}{L}t} \quad t \geqslant 0$$

若令$\tau = \dfrac{L}{R}$，τ是 RL 电路的时间常数，仍具有时间量纲，则上式可写为

$$i_L = Ae^{-\frac{t}{\tau}} \quad t \geqslant 0 \tag{5-23}$$

将初始条件$i_L(0_+) = i_L(0_-) = I_0$代入上式，求出积分常数 A 为

$$i_L(0_+) = A = I_0$$

这样，得到满足初始条件的微分方程的通解为

$$i_L = i_L(0_+)e^{-\frac{t}{\tau}} = I_0e^{-\frac{t}{\tau}} \quad t \geqslant 0 \tag{5-24}$$

电阻及电感的电压分别是

$$u_R = Ri_L = RI_0e^{-\frac{t}{\tau}} \quad t \geqslant 0 \tag{5-25}$$

$$u_L = -u_R = -RI_0e^{-\frac{t}{\tau}} \quad t \geqslant 0 \tag{5-26}$$

分别作出i_L、u_R和u_L的波形如图 5-20 所示。

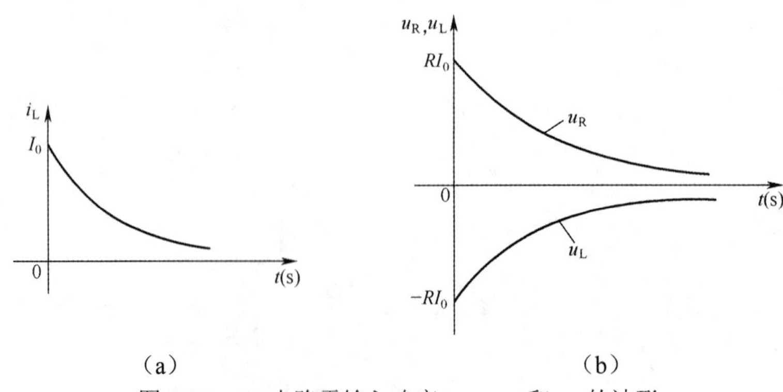

图 5-20　RL 电路零输入响应i_L、u_R和u_L的波形

由图 5-20 可知，i_L、u_R 及 u_L 的初始值（亦是最大值）分别为 $i_L(0_+)=I_0$，$u_R(0_+)=RI_0$，$u_L(0_+)=-RI_0$，它们都是从各自的初始值开始，然后按同一指数规律逐渐衰减到零。衰减的快慢取决于时间常数 τ，这与一阶 RC 零输入电路情况相同。

将以上求得的 RC 和 RL 电路零输入响应进一步分析可知，对于任意时间常数为非零有限值的一阶电路，不仅电容电压、电感电流，而且所有电压、电流的零输入响应，都是从它的初始值按指数规律衰减到零的。且同一电路中，所有的电压、电流的时间常数相同。若用 $f(t)$ 表示零输入响应，用 $f(0_+)$ 表示其初始值，则零输入响应可用以下通式表示为

$$f(t)=f(0_+)\mathrm{e}^{-\frac{t}{\tau}} \qquad t\geqslant 0 \tag{5-27}$$

应该注意的是，RC 电路与 RL 电路的时间常数是不同的，前者 $\tau=RC$，后者 $\tau=L/R$。

【例 5-7】 如图 5-21（a）所示的电路，$t=0_-$ 时电路已处于稳态，$t=0$ 时开关 S 打开。求 $t\geqslant 0$ 时的电压 u_c、u_R 和电流 i_c。

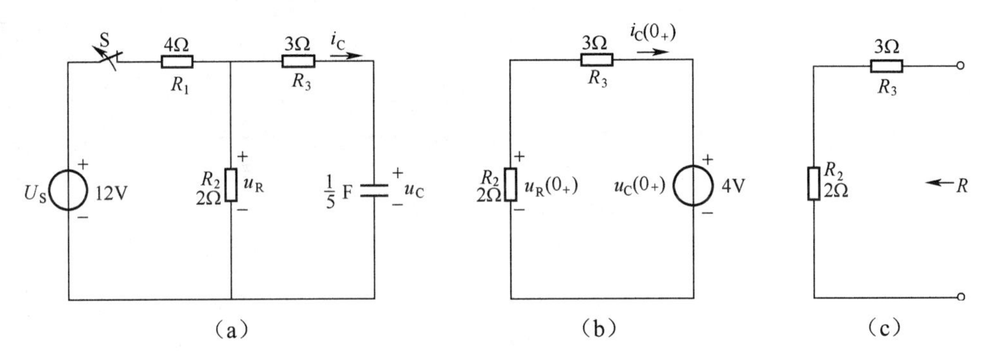

图 5-21　例 5-7 电路

解：由于在 $t=0_-$ 时电路已处于稳态，在直流电源作用下，电容相当于开路。所以

$$u_c(0_-)=\frac{R_2}{R_1+R_2}U_s=\frac{2\times 12}{4+2}=4\text{V}$$

由换路定律得　　$u_c(0_+)=u_c(0_-)=4\text{V}$

作出 $t=0_+$ 等效电路如图 5-21（b）所示，电容用 4V 电压源代替，由图 5-21 可知

$$u_R(0_+)=\frac{R_2}{R_2+R_3}u_c(0_+)=\frac{2\times 4}{2+3}=1.6\text{V}$$

$$i_c(0_+)=-\frac{u_c(0_+)}{R_2+R_3}=-\frac{4}{2+3}=-0.8\text{A}$$

换路后从电容两端看进去的等效电阻如图 5-21（c）所示，为

$$R=R_3+R_2=3+2=5\Omega$$

时间常数为

$$\tau=RC=5\times\frac{1}{5}=1\text{S}$$

根据式（5-27）计算零输入响应得

$$u_c=u_c(0_+)\mathrm{e}^{-\frac{t}{\tau}}=4\mathrm{e}^{-t}\text{V} \qquad t\geqslant 0$$

$$u_R = u_R(0_+)e^{-\frac{t}{\tau}} = 1.6e^{-t}V \qquad t \geqslant 0$$

$$i_c = i_c(0_+)e^{-\frac{t}{\tau}} = -0.8e^{-t}A \qquad t \geqslant 0$$

也可以由
$$i_c = C\frac{du_c}{dt}$$

求出
$$i_c = -0.8e^{-t}A \qquad t \geqslant 0$$

【例 5-8】 如图 5-22（a）所示的电路，$R_1 = 2\Omega$，$R_2 = 3\Omega$，$L = 0.1H$，$U_s = 10V$。$t = 0_-$ 时电路已达稳态。$t = 0$ 时开关 S 闭合，求 $t \geqslant 0$ 时的 i_L、u_L 和 u_{R_2}。

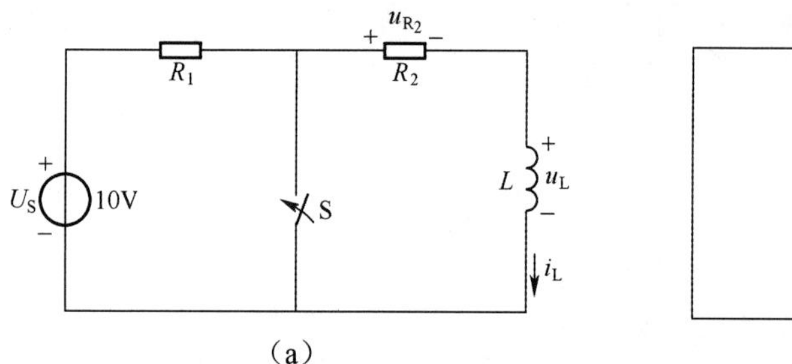

（a）

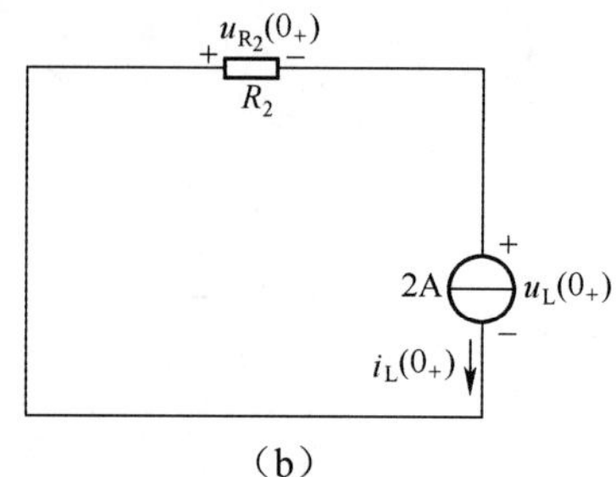

（b）

图 5-22 例 5-8 电路

解：由于 $t = 0_-$ 时电路已达稳态，在直流电源作用下，电感相当于短路。所以

$$i_L(0_-) = \frac{U_s}{R_1 + R_2} = \frac{10}{2+3} = 2A$$

由换路定律得

$$i_L(0_+) = i_L(0_-) = 2A$$

作出 $t = 0_+$ 等效电路如图 5-22（b）所示，电感 L 用 2A 电流源代替，由图（b）可知

$$u_{R_2}(0_+) = R_2 i_L(0_+) = 3 \times 2 = 6V$$

由 KVL 有
$$u_L(0_+) = -u_{R_2}(0_+) = -6V$$

$$\tau = \frac{L}{R_2} = \frac{0.1}{3} = \frac{1}{30}S$$

所以
$$i_L = i_L(0_+)e^{-\frac{t}{\tau}} = 2e^{-30t}A \qquad t \geqslant 0$$

$$u_L = u_L(0_+)e^{-\frac{t}{\tau}} = -6e^{-30t}V \qquad t \geqslant 0$$

$$u_{R_2} = u_{R_2}(0_+)e^{-\frac{t}{\tau}} = 6e^{-30t}V \qquad t \geqslant 0$$

思考与练习

5-10 在 RL 电路中，$\tau = L/R$。试从能量角度说明为什么 τ 与 L 成正比而与 R 成反比？

5-11 图 5-23 所示的电路，$t = 0_-$ 时电路已处于稳态，$t = 0$ 时开关 S 打开，求 $t \geqslant 0$ 时电

压 u_c 和电流 i。

5-12　图 5-24 所示的电路，$t=0_-$ 时电路已处于稳态，$t=0$ 时开关 S 打开，求 $t\geqslant 0$ 时的电压 u 及电流 i_L 。

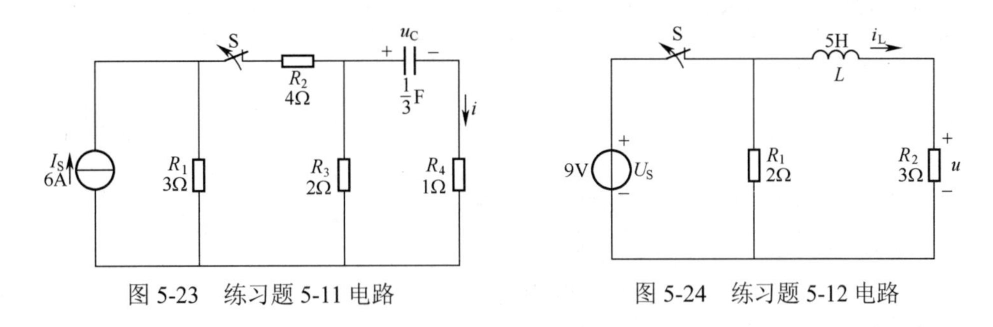

图 5-23　练习题 5-11 电路　　　　图 5-24　练习题 5-12 电路

5.4　零状态响应

在激励作用之前，电路的初始储能为零，仅由激励引起的响应称为零状态响应。

工程实际中，激励函数多种多样，而以常量激励最为简单和多见。本节讨论激励为常量的零状态响应。

5.4.1　RC 电路的零状态响应

在图 5-25（a）所示的 *RC* 电路中，电容先未充电。$t=0$ 时开关 S 闭合，*RC* 电路与激励 U_s（常量）接通，试确定 S 闭合后电路中的响应。

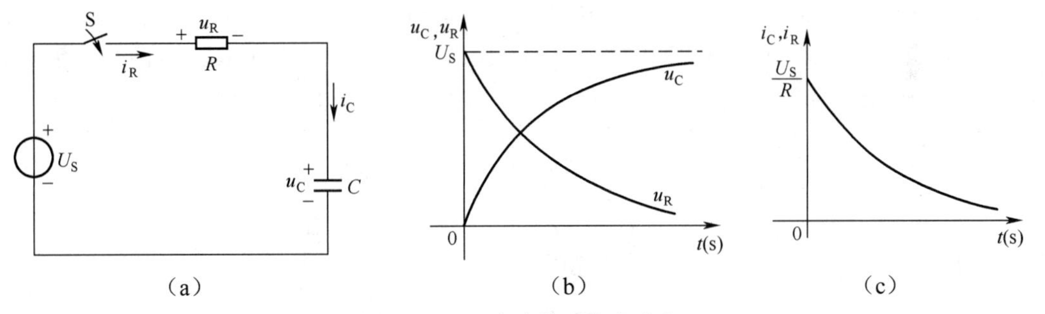

（a）　　（b）　　（c）

图 5-25　*RC* 电路的零状态响应

在 S 闭合瞬间，电容电压不会跃变，由换路定律 $u_c(0_+)=u_c(0_-)=0$，$t=0_-$ 时电容相当于短路，$u_R(0_+)=U_s$，故 $i_R(0_+)=\dfrac{u_R(0_+)}{R}=\dfrac{U_s}{R}$，电容开始充电。随着时间的推移，$u_c$ 将逐渐升高，u_R 则逐渐降低，i_R（等于 i_c）逐渐减小。当 $t\to\infty$ 时，电路达到稳态，这时电容相当于开路，充电电流 $i_C(\infty)=0$，$u_R(\infty)=0$，$u_c(\infty)=U_s$。

由 KVL 得

$$u_R+u_c=U_s$$

而 $u_R=Ri_R=Ri_c=RC\dfrac{du_c}{dt}$，代入上式可以得到以 u_c 为变量的微分方程

$$RC\frac{\mathrm{d}u_{\mathrm{c}}}{\mathrm{d}t}+u_{\mathrm{c}}=U_{\mathrm{s}} \qquad t\geqslant 0 \tag{5-28}$$

初始条件为 $u_{\mathrm{c}}(0_{+})=0$

式（5-28）为一阶常系数非齐次微分方程，其解由两部分组成：一部分是它相应的齐次微分方程的通解 u_{ch}，也称为齐次解；另一部分是该非齐次微分方程的特解 u_{cp}，即

$$u_{\mathrm{c}}=u_{\mathrm{ch}}+u_{\mathrm{cp}}$$

由于式（5-28）相应的齐次微分方程与 RC 零输入响应式（5-14）完全相同，因此其通解应为

$$u_{\mathrm{ch}}=A\mathrm{e}^{-\frac{t}{\tau}}=A\mathrm{e}^{-\frac{t}{RC}}$$

式中，A 为积分常数。特解 u_{cp} 取决于激励函数，当激励为常量时特解也为常量，可以设 $u_{\mathrm{cp}}=K$，代入式（5-28）得

$$u_{\mathrm{cp}}=K=U_{\mathrm{s}}$$

式（5-28）的解（完全解）为

$$u_{\mathrm{c}}=u_{\mathrm{ch}}+u_{\mathrm{cp}}=A\mathrm{e}^{-\frac{t}{RC}}+U_{\mathrm{s}}$$

将初始条件 $u_{\mathrm{c}}(0_{+})=0$ 代入上式，得出积分常数 $A=-U_{\mathrm{s}}$，所以

$$u_{\mathrm{c}}=-U_{\mathrm{s}}\mathrm{e}^{-\frac{t}{RC}}+U_{\mathrm{s}}=U_{\mathrm{s}}(1-\mathrm{e}^{-\frac{t}{RC}})$$

由于稳态值 $u_{\mathrm{c}}(\infty)=U_{\mathrm{s}}$，故上式可以写成

$$u_{\mathrm{c}}=u_{\mathrm{c}}(\infty)(1-\mathrm{e}^{-\frac{t}{\tau}}) \qquad t\geqslant 0 \tag{5-29}$$

由式（5-29）可知，当 $t=0$ 时，$u_{\mathrm{c}}(0)=0$；当 $t=\tau$ 时，$u_{\mathrm{c}}(\tau)=U_{\mathrm{s}}(1-\mathrm{e}^{-1})=63.2\%U_{\mathrm{s}}$，即在零状态响应中，电容电压上升到稳态值 $u_{\mathrm{c}}(\infty)=U_{\mathrm{s}}$ 的 63.2%所需的时间是 τ；而当 t 为 $4\tau\sim5\tau$ 时，u_{c} 上升到其稳态值 U_{s} 的 98.17%～99.3%，一般认为充电过程即告结束。

$$i_{\mathrm{c}}=C\frac{\mathrm{d}u_{\mathrm{c}}}{\mathrm{d}t}=\frac{U_{\mathrm{s}}}{R}\mathrm{e}^{-\frac{t}{\tau}} \qquad t\geqslant 0$$

$$i_{\mathrm{R}}=i_{\mathrm{c}}=\frac{U_{\mathrm{s}}}{R}\mathrm{e}^{-\frac{t}{\tau}} \qquad t\geqslant 0$$

$$u_{\mathrm{R}}=Ri_{\mathrm{R}}=U_{\mathrm{s}}\mathrm{e}^{-\frac{t}{\tau}} \qquad t\geqslant 0$$

根据 u_{c}、i_{c} 及 u_{R} 的表达式，画出它们的波形如图 5-25（b）、（c）所示，其变化规律与前面叙述的物理过程一致。

5.4.2 *RL* 电路的零状态响应

对于图 5-26（a）所示的一阶 RL 电路，U_{s} 为直流电压源，$t<0$ 时，电感 L 中的电流为零。$t=0$ 时开关 S 闭合，电路与激励 U_{s} 接通，在 S 闭合瞬间，电感电流不会跃变，即有 $i_{\mathrm{L}}(0_{+})=i_{\mathrm{L}}(0_{-})=0$，选择 i_{L} 为首先求解的变量，由 KVL 有

$$u_{\mathrm{L}}+u_{\mathrm{R}}=U_{\mathrm{s}}$$

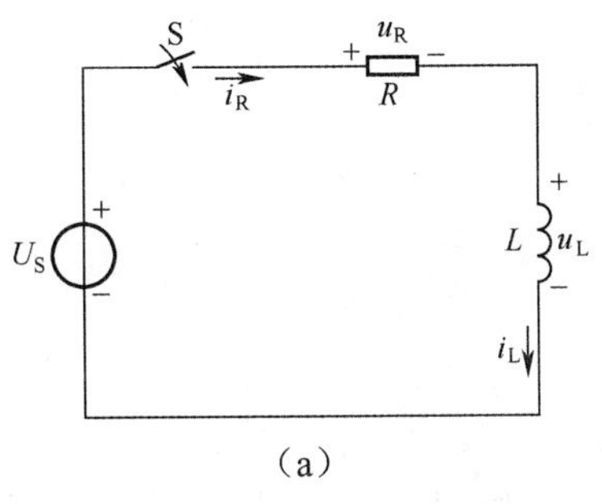

（a）

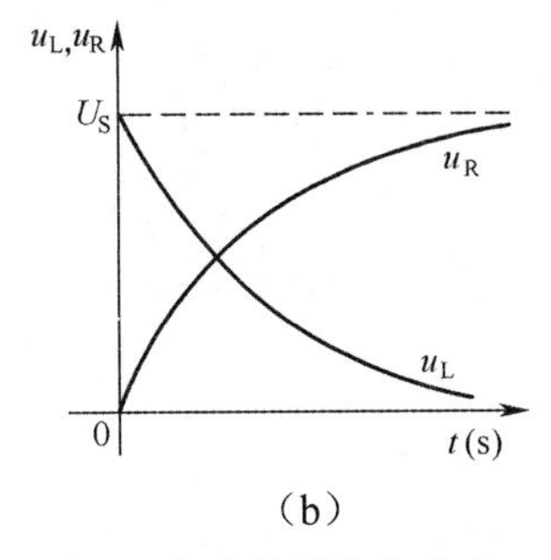

（b）

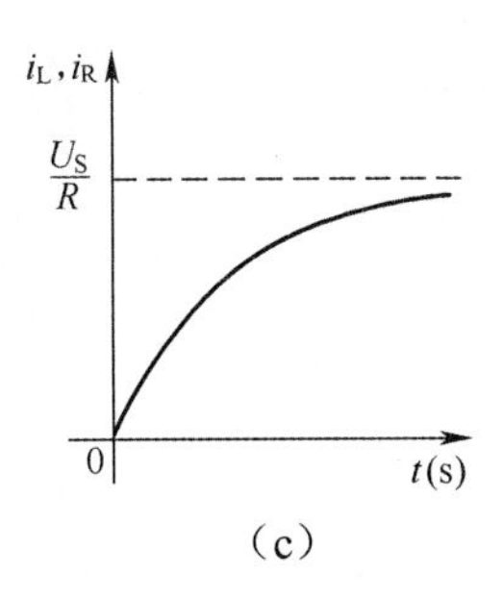

（c）

图 5-26　一阶 *RL* 电路的零状态响应

将 $u_L = L\frac{di_L}{dt}$，$u_R = Ri_L$ 代入上式，可得

$$L\frac{di_L}{dt} + Ri_L = U_s \qquad t \geqslant 0 \tag{5-30}$$

初始条件为　$i_L(0_+) = 0$

式（5-30）也是一阶常系数非齐次微分方程，其解同样由齐次方程的通解 i_{Lh} 和非齐次方程的特解 i_{Lp} 两部分组成，即

$$i_L = i_{Lh} + i_{Lp}$$

由于式（5-30）相应的齐次方程与描述 *RL* 电路零输入响应的式（5-21）相同，因此，其齐次方程的通解也应为

$$i_{Lh} = Ae^{-\frac{t}{\tau}} = Ae^{-\frac{R}{L}t}$$

式中，时间常数 $\tau = L/R$，与电路激励无关。

非齐次方程的特解与激励的形式有关，由于激励为直流电压源，故特解 i_{Lp} 为常量，令 $i_{Lp} = K$，代入式（5-30）得

$$i_{Lp} = K = \frac{U_s}{R}$$

因此式（5-30）的完全解为

$$i_L = Ae^{-\frac{t}{\tau}} + \frac{U_s}{R}$$

代入 $t = 0$ 时的初始条件 $i_L(0_+) = 0$ 得

$$A = -\frac{U_s}{R}$$

于是

$$i_L = -\frac{U_s}{R}e^{-\frac{t}{\tau}} + \frac{U_s}{R} = \frac{U_s}{R}(1 - e^{-\frac{t}{\tau}})$$

由于 i_L 的稳态值 $i_L(\infty) = \frac{U_s}{R}$，故上式可以写成

$$i_L = i_L(\infty)(1 - e^{-\frac{t}{\tau}}) \qquad t \geqslant 0 \tag{5-31}$$

电路中的其他响应分别为

$$u_{\rm L} = L\frac{{\rm d}i_{\rm L}}{{\rm d}t} - U_{\rm s}{\rm e}^{-\frac{t}{\tau}} \qquad t \geqslant 0$$

$$i_{\rm R} = i_{\rm L} = \frac{U_{\rm s}}{R}(1-{\rm e}^{-\frac{t}{\tau}}) \qquad t \geqslant 0$$

$$u_{\rm R} = Ri_{\rm R} = U_{\rm s}(1-{\rm e}^{-\frac{t}{\tau}}) \qquad t \geqslant 0$$

它们的波形如图 5-26（b）、（c）所示。

其物理过程是：S 闭合后，$i_{\rm L}(i_{\rm R})$ 从初始值零逐渐上升，$u_{\rm L}$ 从初始值 $u_{\rm L}(0_+)=U_{\rm s}$ 逐渐下降，而 $u_{\rm R}$ 从 $u_{\rm R}(0_+)=0$ 逐渐上升，当 $t=\infty$，电路达到稳态，这时 L 相当于短路，$i_{\rm L}(\infty)=U_{\rm s}/R$，$u_{\rm L}(\infty)=0$，$u_{\rm R}(\infty)=U_{\rm s}$。从波形图上可以直观地看出各响应的变化规律。

5.4.3 单位阶跃响应

单位阶跃函数用 $\varepsilon(t)$ 表示，其定义如下

$$\varepsilon(t)=\begin{cases}0 & t\leqslant 0\\ 1 & t\geqslant 0\end{cases} \tag{5-32}$$

$\varepsilon(t)$ 的波形如图 5-27（a）所示，它在 $(0_-,0_+)$ 时域内发生了单位阶跃，至于它在 $t=0$ 时取什么值（例如取 1、1/2 或 0）是无关紧要的。

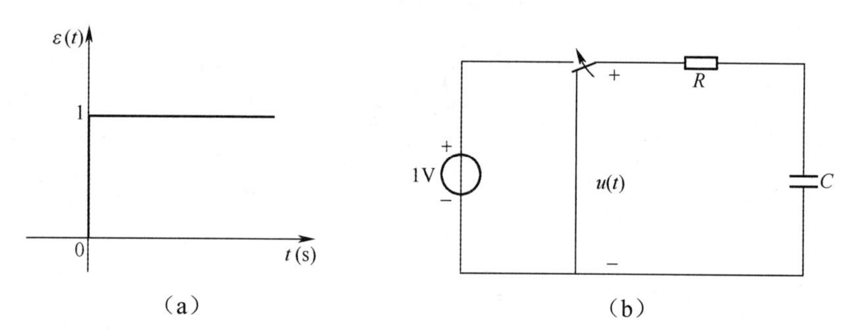

（a）（b）

图 5-27 单位阶跃响应

单位阶跃函数可以用来描述图 5-27（b）所示的开关动作，它表示在 $t=0$ 时把电路接入 1V 直流源时 $u(t)$ 的值，即

$$u(t)=\varepsilon(t)\ {\rm V}$$

如果在 $t=t_0$ 时发生跳变，这相当于单位直流源接入电路的时间推迟到 $t=t_0$，其波形如图 5-28 所示，它是延迟的单位阶跃函数，可表示为

$$\varepsilon(t-t_0)=\begin{cases}0 & t\leqslant t_{0_-}\\ 1 & t\geqslant t_{0_+}\end{cases} \tag{5-33}$$

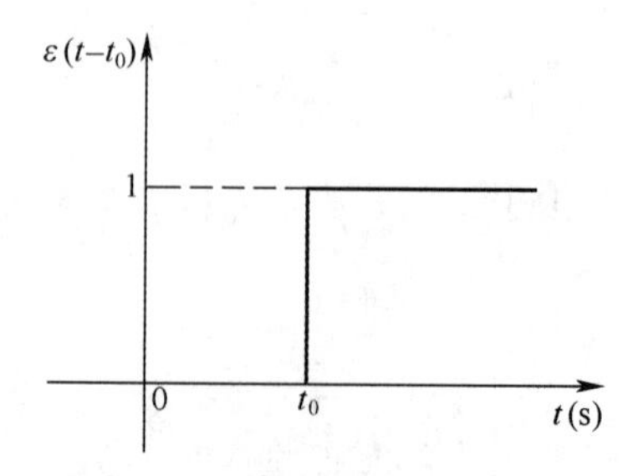

图 5-28 延迟的单位阶跃函数

当激励为单位阶跃函数 $\varepsilon(t)$ 时，电路的零状态响应称为单位阶跃响应，简称阶跃响应。对于图 5-25 所示电路的单位阶跃响应，只要令 $U_{\rm s}=\varepsilon(t)$ 就能得到，例如电容电压为

$$u_c = (1 - e^{-\frac{t}{\tau}})\varepsilon(t)$$

如果单位阶跃不是在$t = 0$而是在某一时刻t_0时加上的，则只要把上述表达式中的 t 改为$t - t_0$就行了。即这种情况下的u_c为

$$u_c = (1 - e^{-\frac{t-t_0}{\tau}})\varepsilon(t - t_0)$$

若图 5-25 的激励$u_s = K\varepsilon(t)$（K 为任意常数），则根据线性电路的性质，电路中的零状态响应均应扩大 K 倍，对于电容有

$$u_c = K(1 - e^{-\frac{t}{\tau}})\varepsilon(t)$$

【例 5-9】 求图 5-29（a）所示电路的阶跃响应u_c。

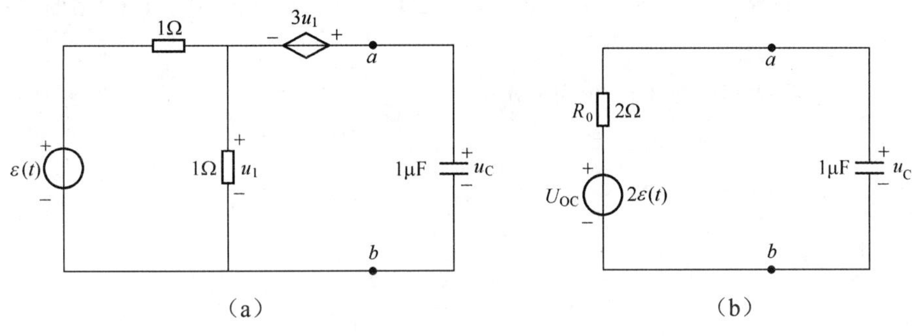

图 5-29 例 5-9 电路

解：先将电路 ab 左端的部分用戴维南定理化简，得到图 5-29（b）所示的电路。由图（a）可得

$$U_{oc} = 3u_1 + u_1 = 4u_1 = 4 \times \frac{1}{2}\varepsilon(t) = 2\varepsilon(t)$$

将 ab 端短路，设短路电流为I_{sc}（从 a 流向 b）

因为 $$3u_1 + u_1 = 0$$

所以 $$u_1 = 0$$

则 $$I_{sc} = \frac{\varepsilon(t)}{1} = 1\text{A}$$

$$R_0 = \frac{U_{oc}}{I_{sc}} = \frac{2}{1} = 2\Omega$$

于是 $$u_c = U_{oc}(1 - e^{-\frac{t}{\tau}}) = 2(1 - e^{-\frac{t}{\tau}})\varepsilon(t)$$

式中 $$\tau = R_0 C = 2 \times 10^{-6}\text{s}$$

思考与练习

5-13 在 RC 零状态响应电路中，电容充电的速度与激励的大小有关，这句话对吗？

5-14 试简述 RL 零状态响应电路所发生的物理过程。

5-15　对图 5-30 所示的电路，$t<0$ 时电路处于稳态。$t=0$ 时开关 S 由 1 扳向 2。求 $t\geqslant 0$ 时电压 u_c 和电流 i。

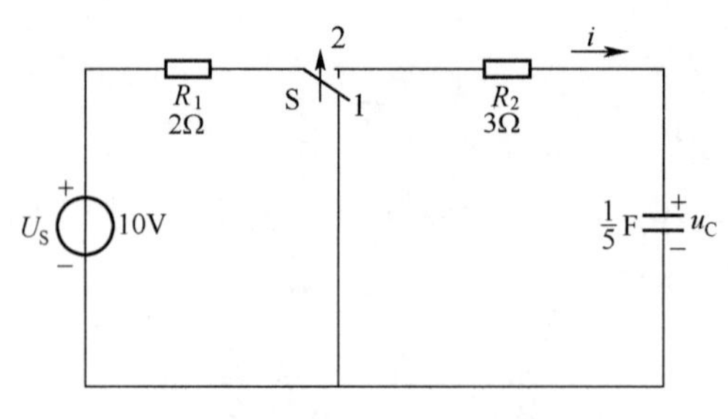

图 5-30　练习 5-15 电路

5-16　对图 5-31 所示的电路，$t=0$ 时开关 S 闭合。已知 $i_L(0_-)=0$，求 $t\geqslant 0$ 时的电流 i_L 和电压 u_L。

5-17　求图 5-32 所示电路的阶跃响应 u_c。

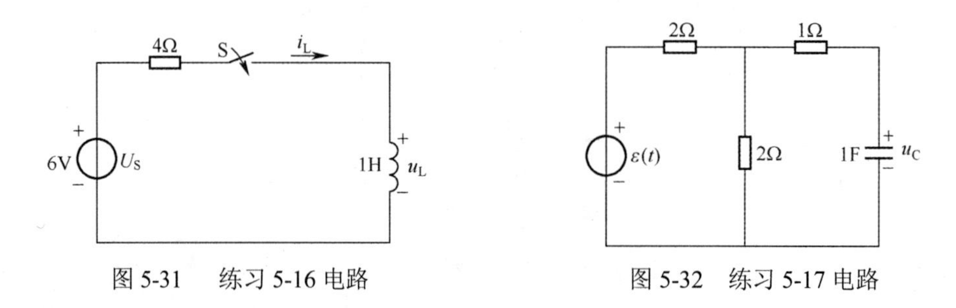

图 5-31　练习 5-16 电路　　图 5-32　练习 5-17 电路

5.5　全响应

由电路的初始状态和外加输入共同激励所产生的响应，称为全响应。

在图 5-33 所示的电路中，设 $u_c(0_-)=U_0$，开关 S 在 $t=0$ 时闭合，电路与常量输入 U_s 接通，显然电路中的响应属于全响应。

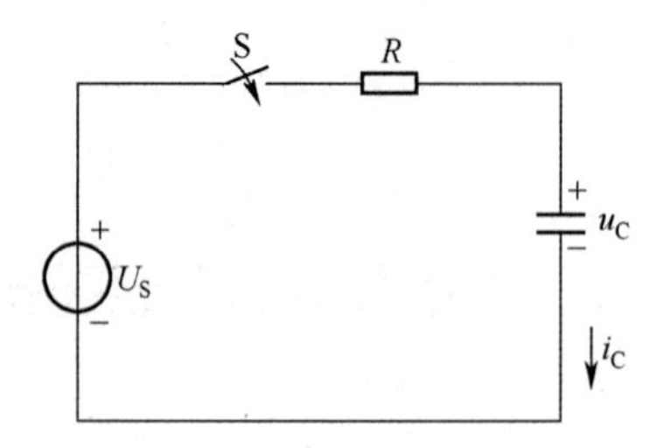

图 5-33　*RC* 电路的全响应

对 $t\geqslant 0$ 的电路，以 u_c 为求解变量可列出描述电路的微分方程为

$$\begin{cases} RC\dfrac{\mathrm{d}u_c}{\mathrm{d}t}+u_c=U_s \\ u_c(0_+)=U_0 \end{cases} \tag{5-34}$$

式（5-34）与描述零状态电路的微分方程式（5-28）相比，仅只有初始条件不同，因此，其解答必具有类似的形式，即

$$u_c = K\mathrm{e}^{-\frac{t}{\tau}} + U_s$$

代入初始条件 $u_c(0_+) = U_0$ 得

$$K = U_0 - U_s$$

从而得到

$$u_c = (U_0 - U_s)\mathrm{e}^{-\frac{t}{\tau}} + U_s \tag{5-35}$$

通过分析式（5-34）可知，当 $U_s = 0$ 时，即为 RC 零输入电路的微分方程。而当 $U_0 = 0$ 时，即为 RC 零状态电路的微分方程。这一结果表明，零输入响应和零状态响应都是全响应的一种特殊情况。

式（5-35）的全响应公式可以有以下两种分解方式：

（1）全响应分解为暂态响应和稳态响应之和。以式（5-35）为例来说明这种分解方式。式中第一项 $(U_0 - U_s)\mathrm{e}^{-\frac{t}{\tau}}$ 是按指数规律衰减的，称暂态响应或称自由分量（固有分量）。式中第二项 $U_s = u_c(\infty)$ 受输入的制约，它是非齐次方程的特解，其解的形式一般与输入信号形式相同，称稳态响应或强制分量。这样有

全响应=暂态响应+稳态响应

（2）全响应分解为零输入响应和零状态响应之和。将式（5-35）改写后可得

$$u_c = U_0\mathrm{e}^{-\frac{t}{\tau}} + U_s(1 - \mathrm{e}^{-\frac{t}{\tau}}) \tag{5-36}$$

式（5-36）等号右边第一项为零输入响应，第二项为零状态响应。

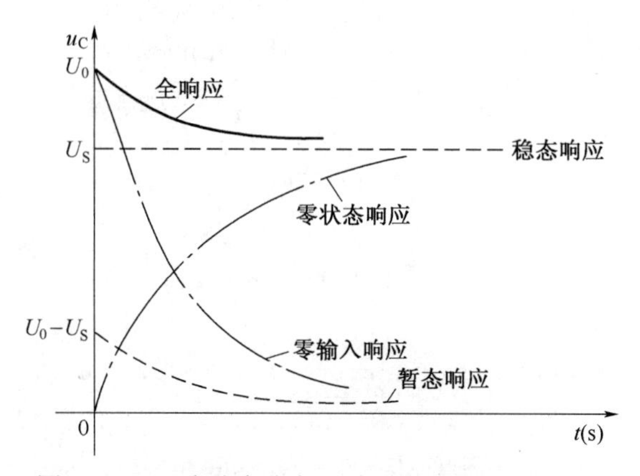

图 5-34 RC 电路全响应 u_c 波形图（设 $U_0 > U_s$）

因为电路的激励有两种：一是外加的输入信号；二是储能元件的初始储能，根据线性电路的叠加性，电路的响应是两种激励各自所产生响应的叠加，即

全响应=零输入响应+零状态响应

总之，无论是把全响应分解为暂态响应与稳态响应之和，还是分解为零输入响应与零状态响应之和，这都是人为地为了分析方便作的分解。两种分解方式的着眼点不同，分解为暂态响应与稳态响应是着眼于电路的工作状态；分解为零输入响应与零状态响应则着眼于电路的因

果关系，而电路真实显现出来的只是全响应。

u_c 的全响应曲线如图 5-34 所示。从图中可见，按零输入响应与零状态响应相加或按暂态响应与稳态响应相加，所得的全响应是一致的。

思考与练习

5-18 某 RC 电路中，电容电压的全响应表示为零输入响应与零状态响应之和，即

$$u_c(t) = 5e^{-t} + 20(1 - e^{-t})V \qquad t \geqslant 0$$

请写出 $u_c(t)$ 的稳态响应、暂态响应，并画出各响应的波形。

5.6 求解一阶电路的三要素法

从求解一阶电路的响应中可以归纳出：在恒定直流电源输入、非零初始状态激励下的一阶电路，各处的电流、电压都是从初始值开始，按指数规律逐渐增长或逐渐衰减到稳定值的，而且在同一电路中，各支路电流、电压变化的时间常数 τ 都是相同的。因此，在上述一阶电路中，任一电流或电压都是由初始值、稳态值及时间常数这三个参数确定的。若用 $f(t)$ 表示电路的响应（电流或电压），用 $f(0_+)$ 表示该电流或电压的初始值，$f(\infty)$ 表示相应的稳态值，τ 表示电路的时间常数，则电路的响应可表示为

$$f(t) = f(\infty) + [f(0_+) - f(\infty)]e^{-\frac{t}{\tau}} \qquad t \geqslant 0 \tag{5-37}$$

式（5-37）即为一阶电路在直流电源作用下求解 $t > 0$ 时任一电流、电压响应的三要素公式，式中 $f(0_+)$、$f(\infty)$ 和 τ 称为三要素，把按三要素公式求解响应的方法称为三要素法。

由于零输入响应和零状态响应是全响应的特殊情况，因此，式（5-37）适用于求一阶电路的任一种响应，具有普遍适用性。

综上所述，为求电路的响应，只需要求出 $f(0_+)$、$f(\infty)$ 和 τ 这三个量，代入式（5-37）即可。用三要素法求解直流电源激励下一阶电路的响应，其解题步骤如下：

1. *确定初始值*

初始值 $f(0_+)$ 是指任一响应在换路后瞬间 $t = 0_+$ 时的数值，与 5.2.2 节所讲的初始值的确定方法是一样的。

（1）先作 $t = 0_-$ 电路。确定换路前电路的状态 $u_c(0_-)$ 或 $i_L(0_-)$，这个状态即为 $t < 0$ 阶段的稳定状态，因此，此时电路中电容 C 视为开路，电感 L 用短路线代替。

（2）作 $t = 0_+$ 电路。这是用刚换路后一瞬间的电路确定各变量的初始值。若 $u_c(0_+) = u_c(0_-) = U_0$，$i_L(0_+) = i_L(0_-) = I_0$，在此电路中 C 用电压源 U_0 代替，L 用电流源 I_0 代替。若 $u_c(0_+) = u_c(0_-) = 0$ 或 $i_L(0_+) = i_L(0_-) = 0$，则 C 用短路线代替，L 视为开路。可用图 5-35 说明。作 $t = 0_+$ 电路后，即可按一般电阻性电路来求解各变量的 $u(0_+)$、$i(0_+)$。

2. *确定稳态值 $f(\infty)$*

作 $t = \infty$ 电路。瞬态过程结束后，电路进入了新的稳态，用此时的电路确定各变量稳态值 $u(\infty)$、$i(\infty)$。在此电路中，电容 C 视为开路，电感 L 用短路线代替，可按一般电阻性电路来求各变量的稳态值。

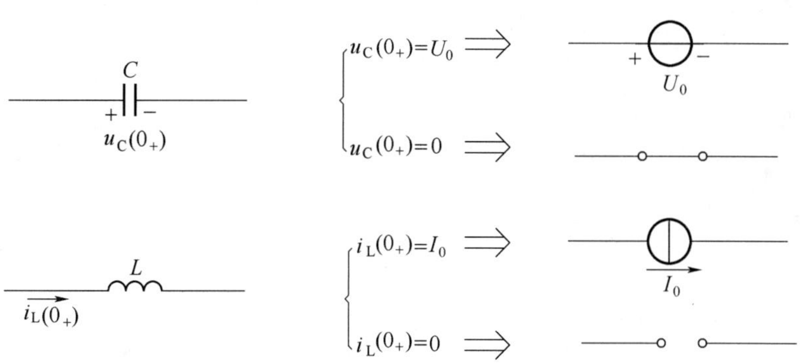

图 5-35　C、L 元件在 $t=0_+$ 时的电路模型

3. 求时间常数 τ

RC 电路中，$\tau = RC$；RL 电路中，$\tau = L/R$。其中，R 是将电路中所有独立源置零后，从 C 或 L 两端看进去的等效电阻（即戴维南等效源中的 R_s）。

【例 5-10】 图 5-36（a）所示的电路中，$t=0$ 时将 S 合上，求 $t \geqslant 0$ 时的 i_1、i_L、u_L。

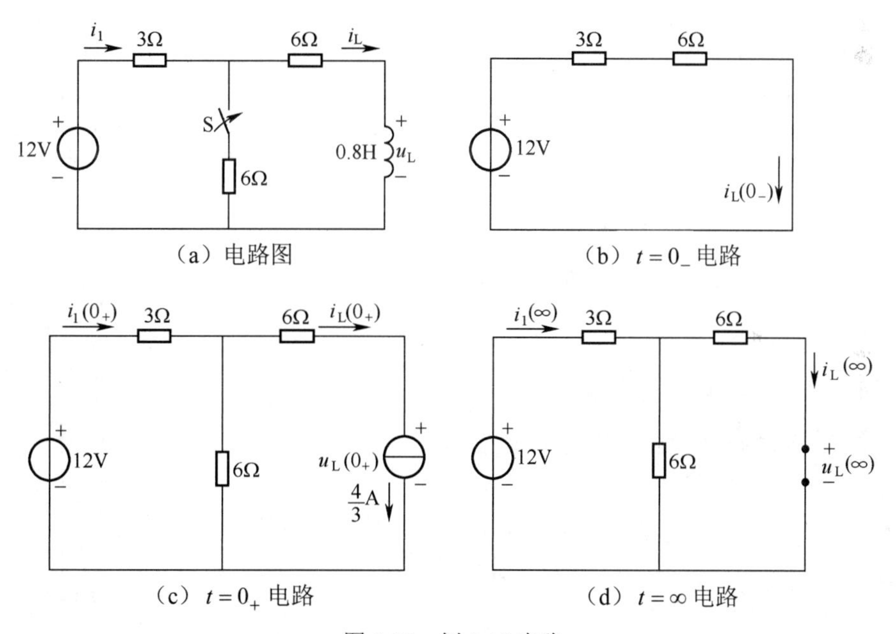

图 5-36　例 5-10 电路

解：（1）先求 $i_L(0_-)$。作 $t=0_-$ 电路，如图 5-10（b）所示，电感用短路线代替，则

$$i_L(0_-) = \frac{12}{3+6} = \frac{4}{3}\text{A}$$

（2）求 $f(0_+)$。作 $t=0_+$ 电路，如图 5-36（c）所示，$i_L(0_+) = i_L(0_-) = \frac{4}{3}\text{A}$，图中电感用 $\frac{4}{3}\text{A}$ 的电流源代替，流向与图 5-36（b）中 $i_L(0_-)$ 一致。因为题意要求 i_1、i_L、u_L，所以相应地需要先求 $i_1(0_+)$、$i_L(0_+)$、$u_L(0_+)$。据 KVL，图 5-36（c）左边回路中有

$$3i_1(0_+) + 6[i_1(0_+) - i_L(0_+)] = 12$$

得 $$i_1(0_+)=\frac{20}{9}\text{A}$$

图 5-36（c）右边回路中有

$$u_L(0_+)=-6i_L(0_+)+6[i_1(0_+)-i_L(0_+)]=-\frac{8}{3}\text{V}$$

（3）求 $f(\infty)$。作 $t=\infty$ 电路，如图 5-36（d）所示，电感用短路线代替，则

$$i_1(\infty)=\frac{12}{3+\dfrac{6\times 6}{6+6}}=2\text{A}$$

$$i_L(\infty)=\frac{1}{2}i_1(\infty)=1\text{A}$$

$$u_L(\infty)=0$$

（4）求 τ。从动态元件 L 两端看进去的戴维南等效电阻为

$$R=6+3//6=6+\frac{3\times 6}{3+6}=8\Omega$$

$$\tau=\frac{L}{R}=\frac{0.8}{8}=0.1=\frac{1}{10}\text{s}$$

（5）代入公式。

$$f(t)=f(\infty)+[f(0_+)-f(\infty)]\text{e}^{-\frac{t}{\tau}}$$

$$i_1(t)=2+\left(\frac{20}{9}-2\right)\text{e}^{-10t}=2+\frac{2}{9}\text{e}^{-10t}\text{A} \qquad t\geqslant 0$$

$$i_L(t)=1+\left(\frac{4}{3}-1\right)\text{e}^{-10t}=1+\frac{1}{3}\text{e}^{-10t}A \qquad t\geqslant 0$$

$$u_L(t)=0+\left(-\frac{8}{3}-0\right)\text{e}^{-10t}=-\frac{8}{3}\text{e}^{-10t}\text{V} \qquad t\geqslant 0$$

$i_1(t)$、$i_L(t)$ 及 $u_L(t)$ 波形图如图 5-37 所示。

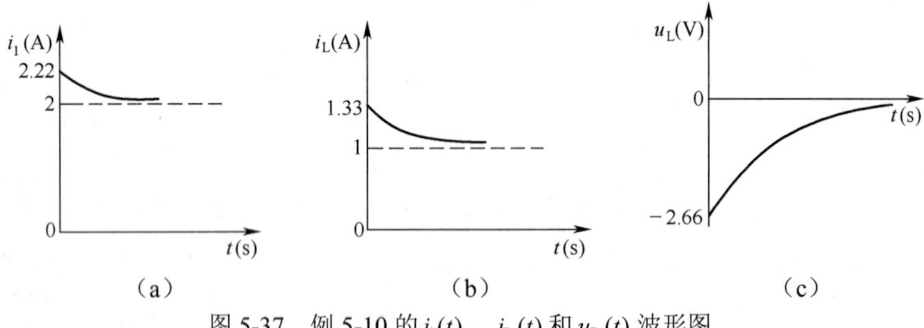

图 5-37 例 5-10 的 $i_1(t)$、$i_L(t)$ 和 $u_L(t)$ 波形图

【例 5-11】 电路如图 5-38（a）所示，已知 $i_L(0_-)=6\text{A}$，试求 $t>0$ 时的 $u_L(t)$，并定性画出 $u_L(t)$ 的波形。

解： 已知 $i_L(0_+)=i_L(0_-)=6\text{A}$。因为无外加激励，即求解的为零输入响应，所以 $i_L(\infty)=0$。为求时间常数 τ，用外加电压法求从 L 两端看进去的 R，如图 5-38（b）所示，利用 KCL、

KVL 可列方程为

$$U = 6I + (I + 0.1U) \times 4$$

$$U - 0.4U = 10I$$

$$R = \frac{U}{I} = \frac{10}{0.6} = \frac{50}{3}\Omega$$

$$\tau = \frac{L}{R} = \frac{0.5}{\frac{50}{3}} = 0.03\text{s} = \frac{3}{100}\text{s}$$

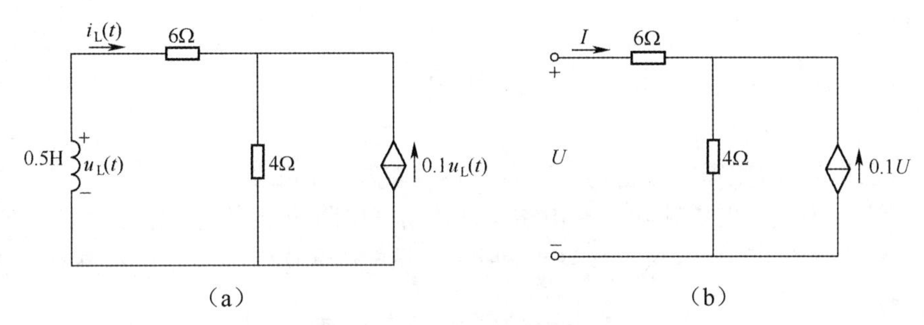

图 5-38　例 5-11 电路

所以
$$i_L(t) = i(0_+)\mathrm{e}^{-\frac{t}{\tau}} = 6\mathrm{e}^{-\frac{100}{3}t}\text{A} \qquad t \geqslant 0$$

$$u_L(t) = -L\frac{\mathrm{d}i_L(t)}{\mathrm{d}t} = 100\mathrm{e}^{-\frac{100}{3}t}\text{V} \qquad t \geqslant 0$$

$u_L(t)$ 的波形如图 5-39 所示。

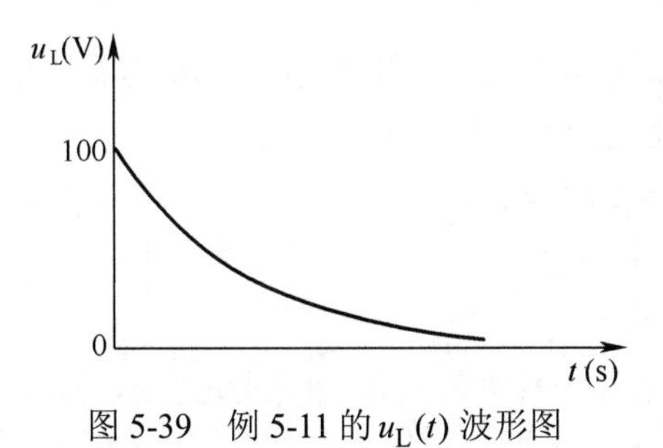

图 5-39　例 5-11 的 $u_L(t)$ 波形图

思考与练习

5-19　有人认为："用三要素法求任一响应，其初始值用 $f(0_+) = f(0_-)$ 都可以"，这句话对吗？为什么？

5-20　在图 5-40 所示的电路中，$t = 0$ 时开关 S 闭合，闭合前电路已处于稳态。求 $t \geqslant 0$ 时的电容电压 u_c。

5-21　对图 5-41 所示的电路，$t < 0$ 时电路已达稳态。$t = 0$ 时开关打开，求 $t \geqslant 0$ 时的 $i_L(t)$ 和 $u_L(t)$。

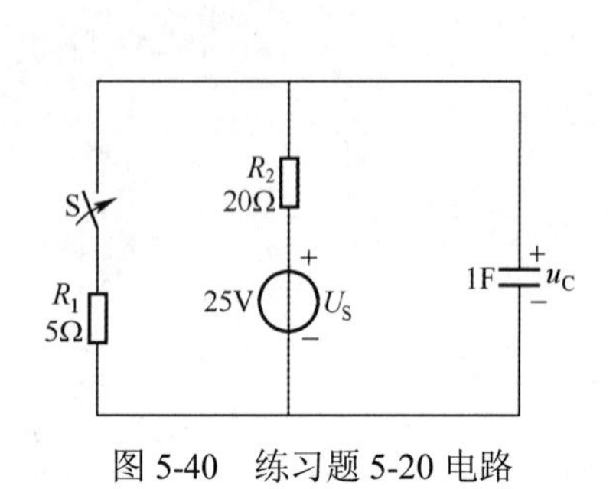

图 5-40　练习题 5-20 电路

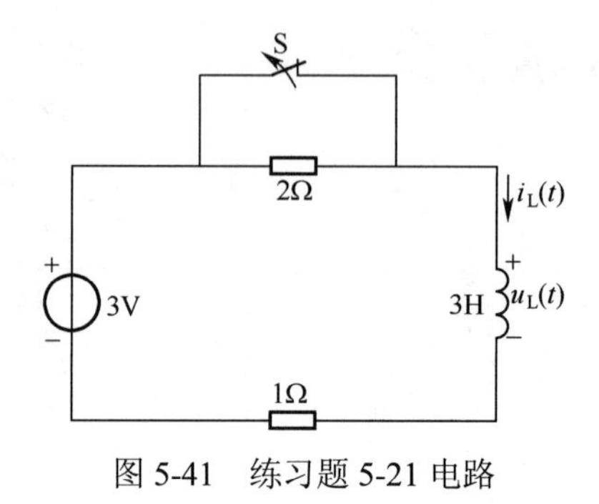

图 5-41　练习题 5-21 电路

小结

本章讲述的是一阶电路的分析，其主要内容归纳为以下几个方面：

（1）含有动态元件的电路叫动态电路。描述动态电路的方程是微分方程。动态元件的电压和电流关系是微分或积分关系，如表 5-1 所示（设电压和电流为关联参考方向）。

表 5-1　动态元件的伏安关系

伏安关系 / 元件名称	微分关系	积分关系	储能
电容 C	$i_c = C\dfrac{du_c}{dt}$	$u_c = u_c(0) + \dfrac{1}{C}\int_0^t i_c(\xi)d\xi$	$w_c = \dfrac{1}{2}Cu_c^2$
电感 L	$u_L = L\dfrac{di_L}{dt}$	$i_L = i_L(0) + \dfrac{1}{L}\int_0^t u_L(\xi)d\xi$	$w_L = \dfrac{1}{2}Li_L^2$

（2）换路定律是指：如果电容电流 i_c 和电感电压 u_L 为有限值，则电容电压 u_c 和电感电流 i_L 不能跃变。设在 $t=0$ 时发生换路，则有

$$u_c(0_+) = u_c(0_-) \qquad i_L(0_+) = i_L(0_-)$$

而电路中其他电流、电压不存在 $t=0_+$ 与 $t=0_-$ 时值相等的规律性。它们的初始值 $u(0_+)$ 或 $i(0_+)$ 应根据 $t=0_+$ 等效电路求出。

（3）零输入响应是指输入信号为零，仅由储能元件的初始储能所激发的响应；零状态响应是指电路的初始储能为零，仅由输入产生的响应。当激励为单位阶跃函数 $\varepsilon(t)$ 时，电路的零状态响应称阶跃响应。由电路的初始储能和输入共同激励所产生的响应称全响应，它等于零输入响应和零状态响应之和，因为电路的激励有两种：一是输入信号，二是电路的初始储能，根据线性电路的叠加性，电路的全响应是两种激励各自产生响应的叠加。于是全响应也可分解为暂态响应（自由响应）与稳态响应（强迫响应）之和。暂态响应随着时间 t 的增加按指数规律衰减到零，稳态响应与激励具有相同的函数形式，当激励为直流电源时，稳态响应为一常数。

（4）求解一阶电路响应的三要素公式为

$$f(t) = f(\infty) + [f(0_+) - f(\infty)]e^{-\frac{t}{\tau}} \qquad t \geqslant 0$$

利用该公式可以方便地求解一阶电路在直流电源或阶跃信号激励下的电路响应。三要素

公式不仅适用于全响应，对零输入、零状态响应均适用，具有普遍适用性。

练习五

5-1　图 5-42（a）电路中的$i_s(t)$波形如图 5-42（b）所示。（1）求电压$u(t)$、功率$p(t)$和储能$w_L(t)$；（2）求$t=1.5$s 时的功率和储能。

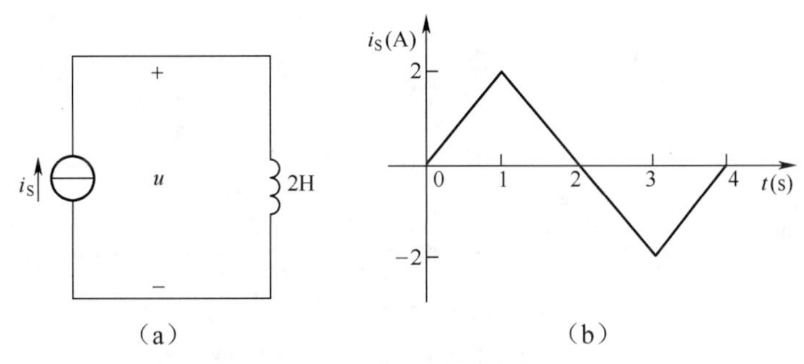

图 5-42　练习题 5-1 图

5-2　图 5-43 所示的电路，$t<0$时电路已稳定，$t=0$时开关由 1 扳向 2，求$i_L(0_+)$、$u_L(0_+)$和$u_R(0_+)$。

5-3　图 5-44 所示的电路，$t=0$时开关闭合。已知$u_c(0_-)=4$V，求$i_c(0_+)$和$u_R(0_+)$。

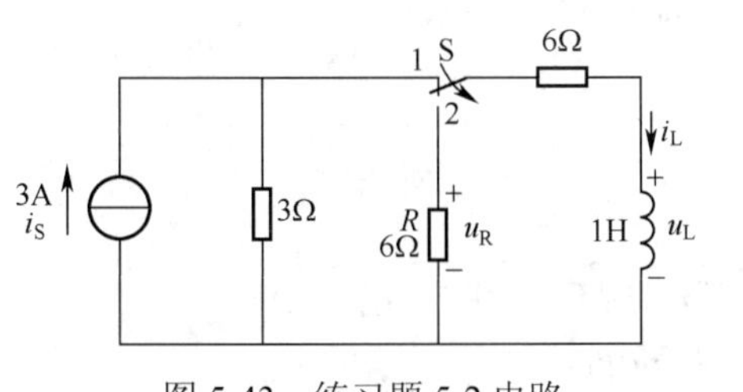

图 5-43　练习题 5-2 电路

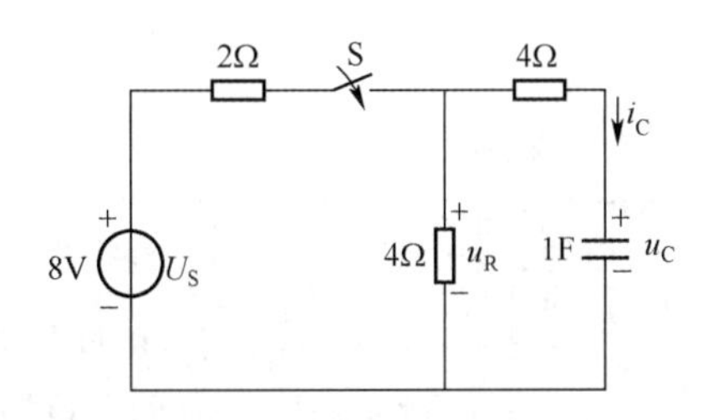

图 5-44　练习题 5-3 电路

5-4　图 5-45 所示的电路，开关闭合前电路已达稳态。$t=0$时开关闭合，求初始值$i(0_+)$和$u_L(0_+)$。

5-5　图 5-46 所示的电路，$t=0$时开关 S 由 1 扳向 2，在$t<0$时电路已达稳态，求初始值$i(0_+)$、$i_c(0_+)$和$u_L(0_+)$。

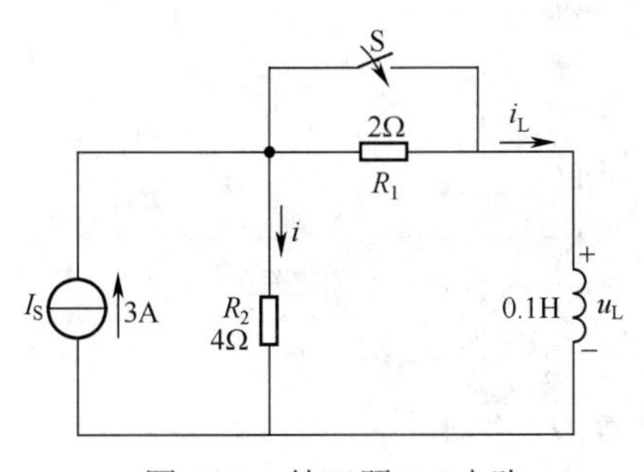

图 5-45　练习题 5-4 电路

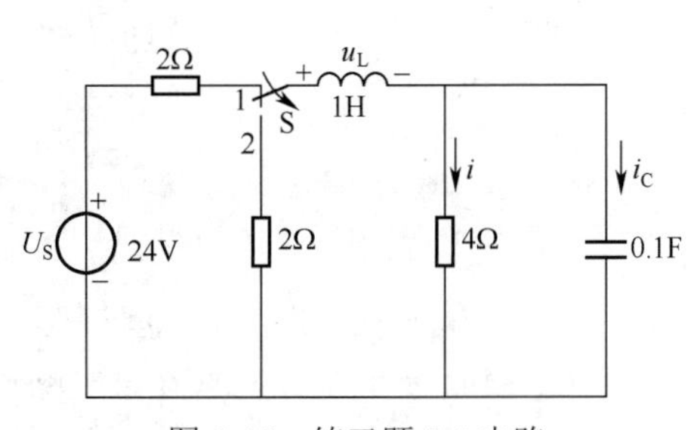

图 5-46　练习题 5-5 电路

5-6　在图 5-47 所示的电路中，已知$u_c(0_-)=10\text{V}$，求 S 闭合后的时间常数τ。

5-7　图 5-48 所示的电路，开关动作前电路已达稳态，$t=0$时开关 S 由 1 扳向 2，求$t\geqslant 0_+$时的$i_L(t)$和$u_L(t)$。

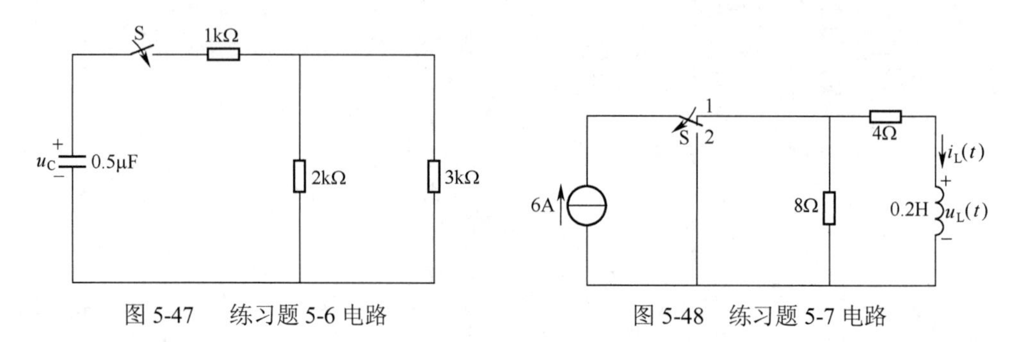

图 5-47　练习题 5-6 电路　　　　图 5-48　练习题 5-7 电路

5-8　图 5-49 所示的电路，$t=0$时开关闭合，开关动作前电路已达稳态，求$t\geqslant 0_+$时的$u_c(t)$，并画出波形。

5-9　图 5-50 所示的电路，$t<0$时开关打开，电路已达稳态。$t=0$时开关闭合，求$t\geqslant 0_+$时的电流i_L和电压u。

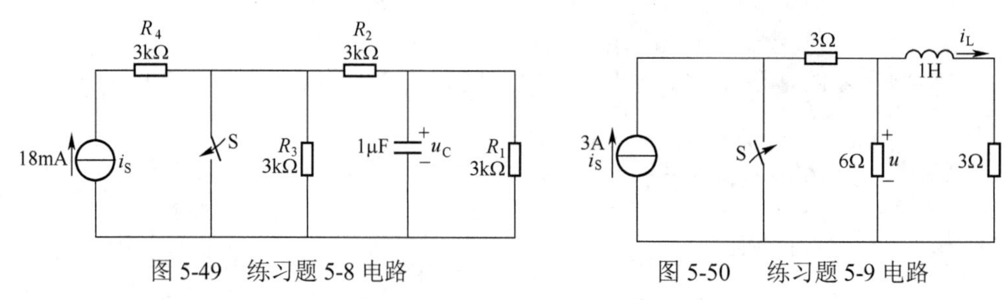

图 5-49　练习题 5-8 电路　　　　图 5-50　练习题 5-9 电路

5-10　图 5-51 所示的电路，$t=0$时开关 S 打开，打开前电路已达稳态。求$t\geqslant 0_+$时的零输入响应$u(t)$，并计算经过多长时间$u(t)$的电压等于 0.5V。

5-11　如图 5-52 所示的电路，$t=0$时开关 S 闭合，已知$u_c(0_-)=0$，求$t\geqslant 0_+$时的$u_c(t)$、$u_0(t)$。

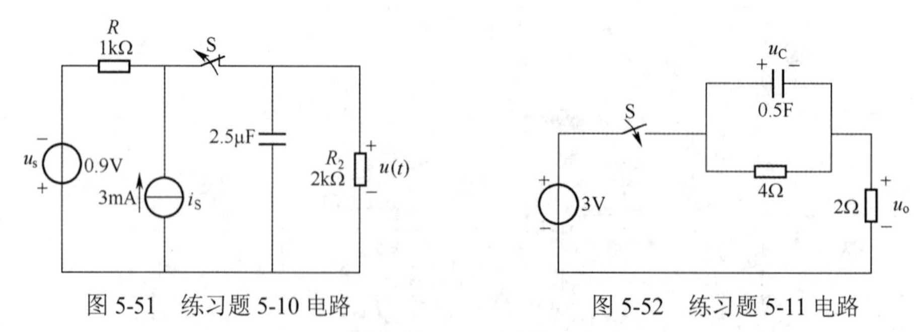

图 5-51　练习题 5-10 电路　　　　图 5-52　练习题 5-11 电路

5-12　图 5-53 所示的电路，$t=0$时开关闭合，已知$i_L(0_+)=0$，求$t\geqslant 0_+$时的电流i_L。

5-13　图 5-54 所示的电路，$t<0$时电路已达稳态，$t=0$时开关打开，求$t\geqslant 0_+$时的i_L、u_L和u。

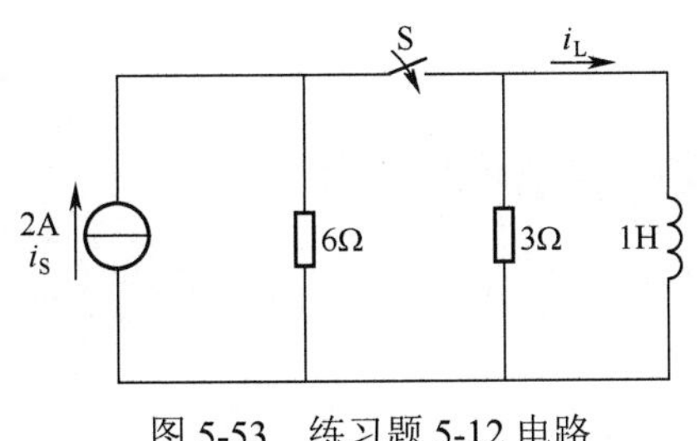

图 5-53　练习题 5-12 电路

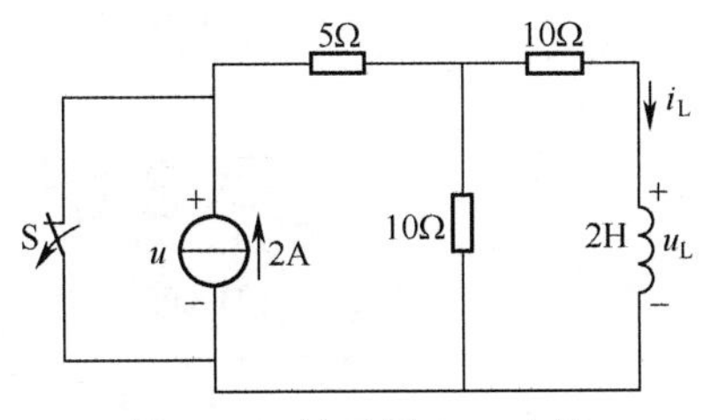

图 5-54　练习题 5-13 电路

5-14　图 5-55 所示的电路，开关闭合前电路已达稳态，求开关闭合后的u_L。

5-15　图 5-56 所示的电路，$t=0$ 时开关S_1闭合、S_2打开，$t<0$ 时电路已达稳态，求$t \geqslant 0_+$时的$i(t)$和$u_L(t)$。

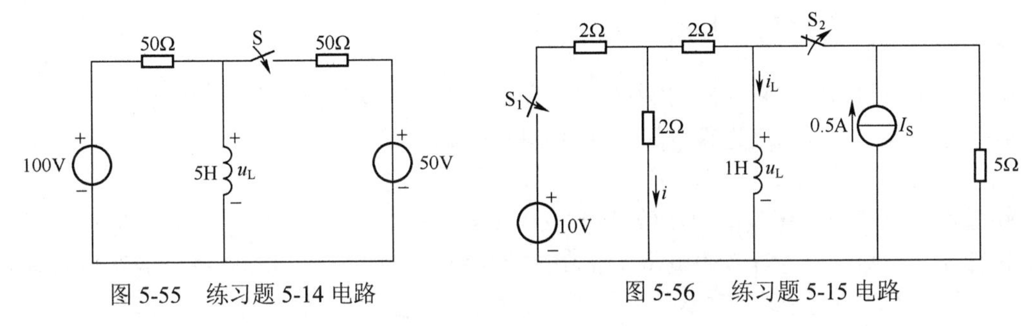

图 5-55　练习题 5-14 电路　　图 5-56　练习题 5-15 电路

5-16　图 5-57 所示电路，$t=0$ 时开关闭合，求$t \geqslant 0_+$时的$i_L(t)$和$u_L(t)$。

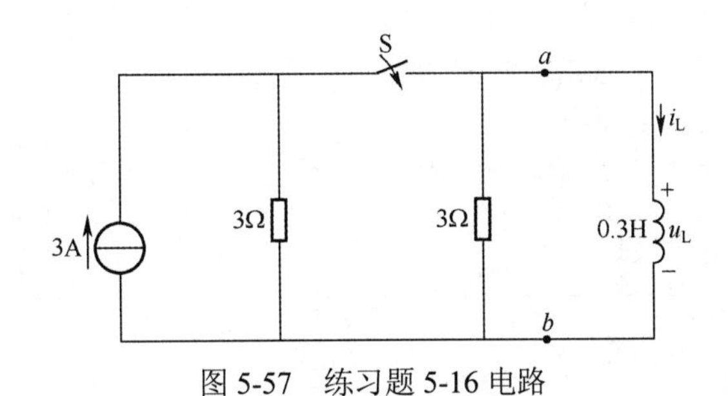

图 5-57　练习题 5-16 电路

5-17　图 5-58 所示的电路，$t=0$ 时开关S_1闭合、S_2打开，$t<0$ 时电路已达稳态，求$t \geqslant 0_+$时的电流$i(t)$。

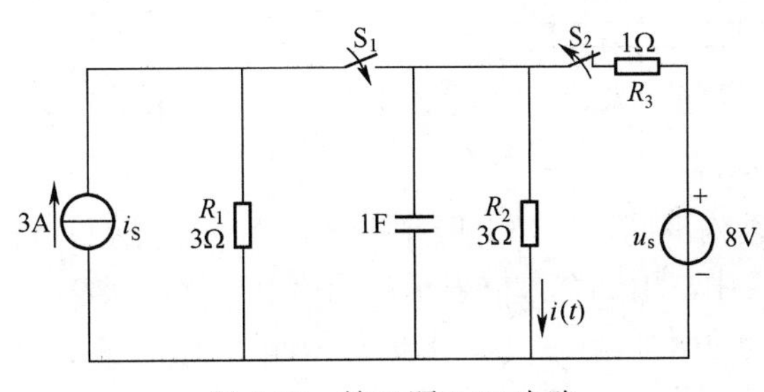

图 5-58　练习题 5-17 电路

第 6 章　二端口网络

【本章重点】

- 二端口网络的概念。
- 二端口网络的方程（Z、Y、H、T）和参数，并熟练地进行参数的计算。
- 对复杂二端口网络进行分解，计算其网络参数。
- 理解二端口网络等效的概念，掌握二端口网络等效的计算方法。
- 了解回转器及其作用。

【本章难点】

- 二端口网络的方程（Z、Y、H、T）和参数，并熟练地进行参数的计算。
- 对复杂二端口网络进行分解，计算其网络参数。

前面章节已介绍过等效电阻和戴维南等效电路、诺顿等效电路，它们分别是对无源二端网络和有源二端网络进行等效的电路。无源二端网络和有源二端网络都有两个端钮与电路的其他部分连接，这样的两个端钮称为一对端钮。其特点是电流从一个端钮流入，从另一个端钮流出。具备这一特点的二端网络称为一端口网络或单口网络。如果一个网络具有三个或三个以上的端钮与电路的其他部分连接，则称为多子网络，这样的网络在电工技术和电子线路中很多，如传输线、变压器、晶体管、运放、滤波器等，如图 6-1 所示。

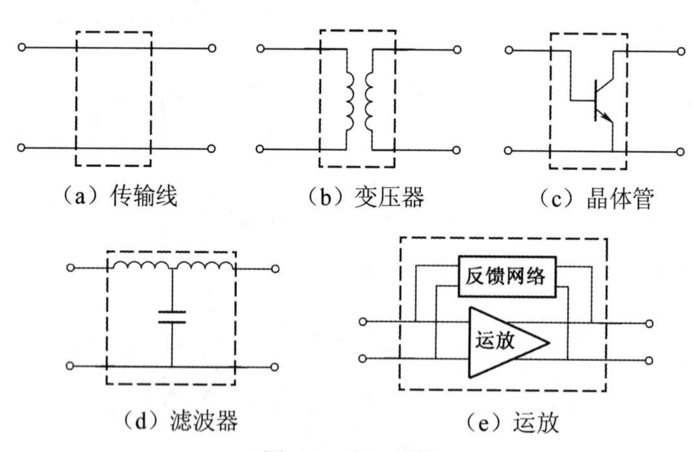

图 6-1　多口网络

这些网络虽然内部结构不同，但都有四个端钮，即两对端钮。将两对端钮之间的电路全部封装在一个“黑盒子”中，用一个方框表示，网络可以用图 6-2 来表示。两对端钮 1-1′ 和 2-2′ 是其与外电路相连接的两个端口，1-1′ 端口称为输入端口，2-2′ 端口称为输出端口。在任一时刻端口 1 流入的电流等于从端口 1′ 流出的电流；端口 2 流入的电流等于从端口 2′ 流出的电流，满足这一端口条件的四端网络称为二端口网络或双口网络，否则只能称为四端网络。

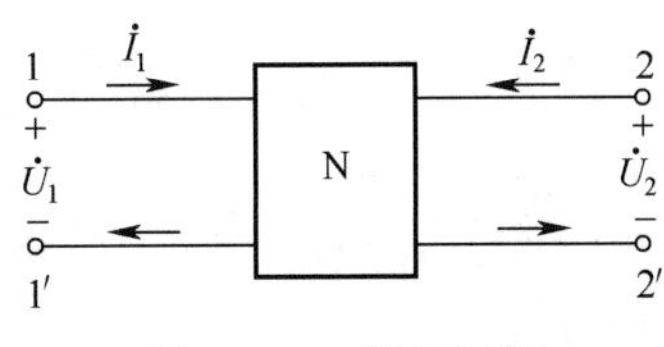

图 6-2　二端口网络

二端口网络只有两对端钮与外部电路连接，其性能的研究主要是通过二端口网络来研究两个端口电流、两个端口电压四个物理量之间的关系。这对于研究那些内部元件和电路全部被封闭起来的，仅有输入端口、输出端口引出的电路，如集成电路之类的器件具有重要的实际意义。

本章研究的是无源的、线性元件组成二端口网络的 4 个物理量之间的关系。它们有 6 种不同参数表示的方程，下面讨论常用的 4 种参数和方程。

6.1　二端口网络的方程与参数

6.1.1　二端口网络的 Z 方程和 Z 参数

Z 方程是一组以二端口网络的电流 $\dot{I}_1$ 和 $\dot{I}_2$ 表征电压 $\dot{U}_1$ 和 $\dot{U}_2$ 的方程。二端口网络以电流 $\dot{I}_1$ 和 $\dot{I}_2$ 作为独立变量，电压 $\dot{U}_1$ 和 $\dot{U}_2$ 作为待求量，根据置换定理，二端口网络端口的外部电路总是可以用电流源替代，如图 6-3（a）所示，替代后网络是线性的，可以按照叠加定理将图 6-3（a）所示的网络分解成仅含单个电流源的网络，如图 6-3（b）和（c）所示，端口电压 $\dot{U}_1$ 和 $\dot{U}_2$ 是电流 $\dot{I}_1$、$\dot{I}_2$ 单独作用时所产生的电压之和，即

$$\begin{aligned}\dot{U}_1 &= Z_{11}\dot{I}_1 + Z_{12}\dot{I}_2 \\ \dot{U}_2 &= Z_{21}\dot{I}_1 + Z_{22}\dot{I}_2\end{aligned} \tag{6-1}$$

式中，Z_{11}、Z_{12}、Z_{21}、Z_{22} 具有阻抗的性质，量纲为欧姆（Ω），故称为 Z 参数，式（6-1）称为 Z 参数方程。

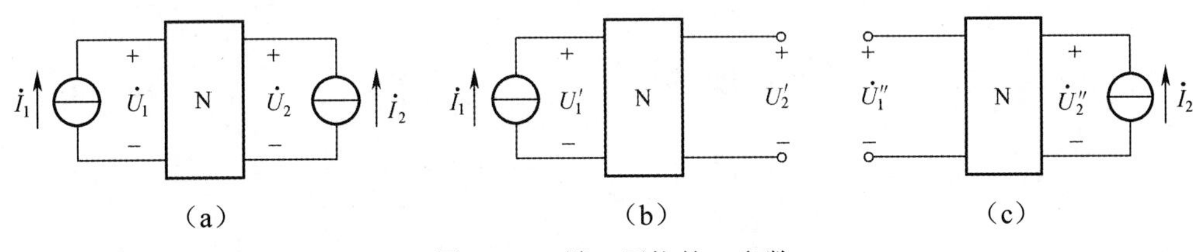

图 6-3　二端口网络的 Z 参数

Z 参数可以通过输入端口、输出端口开路测量或计算确定：

$Z_{11} = \left.\dfrac{\dot{U}_1}{\dot{I}_1}\right|_{\dot{I}_2=0}$， Z_{11} 是输出端开路时，输入端的入端阻抗。

$Z_{21} = \left.\dfrac{\dot{U}_2}{\dot{I}_1}\right|_{\dot{I}_2=0}$， Z_{21} 是输出端开路时，输出端对输入端的转移阻抗。

$Z_{12}=\dfrac{\dot{U}_1}{\dot{I}_2}\Big|_{\dot{I}_1=0}$，$Z_{12}$ 是输入端开路时，输入端对输出端的转移阻抗。

$Z_{22}=\dfrac{\dot{U}_2}{\dot{I}_2}\Big|_{\dot{I}_1=0}$，$Z_{22}$ 是输入端开路时，输出端的入端阻抗。

因为 Z 参数均与一个端口开路相联系，所以 Z 参数又称为开路阻抗参数。Z 参数也可由其他参数（随后讲到）转换确定。

如果二端口网络中的电流 $\dot{I}_1$ 和 $\dot{I}_2$ 相等，所产生的开路电压 $\dot{U}_1''$ 和 $\dot{U}_2''$ 也相等时，$Z_{12}=Z_{21}$，该网络具有互易性，则网络称为互易网络。如果该网络还具有 $Z_{11}=Z_{22}$ 的特点，则网络称为对称的二端口网络。

式（6-1）还可以写成如下的矩阵形式

$$\begin{bmatrix}\dot{U}_1\\ \dot{U}_2\end{bmatrix}=\begin{bmatrix}Z_{11} & Z_{12}\\ Z_{21} & Z_{22}\end{bmatrix}\begin{bmatrix}\dot{I}_1\\ \dot{I}_2\end{bmatrix}=Z\begin{bmatrix}\dot{I}_1\\ \dot{I}_2\end{bmatrix}$$

其中 $Z=\begin{bmatrix}Z_{11} & Z_{12}\\ Z_{21} & Z_{22}\end{bmatrix}$ 称为 Z 参数矩阵。

【例 6-1】 试求图 6-4 所示二端口网络的开路阻抗矩阵 Z。

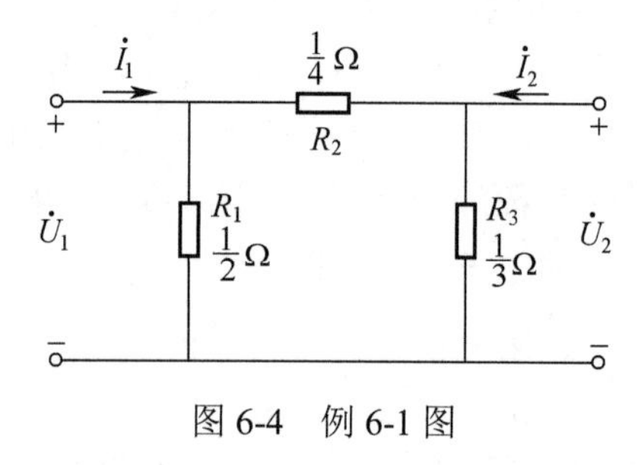

图 6-4　例 6-1 图

解： 首先求二端口网络的开路阻抗参数（Z 参数）。令二端口网络的输出端口开路，则 $\dot{I}_2=0$，由图 6-4 可得

$$\dot{I}_1=\frac{\dot{U}_1}{R_1}+\frac{\dot{U}_1}{R_2+R_3}=\frac{\dot{U}_1}{\frac{1}{2}}+\frac{\dot{U}_1}{\frac{1}{4}+\frac{1}{3}}=\frac{26}{7}\dot{U}_1$$

$$\dot{U}_2=\frac{\dot{U}_1}{R_2+R_3}R_3=\frac{\dot{U}_1}{\frac{1}{4}+\frac{1}{3}}\times\frac{1}{3}=\frac{4}{7}\dot{U}_1$$

所以

$$Z_{11}=\frac{\dot{U}_1}{\dot{I}_1}\Big|_{\dot{I}_2=0}=\frac{7}{26}\Omega$$

$$Z_{21}=\frac{\dot{U}_2}{\dot{I}_1}\Big|_{\dot{I}_2=0}=\frac{4}{7}\times\frac{7}{26}=\frac{2}{13}\Omega$$

令二端口网络的输入端口开路，则 $\dot{I}_1=0$，由图 6-4 可得

$$\dot{I}_2=\frac{\dot{U}_2}{R_3}+\frac{\dot{U}_2}{R_1+R_2}=\frac{\dot{U}_2}{\frac{1}{3}}+\frac{\dot{U}_2}{\frac{1}{2}+\frac{1}{4}}=\frac{13}{3}\dot{U}_2$$

$$\dot{U}_1=\frac{\dot{U}_2}{R_1+R_2}R_1=\frac{\dot{U}_2}{\frac{1}{2}+\frac{1}{4}}\times\frac{1}{2}=\frac{2}{3}\dot{U}_2$$

所以

$$Z_{12}=\frac{\dot{U}_1}{\dot{I}_2}\bigg|_{\dot{I}_1=0}=\frac{2}{3}\times\frac{3}{13}=\frac{2}{13}\Omega$$

$$Z_{22}=\frac{\dot{U}_2}{\dot{I}_2}\bigg|_{\dot{I}_1=0}=\frac{3}{13}\Omega$$

故二端口网络的开路阻抗矩阵 Z 为

$$Z=\begin{bmatrix}\frac{7}{26} & \frac{2}{13}\\ \frac{2}{13} & \frac{3}{13}\end{bmatrix}$$

6.1.2　二端口网络的 Y 方程和 Y 参数

Y方程是一组以二端口网络的电压$\dot{U}_1$和$\dot{U}_2$表征电流$\dot{I}_1$和$\dot{I}_2$的方程。二端口网络以电压$\dot{U}_1$和$\dot{U}_2$作为独立变量，电流$\dot{I}_1$和$\dot{I}_2$为待求量，仍采用上节的分析方法，根据置换定理，将二端口网络端口的外部电路用电压源替代，如图 6-5（a）所示。按照叠加定理，将图 6-5（a）所示的网络分解成仅含单个电压源的网络，如图 6-5（b）和（c）所示，端口电流$\dot{I}_1$和$\dot{I}_2$是电压$\dot{U}_1$和$\dot{U}_2$单独作用时所产生的电流之和，即

$$\begin{aligned}\dot{I}_1&=Y_{11}\dot{U}_1+Y_{12}\dot{U}_2\\ \dot{I}_2&=Y_{21}\dot{U}_1+Y_{22}\dot{U}_2\end{aligned}\tag{6-2}$$

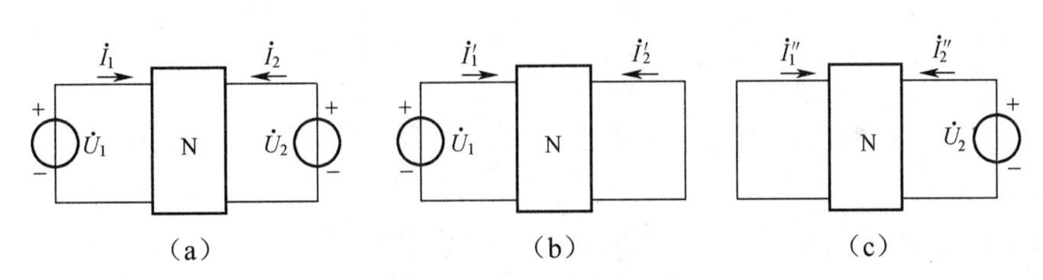

图 6-5　二端口网络的 Y 参数

式中，Y_{11}、Y_{12}、Y_{21}、Y_{22}具有导纳的性质，量纲为西门子（S），故称为二端口网络的Y参数，式（6-2）称为Y参数方程，其矩阵形式为

$$\begin{bmatrix}\dot{I}_1\\ \dot{I}_2\end{bmatrix}=\begin{bmatrix}Y_{11} & Y_{12}\\ Y_{21} & Y_{22}\end{bmatrix}\begin{bmatrix}\dot{U}_1\\ \dot{U}_2\end{bmatrix}=Y\begin{bmatrix}\dot{U}_1\\ \dot{U}_2\end{bmatrix}$$

其中$Y=\begin{bmatrix}Y_{11} & Y_{12}\\ Y_{21} & Y_{22}\end{bmatrix}$称为$Y$参数矩阵。

Y参数的确定可通过输入端口、输出端口短路测量或计算确定。

$Y_{11}=\dfrac{\dot{I}_1}{\dot{U}_1}\Big|_{\dot{U}_2=0}$，$Y_{11}$是输出端短路时，输入端的入端导纳。

$Y_{21}=\dfrac{\dot{I}_2}{\dot{U}_1}\Big|_{\dot{U}_2=0}$，$Y_{21}$是输出端短路时，输出端对输入端的转移导纳。

$Y_{12}=\dfrac{\dot{I}_1}{\dot{U}_2}\Big|_{\dot{U}_1=0}$，$Y_{12}$是输入端短路时，输入端对输出端的转移导纳。

$Y_{22}=\dfrac{\dot{I}_2}{\dot{U}_2}\Big|_{\dot{U}_1=0}$，$Y_{22}$是输入端短路时，输出端的入端导纳。

由于 Y 参数总是在一个端口短路的情况下确定，所以 Y 参数又称为短路导纳参数。Y 参数也可由其他参数转换而定。例如当 Z 参数已知时，由 Z 参数方程可知

$$\begin{bmatrix}\dot{U}_1\\ \dot{U}_2\end{bmatrix}=\begin{bmatrix}Z_{11} & Z_{12}\\ Z_{21} & Z_{22}\end{bmatrix}\begin{bmatrix}\dot{I}_1\\ \dot{I}_2\end{bmatrix}$$

对以上方程求逆，即可得 Y 参数方程

$$\begin{bmatrix}\dot{I}_1\\ \dot{I}_2\end{bmatrix}=\begin{bmatrix}Z_{11} & Z_{12}\\ Z_{21} & Z_{22}\end{bmatrix}^{-1}\begin{bmatrix}\dot{U}_1\\ \dot{U}_2\end{bmatrix}=\begin{bmatrix}Y_{11} & Y_{12}\\ Y_{21} & Y_{22}\end{bmatrix}$$

$$\begin{bmatrix}Y_{11} & Y_{12}\\ Y_{21} & Y_{22}\end{bmatrix}=\begin{bmatrix}Z_{11} & Z_{12}\\ Z_{21} & Z_{22}\end{bmatrix}^{-1}=\begin{bmatrix}\dfrac{Z_{22}}{\Delta Z} & -\dfrac{Z_{12}}{\Delta Z}\\ -\dfrac{Z_{21}}{\Delta Z} & \dfrac{Z_{11}}{\Delta Z}\end{bmatrix}$$

其中
$$\Delta Z=\begin{vmatrix}Z_{11} & Z_{12}\\ Z_{21} & Z_{22}\end{vmatrix}=Z_{11}Z_{22}-Z_{12}Z_{21}$$

由此可知

$$Y_{11}=\frac{Z_{22}}{\Delta Z}\qquad Y_{12}=-\frac{Z_{12}}{\Delta Z}$$
$$Y_{21}=-\frac{Z_{21}}{\Delta Z}\qquad Y_{22}=\frac{Z_{11}}{\Delta Z}$$

当 $Y_{21}=Y_{12}$ 时，二端口网络具有互易性。如果该网络还具有 $Y_{11}=Y_{12}$ 的特点，则二端口网络是对称的。

【例 6-2】 试求图 6-6 所示二端口网络的 Y 参数方程。

解：首先求二端口网络的短路导纳参数（Y 参数）。

（1）用计算法求 Y 参数。令二端口网络的输出端口短路，则 $\dot{U}_2=0$，由图 6-6 可得

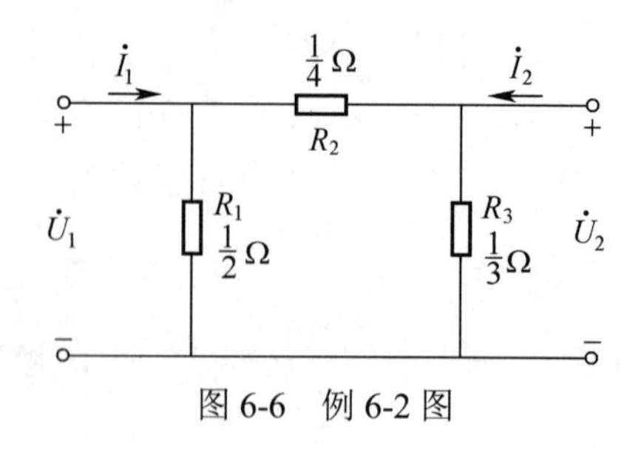

图 6-6　例 6-2 图

$$\dot{I}_1 = \frac{\dot{U}_1}{R_1} + \frac{\dot{U}_1}{R_2} = \frac{\dot{U}_1}{\frac{1}{2}} + \frac{\dot{U}_1}{\frac{1}{4}} = 6\dot{U}_1$$

$$\dot{I}_2 = -\frac{\dot{U}_1}{R_2} = -\frac{\dot{U}_1}{\frac{1}{4}} = -4\dot{U}_1$$

所以

$$Y_{11} = \frac{\dot{I}_1}{\dot{U}_1}\bigg|_{\dot{U}_2=0} = 6\text{S}$$

$$Y_{21} = \frac{\dot{I}_2}{\dot{U}_1}\bigg|_{\dot{U}_2=0} = -4\text{S}$$

令二端口网络的输入端口短路，则$\dot{U}_1 = 0$，由图 6-6 可知

$$\dot{I}_2 = \frac{\dot{U}_2}{R_3} + \frac{\dot{U}_2}{R_2} = \frac{\dot{U}_2}{\frac{1}{3}} + \frac{\dot{U}_2}{\frac{1}{4}} = 7\dot{U}_2$$

$$\dot{I}_1 = -\frac{\dot{U}_2}{R_2} = -\frac{\dot{U}_2}{\frac{1}{4}} = -4\dot{U}_2$$

所以

$$Y_{12} = \frac{\dot{I}_1}{\dot{U}_2}\bigg|_{\dot{U}_1=0} = -4\text{S}$$

$$Y_{22} = \frac{\dot{I}_2}{\dot{U}_2}\bigg|_{\dot{U}_1=0} = 7\text{S}$$

（2）由 Z 参数求 Y 参数。利用例 6-1 所求得的 Z 参数，有

$$\Delta Z = \begin{bmatrix} \frac{7}{26} & \frac{2}{13} \\ \frac{2}{13} & \frac{3}{13} \end{bmatrix} = \frac{7}{26} \times \frac{3}{13} - \frac{2}{13} \times \frac{2}{13} = \frac{1}{26}$$

所以

$$Y_{11} = \frac{Z_{22}}{\Delta Z} = \frac{3}{13} \times 26 = 6\text{S}$$

$$Y_{12} = -\frac{Z_{12}}{\Delta Z} = -\frac{2}{13} \times 26 = -4\text{S}$$

$$Y_{21} = -\frac{Z_{21}}{\Delta Z} = -\frac{2}{13} \times 26 = -4\text{S}$$

$$Y_{22} = \frac{Z_{11}}{\Delta Z} = \frac{7}{26} \times 26 = 7\text{S}$$

由此可见，采用其他参数转换的结果与计算法计算的结果相同。故图 6-6 所示二端口网络的 Y 参数方程为

$$\dot{I}_1 = 6\dot{U}_1 - 4\dot{U}_2$$

$$\dot{I}_2 = -4\dot{U}_1 + 7\dot{U}_2$$

6.1.3 二端口网络的 T 方程和 T 参数

T 方程是一组以二端口网络的输出端口电压 $\dot{U}_2$ 和电流 $\dot{I}_2$ 表征输入端口电压 $\dot{U}_1$ 和电流 $\dot{I}_1$ 的方程，二端口网络以 $\dot{U}_2$ 和 $\dot{I}_2$ 作为独立变量，$\dot{U}_1$、$\dot{I}_1$ 为待求量。由 Y 参数方程可知

$$\dot{I}_1 = Y_{11}\dot{U}_2 + Y_{12}\dot{U}_2 \quad ①$$

$$\dot{I}_2 = Y_{21}\dot{U}_1 + Y_{22}\dot{U}_2 \quad ②$$

则由②得

$$\dot{U}_1 = -\frac{Y_{22}}{Y_{21}}\dot{U}_2 + \frac{1}{Y_{21}}\dot{I}_2 \quad ③$$

将③代入①得

$$\dot{I}_1 = Y_{11}(-\frac{Y_{22}}{Y_{21}}\dot{U}_2 + \frac{1}{Y_{21}}\dot{I}_2) + Y_{12}\dot{U}_2 = (-\frac{Y_{11}Y_{22} - Y_{12}Y_{21}}{Y_{21}})\dot{U}_2 + \frac{Y_{11}}{Y_{21}}\dot{I}_2$$

令

$$A = -\frac{Y_{22}}{Y_{21}}$$

$$B = -\frac{1}{Y_{21}}$$

$$C = -\frac{Y_{11}Y_{22} - Y_{12}Y_{21}}{Y_{21}} = -\frac{\Delta y}{Y_{21}}$$

$$D = -\frac{Y_{11}}{Y_{21}}$$

则

$$\dot{U}_1 = A\dot{U}_2 + B(-\dot{I}_2)$$
$$\dot{I}_1 = C\dot{U}_2 + D(-\dot{I}_2) \tag{6-3}$$

式中，A、B、C、D 称为二端口网络的 T 参数，其中 A、D 无量纲；B 具有阻抗性质，量纲为欧姆；C 具有导纳的性质，量纲为西门子。式（6-3）称为二端口网络的 T 参数方程。由于 $\dot{U}_2$、$\dot{I}_2$ 是二端口网络出口一侧的物理量，$\dot{U}_1$、$\dot{I}_1$ 是二端口网络入口一侧的物理量，所以又称为传输参数方程，也叫一般传输方程。T 参数方程的矩阵形式为

$$\begin{bmatrix} \dot{U}_1 \\ \dot{I}_1 \end{bmatrix} = \begin{bmatrix} A & B \\ C & D \end{bmatrix} \begin{bmatrix} \dot{U}_2 \\ -\dot{I}_2 \end{bmatrix} = T \begin{bmatrix} \dot{U}_2 \\ -\dot{I}_2 \end{bmatrix}$$

其中

$$[T] = \begin{bmatrix} A & B \\ C & D \end{bmatrix}$$

称为 T 参数矩阵。

T 参数可以通过两个端口的开路和短路两种状态分析计算或测量获得：

$A = \frac{\dot{U}_1}{\dot{U}_2}\Big|_{\dot{I}_2=0}$，$A$ 是输出端开路时，输入电压与输出电压的比值。

$C = \frac{\dot{I}_1}{\dot{U}_2}\Big|_{\dot{I}_2=0}$，$C$ 是输出端开路时，输入端对输出端的转移导纳。

$B = \frac{\dot{U}_1}{-\dot{I}_2}\Big|_{\dot{U}_2=0}$，$B$ 是输出端短路时，输入端对输出端的转移阻抗。

$D = \frac{\dot{I}_1}{-\dot{I}_2}\Big|_{\dot{U}_2=0}$，$D$ 是输出端短路时，输入电流与输出电流的比值。

T 参数也可以根据其他参数来确定，如上面的分析中用 Y 参数来描述，其余参数的描述见本章小结中的转换公式表 6-2。

对于互易二端口网络，$AD-BC=1$；如果二端口网络是对称的，则还有 $A=D$。

【例 6-3】 试求图 6-7 所示二端口网络的 T 参数，并验证关系式：$AD-BC=1$。

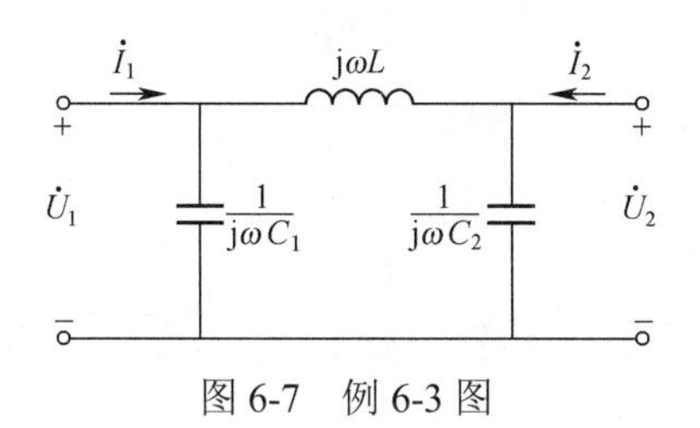

图 6-7　例 6-3 图

解：当二端口网络输出端口开路时，$\dot{I}_2=0$，有

$$\dot{U}_2=\frac{\dot{U}_1}{j\omega L+\dfrac{1}{j\omega C_2}}\frac{1}{j\omega C_2}=\frac{\dot{U}_1}{1-\omega^2LC_2}$$

$$\dot{I}_1=j\omega C_1\dot{U}_1+\frac{\dot{U}_1}{j\omega L+\dfrac{1}{j\omega C_2}}=\left[j\omega(C_1+C_2-\omega^2LC_1C_2)\right]\dot{U}_2$$

所以

$$A=\frac{\dot{U}_1}{\dot{U}_2}\bigg|_{\dot{I}_2=0}=1-\omega^2LC_2$$

$$C=\frac{\dot{I}_1}{\dot{U}_2}\bigg|_{\dot{I}_2=0}=j\omega(C_1+C_2-\omega^2LC_1C_2)$$

令二端口网络输出端口短路，$\dot{U}_2=0$，有

$$\dot{I}_2=-\frac{\dot{U}_1}{j\omega L}$$

$$\dot{I}_1=j\omega C_1\dot{U}_1+\frac{\dot{U}_1}{j\omega L}=\frac{(1-\omega^2LC_1)\dot{U}_1}{j\omega L}$$

所以

$$B=\frac{\dot{U}_1}{-\dot{I}_2}\bigg|_{\dot{U}_2=0}=j\omega L$$

$$D=\frac{\dot{I}_1}{-\dot{I}_2}\bigg|_{\dot{U}_2=0}=1-\omega^2LC_1$$

$$AD=1-\omega^2LC_2-\omega^2LC_1+\omega^4L^2C_1C_2$$

$$BC=-\omega^2LC_1-\omega^2LC_2+\omega^4L^2C_1C_2$$

故

$$AD-BC=1$$

【例 6-4】 如图 6-8（a）所示的是一个二端口网络，求：（1）二端口网络的 T 参数；（2）在二端口网络的两端接上电源及负载，如图 6-8（b）所示，已知电流 $I_2=2\text{A}$，根据 T 参数计算 U_{S1} 和 I_1 的值。

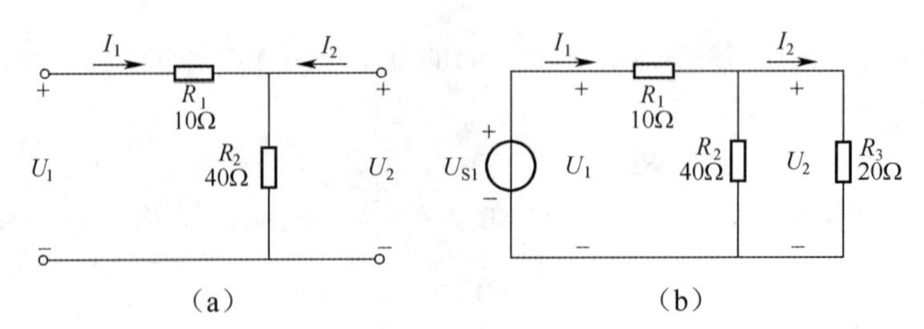

图 6-8　例 6-4 图

解：（1）由图 6-8（a）所示，求二端口网络的 T 参数。

$$A=\frac{U_1}{U_2}\Big|_{I_2=0}=\frac{R_1+R_2}{R_2}=\frac{10+40}{40}=1.25$$

$$B=\frac{U_1}{-I_2}\Big|_{U_2=0}=R_1=10\Omega$$

$$C=\frac{I_1}{U_2}\Big|_{I_2=0}=\frac{1}{R_2}=\frac{1}{40}=0.025\text{S}$$

$$D=\frac{I_1}{-I_2}\Big|_{U_2=0}=1$$

（2）求 U_{S1} 和 I_1。已知 $I_2=2\text{A}$，所以

$$U_2=I_2R_3=2\times 20=40\text{V}$$

根据图 6-8（b）（注意电流 I_2 的方向，它与图（a）的方向不同），所以

$$U_1=AU_2+BI_2=1.25\times 40+10\times 2=70\text{V}$$

$$U_{S1}=U_1=70\text{V}$$

$$I_1=CU_2+DI_2=0.025\times 40+1\times 2=3\text{V}$$

6.1.4　二端口网络的 H 方程和 H 参数

H 方程是一组以二端口网络的端口电流 $\dot{I}_1$ 和电压 $\dot{U}_2$ 表征端口电压 $\dot{U}_1$ 和电流 $\dot{I}_2$ 的方程，即以 $\dot{I}_1$ 和另一端口的电压 $\dot{U}_2$ 为独立变量，$\dot{U}_1$ 和另一端口电流 $\dot{I}_2$ 作为待求量，方程的结构为

$$\begin{aligned}\dot{U}_1&=H_{11}\dot{I}_1+H_{12}\dot{U}_2\\ \dot{I}_2&=H_{21}\dot{I}_1+H_{22}\dot{U}_2\end{aligned}\tag{6-4}$$

式中，H_{11}、H_{12}、H_{21}、H_{22} 称为二端口网络的 H 参数，其中 H_{12}、H_{21} 无量纲；H_{11} 具有阻抗性质，量纲为欧姆；H_{22} 具有导纳的性质，量纲为西门子。式（6-4）称为二端口网络的 H 参数方程。由于 H 参数的量纲不完全相同，物理量具有混合之意，故也称为混合参数方程，其矩阵形式为

$$\begin{bmatrix}\dot{U}_1\\ \dot{I}_2\end{bmatrix}=\begin{bmatrix}H_{11} & H_{12}\\ H_{21} & H_{22}\end{bmatrix}\begin{bmatrix}\dot{I}_1\\ \dot{U}_2\end{bmatrix}=H\begin{bmatrix}\dot{I}_1\\ \dot{U}_2\end{bmatrix}$$

其中 $H=\begin{bmatrix}H_{11} & H_{12}\\ H_{21} & H_{22}\end{bmatrix}$ 称为 H 参数矩阵。

H 参数在晶体管电路的电路分析和设计中得到了广泛应用，低频电路中常用的是 H 参数。H 参数使用起来比较方便，且每个 H 参数都表征晶体管的一定特性。

H 参数可以通过二端口网络的出口短路和入口开路来分析计算或测量来确定。

$H_{11}=\dfrac{\dot{U}_1}{\dot{I}_1}\Big|_{\dot{U}_2=0}$，$H_{11}$ 是输出端短路时输入端的入端阻抗，在晶体管电路中称为晶体管的输入电阻。

$H_{21}=\dfrac{\dot{I}_2}{\dot{I}_1}\Big|_{\dot{U}_2=0}$，$H_{21}$ 是输出端短路时输出端电流与输入端电流之比，在晶体管电路中称为晶体管的电流放大倍数或电流增益。

$H_{12}=\dfrac{\dot{U}_1}{\dot{U}_2}\Big|_{\dot{I}_1=0}$，$H_{12}$ 是输入端开路时输入端电压与输出端电压之比，在晶体管电路中称为晶体管的内部电压反馈系数或反向电压传输比。

$H_{22}=\dfrac{\dot{I}_2}{\dot{U}_2}\Big|_{\dot{I}_1=0}$，$H_{22}$ 是输入端开路时输出端的入端导纳，在晶体管电路中称为晶体管的输出电导。

H 参数也可用其他参数来描述（见本章小结中的转换公式表 6-2）。若二端口网络是互易的，则 $H_{12}=-H_{21}$。对于对称的二端口网络，则还有 $H_{11}H_{22}-H_{12}H_{21}=1$。

【例 6-5】 在图 6-9 所示的电路中，已知由晶体管等效电路所构成的二端口网络混合参数矩阵为

$$H=\begin{bmatrix}H_{11} & H_{12}\\ H_{21} & H_{22}\end{bmatrix}=\begin{bmatrix}300 & 0.2\times10^{-3}\\ 100 & 0.1\times10^{-3}\end{bmatrix}$$

如果激励源电压 $\dot{U}_s=10\text{mV}$，内阻抗 $Z_s=1\text{k}\Omega$，负载导纳 $Y_L=10^{-3}\text{S}$，试求负载端电压 $\dot{U}_2$。

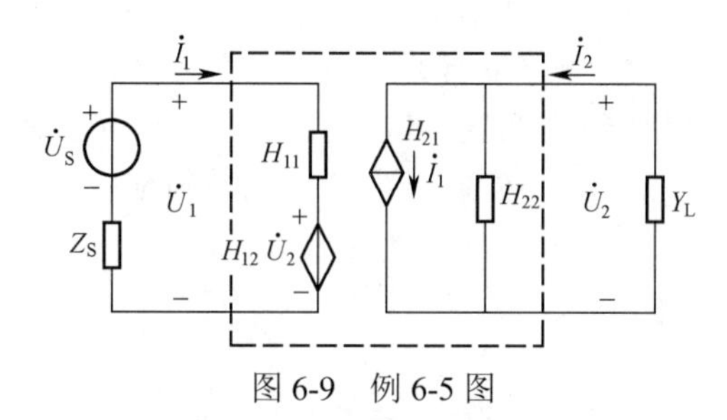

图 6-9　例 6-5 图

解： 图 6-9 所示为一有源二端口网络，虚线框为二端口网络的等效电路。端口的特性方程为

$$\dot{U}_1=\dot{U}_s-Z_s\dot{I}_1=10\times10^{-3}-10^3\dot{I}_1$$
$$\dot{I}_2=-Y_L\dot{U}_2=-10^{-3}\dot{U}_2$$

二端口网络的 H 参数方程为

$$\dot{U}_1=H_{11}\dot{I}_1+H_{12}\dot{U}_2=300\dot{I}_1+0.2\times10^{-3}\dot{U}_2$$
$$\dot{I}_2=H_{21}\dot{I}_1+H_{22}\dot{U}_2=100\dot{I}_1+0.1\times10^{-3}\dot{U}_2$$

将端口的特性方程代入 H 参数方程，可解得

$$\dot{U}_2=-0.709\text{V}$$

注意，并不是所有给定的二端口网络都有以上 4 种参数方程，如图 6-10 所示的二端口网

络，其中图 6-10（a）没有 Y 参数方程，而图 6-10（b）没有 Z 参数方程。

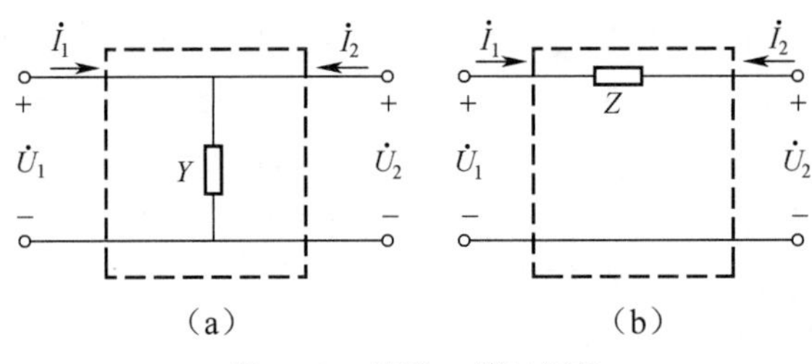

图 6-10　特殊二端口网络

思考与练习

6-1　什么是二端口网络？条件是什么？

6-2　线性无源二端口网络的 Y、Z、T、H 四种参数的方程结构是什么？为什么说在频率一定时它们的参数只与网络的结构和参数有关？

6-3　试求图 6-4 所示二端口网络的 T、H 参数矩阵。

6.2　二端口网络的连接与等效

二端口网络的连接指的是各子二端口网络之间的连接及连接方式。二端口网络的连接方式很多，基本的连接方式有三种：串联连接、并联连接和级联。

二端口网络的连接方式的讨论有两方面的作用：一方面对于复杂的二端口网络，直接进行分析、计算端口各参数比较困难，可以将复杂的二端口网络分解成多个子二端口网络，然后通过不同连接方式的计算可以得到该复杂二端口的参数；另一方面对于一个复杂的二端口网络的设计，也可以分解成简单的、具有一定功能的子二端口网络进行，然后再连接。子二端口网络的分析与设计则比复杂的二端口网络简单得多。

6.2.1　二端口网络的串联

两个或两个以上二端口网络的对应端口分别作串联连接称为二端口网络的串联，如图 6-11 所示。

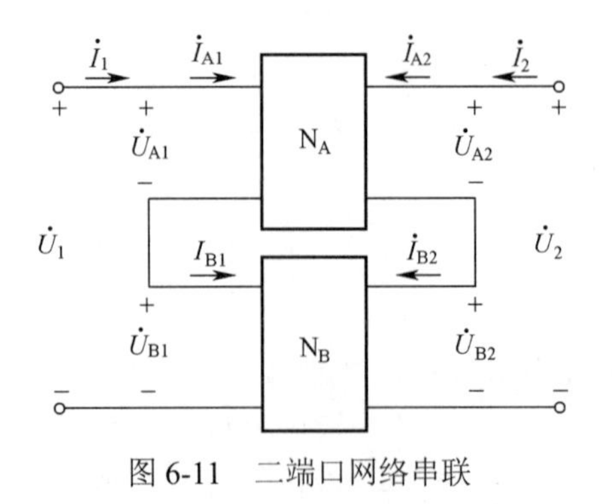

图 6-11　二端口网络串联

根据基尔霍夫电压定律，图 6-11 串联的二端口网络的端口电压为

$$\dot{U}_1 = \dot{U}_{A1} + \dot{U}_{B1}$$
$$\dot{U}_2 = \dot{U}_{A2} + \dot{U}_{B2}$$

其矩阵形式为

$$\begin{bmatrix} \dot{U}_1 \\ \dot{U}_2 \end{bmatrix} = \begin{bmatrix} \dot{U}_{A1} \\ \dot{U}_{A2} \end{bmatrix} + \begin{bmatrix} \dot{U}_{B1} \\ \dot{U}_{B2} \end{bmatrix}$$

串联时参数的计算采用 Z 参数较方便。二端口网络 N_A、N_B 的 Z 参数方程的矩阵形式为

$$\begin{bmatrix} \dot{U}_{A1} \\ \dot{U}_{A2} \end{bmatrix} = \begin{bmatrix} Z_{A11} & Z_{A12} \\ Z_{A21} & Z_{A22} \end{bmatrix} \begin{bmatrix} \dot{I}_{A1} \\ \dot{I}_{A2} \end{bmatrix} = Z_A \begin{bmatrix} \dot{I}_{A1} \\ \dot{I}_{A2} \end{bmatrix}$$

$$\begin{bmatrix} \dot{U}_{B1} \\ \dot{U}_{B2} \end{bmatrix} = \begin{bmatrix} Z_{B11} & Z_{B12} \\ Z_{B21} & Z_{B22} \end{bmatrix} \begin{bmatrix} \dot{I}_{B1} \\ \dot{I}_{B2} \end{bmatrix} = Z_B \begin{bmatrix} \dot{I}_{B1} \\ \dot{I}_{B2} \end{bmatrix}$$

要求串联后不破坏端口条件，通过各二端口网络对应端口的是同一个电流，即

$$\begin{matrix} \dot{I}_1 = \dot{I}_{A1} = \dot{I}_{B1} \\ \dot{I}_2 = \dot{I}_{A2} = \dot{I}_{B2} \end{matrix} \quad \text{或写成} \quad \begin{bmatrix} \dot{I}_1 \\ \dot{I}_2 \end{bmatrix} = \begin{bmatrix} \dot{I}_{A1} \\ \dot{I}_{A2} \end{bmatrix} = \begin{bmatrix} \dot{I}_{B1} \\ \dot{I}_{B2} \end{bmatrix}$$

所以

$$\begin{bmatrix} \dot{U}_1 \\ \dot{U}_2 \end{bmatrix} = \begin{bmatrix} \dot{U}_{A1} \\ \dot{U}_{A2} \end{bmatrix} + \begin{bmatrix} \dot{U}_{B1} \\ \dot{U}_{B2} \end{bmatrix} = Z_A \begin{bmatrix} \dot{I}_{A1} \\ \dot{I}_{A2} \end{bmatrix} + Z_B \begin{bmatrix} \dot{I}_{B1} \\ \dot{I}_{B2} \end{bmatrix} = (Z_A + Z_B) \begin{bmatrix} \dot{I}_1 \\ \dot{I}_2 \end{bmatrix} = Z \begin{bmatrix} \dot{I}_1 \\ \dot{I}_2 \end{bmatrix}$$

其中

$$Z = Z_A + Z_B$$

$$Z = \begin{bmatrix} Z_{A11} + Z_{B11} & Z_{A12} + Z_{B12} \\ Z_{A21} + Z_{B21} & Z_{A22} + Z_{B22} \end{bmatrix}$$

即两个二端口网络串联的等效 Z 参数矩阵等于各二端口网络的矩阵 Z_A 和 Z_B 之和。同理，当 n 个二端口网络串联时，则复合后的二端口网络 Z 参数矩阵为

$$Z = Z_1 + Z_2 + Z_3 + \cdots + Z_n$$

【例 6-6】 对于图 6-12（a）所示的二端口网络，用串联的方法选择一种合适的参数，并求出该网络的这种参数矩阵。

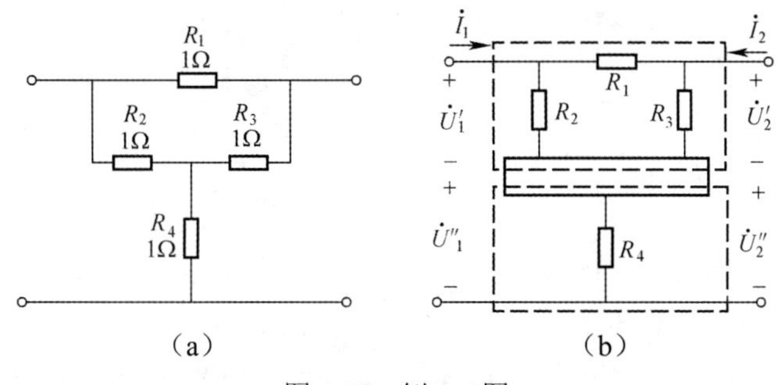

图 6-12　例 6-6 图

解： 将图 6-12（a）所示的二端口网络分解成图 6-12（b）所示的Π型二端口网络和单个元件二端口网络的串联，选用 Z 参数计算较方便。

对于Π型二端口网络，令二端口网络的输出端口开路时，则$\dot{I}_2=0$，由图6-12（b）可得

$$\dot{I}_1=\frac{\dot{U}_1'}{R_2}+\frac{\dot{U}_1'}{R_1+R_2}=\frac{\dot{U}_1'}{1}+\frac{\dot{U}_1'}{1+1}=\frac{3}{2}\dot{U}_1'$$

$$\dot{U}_2'=\frac{\dot{U}_1'}{R_1+R_3}R_3=\frac{\dot{U}_1'}{1+1}\times 1=\frac{1}{2}\dot{U}_1'$$

所以

$$Z_{11}'=\frac{\dot{U}_1'}{\dot{I}_1}\bigg|_{\dot{I}_2=0}=\frac{2}{3}\Omega$$

$$Z_{21}'=\frac{\dot{U}_2'}{\dot{I}_1}\bigg|_{\dot{I}_2=0}=\frac{1}{2}\times\frac{2}{3}=\frac{1}{3}\Omega$$

因为$R_2=R_3$，Π型二端口网络是对称的，所以

$$Z_{12}'=Z_{21}'=\frac{1}{3}\Omega$$

$$Z_{22}'=Z_{11}'=\frac{2}{3}\Omega$$

故Π型二端口网络的Z'参数矩阵为

$$Z'=\begin{bmatrix}Z_{11}' & Z_{12}'\\ Z_{21}' & Z_{22}'\end{bmatrix}=\begin{bmatrix}\frac{2}{3} & \frac{1}{3}\\ \frac{1}{3} & \frac{2}{3}\end{bmatrix}$$

对于单个元件的二端口网络，很容易得到以下的结果

$$Z_{11}''=Z_{12}''=Z_{21}''=Z_{22}''=1\Omega$$

故单个元件二端口网络Z''参数矩阵为

$$Z''=\begin{bmatrix}Z_{11}'' & Z_{12}''\\ Z_{21}'' & Z_{22}''\end{bmatrix}=\begin{bmatrix}1 & 1\\ 1 & 1\end{bmatrix}$$

则图6-12（a）所示的二端口网络的Z参数矩阵为

$$Z=Z'+Z''=\begin{bmatrix}\frac{2}{3} & \frac{1}{3}\\ \frac{1}{3} & \frac{2}{3}\end{bmatrix}+\begin{bmatrix}1 & 1\\ 1 & 1\end{bmatrix}=\begin{bmatrix}\frac{5}{3} & \frac{4}{3}\\ \frac{4}{3} & \frac{5}{3}\end{bmatrix}$$

6.2.2 二端口网络的并联

两个或两个以上二端口网络的对应端口分别作并联连接称为二端口网络的并联，如图6-13所示。二端口网络并联时参数的计算采用Y参数较方便。

根据基尔霍夫电流定律，通过图6-13并联的二端口网络的电流为

$$\dot{I}_1=\dot{I}_{A1}+\dot{I}_{B1}$$

$$\dot{I}_2=\dot{I}_{A2}+\dot{I}_{B2}$$

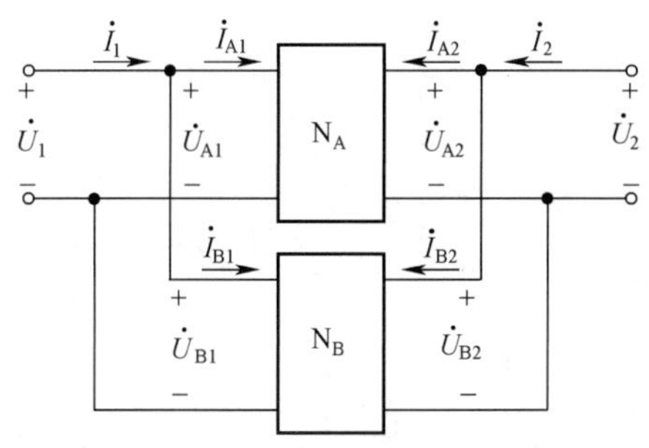

图 6-13　二端口网络并联

其矩阵形式为

$$\begin{bmatrix}\dot{I}_1\\\dot{I}_2\end{bmatrix}=\begin{bmatrix}\dot{I}_{A1}\\\dot{I}_{A2}\end{bmatrix}+\begin{bmatrix}\dot{I}_{B1}\\\dot{I}_{B2}\end{bmatrix}$$

二端口网络 N_A、N_B 的 Y 参数方程的矩阵形式为

$$\begin{bmatrix}\dot{I}_{A1}\\\dot{I}_{A2}\end{bmatrix}=\begin{bmatrix}Y_{A11}&Y_{A12}\\Y_{A21}&Y_{A22}\end{bmatrix}\begin{bmatrix}\dot{U}_{A1}\\\dot{U}_{A2}\end{bmatrix}=Y_A\begin{bmatrix}\dot{U}_{A1}\\\dot{U}_{A2}\end{bmatrix}$$

$$\begin{bmatrix}\dot{I}_{B1}\\\dot{I}_{B2}\end{bmatrix}=\begin{bmatrix}Y_{B11}&Y_{B12}\\Y_{B21}&Y_{B22}\end{bmatrix}\begin{bmatrix}\dot{U}_{B1}\\\dot{U}_{B2}\end{bmatrix}=Y_B\begin{bmatrix}\dot{U}_{B1}\\\dot{U}_{B2}\end{bmatrix}$$

要求并联后不破坏端口条件，各二端口网络对应端口的电压相同，即

$$\dot{U}_1=\dot{U}_{A1}=\dot{U}_{B1}\qquad \dot{U}_2=\dot{U}_{A2}=\dot{U}_{B2}\qquad \text{或写成}\qquad \begin{bmatrix}\dot{U}_1\\\dot{U}_2\end{bmatrix}=\begin{bmatrix}\dot{U}_{A1}\\\dot{U}_{A2}\end{bmatrix}=\begin{bmatrix}\dot{U}_{B1}\\\dot{U}_{B2}\end{bmatrix}$$

所以

$$\begin{bmatrix}\dot{I}_1\\\dot{I}_2\end{bmatrix}=\begin{bmatrix}\dot{I}_{A1}\\\dot{I}_{A2}\end{bmatrix}+\begin{bmatrix}\dot{I}_{B1}\\\dot{I}_{B2}\end{bmatrix}=Y_A\begin{bmatrix}\dot{U}_{A1}\\\dot{U}_{A2}\end{bmatrix}+Y_B\begin{bmatrix}\dot{U}_{B1}\\\dot{U}_{B2}\end{bmatrix}=(Y_A+Y_B)\begin{bmatrix}\dot{U}_1\\\dot{U}_2\end{bmatrix}=Y\begin{bmatrix}\dot{U}_1\\\dot{U}_2\end{bmatrix}$$

其中

$$Y=Y_A+Y_B$$

$$Y=\begin{bmatrix}Y_{A11}+Y_{B11}&Y_{A12}+Y_{B12}\\Y_{A21}+Y_{B21}&Y_{A22}+Y_{B22}\end{bmatrix}$$

即两个二端口网络并联的等效 Y 参数矩阵等于各二端口网络的矩阵 Y_A 和 Y_B 之和。同理，当 n 个二端口网络并联时，复合后的二端口网络 Y 参数矩阵为

$$Y=Y_1+Y_2+Y_3+\cdots+Y_n$$

【例 6-7】 对于图 6-14（a）所示的二端口网络，用并联的方法选择一种合适的参数，并求出该网络的这种参数矩阵。

解：将图 6-14（a）所示的二端口网络分解成图 6-14（b）所示的 T 型二端口网络（由 R_2、R_3 和 R_4 组成）和单个元件（R_1）二端口网络的并联，选用 Y 参数计算较方便。

对于 T 型二端口网络，当二端口网络的输出端口短路时，则 $\dot{U}_2=0$，由图 6-14（b）可得

$$\dot{I}_1'=\frac{\dot{U}_1}{R_2+\dfrac{R_3R_4}{R_3+R_4}}=\frac{\dot{U}_1}{1+\dfrac{1}{1+1}}=\frac{2}{3}\dot{U}_1$$

$$\dot{I}_2' = \frac{\dot{I}_1'}{R_3 + R_4} R_4 = -\frac{\dot{I}_1'}{1+1} \times 1 = -\frac{1}{3}\dot{U}_1$$

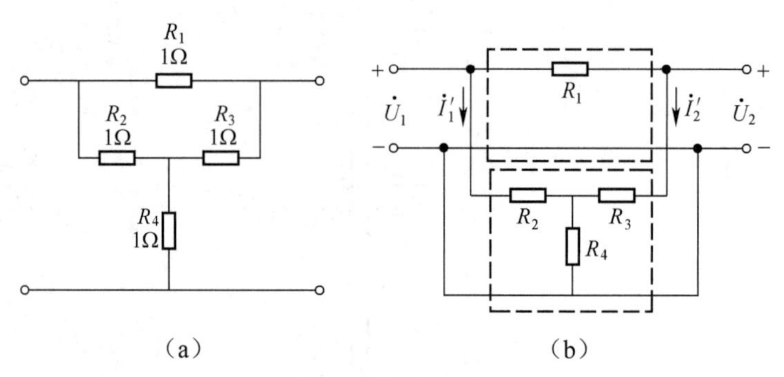

图 6-14　例 6-7 图

所以

$$Y_{11}' = \frac{\dot{I}_1'}{\dot{U}_1}\bigg|_{\dot{U}_2=0} = \frac{2}{3}\text{S}$$

$$Y_{21}' = \frac{\dot{I}_2'}{\dot{U}_1}\bigg|_{\dot{U}_2=0} = -\frac{1}{3}\text{S}$$

由于 T 型二端口网络是对称的，所以

$$Y_{12}' = Y_{21}' = -\frac{1}{3}\text{S}$$

$$Y_{11}' = Y_{22}' = \frac{2}{3}\text{S}$$

故 T 型二端口网络的 Y' 参数矩阵为

$$Y' = \begin{bmatrix} Y_{11}' & Y_{12}' \\ Y_{21}' & Y_{22}' \end{bmatrix} = \begin{bmatrix} \frac{2}{3} & -\frac{1}{3} \\ -\frac{1}{3} & \frac{2}{3} \end{bmatrix}$$

对于单个元件的二端口网络，很容易得到以下的结果

$$Y_{11}'' = Y_{22}'' = 1\Omega$$

$$Y_{12}'' = Y_{21}'' = -1\Omega$$

故单个元件二端口网络的 Y'' 参数矩阵为

$$Y'' = \begin{bmatrix} Y_{11}'' & Y_{12}'' \\ Y_{21}'' & Y_{22}'' \end{bmatrix} = \begin{bmatrix} 1 & -1 \\ -1 & 1 \end{bmatrix}$$

则图 6-14（a）所示二端口网络的 Y 参数矩阵为

$$Y = Y' + Y'' = \begin{bmatrix} \frac{2}{3} & -\frac{1}{3} \\ -\frac{1}{3} & \frac{2}{3} \end{bmatrix} + \begin{bmatrix} 1 & -1 \\ -1 & 1 \end{bmatrix} = \begin{bmatrix} \frac{5}{3} & -\frac{4}{3} \\ -\frac{4}{3} & \frac{5}{3} \end{bmatrix}$$

6.2.3　二端口网络的级联

设有两个或两个以上的二端口网络，上一级二端口网络的输出端口与下一级二端口网络的输入端口作对应的连接称为二端口网络的级联，如图 6-15 所示。级联时，二端口网络参数的计算采用 T 参数较方便。

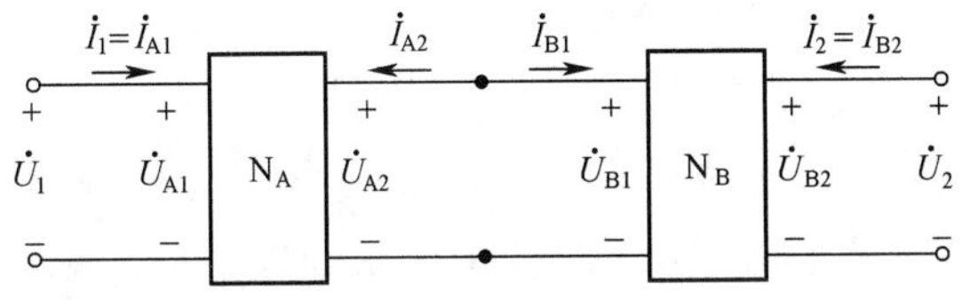

图 6-15　二端口网络的级联

二端口网络 N_A、N_B 的 T 参数方程的矩阵形式分别为

$$\begin{bmatrix}\dot{U}_{A1}\\ \dot{I}_{A1}\end{bmatrix}=\begin{bmatrix}A_A & B_A\\ C_A & D_A\end{bmatrix}\begin{bmatrix}\dot{U}_{A2}\\ -\dot{I}_{A2}\end{bmatrix}=T_A\begin{bmatrix}\dot{U}_{A2}\\ -\dot{I}_{A2}\end{bmatrix}$$

$$\begin{bmatrix}\dot{U}_{B1}\\ \dot{I}_{B1}\end{bmatrix}=\begin{bmatrix}A_B & B_B\\ C_B & D_B\end{bmatrix}\begin{bmatrix}\dot{U}_{B2}\\ -\dot{I}_{B2}\end{bmatrix}=T_B\begin{bmatrix}\dot{U}_{B2}\\ -\dot{I}_{B2}\end{bmatrix}$$

由图 6-15 可知，二端口网络级联后

$$\begin{bmatrix}\dot{U}_{A2}\\ -\dot{I}_{A2}\end{bmatrix}=\begin{bmatrix}\dot{U}_{B1}\\ \dot{I}_{B1}\end{bmatrix}$$

$$\begin{bmatrix}\dot{U}_{A1}\\ \dot{I}_{A1}\end{bmatrix}=T_A\begin{bmatrix}\dot{U}_{A2}\\ -\dot{I}_{A2}\end{bmatrix}=T_A\begin{bmatrix}\dot{U}_{B1}\\ \dot{I}_{B1}\end{bmatrix}=T_AT_B\begin{bmatrix}\dot{U}_{B2}\\ -\dot{I}_{B2}\end{bmatrix}$$

又因为二端口网络级联后

$$\begin{bmatrix}\dot{U}_1\\ \dot{I}_1\end{bmatrix}=\begin{bmatrix}\dot{U}_{A1}\\ \dot{I}_{A1}\end{bmatrix}\qquad\qquad \begin{bmatrix}\dot{U}_2\\ \dot{I}_2\end{bmatrix}=\begin{bmatrix}\dot{U}_{B2}\\ \dot{I}_{B2}\end{bmatrix}$$

所以有

$$\begin{bmatrix}\dot{U}_1\\ \dot{I}_1\end{bmatrix}=T_AT_B\begin{bmatrix}\dot{U}_{B2}\\ -\dot{I}_{B2}\end{bmatrix}=T_AT_B\begin{bmatrix}\dot{U}_2\\ -\dot{I}_2\end{bmatrix}=T\begin{bmatrix}\dot{U}_2\\ -\dot{I}_2\end{bmatrix}$$

其中

$$T=T_AT_B$$

$$T=\begin{bmatrix}A_AA_B+B_AC_B & A_AB_B+B_AD_B\\ C_AA_B+D_AC_B & C_AB_B+D_AD_B\end{bmatrix}$$

即两个二端口网络级联的等效 T 参数矩阵等于各二端口网络的矩阵 T_A 和 T_B 之积。同理，当 n 个二端口网络级联时，复合后的二端口网络的 T 参数矩阵为

$$T=T_1T_2T_3\cdots T_n$$

【例 6-8】 二端口网络如图 6-16 所示，已知网络 N_A 的 T 参数矩阵为

$$T_A=\begin{bmatrix}1.5 & 2\\ 1 & 2\end{bmatrix}$$

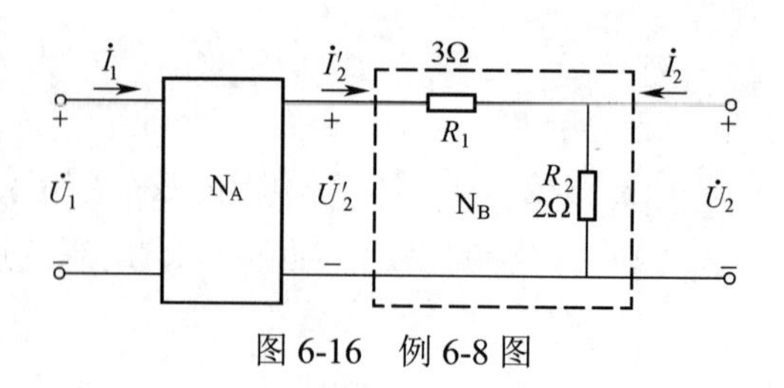

图 6-16　例 6-8 图

试求：（1）整个二端口网络的 T 参数矩阵；（2）设 $\dot{U}_1 = 38\text{V}$，输出端口开路时，求入口电流 $\dot{I}_1$、出口电压 $\dot{U}_2$ 各应为多少？

解：（1）求整个二端口网络的 T 参数矩阵 T。设 R_1、R_2 组成的部分网络为 N_B，可视为一个二端口网络，如图 6-16 中的虚线所示。整个二端口网络由二端口网络 N_A、N_B 级联而成。T_A 已知，T_B 可以通过输出端口开路和短路两种状态的分析计算得到

$$A = \frac{\dot{U}'_2}{\dot{U}_2}\Big|_{\dot{I}_2=0} = \frac{R_1 + R_2}{R_2} = \frac{2+3}{2} = 2.5$$

$$B = \frac{\dot{U}'_2}{-\dot{I}_2}\Big|_{\dot{U}_2=0} = R_1 = 3\Omega$$

$$C = \frac{\dot{I}'_2}{\dot{U}_2}\Big|_{\dot{I}_2=0} = \frac{1}{R_2} = \frac{1}{2} = 0.5\text{S}$$

$$D = \frac{\dot{I}'_2}{-\dot{I}_2}\Big|_{\dot{U}_2=0} = 1$$

网络 N_B 的 T 参数矩阵为
$$T_B = \begin{bmatrix} 2.5 & 3 \\ 0.5 & 1 \end{bmatrix}$$

整个二端口网络的 T 参数矩阵为

$$T = T_A T_B = \begin{bmatrix} 1.5 & 2 \\ 1 & 2 \end{bmatrix}\begin{bmatrix} 2.5 & 3 \\ 0.5 & 1 \end{bmatrix} = \begin{bmatrix} 4.75 & 6.5 \\ 3.5 & 5 \end{bmatrix}$$

（2）整个二端口网络的 T 参数方程为

$$\dot{U}_1 = A\dot{U}_2 - B\dot{I}_2 = 4.75\dot{U}_2 - 6.5\dot{I}_2$$
$$\dot{I}_1 = C\dot{U}_2 - D\dot{I}_2 = 3.5\dot{U}_2 - 5\dot{I}_2$$

当输出端口开路时，$\dot{I}_2 = 0$，所以有

$$\dot{U}_1 = 4.75\dot{U}_2$$

则
$$\dot{U}_2 = \frac{\dot{U}_1}{4.75} = \frac{38}{4.75} = 8\text{V}$$
$$\dot{I}_1 = 3.5\dot{U}_2 = 3.5 \times 8 = 28\text{A}$$

6.2.4　二端口网络的等效

任何一个线性二端网络都可以进行等效变换。若是无源的，无论多么复杂，都可以用一个等效阻抗来替代，用其等效阻抗来表征它的外部特征；而有源的，则可以用戴维南定理或诺顿定理进行电路的等效，用电流源或电压源及等效电阻的组合来替代。任何给定的无源线性二端口网络，也可以用一个简单的二端口网络来替代，若这个简单的二端口网络的各参数与给定

的二端口网络的各参数相等，则这两个二端口网络的外部特性也完全相等，即它们是等效的。

由于由线性元件 R、线性非时变 L（M）、C 构成的任何无源（包括无受控源）二端口网络具有互易性，因此该二端口网络方程中有两个参数总是相等的，如 Y 参数中的 $Y_{12}=Y_{21}$，Z 参数中的 $Z_{12}=Z_{21}$ 等。即只用三个独立参数就可以表征它的性能，也就意味着简单的二端口网络等效电路可以由三个阻抗（或导纳）元件构成。由三个阻抗（或导纳）元件构成的二端口网络只有两种形式：一种是Π型二端口网络；另一种是 T 型二端口网络，如图 6-17 所示。

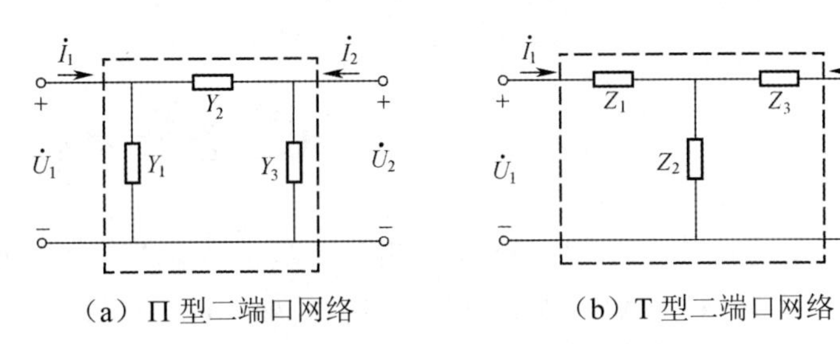

（a）Π 型二端口网络

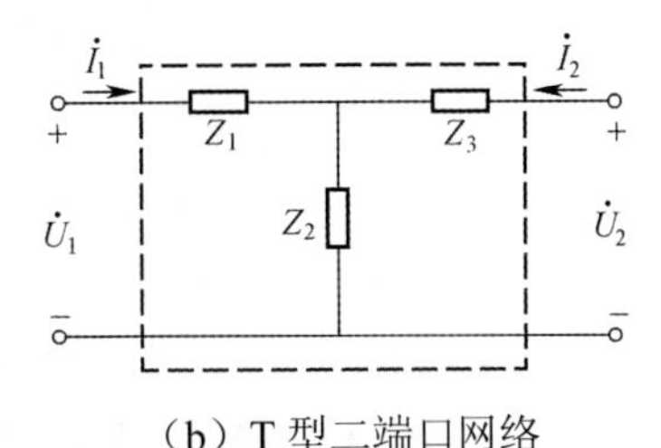

（b）T 型二端口网络

图 6-17　二端口网络的等效电路

已给定二端口网络的 Y 参数，确定图 6-17（a）所示二端口网络Π型等效电路中各导纳 Y_1、Y_2、Y_3 的值，可以先写出Π型等效电路的节点电压方程

$$(Y_1+Y_2)\dot{U}_1-Y_2\dot{U}_2=\dot{I}_1$$
$$-Y_2\dot{U}_1+(Y_2+Y_3)\dot{U}_2=\dot{I}_2$$

而原二端口网络的 Y 参数方程为

$$\dot{I}_1=Y_{11}\dot{U}_1+Y_{12}\dot{U}_2$$
$$\dot{I}_2=Y_{21}\dot{U}_1+Y_{22}\dot{U}_2$$

比较以上两组方程，可知

$$Y_{11}=Y_1+Y_2$$
$$Y_{12}=Y_{21}=-Y_2$$
$$Y_{22}=Y_2+Y_3$$

对上述三个方程求解，得

$$Y_1=Y_{11}+Y_{12}$$
$$Y_2=-Y_{12}=-Y_{21}$$
$$Y_3=Y_{21}+Y_{22}$$

如果给定的是二端口网络的 Z 参数，确定图 6-17（b）所示二端口网络的 T 型等效电路中各阻抗 Z_1、Z_2、Z_3 的值，可以先写出 T 型等效电路的回路电流方程

$$\dot{U}_1=Z_1\dot{I}_1+Z_2(\dot{I}_1+\dot{I}_2)$$
$$\dot{U}_2=Z_2(\dot{I}_1+\dot{I}_2)+Z_3\dot{I}_2$$

而原二端口网络的 Z 参数方程为

$$\dot{U}_1=Z_{11}\dot{I}_1+Z_{12}\dot{I}_2$$
$$\dot{U}_2=Z_{21}\dot{I}_1+Z_{22}\dot{I}_2$$

无源线性二端口网络中 $Z_{12}=Z_{21}$，将上式进行整理，得

$$\dot{U}_1 = Z_{11}\dot{I}_1 + Z_{12}\dot{I}_2 = Z_{11}\dot{I}_1 + Z_{12}\dot{I}_2 + Z_{12}(\dot{I}_1 - \dot{I}_1)$$
$$= (Z_{11} - Z_{12})\dot{I}_1 + Z_{12}(\dot{I}_1 + \dot{I}_2)$$
$$\dot{U}_2 = Z_{21}\dot{I}_1 + Z_{22}\dot{I}_2 = Z_{12}\dot{I}_1 + Z_{22}\dot{I}_2 + Z_{12}(\dot{I}_2 - \dot{I}_2)$$
$$= Z_{12}(\dot{I}_1 + \dot{I}_2) + \dot{I}_2(Z_{22} - Z_{12})$$

将上式与 T 型等效电路的回路电流方程进行比较，可得参数

$$Z_1 = Z_{11} - Z_{12}$$
$$Z_2 = Z_{12} = Z_{21}$$
$$Z_3 = Z_{22} - Z_{12}$$

对于电气对称的二端口网络，应有 $Y_{11} = Y_{22}$，$Z_{11} = Z_{22}$，则它的Π型等效电路或 T 型等效电路也一定是对称的，故有 $Y_1 = Y_3$，$Z_1 = Z_3$。

如果给定二端口网络的其他参数，则可查表把其他参数先转换成 Z 参数或 Y 参数，然后再按上式求得Π型等效电路或 T 型等效电路的参数值。如二端口网络已知的是 T 参数，$T = \begin{bmatrix} A_{11} & A_{12} \\ A_{21} & A_{22} \end{bmatrix}$，其Π型等效电路的三个元件的导纳参数为

$$Y_1 = \frac{A_{22} - 1}{A_{12}}$$
$$Y_2 = \frac{1}{A_{12}}$$
$$Y_3 = \frac{A_{11} - 1}{A_{12}}$$

其 T 型等效电路的三个元件的阻抗参数为

$$Z_1 = \frac{A_{11} - 1}{A_{21}}$$
$$Z_2 = \frac{1}{A_{21}}$$
$$Z_3 = \frac{A_{22} - 1}{A_{21}}$$

【例 6-9】 试求图 6-18（a）所示二端口网络的 T 型等效电路和Π型等效电路的参数。

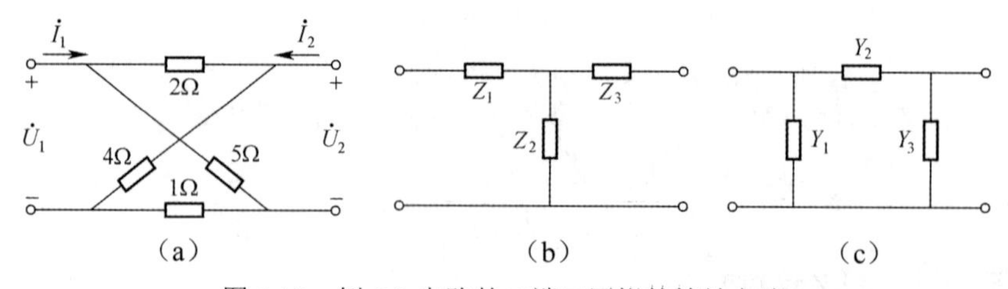

图 6-18 例 6-9 电路的二端口网络的等效电路

解：（1）求图 6-18（a）所示二端口网络的 T 型等效电路，如图 6-18（b）所示。首先求出图 6-18（a）所示二端口网络的 Z 参数。它是一个无源线性电阻网络，$Z_{12} = Z_{21}$，因此只需要求出三个 Z 参数即可。令二端口网络的输出端口开路，即 $\dot{I}_2 = 0$，则

$$\dot{I}_1=\left(\frac{1}{6}+\frac{1}{6}\right)\dot{U}_1=\frac{1}{3}\dot{U}_1$$

$$\dot{U}_2=4\frac{\dot{U}_1}{6}-1\frac{\dot{U}_1}{6}=\frac{1}{2}\dot{U}_1$$

$$Z_{11}=\frac{\dot{U}_1}{\dot{I}_1}\bigg|_{\dot{I}_2=0}=3\Omega$$

$$Z_{21}=\frac{\dot{U}_2}{\dot{I}_1}\bigg|_{\dot{I}_2=0}=1.5\Omega$$

$$Z_{12}=Z_{21}=1.5\Omega$$

令二端口网络的输入端口开路，则

$$\dot{I}_2=\left(\frac{1}{7}+\frac{1}{5}\right)\dot{U}_2=\frac{12}{35}\dot{U}_2$$

$$Z_{22}=\frac{\dot{U}_2}{\dot{I}_2}\bigg|_{\dot{I}_1=0}=\frac{35}{12}=2.92\Omega$$

T 型等效电路的参数

$$Z_1=Z_{11}-Z_{12}=3-1.5=1.5\Omega$$
$$Z_2=Z_{12}=1.5\Omega$$
$$Z_3=Z_{22}-Z_{12}=2.92-1.5=1.42\Omega$$

（2）求图 6-18（a）所示二端口网络的Π型等效电路，如图 6-18（c）所示。首先求出图 6-18（a）所示二端口网络的 Y 参数。它是一个无源线性的，$Y_{12}=Y_{21}$，因此只需要求出三个 Y 参数即可。令二端口网络的输出端口短路，即 $\dot{U}_2=0$，则

$$\dot{I}_1=\frac{\dot{U}_1}{\dfrac{2\times5}{2+5}+\dfrac{4\times1}{4+1}}=\frac{35}{78}\dot{U}_1$$

$$\dot{I}_2=\left(\frac{1}{5}-\frac{5}{7}\right)\dot{I}_1=-\frac{18}{35}\dot{I}_1=-\frac{18}{78}\dot{U}_1$$

$$Y_{11}=\frac{\dot{I}_1}{\dot{U}_1}\bigg|_{\dot{U}_2=0}=\frac{35}{78}=0.45\text{S}$$

$$Y_{21}=\frac{\dot{I}_2}{\dot{U}_1}\bigg|_{\dot{U}_2=0}=-\frac{18}{78}=-0.231\text{S}$$

令二端口网络的输入端短路，即 $\dot{U}_1=0$，则

$$\dot{I}_2=\frac{\dot{U}_2}{\dfrac{5}{6}+\dfrac{8}{6}}=\frac{6}{13}\dot{U}_2$$

$$Y_{22}=\frac{\dot{I}_2}{\dot{U}_2}\bigg|_{\dot{U}_1=0}=\frac{6}{13}=0.462\text{S}$$

Π 型等效电路的参数

$$Y_1=Y_{11}+Y_{12}=0.45-0.231=0.219\text{S}$$

$$Y_2 = -Y_{12} = 0.231\text{S}$$

$$Y_3 = Y_{22} + Y_{12} = 0.462 - 0.213 = 0.231\text{S}$$

$$Z_1 = \frac{1}{Y_1} = \frac{1}{0.219} = 4.566\Omega$$

$$Z_2 = \frac{1}{Y_2} = \frac{1}{0.231} = 4.33\Omega$$

$$Z_3 = \frac{1}{Y_3} = \frac{1}{0.231} = 4.33\Omega$$

思考与练习

6-4　试求图 6-19 所示的二端口网络的 Y 参数和 Z 参数。

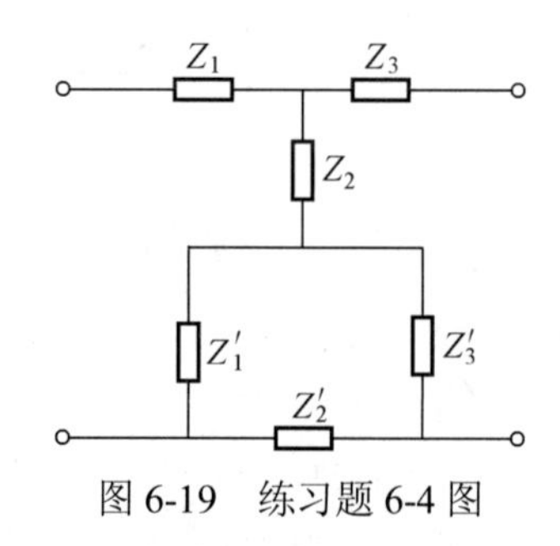

图 6-19　练习题 6-4 图

6.3　回转器

除了图 6-1 所示的二端口网络元件之外，回转器也是一个非常重要的二端口网络，它是一种线性非互易的多端元件，由运放和电阻元件构成，其图形符号如图 6-20 所示。其端口电压、电流满足以下关系式

$$\begin{cases} u_1 = -ri_2 \\ i_1 = gu_2 \end{cases}$$

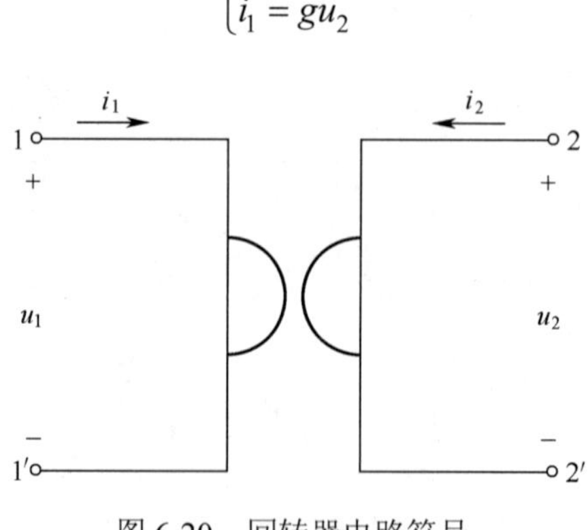

图 6-20　回转器电路符号

式中，r 称为回转电阻，g 称为回转电导，$g=\dfrac{1}{r}$，r 和 g 简称为回转常数。上式可以写为 T 参数方程

$$\begin{cases} u_1 = 0\cdot u_2 - ri_2 \\ i_1 = gu_2 - 0\cdot i_2 \end{cases} \qquad T=\begin{bmatrix} 0 & r \\ g & 0 \end{bmatrix}$$

由上述端口方程可知，回转器有把一个端口上的电流“回转”为另一端口上的电压或相反过程的性质。正是这一性质，使回转器具有把一个电容“回转”为一个电感的本领，这在微电子器中为易于集成的电容实现难以集成的电感提供可能。现说明如下：

如图 6-21 所示，用相量分析，因为

$$\dot{U}_1 = -r\dot{I}_2 = -r\left(\frac{-\dot{U}_2}{-\mathrm{j}\dfrac{1}{\omega C}}\right) = \mathrm{j}r\omega C\dot{U}_2$$

$$\dot{U}_2 = \frac{1}{g}\dot{I}_1 = r\dot{I}_1$$

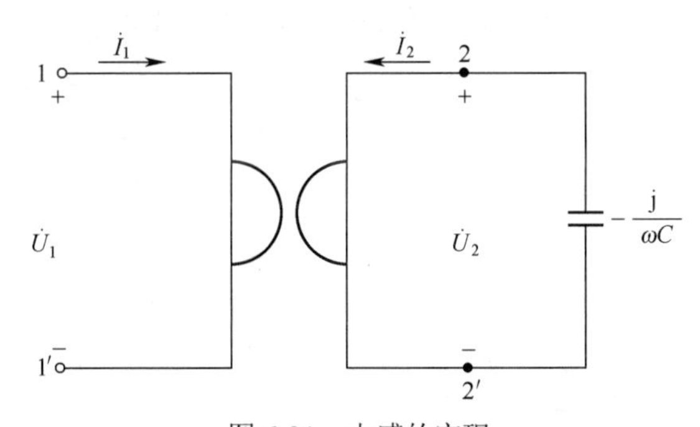

图 6-21　电感的实现

所以
$$\dot{U}_1 = \mathrm{j}r^2\omega C\dot{I}_1$$

于是 1-1′ 的输入阻抗

$$Z_{\mathrm{in}} = \frac{\dot{U}_1}{\dot{I}_1} = \mathrm{j}\omega(r^2C) = \mathrm{j}\omega(\frac{1}{g^2}C) = \mathrm{j}\omega L$$

可见 Z_{in} 相当于一个电感元件，电感值 $L=r^2C=\dfrac{1}{g^2}C$。若设 $C=1\mu\mathrm{F}$，$r=50\mathrm{k}\Omega$，则 $L=2500\mathrm{H}$。

小结

1. 二端口网络的概念

具有输入、输出两对端钮，且从端口一个端钮流入的电流就是从该端口另一端钮流出的电流的四端网络，称为二端口网络或双口网络。

2. 二端口网络方程、参数及参数的计算

二端口网络方程及参数的计算表如表 6-1 所示。

表 6-1　二端口网络方程及参数的计算表

	Z	Y	$T(A)$	H
方程	$\dot{U}_1 = Z_{11}\dot{I}_1 + Z_{12}\dot{I}_2$ $\dot{U}_2 = Z_{21}\dot{I}_1 + Z_{22}\dot{I}_2$	$\dot{I}_1 = Y_{11}\dot{U}_1 + Y_{12}\dot{U}_2$ $\dot{I}_2 = Y_{21}\dot{U}_1 + Y_{22}\dot{U}_2$	$\dot{U}_1 = A\dot{U}_2 + B(-\dot{I}_2)$ $\dot{I}_1 = C\dot{U}_2 + D(-\dot{I}_2)$	$\dot{U}_1 = H_{11}\dot{I}_1 + H_{12}\dot{U}_2$ $\dot{I}_2 = H_{21}\dot{I}_1 + H_{22}\dot{U}_2$
参数的计算	$Z_{11} = \left.\frac{\dot{U}_1}{\dot{I}_1}\right\|_{\dot{I}_2=0}$ $Z_{21} = \left.\frac{\dot{U}_2}{\dot{I}_1}\right\|_{\dot{I}_2=0}$ $Z_{12} = \left.\frac{\dot{U}_1}{\dot{I}_2}\right\|_{\dot{I}_1=0}$ $Z_{22} = \left.\frac{\dot{U}_2}{\dot{I}_2}\right\|_{\dot{I}_1=0}$	$Y_{11} = \left.\frac{\dot{I}_1}{\dot{U}_1}\right\|_{\dot{U}_2=0}$ $Y_{21} = \left.\frac{\dot{I}_2}{\dot{U}_1}\right\|_{\dot{U}_2=0}$ $Y_{12} = \left.\frac{\dot{I}_1}{\dot{U}_2}\right\|_{\dot{U}_1=0}$ $Y_{22} = \left.\frac{\dot{I}_2}{\dot{U}_2}\right\|_{\dot{U}_1=0}$	$A = \left.\frac{\dot{U}_1}{\dot{U}_2}\right\|_{\dot{I}_2=0}$ $C = \left.\frac{\dot{I}_1}{\dot{U}_2}\right\|_{\dot{I}_2=0}$ $B = \left.\frac{\dot{U}_1}{-\dot{I}_2}\right\|_{\dot{U}_2=0}$ $D = \left.\frac{\dot{I}_1}{-\dot{I}_2}\right\|_{\dot{U}_2=0}$	$H_{11} = \left.\frac{\dot{U}_1}{\dot{I}_1}\right\|_{\dot{U}_2=0}$ $H_{21} = \left.\frac{\dot{I}_2}{\dot{I}_1}\right\|_{\dot{U}_2=0}$ $H_{12} = \left.\frac{\dot{U}_1}{\dot{U}_2}\right\|_{\dot{I}_1=0}$ $H_{22} = \left.\frac{\dot{I}_2}{\dot{U}_2}\right\|_{\dot{I}_1=0}$

3. 二端口网络之间的关系

二端口网络各参数之间相互转换公式表如表 6-2 所示。

表 6-2　二端口网络各参数之间相互转换公式表

	用 Z 参数表示	用 Y 参数表示	用 T（A）参数表示	用 H 参数表示	互易条件
Z 参数	Z_{11}　Z_{12} Z_{21}　Z_{22}	$\frac{Y_{22}}{\Delta Y}$　$-\frac{Y_{12}}{\Delta Y}$ $-\frac{Y_{21}}{\Delta Y}$　$\frac{Y_{11}}{\Delta Y}$	$\frac{A}{C}$　$\frac{\Delta T}{C}$ $\frac{1}{C}$　$\frac{D}{C}$	$\frac{\Delta H}{H_{22}}$　$\frac{H_{12}}{H_{22}}$ $-\frac{H_{21}}{H_{22}}$　$\frac{1}{H_{22}}$	$Z_{12} = Z_{21}$
Y 参数	$\frac{Z_{22}}{\Delta Z}$　$-\frac{Z_{12}}{\Delta Z}$ $-\frac{Z_{21}}{\Delta Z}$　$\frac{Z_{11}}{\Delta Z}$	Y_{11}　Y_{12} Y_{21}　Y_{22}	$\frac{D}{B}$　$-\frac{\Delta T}{B}$ $-\frac{1}{B}$　$\frac{A}{B}$	$\frac{1}{H_{11}}$　$-\frac{H_{12}}{H_{11}}$ $\frac{H_{21}}{H_{11}}$　$\frac{\Delta H}{H_{11}}$	$Y_{12} = Y_{21}$
T（A）参数	$\frac{Z_{11}}{Z_{21}}$　$\frac{\Delta Z}{Z_{21}}$ $\frac{1}{Z_{21}}$　$\frac{Z_{22}}{Z_{21}}$	$-\frac{Y_{22}}{Y_{21}}$　$-\frac{1}{Y_{21}}$ $-\frac{\Delta Y}{Y_{21}}$　$-\frac{Y_{11}}{Y_{21}}$	A　B C　D	$-\frac{\Delta H}{H_{21}}$　$-\frac{H_{11}}{H_{21}}$ $-\frac{H_{22}}{H_{21}}$　$-\frac{1}{H_{21}}$	$\Delta T = 1$
H 参数	$\frac{\Delta Z}{Z_{22}}$　$\frac{Z_{12}}{Z_{22}}$ $-\frac{Z_{21}}{Z_{22}}$　$\frac{1}{Z_{22}}$	$\frac{1}{Y_{11}}$　$-\frac{Y_{12}}{Y_{11}}$ $\frac{Y_{21}}{Y_{11}}$　$\frac{\Delta Y}{Y_{11}}$	$\frac{B}{D}$　$\frac{\Delta T}{D}$ $-\frac{1}{D}$　$\frac{C}{D}$	H_{11}　H_{12} H_{21}　H_{22}	$H_{12} = -H_{21}$

说明：表中 $\Delta Z = Z_{11}Z_{22} - Z_{12}Z_{21}$， ΔY 、 ΔT 、 ΔH 的表达式与 ΔZ 类似。

4. 二端口网络的连接

串联连接宜采用 Z 参数进行

$$Z = Z_1 + Z_2 + Z_3 + \cdots + Z_n$$

并联连接宜采用 Y 参数进行

$$Y = Y_1 + Y_2 + Y_3 + \cdots + Y_n$$

级联连接宜采用 T 参数进行

$$T = T_1 T_2 T_3 \cdots T_n$$

5. 互易的二端口网络可等效成Π型、T型二端口网络

等效成Π型，采用 Y 参数方程

$$Y_1 = Y_{11} + Y_{12}$$
$$Y_2 = -Y_{12} = -Y_{21}$$
$$Y_3 = Y_{21} + Y_{22}$$

等效成T型，采用 Z 参数方程

$$Z_1 = Z_{11} - Z_{12}$$
$$Z_2 = Z_{12} = Z_{21}$$
$$Z_3 = Z_{22} - Z_{12}$$

6. 回转器

回转器可以把一个电容回转为一个电感。

练习六

6-1　如图6-22所示，试求二端口网络的 Y、Z 参数矩阵（如不存在，说明原因）。

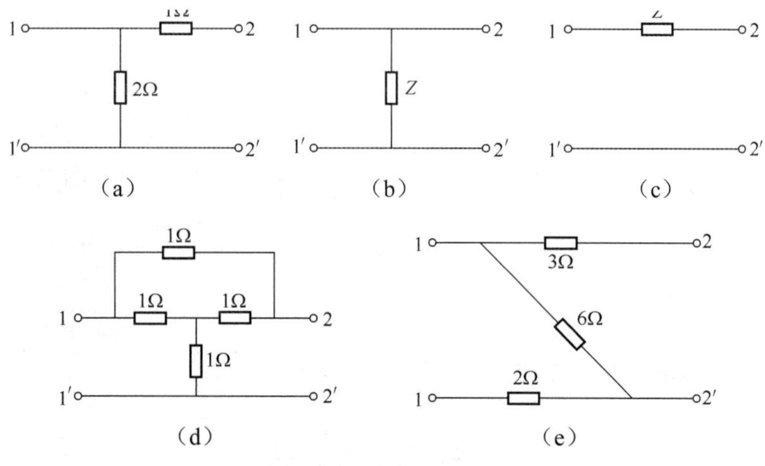

图6-22　练习题6-1图

6-2　如图6-23所示，试求二端口网络的 T 参数矩阵。

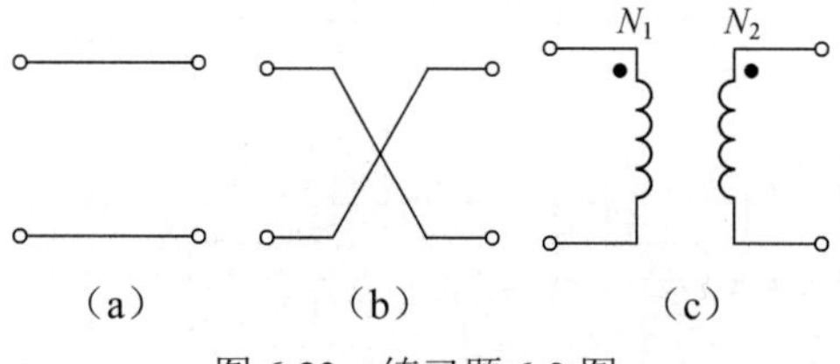

图6-23　练习题6-2图

6-3　求图6-24所示的二端口网络的 Y、Z 和 T 参数矩阵。

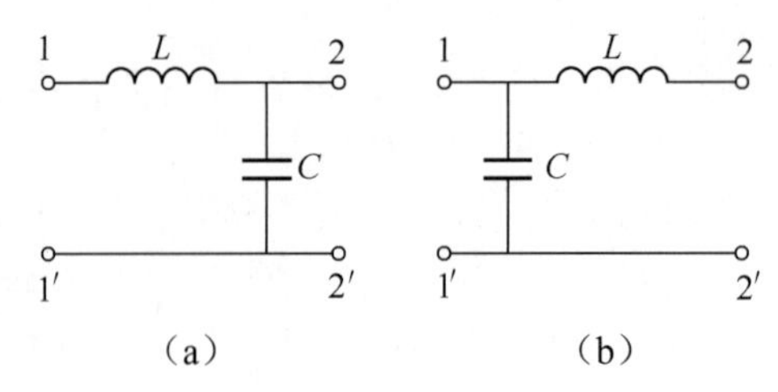

图 6-24　练习题 6-3 图

6-4　求图 6-25 所示的二端口网络的 H 参数。

6-5　已知某二端口网络的 T 参数矩阵为

$$T=\begin{bmatrix}4 & 3\\ 9 & 7\end{bmatrix}$$

求它的等效 T 型网络和 Π 型网络。

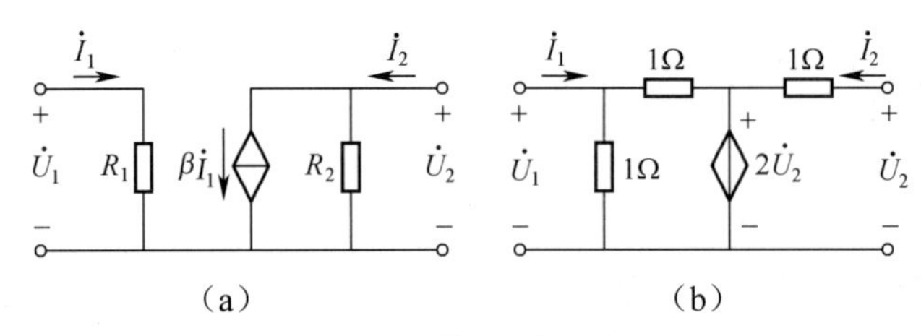

图 6-25　练习题 6-4 图

6-6　求图 6-26 所示的双 T 电路的 Y 参数矩阵。

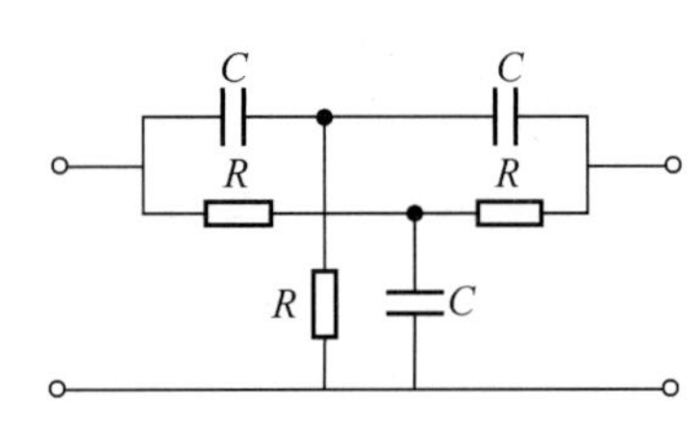

图 6-26　练习题 6-6 图

6-7　图 6-27 所示的二端口网络 P_1、P_2 的 T 参数矩阵为

$$T=\begin{bmatrix}A & B\\ C & D\end{bmatrix}$$

分别求出图中两个二端口网络的 T 参数矩阵。

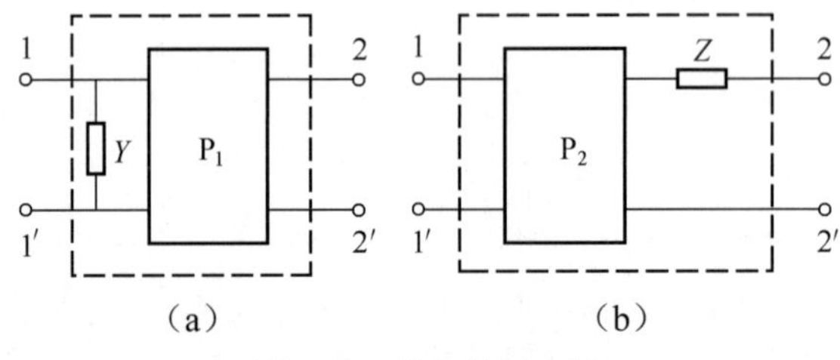

图 6-27　练习题 6-7 图

6-8　试求图 6-28 所示各二端口网络的等效 T 型网络中各元件的参数。

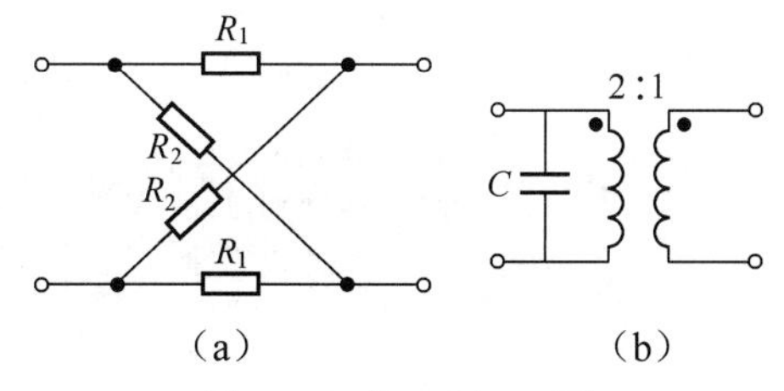

图 6-28　练习题 6-8 图

6-9　电路如图 6-29 所示，已知二端口网络的 Y 参数矩阵为

$$Y=\begin{bmatrix}4 & 2\\ 2 & 1\end{bmatrix}$$

若在其输出端 2-2′ 接负载电阻 $R_L=5\Omega$，求从 1-1′ 端看进去的入端电阻 R_{in}。

6-10　试求图 6-30 所示电路的输入阻抗 Z_{in}。已知 $C_1=C_2=1\text{F}$，$G_1=G_2=1\text{S}$，$g=2\text{S}$，设 $\omega=1\text{rad/s}$。

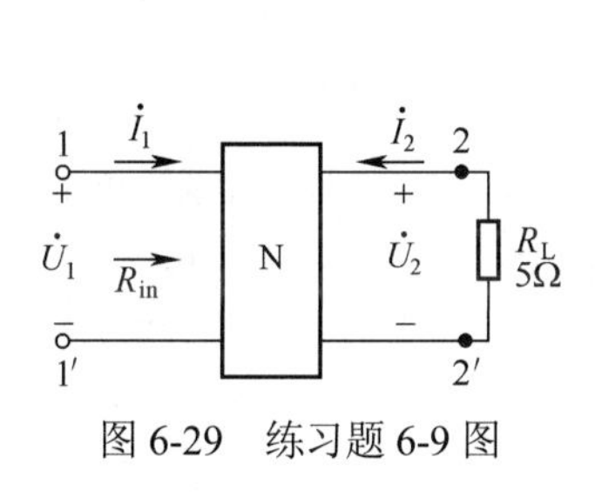

图 6-29　练习题 6-9 图

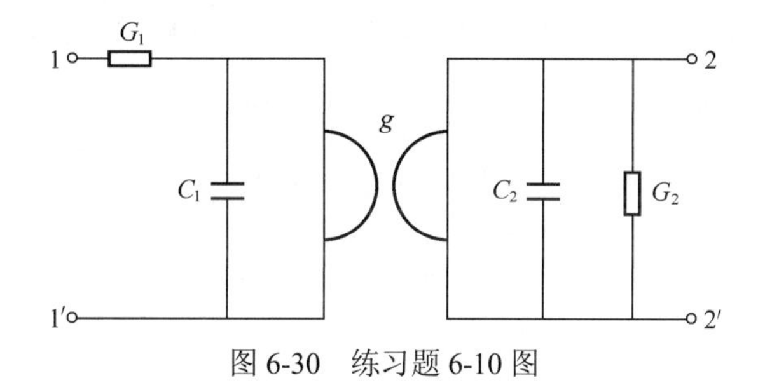

图 6-30　练习题 6-10 图

电路分析实验指导

实验一　直流电路中电位及电压关系的研究

一、实验目的

（1）学习万用表的正确使用。

（2）学习电路中电位和电压的测量方法。

（3）加深理解电路中电位的相对性，即与选择参考电位点有关。

（4）加深理解电路中两点间的电压即为两点电位之差，其值与参考电位点无关。

二、实验原理

在分析电路的电位时，常指定电路中的某一节点为参考点，计算或测量其他各节点对参考点的电压降，所得结果称为该节点的电位。参考点电位规定为零，所以参考点又叫“零电位点”或“零点”。参考点可以任意选定，但一经选定，各点的电位计算及测量即以该点为准。如果换一个参考点，其他各点的电位值也就不同了。在电路图中不指明参考点而讨论某点的电位是没有意义的。

在电路分析中，通常将电路中两节点之间的电位差称为两节点的电压，当其中一个节点为零点时，电压与电位值相等。因此，在直流电路中，两节点间的电压是固定的，而每一节点，由于零点选取的不同，其电位值也发生变化，但两节点之间的电位差（即电压）不变。

三、实验设备和元器件

双路稳压电源	6V，12V	1 台
电阻	51Ω	1 只
电阻	100 Ω	2 只
万用表	500 型	1 块

四、实验内容和步骤

1．实验电路

电路如图 1-1 所示。

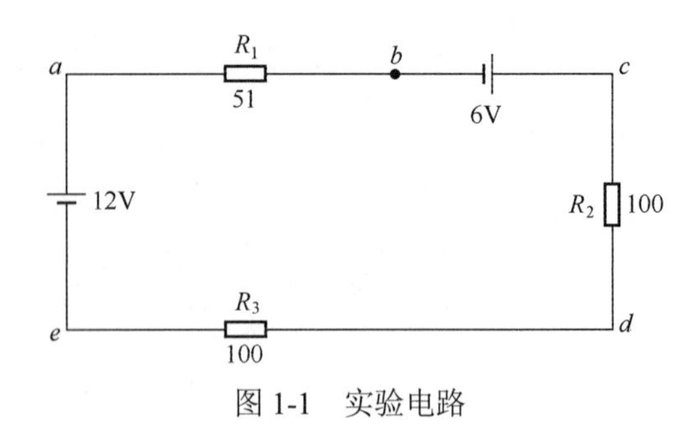

图 1-1　实验电路

2．实验内容

（1）按图 1-1 所示电路进行连接。

（2）分别以 c、d、e 为零电位点，测出电路中各点的电位 V_a、V_b、V_c、V_d、V_e，以及电压 U_{ab}、U_{bc}、U_{cd}、U_{de}、U_{ea}。

（3）根据测得的数据，验证电压与电位的关系$U_{ab}=V_a-V_b$，$U_{bc}=V_b-V_c$，$U_{cd}=V_c-V_d$，$U_{de}=V_d-V_e$，其值与参考电位点无关。

五、实验报告要求

（1）将实验数据记录于表格中。

参考点	V_a	V_b	V_c	V_d	V_e	U_{ab}	U_{bc}	U_{cd}	U_{de}	U_{ea}
c										
d										
e										

（2）对实验数据分析说明，给出结论，即说明电位与电压的区别及相互关系。

实验二　线性与非线性元件的伏安特性的测定

一、实验目的

（1）了解线性电阻元件和非线性电阻元件以及电压源和电流源的伏安特性。
（2）学习线性电阻元件和非线性电阻元件伏安特性的测试方法。
（3）学习测定电压源和电流源伏安特性的方法。

二、实验原理

许多元器件的特性可用其端电压 U 与通过它的电流 I 之间的函数关系来表示，这种 U 与 I 的关系称为元器件的伏安关系。如果将这种关系在$U-I$平面上表示出来，称为伏安特性关系曲线。

线性电阻元件的伏安特性曲线是通过坐标原点的一条直线，该直线的斜率即为元件的电阻值的倒数，它是一个常数。如图 2-1 所示。

半导体二极管是一种非线性电阻元件，它的电阻值随着流过它的电流的大小而变化。其伏安特性如图 2-2 所示。

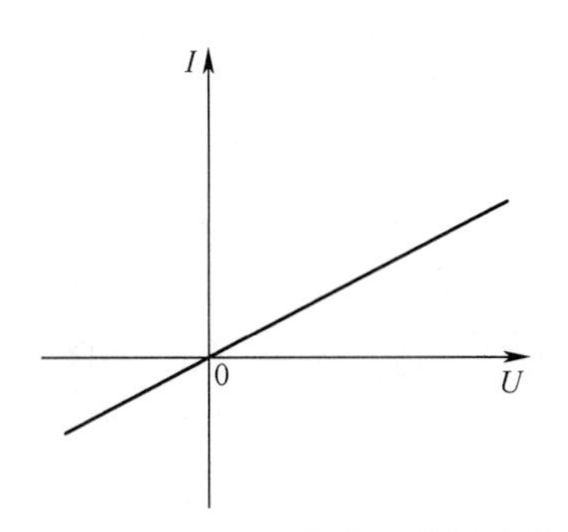

图 2-1　电阻元件的伏安特性曲线

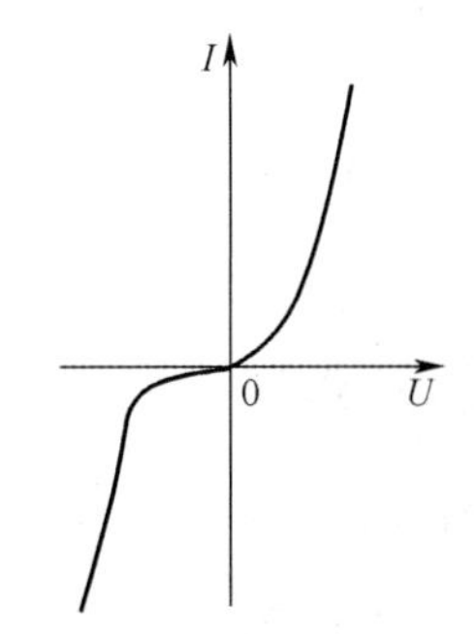

图 2-2　二极管的伏安特性曲线

对比图 2-1 和图 2-2 可知，线性电阻的伏安特性对称于坐标原点，这种性质称为双向性，所有线性电阻元件都有这种特性。半导体二极管的伏安特性不但是非线性的，而且对于坐标原点来说是不对称的，故为单向性。大多数非线性电阻元件具备这种性质。半导体二极管的电阻值随其端电压的大小和极性的不同而不同，当直流电压源的正极施加于二极管的阳极，负极与二极管的阴极连接，则二极管的电阻值很小；反之，二极管的电阻值很大。

理论上，电压源和电流源具有能够提供恒定不变的电压或电流的伏安特性。能保持恒定端电压的电压源称为理想电压源，能提供恒定电流的电流源称为理想电流源。理想电压源的伏安特性曲线如图 2-3 的 a 线所示，理想的电流源的伏安特性曲线如图 2-4 的 a 线所示。

然而，理想的电压源和电流源实际上是不存在的，实际的电压源和电流源总是具有一定大小的内阻。实际电压源可以用理想电压源和电阻串联来模拟，实际电流源可以用理想电流源和电阻的并联来模拟。对于实际电压源，其端口的电压和电流的关系为：$U = U_s - IR_s$，其伏安特性曲线如图 2-3 的 b 线所示。对于实际电流源，其端口的电压和电流的关系为：$I = I_s - U/R_s$，其伏安特性曲线如图 2-4 的 b 线所示。

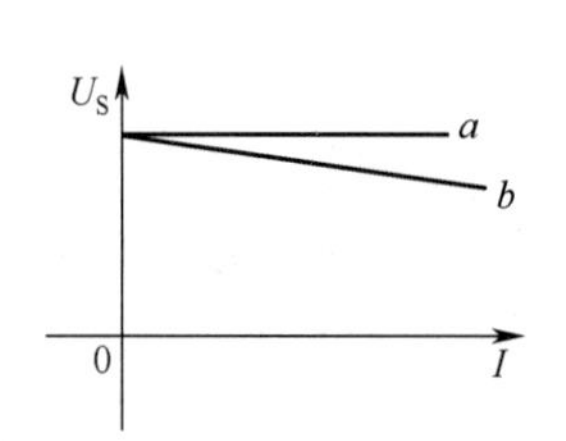

图 2-3　电压源的伏安特性曲线

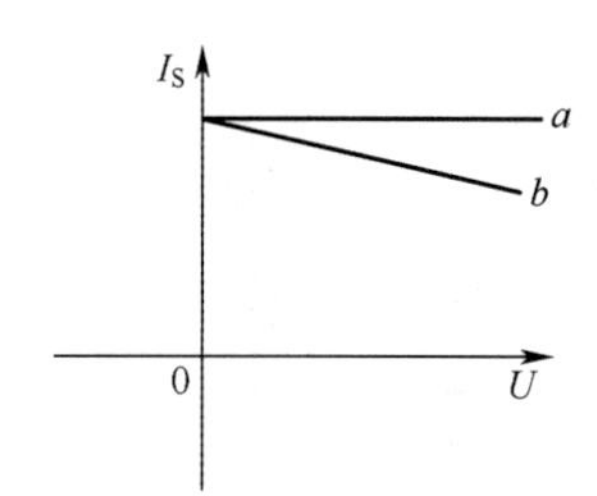

图 2-4　电流源的伏安特性曲线

三、实验设备和元器件

直流电流表	500mA	1 只
电阻	180Ω，1W	1 只
电阻	100 Ω，1W	1 只
电阻	1k Ω，1W	1 只
电阻	5.1k Ω，1W	1 只
电位器	470 Ω，1W	1 只
电位器	4.7k Ω，1W	1 只
电位器	100k Ω，1W	1 只
二极管	4007	1 只
晶体管	NPN 型	1 只

四、实验内容和步骤

1．实验电路

电路如图 2-5 至图 2-8 所示。

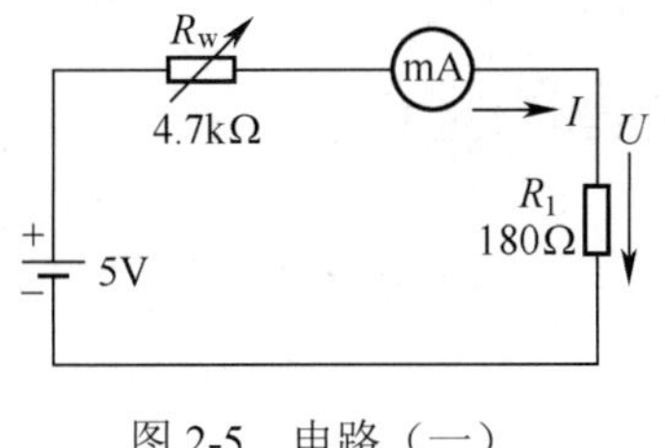

图 2-5　电路（一）

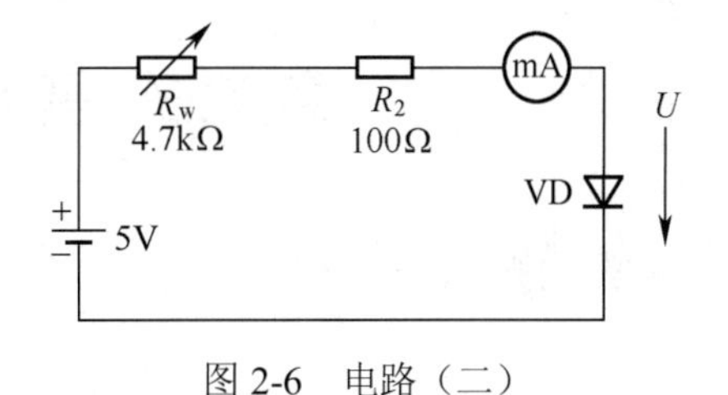

图 2-6　电路（二）

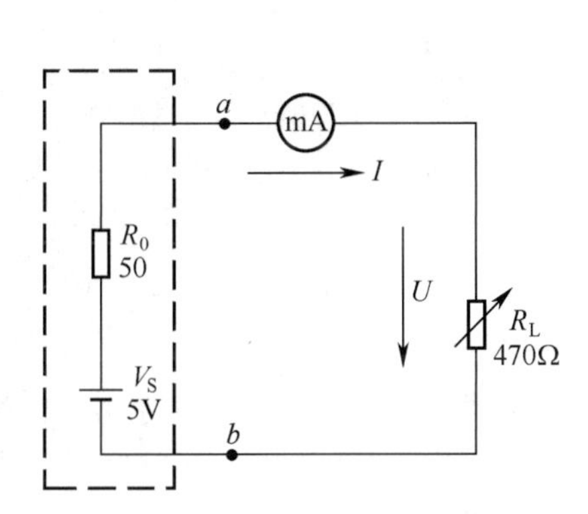

图 2-7　电路（三）

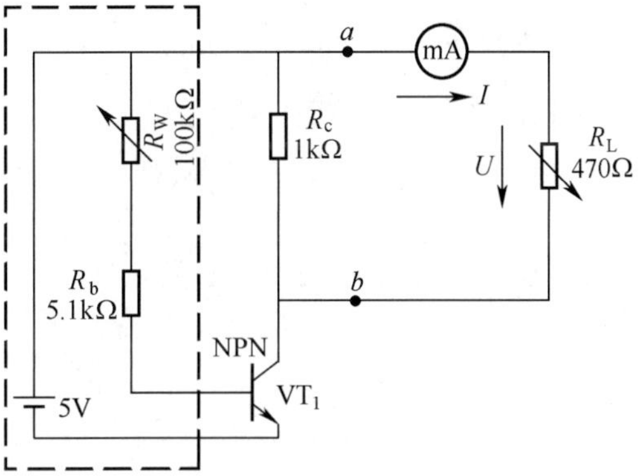

图 2-8　电路（四）

2. 实验内容

（1）按图 2-5 连接电路，调节 R_W，测量线性电阻 R_1 的伏安特性，并画出其伏安特性曲线 $I=f(U)$。

（2）按图 2-6 连接电路，调节 R_W，测量半导体二极管的正向伏安特性，并画出其伏安特性曲线，$I=f(U)$。

（3）按图 2-7 连接电路，调节 R_L，测定电压源的伏安特性，并画出其伏安特性曲线 $I=f(U)$。

（4）按图 2-8 连接电路，调节 R_L，测定电流源的伏安特性。开始时，调试 R_W 使 $I=100\text{mA}$，并画出其伏安特性曲线 $I=f(U)$。

五、实验报告要求

（1）记录实验数据，分别画出线性电阻和半导体二极管的伏安特性曲线 $I=f(U)$。

（2）比较线性电阻和非线性电阻的伏安特性，说明其性质的区别。

（3）记录实验数据，分别画出电压源和电流源的伏安特性曲线，并说明两者性质的区别。

六、思考题

有一线性电阻 $R=200\Omega$，用电压表、电流表测电阻 R，已知电压表内阻 $R_V=10\text{k}\Omega$，电流表内阻 $R_A=0.2\Omega$，问电压表与电流表怎样接法其误差最小？

实验三　基尔霍夫定律的验证

一、实验目的

（1）验证基尔霍夫定律的正确性。

（2）加深对参考方向的理解。

二、实验原理

基尔霍夫定律是电路理论中最基本也是最重要的定律之一，它概括了电路中电流和电压分别应遵循的基本规律。基尔霍夫定律的内容有两点：一是基尔霍夫电流定律；二是基尔霍夫电压定律。

基尔霍夫电流定律：电路中任意时刻流进和流出节点电流的代数和等于零。即

$$\sum I=0$$

上式表明基尔霍夫电流定律规定了节点上支路电流的约束关系，而与支路上元件的性质无关，不论元件是线性的或是非线性的、有源的或是无源的、时变的或时不变的等，都适用。

基尔霍夫电压定律：在任意时刻电路中沿闭合回路的电压的代数和等于零。即

$$\sum U=0$$

上式表明任一闭合回路中各支路电压所必须遵守的规律，它是电压与路径无关性的反映。同样，这一结论只与电路的结构有关，而与支路中元件的性质无关，不论这些元件是线性或是非线性的、有源的或是无源的、时变的或时不变的等，都适用。

对于基尔霍夫定律的应用，必然涉及参考方向的概念。所谓参考方向（对电压来说也称参考极性），并不是一个抽象的概念，它有具体的意义。例如，图 3-1 为网络中的一条支路 AB，在事先并不知道该支路电压极性的情况下，如何测量该支路的电压 U 呢？电压表的正（+）接线柱和负（–）接线柱应该分别接在 A 端和 B 端，还是相反？因此，我们不妨试一下，首先假定一个电压的正方向，设 U 是 A 正 B 负，这就是电压 U 的参考极性。那么当电压表的正极和负极分别与 A 端和 B 端相连时，电压表指针若顺时针偏转，即读数为正，说明参考方向和实际方向一致的；反之，当电压表指针逆时针偏转时，电压表读数为负，说明参考方向和实际方向相反。关于电流参考方向的意义与上述相似。

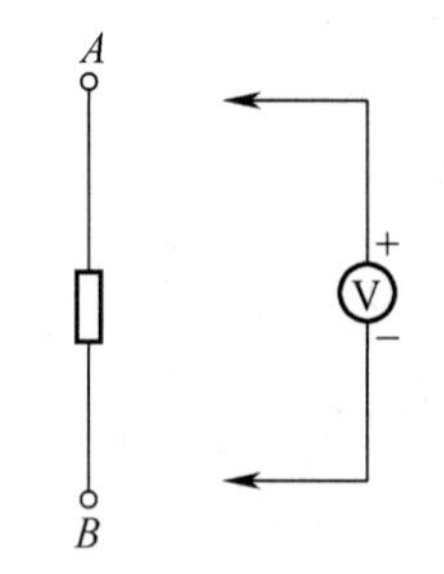

图 3-1　参考方向测试电路

三、实验设备和元器件

电阻	430 Ω，1W	1 只
电阻	100Ω，1W	2 只
直流稳压源	6V，12V，1A	1 台
万用表	500 型	1 块

直流稳压电源　　5V，1A　　　　1台
直流电流表　　　500mA　　　　1只

四、实验内容和步骤

1．实验电路

电路如图3-2所示。

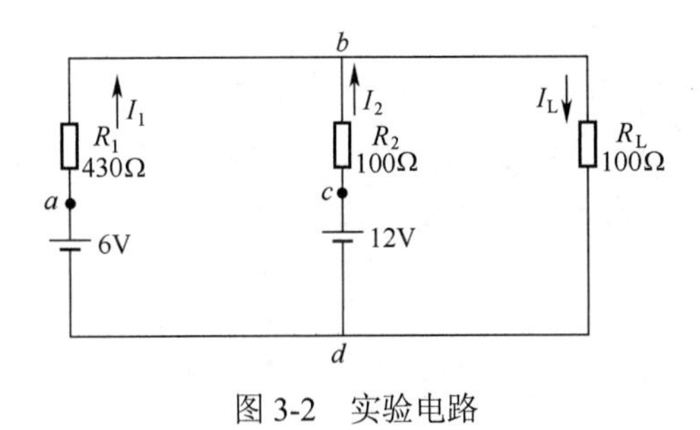

图3-2　实验电路

2．实验内容

（1）基尔霍夫电流定律的验证。用电流表分别测出电路图3-2所示的电流I_1、I_2、I_L，并注意电流表的偏转方向，记录其数值，根据数据验证基尔霍夫电流定律的正确性。

（2）基尔霍夫电压定律的验证。用万用表分别测出如图3-2所示电路各支路的U_{ab}、U_{bc}、U_{cd}、U_{da}，并注意万用表的正负接线方向，记录其数值，根据数据验证基尔霍夫电压定律的正确性。

五、实验报告要求

（1）计算各支路的电压及电流，并计算各值的相对误差，分析产生误差的原因。

（2）分析实验结果，得出相应结论。

六、思考题

已知某支路的电流为3mA左右，现有量程分别为5mA和10mA的两只电流表，你将使用哪一只电流表进行测量？为什么？

实验四　受控源特性的研究

一、实验目的

（1）测试两种受控源（VCVS和VCCS）的控制系数和负载特性。

（2）了解受控源的特性。

二、实验原理

受控源是一种非独立源，它的电压或电流是电路中其他电压或电流的函数；或者说它的电压或电流受到电路中其他部分的电压或电流的控制。根据控制量和受控量的不同，受控源可分为电压控制电压源（VCVS）、电流控制电压源（CCVS）、电压控制电流源（VCCS）和电流控制电流源（CCCS）四种。

受控源与电路元件一样，能在电路中使二条支路的电压、电流间建立一个约束关系。这与一个电阻元件能使它两端的电压和电流间建立一个约束关系类似，故受控源又称为“有源元件”，又因为它有输入和输出两个端口，故称为“双口元件”，以区别于电阻、电容等两端元件。但仅当受控量与控制量之间的比例系数为常数时，该受控源才能看作线性元件。

实际的受控源只能接近于理想情况，本实验中采用的两种受控源也不例外。因此，它们的控制量与受控量之间的比例系数并非常数，而是具有以下的函数关系：对 CCCS 是 $i_2 = f(i_1)$；对 CCVS 是 $u_2 = f(i_1)$；对 VCCS 是 $i_2 = f(u_1)$；对 VCVS 是 $u_2 = f(u_1)$。上述函数都可用相应的曲线来表达，比较接近于直线的为“线性区域”，其斜率是一个常数，这时控制量的变化与受控量的变化是成正比关系的，但超出这一区域就不能保持这一关系了。

三、实验设备和元器件

电阻	10kΩ，1W	2 只
电阻	20kΩ，1W	1 只
集成运放	LM741	1 只
电位器	470Ω，1W	1 只
直流稳压源	5V，12V，1A	1 台
万用表	500 型	1 块
直流电流表	1mA	1 只

四、实验内容和步骤

1. 实验电路

电路如图 4-1 和图 4-2 所示。

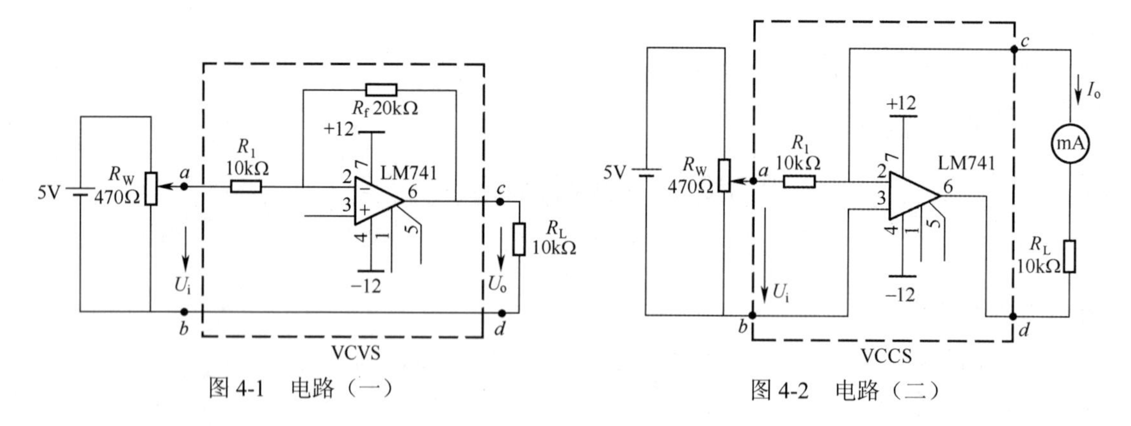

图 4-1 电路（一）　　图 4-2 电路（二）

2. 实验内容

（1）VCVS 实验：按图 4-1 连接电路，调节 R_W，测出 5 组 U_i 和 U_o 数据，算出控制系数 $A_V = U_o/U_i$，并画出 $U_o = f(U_i)$ 特性曲线。

（2）VCCS 实验：按图 4-2 连接电路，调节 R_W，测出 5 组 U_i 和 I_o 数据，算出控制系数

$g_m = I_o / U_i$，并画出 $I_o = f(U_i)$ 特性曲线。

五、实验报告要求

（1）记录实验数据，计算控制系数，画出相应的特性曲线。
（2）确定线性区域，计算各条特性曲线线性区域的斜率。

六、思考题

受控源的输出电压和电流都要比输入量高出许多倍，因此输出功率大于输入功率，那么这些能量来自哪里？

实验五　叠加原理的验证

一、实验目的

（1）用实验方法验证叠加原理的正确性。
（2）学习复杂电路的连接方法，进一步熟悉直流电流表的使用。

二、实验原理

所谓叠加原理，就是指几个电源在线性电路的任何部分共同作用所产生的电流和电压等于这些电源单独地在该部分作用所产生的电流或电压叠加的结果。

三、实验设备和元器件

电阻	180 Ω，1W	1 只
电阻	100 Ω，1W	2 只
电阻	430Ω，1W	1 只
转换开关	1×2	2 个
万用表	500 型	1 块
直流稳压电源	6V，12V，1A	1 台
直流电流表	50mA	1 只

四、实验内容和步骤

1. 实验电路

电路如图 5-1 所示。

2. 实验内容

（1）测出两个电源共同作用时的电流 I_L。按图 5-1 所示的电路将两个开关都接至 1 位置，测得此时的电流 I_L。

（2）分别将开关 S_1、S_2 接至 1 位置，使两个电源单独作用，分别测出其相应的电流 I'_L 和 I''_L。

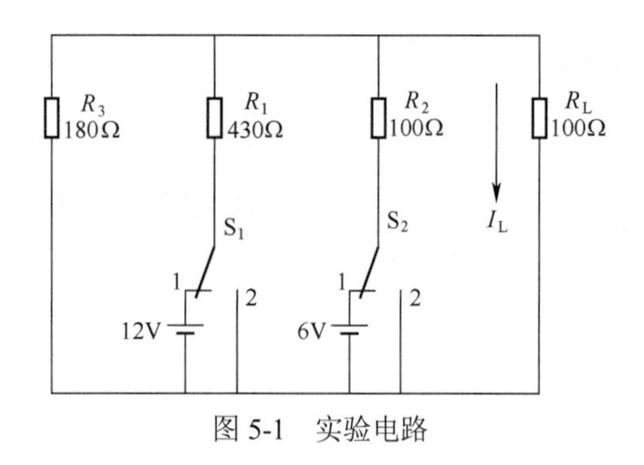

图 5-1 实验电路

五、实验报告要求

（1）记录实验数据。根据测量的数据，验证叠加原理的正确性。
（2）利用叠加原理对电路进行计算，并将 $I_L = I_L' + I_L''$ 与计算值进行比较。

实验六 戴维南定理和诺顿定理

一、实验目的

（1）学习测量有源一端口网络的开路电压 U_{oc}、短路电流 I_s 以及无源网络的电阻 R_0 的方法。

（2）用实验方法验证戴维南定理和诺顿定理的正确性。

二、实验原理

戴维南定理是对于有源一端口网络的外部特性而言的，戴维南定理指出：一个含独立电源、线性电阻和受控源的一端口，对外电路来说，可以用一个电压源和电阻的串联组合来等效置换，此电压源的电压等于一端口网络的开路电压，而电阻等于一端口的全部独立电源置零后的输入电阻。

上述电压源和电阻的串联组合称为戴维南等效电路。其中的开路电压和无源网络的电阻 R_0，可以通过实验来测定。用电压表测量一端口网络引出端的电压，负载开路时便是开路电压 U_{oc}；用万用表接于电路的引出端，测得的电阻即为无源网络的输入电阻 R_0。

诺顿定理和戴维南定理类似，也是针对一端口网络而言的，诺顿定理指出：一个含独立电源、线性电阻和受控源的一端口，对外电路来说，可以用一个电流源和电导的并联组合来等效置换，电流源的电流等于该一端口的短路电流，而电导等于把该一端口的全部独立电源置零后的输入电导。

同样，诺顿定理的等效电路的短路电流和无源网络的输入电导 $1/R_0$ 可以通过实验来测定。其方法与上述戴维南定理类似。

三、实验设备和元器件

电阻	180 Ω，1W	1 只

电阻	100 Ω，1W	2 只
电阻	430Ω，1W	1 只
直流稳压源	6V，12V，1A	1 台
转换开关	1×2	2 个
单刀开关	1×1	1 个
万用表	500 型	1 块
直流电流表	100mA	1 只

四、实验内容和步骤

1. 实验电路

电路如图 6-1 所示。

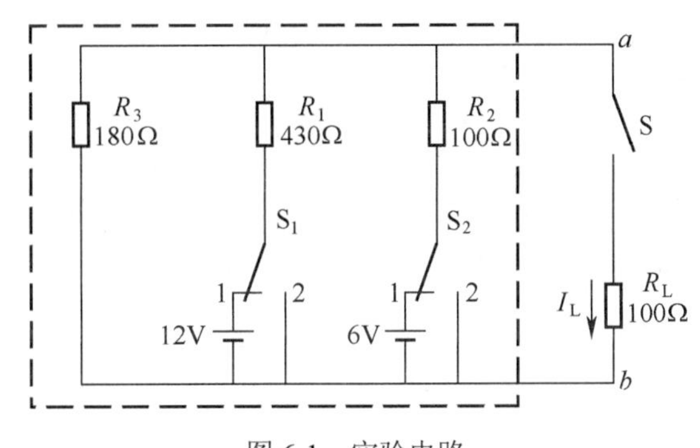

图 6-1 实验电路

2. 实验内容

（1）按图 6-1 所示连接电路，将 S_1、S_2 接至 1，S 接通，测出有源二端网络的输出电流 I_L。

（2）将 S 断开，测 ab 端的电压 U_{ab}，此为有源二端网络的开路电压 U_{oc}，再将 S_1、S_2 接至 2，测量 ab 端的电阻 R_{ab}，此电阻即为无源网络的输入电阻 R_0，即 $R_0 = R_{ab}$。

（3）在 a、b 端接一电流表，测出有源二端网络的短路电流 I_s。

（4）通过上述测量的数值，验证戴维南定理和诺顿定理的正确性。

五、实验报告要求

（1）给出实验原理，分析实验电路，写出实验步骤。

（2）记录实验数据，通过计算与实验值作比较，验证戴维南定理和诺顿定理的正确性。

实验七 交流电路参数的测量

一、实验目的

（1）学习交流电路参数的测定方法。

（2）掌握交流电流表、交流电压表以及自耦调压器的正确使用。

二、实验原理

在交流电路中，负载的等值参数可以借助于交流电压表、交流电流表和有功功率表分别测出元件两端电流的有效值 I、电压的有效值 U 和有功功率 P 之后，再通过计算得出。其关系式为：

阻抗的模	$\lvert Z\rvert = U/I$
功率因数	$\cos\varphi = P/(UI)$
等效电阻	$R = \lvert Z\rvert\cos\varphi$
等效电抗	$X = \lvert Z\rvert\sin\varphi$

这种测量方法称为三表法，它是测量交流阻抗和电路的交流等值参数的基本方法。对于理想的电感和电容负载，其等效电阻为 0，则很容易求得其等值电感或等值电容。同样，对于 R、L、C 连接成的无源一端口网络，可以用上述方法测得一端口网络的等值参数。

三、实验设备和元器件

滑线变阻器	100Ω	1 只
电容	8μF，450V	1 只
电感	350mH	1 只
交流电压表	150/300V	1 只
交流电流表	0.5/1A	1 只
单相功率表		1 只
单相调压器	0～250V	1 台

四、实验内容和步骤

1. 实验电路

电路如图 7-1 和图 7-2 所示。

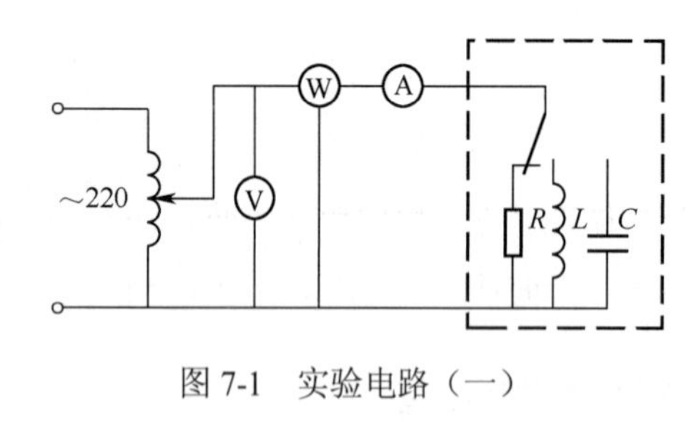

图 7-1 实验电路（一）

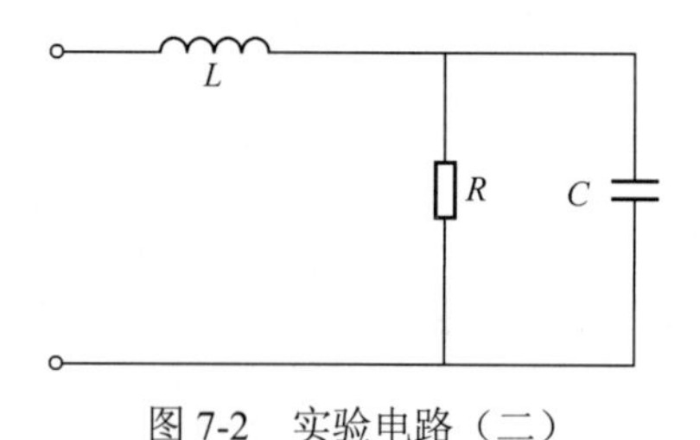

图 7-2 实验电路（二）

2. 实验内容

（1）按图 7-1 所示连接电路，调节自耦调压器的输出电压，测试电路的电流，限制 300mA 以下，分别测定出 I、U 和 P，并计算 R、L 和 C 的等效参数。

（2）按图 7-2 所示连接电路，将 R、L、C 连接成无源一端口网络，按同样的方法测定出有关参数并计算一端口网络的等值参数。

五、实验报告要求

（1）记录实验结果，对于每个元件和无源一端口网络的测试不得少于 3 次，根据各次的等值参数结果求平均值。

（2）根据单独测量和无源一端口网络的测量结果以及标称值分别进行计算，分析误差，并给出误差分析。

六、思考题

（1）若用功率因数表替换三表法中使用的功率表，是否也能得出元件的等效阻抗？为什么？

（2）用三表法测量参数时，我们可以在被测元件两端并联电容来判断元件的性质，为什么？试用向量图给出分析说明。

实验八　改善功率因数实验

一、实验目的

（1）研究提高感性负载功率因数的方法。

（2）了解日光灯电路的工作原理与正确的接线方法，验证交流并联电路中总电流和各支路电流的相量关系。

二、实验原理

电力系统中的许多负载如电动机、变压器等，都是感性负载。这种负载使电力系统的功率因数下降，对电站的工作不利，必须加入容性负载来提高功率因数。

日光灯是一种感性负载，可以把它看成是一个等值的电感 L 和一个等值的电阻 R_L 串联而成的元件。在它两端并联电容器能提高功率因数。一个电阻、电感串联的支路和一个电容支路并联的电路，其等值阻抗的倒数为：

$$\frac{1}{Z}=\frac{1}{R_L+j\omega L}+j\omega C=\frac{R_L}{R_L^2+2\omega^2L^2}+j(\omega C-\frac{\omega L}{R_L^2+\omega^2L^2})$$

在 ω、L、R_L 一定时，改变 C 就可以改变阻抗的虚部，从而相位角 φ 改变，功率因数也就跟着改变。

当 C 改变到某一数值时，可使上式中的虚部为零，即 $\omega C-\frac{\omega L}{R_L^2+\omega^2L^2}=0$。此时 $C=\frac{L}{R_L^2+\omega^2L^2}$，电路是纯电阻性，即 Z 最大，电路中的电流最小，电路处于并联谐振状态。

三、实验设备和元器件

电容　　1μF、2 μF 和 4 μF，450V　　各 1 只

转换开关	1×1	1只
交流电流表	0.5/1A	1只
交流电压表	300V	1只
万用表	500型	1只
功率表		1块
日光灯	8W	1套

四、实验内容和步骤

1．实验电路

电路如图8-1所示。

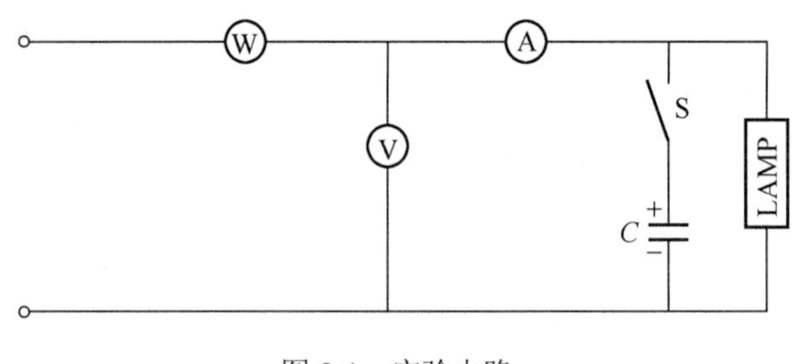

图8-1　实验电路

2．实验内容

（1）如图8-1所示的电路，在S断开不接入电容C时，测量电源的电压、电流和功率。

（2）在S接通时，分别测出$C=1\mu F$、$2\mu F$和$4\mu F$的情况下的电源电压、电流和功率。

（3）根据测得的数据计算各种情况下的电路功率因数，并验证$I=I_L+I_C$的相量关系。

五、实验报告要求

（1）记录实验数据，计算不同情况下的功率因数，解释功率因数发生变化的原因。

（2）分析计算功率因数最大点的电容值。

六、思考题

（1）当与日光灯并联的电容值由小逐渐增大时，电流应该怎样变化？为什么？

（2）提高感性负载的功率因数为什么用并联电容器，而不是串联电容器的方法？

实验九　串联谐振电路实验

一、实验目的

（1）学习测定RLC串联电路谐振频率和谐振曲线的方法。

（2）了解RLC串联电路发生电压谐振的现象和条件。

二、实验原理

1. 串联谐振电路的谐振频率

当串联谐振电路的感抗和容抗完全相等时，电路处于串联谐振状态。

谐振角频率 $\omega_0 = 1/\sqrt{LC}$

谐振频率 $f_0 = 1/(2\pi\sqrt{LC})$

可见，调节电路参数 L、C 或改变电源频率 f 都可实现电路的串联谐振。

2. 串联谐振电路的谐振特点

（1）串联谐振时，电路电抗 $X=0$，阻抗 $Z=R$ 最小，呈纯电阻性。

（2）串联谐振时，若外施电压有效值恒定，电路中电流最大，且与电压同相。

（3）串联谐振时，电感电压和电容电压等值反向，且为外施电压的 Q 倍。

$$Q = U_{\mathrm{L}}/U = U_{\mathrm{c}}/U = \omega_0 L/R = 1/(\omega_0 CR) = \sqrt{L/C}/R = \rho/R$$

Q 被称为串联谐振电路的品质因数。

3. 串联谐振电路的谐振曲线

在外施电压有效值恒定的条件下，可得电流的频率特性

$$I(\omega) = U/\sqrt{R^2 + (\omega L - 1/\omega C)^2}$$

由上式可得电路电流随电源频率变化的关系曲线，即谐振曲线 $I(\omega)$，如图 9-1 所示。

由图 9-1 可见，RLC 串联电路的电阻越小，谐振时电流越大，电流谐振曲线越尖锐，选择性就越好。

以谐振频率为基准，可将电流谐振曲线归一化

$$I(\omega)/I(\omega_0) = I(\eta)/I_0 = 1/\sqrt{1 + Q^2(\eta - 1/\eta)^2}$$

式中，$I_0 = U/R$，为发生串联谐振时的电路电流；$\eta = \omega/\omega_0$，为外施电压角频率和谐振角频率之比，反映了实际角频率偏离谐振角频率的程度；$I(\eta)/I_0$，为电路中实际电流和谐振时电流之比，称相对抑制比，反映了电路对非谐振电流的抑制能力。

于是可得串联谐振电路的通用谐振曲线如图 9-2 所示，所有串联电路的谐振点均为 $\eta = 1$，$I(\eta)/I_0 = 1$。由图可见，电路 Q 值越大，选择性越好。

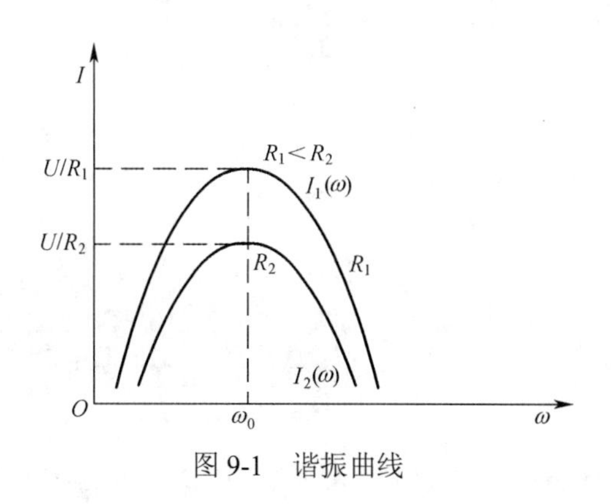

图 9-1 谐振曲线

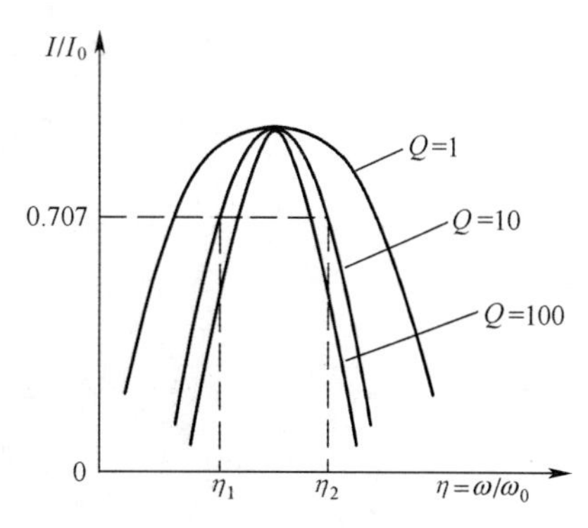

图 9-2 通用谐振曲线

4. 串联谐振电路的通频带

由通用谐振曲线可见，在外施电压角频率ω等于电路谐振角频率ω_0（$\eta=1$）时，电路中的电流I就是谐振时最大电流I_0，一旦外施电压角频率偏离电路的谐振角频率（$\eta\neq1$）时，电路中的电流就发生下降。工程上规定，电路中的电流下降到谐振时电流的$1/\sqrt{2}$（0.707）倍时的η_1、η_2所对应的下限频率f_1和上限频率f_2间的宽度称为串联谐振电路的通频带宽度。

通过计算可以得出，通频带宽度

$$\Delta f = f_0/Q$$

因此，电路的品质因数越大，谐振曲线越尖锐，选择性越好，而通频带越窄，允许通过的电流的频率范围越小。可见，品质因数Q是衡量谐振电路性能的一个重要指标。

三、实验设备和元器件

电容		5只
电阻	1kΩ	1只
电阻	100Ω	1只
转换开关	1×2	1只
交流电流表	0.5/1A	1只
数字万用表		1只
信号发生器	20～200Hz	1只

四、实验内容和步骤

1. 实验电路

电路如图9-3所示。

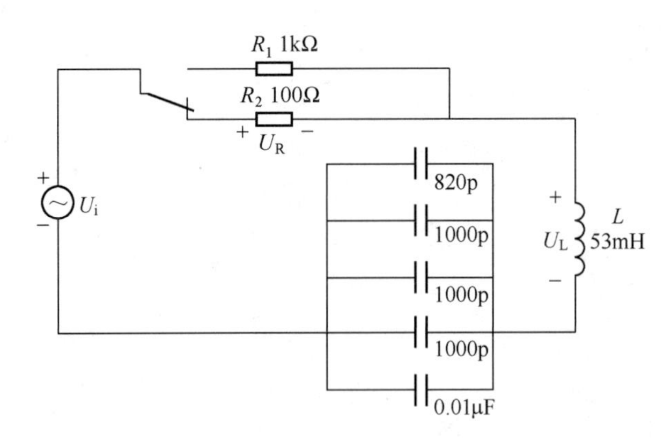

图9-3 实验电路

2. 实验内容

（1）按图9-3所示连接电路，测定谐振频率f_0。将信号发生器输出电压U_i保持为3V不变，变换频率，分别测出$R=1\text{k}\Omega$和100 Ω时的谐振频率f_0。

（2）测定谐振曲线I/I_0（即U_R/U_{R0}）$=F(f)$。分别测出$R=1\text{k}\Omega$和$R=100\Omega$时的两条谐振曲线。

（3）根据测得的数据画出谐振曲线，并求出上限频率 f_h、下限频率 f_l 和通频带 $\Delta f = f_h - f_l$。

五、实验报告要求

（1）记录实验数据，测出其谐振频率。
（2）根据实验数据画出谐振曲线。
（3）由谐振曲线计算通频带。

实验十　三相交流电路电压和电流的关系

一、实验目的

（1）学习三相交流电路中负载星形连接和三角形连接的方法。
（2）了解对称和不对称负载在星形连接和三角形连接时的相电压、线电压以及相电流、线电流间的关系。
（3）了解三相四线制中线的作用。

二、实验原理

在任何电路中，为保证负载（用电设备、电子元件、电工器件等）的正常工作，负载实际所承受的电压必须等于其额定工作电压。在这一原则指导下，在三相供电系统中，负载可根据上述的原则连接成星形或三角形，以保证负载的正常工作。根据需要，星形连接可采用三相三线制或三相四线制，而三角形连接时只能采用三相三线制供电。

星形连接的三相三线制和三相四线制的连接如图 10-1 所示。

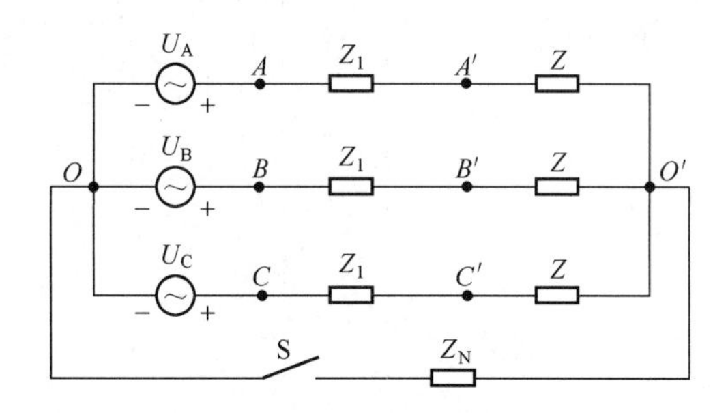

图 10-1　星形连接

在图 10-1 所示的连接中，若将中线的开关 S 断开，则实际的连接为三相三线制，若将中线的开关 S 闭合，则连接为三相四线制。

在三相三线制供电中，忽略不计线路阻抗 Z_1，则负载的线电压与电源的线电压是相等的，即

$$U_{AB} = U_{A'B'}，\ U_{BC} = U_{B'C'}，\ U_{CA} = U_{C'A'}$$

若负载也对称，则负载的相电压也对称，即

$$U_{A'O'} = U_{B'O'} = U_{C'O'}$$

并有

$$U_{线} = \sqrt{3} U_{相}$$

若负载不对称，负载的相电压也就不对称，其数值可计算，具体与负载大小相关。

在三相四线制供电中，将负载的中线点和电源的中线点连接起来，这两点的连线称为中线。当负载对称时，中线电流等于零，即 $I_{OO'}=0$，其工作情况与三相三线制相同。

当负载不对称时，忽略中线线路阻抗，则负载端相电压仍然对称，但这时中线电流 $I_{OO'}\neq 0$，其电流值也可计算或用实验方法测定。

在实际的应用中，要保证负载承受的电压等于其额定的工作电压，在三相四线制供电电路中的中线不允许断开，通常中线不允许装保险丝或开关。

如果三相电源的线电压与负载每相所要求的相电压相等，都为 220V，则负载应连接成三角形，以保证每相负载实际承受的电压等于其额定电压。

三、实验设备和元器件

单刀开关		1 只
交流电流表	300mA	4 只
万用表	500 型	1 块
三相负载	220V，15W	12 个

四、实验内容和步骤

1．实验电路

电路如图 10-2 和图 10-3 所示。

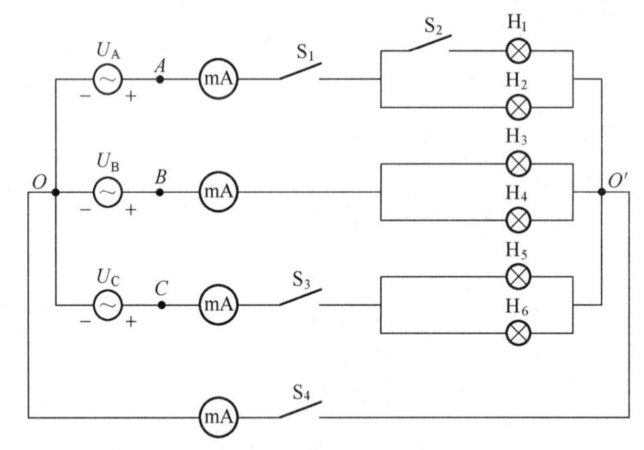

图 10-2　实验电路（一）

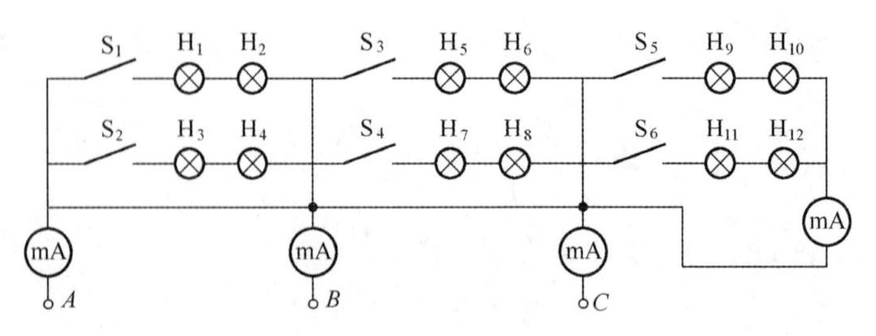

图 10-3　实验电路（二）

2. 实验内容

（1）按图 10-2 所示将负载作星形连接，闭合开关S_4，构成三相四线制系统，通过开关S_1、S_2、S_3构成三相负载对称和不对称情况，测出电源端各线电压、相电压，负载端各相电压和相、线电流以及中线电流。

（2）按图 10-2 所示将负载作星形连接，断开开关S_4，构成三相三线制系统，通过开关S_1、S_2、S_3构成三相负载对称和不对称情况，测出电源端各线电压、相电压，负载端各相电压和相、线电流以及中线电流。

（3）根据测得数据总结三相负载星形连接时，在三相负载对称和不对称两种情况下，线电压、相电压以及线电流、相电流间的关系和中线的作用。

（4）按图 10-3 所示将负载作三角形连接。通过开关S_1~S_6构成三相对称负载和不对称负载两种情况，测出电源端各线（相）电压和线电流以及负载端各相电压和相电流。

（5）根据测得数据总结三相负载三角形连接时，在三相负载对称和不对称两种情况下线电压和相电压以及线电流和相电流间的关系。

五、实验报告要求

（1）记录操作步骤和实验数据，分析各种连接情况的线电压和相电压、线电流和相电流之间的关系。

（2）根据实验结果，从理论和实验两方面分析说明和验证。

六、思考题

（1）根据实验中对中线作用的体会，对中线应有哪些具体要求？

（2）三相三线制，负载对称星形连接，有一相开路时会发生什么情况？这时负载电压的中点在何处？

实验十一　三相电路功率的测量

一、实验目的

（1）学习三相电路的连接方法及功率表的使用和接线方法。

（2）学习使用三瓦计数法和二瓦计数法测量三相电路的有功功率。

二、实验原理

在三相电路中，负载的连接方式可以采用星形连接和三角形连接。根据需要，星形连接可采用三相三线制或三相四线制，而三角形连接只能采用三相三线制供电。

针对三相四线制和三相三线制连接，可以采用三瓦计数法或二瓦计数法来测量三相电路的有功功率。

1. 三瓦计数法

根据电动系单相功率表的基本原理。在测量交流电路中负载所消耗的功率（如图 11-1 所示）时，其读数 P 取决于

$$P = UI\cos\phi$$

式中，U 为功率表电压线圈所跨接的电压；I 为流过功率表电流线圈的电流；ϕ 为 U 和 I 之间的相位差角。

三相四线制电路中负载所消耗的总功率可用三只单相功率表分别测量 A、B、C 各相负载的功率，然后相加，即

$$P_{总} = P_A + P_B + P_C$$

这种测量方法称为三瓦计数法。

2. 二瓦计数法

在三相三线制电路中，通常用两只功率表测量三相功率，称为二瓦计数法。如图 11-2 所示为二瓦计数法的测量图。

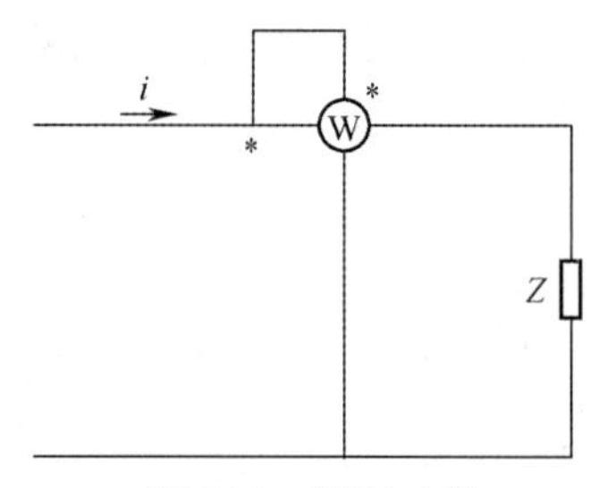

图 11-1 测量功率

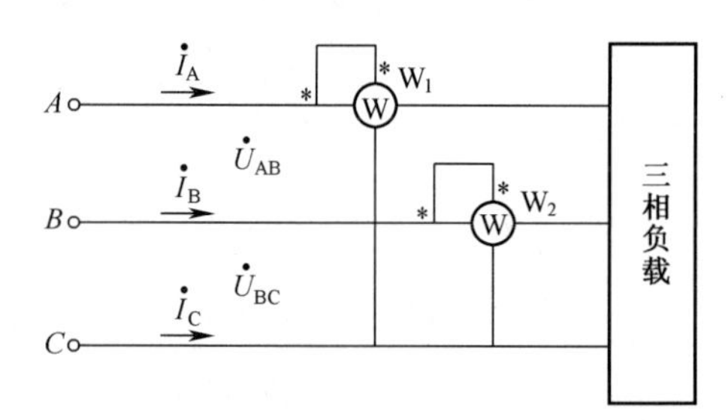

图 11-2 二瓦计数法

三相负载所消耗的总功率 $P_{总}$ 为两只功率表读数的代数和，即

$$P_{总} = P_1 + P_2 = U_{AC}I_A\cos\phi_1 + U_{BC}I_B\cos\phi_2 = P_A + P_B + P_C$$

式中，P_1、P_2 分别表示两只功率表的读数。上述结论可用功率瞬时表达式推出。

在使用二瓦计数法测量三相功率时，应注意：二瓦计数法适用于对称或不对称的三相三线制电路，而对三相四线制电路一般不适用。

三、实验设备和元器件

单相功率表		3 块
万用表	500 型	1 块
三相负载	220V，15W	6 个

四、实验内容和步骤

1. 实验电路

电路如图 11-3 和图 11-4 所示。

2. 实验内容

（1）按图 11-3 所示连接电路，采用三瓦计数法测量其有功功率。

（2）按图 11-4 所示连接电路，采用二瓦计数法测量其有功功率。

五、实验报告要求

记录实验数据。说明用三瓦计数法和二瓦计数法测量三相电路有功功率的适用场合。

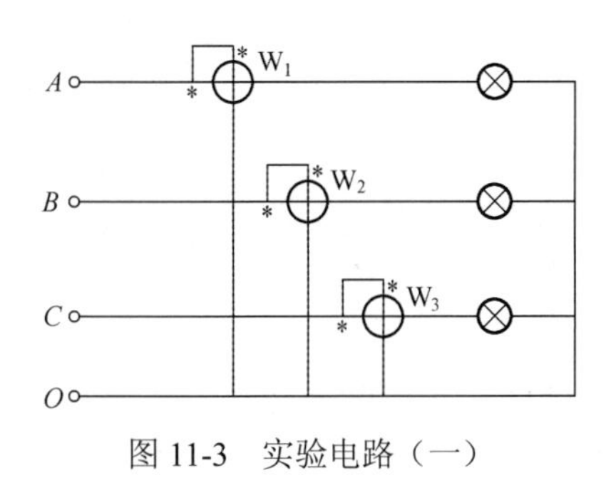

图 11-3　实验电路（一）

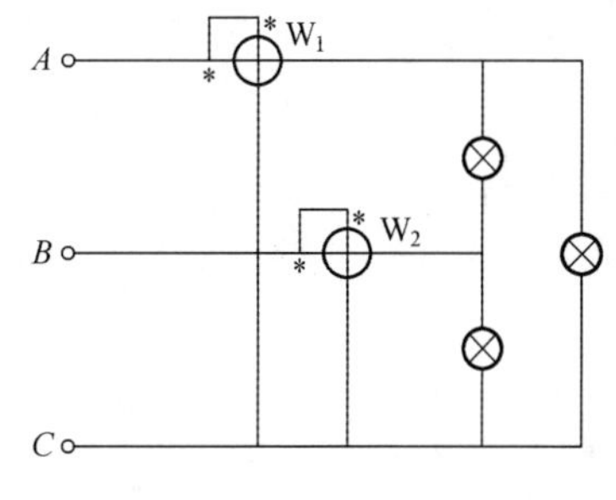

图 11-4　实验电路（二）

六、思考题

为什么二瓦计数法可以测量三相三线制电路中负载所消耗的功率？用推导下列公式的方法来进行说明。

$$P_{总} = P_1 + P_2 = U_{AC} I_A \cos\phi_1 + U_{BC} I_B \cos\phi_2 = P_A + P_B + P_C$$

实验十二　互感电路实验

一、实验目的

（1）学习测量互感线圈同名端的方法。

（2）学习互感系数 M 和耦合系数 K 的测定方法。

二、实验原理

1. 互感系数 M 和耦合系数 K 的测定

对于没有直接电联系的，但存在磁耦合的两线圈的结构，在相对位置和周围媒质一定时，其互感系数 M 和耦合系数 K 的测定可依照下列方法进行。

（1）等值电感法测互感系数 M。具有互感 M，而自感分别为 L_1 和 L_2 的两个线圈，正向串接时，等效电感

$$L_{正} = L_1 + L_2 + 2M$$

反向串接时，等效电感

$$L_{反} = L_1 + L_2 - 2M$$

互感系数

$$M = \frac{1}{4}(L_{正} - L_{反})$$

此方法准确度不高，特别是 $L_{正}$ 和 $L_{反}$ 相近时，误差更大。

（2）互感电势法测互感系数 M。具有互感 M，而自感分别为 L_1 和 L_2 的两个线圈，线圈 L_1 中通入正弦电流 I_1 时，线圈 L_2 中的互感电压

$$U_2 = \omega M_{21} I_1$$

则

$$M_{21} = U_2/(\omega I_1)$$

线圈 L_2 中通入正弦电流 I_2 时，线圈 L_1 中的互感电压

$$U_1 = \omega M_{12} I_2$$

则

$$M_{12} = U_1/(\omega I_2)$$

可以证明

$$M_{12} = M_{21} = M$$

显然，电压表内阻越大，测定结果越准。

（3）耦合系数 K 的测定。测得互感系数 M 后，可以计算耦合系数 K

$$K = M\sqrt{L_1 L_2}$$

2. 耦合线圈同名端的判定

耦合线圈同名端的判定在理论和实践上都有十分重要的意义。例如变压器、电动机绕组的连接等都要根据同名端进行，如若搞错，不仅达不到预期效果，甚至可能造成不良后果。

耦合线圈的同名端和线圈的实际绕向及相互位置有关，在它们均无法知道时可通过实验方法判定。

（1）等值电感法：根据耦合线圈正向和反向串接时的等效电感不同，因而感抗不同的关系，可在同一正弦电压 U 下测量电流 I，并加以比较判定同名端。电流小者为正向串接，电流大者为反向串接。

（2）直流通断法：耦合线圈一端接直流电源，一端接伏特表，利用直流电源接通的瞬间伏特表指针的正反偏转去判定同名端。如图 12-1 所示，在闭合开关 S 的瞬间，电流自电源正极流出，流入线圈 L_1 的端钮 a：若伏特表指针正偏，说明 $U_{21} > 0$，由同名端定义，a、c 为同名端；若伏特表指针反偏，说明 $U_{21} < 0$，由同名端定义，a、d 为同名端。

（3）交流电压法：任意选择连接耦合线圈的一端，如图 12-2 所示连接 b、d 端，然后在其中任意一个线圈上施加一个较低的易测交流电压，在线圈 L_1 两端施加 U_{ab}（由调压器提供），再用交流伏特表分别测取 U_{cd} 和 U_{ac}，由同名端定义可知：当 $U_{ac} = U_{ab} + U_{cd}$ 时，a、d 为同名端；当 $U_{ac} = |U_{ab} - U_{cd}|$ 时，a、c 为同名端。

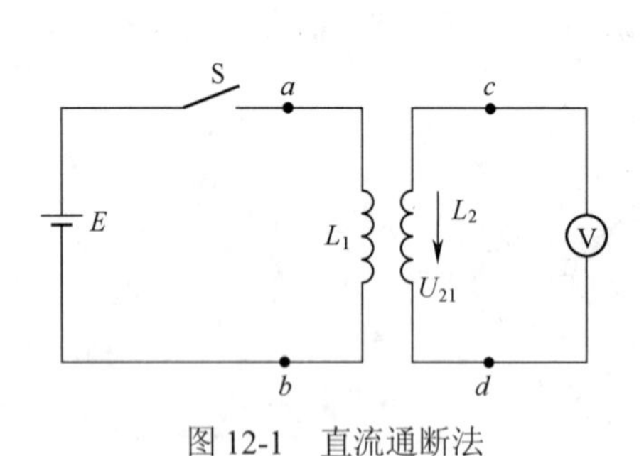

图 12-1 直流通断法

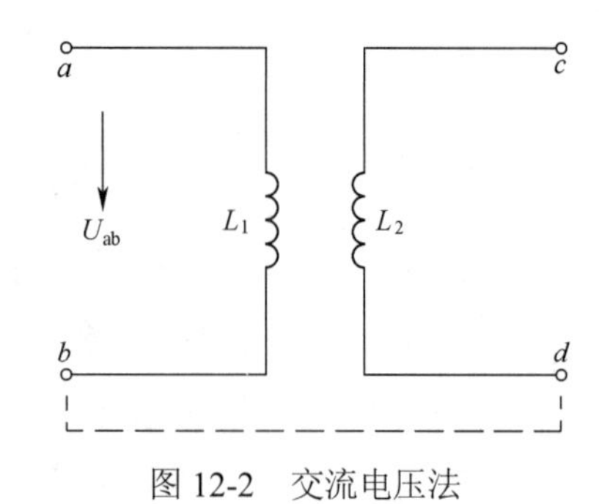

图 12-2 交流电压法

三、实验设备和元器件

转换开关	1×1	1 只
交流电流表	0.5/1A	1 只
万用表	500 型	1 只

直流稳压电源　　5V，1A　　1 台
单相调压器　　0～250V，1KVA　　1 台
变压器　　1 台

四、实验内容和步骤

1．实验电路

电路如图 12-3 所示。

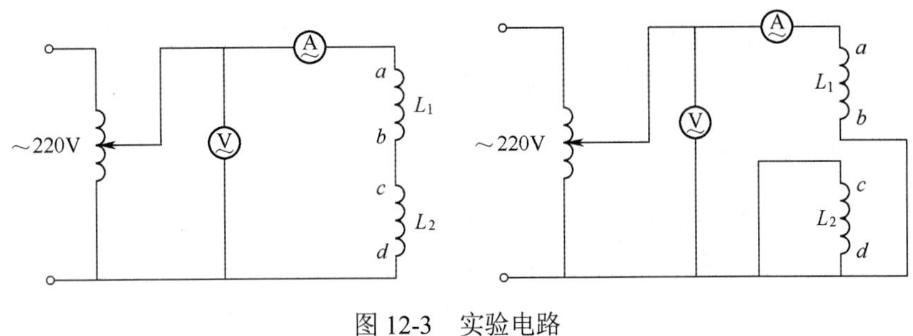

图 12-3　实验电路

2．实验内容

（1）分别按图 12-1 和图 12-2 所示连接电路，用直流通断法和交流电位法判断互感线圈（变压器）的同名端。

（2）按图 12-3 所示连接电路，测量互感线圈的互感系数 M 和耦合系数 K。

五、实验报告要求

（1）记录实验结果，用各种方法测量结果进行相互验证。

（2）根据实验记录，计算互感系数 M 和耦合系数 K。

六、思考题

在实验中，以交流电位法判定互感线圈同名端时，$U_{ac}=U_{ab}+U_{cd}$ 或 $U_{ac}=\left|U_{ab}-U_{cd}\right|$ 是否成立？为什么？

实验十三　研究 L、C 元件在直流和交流电路中的特性

一、实验目的

（1）了解 R、L、C 元件在直流和交流电路中的特性。

（2）加深正弦交流电路中相量和相量图的概念。

二、实验原理

在直流电路中，对于电感 L，在经过初始短暂的动态响应后，它相当于短路状态，此时电感 L 两端的电压为 0；对于电容 C，在经过初始短暂的动态响应后，它相当于断路状态，此时，

流过电容 C 的电流为 0。

在交流电路中，电感 L 和电容 C 都是储能元件，在交流信号作用下，存在感抗和容抗，且感抗和容抗的大小不仅与电感和电容的参数 L 和 C 的大小有关，而且与交流信号的角频率有关。

对于电容而言，当电容 C 值一定时，角频率 ω 越高，电容器的阻抗就越小，当电压值一定时，电流的幅值就越大；反之，角频率 ω 越低，电容器的阻抗就越大，流过电容器的电流就越小。同时，流过电容的电流超前其端电压 90°。

而对于电感而言，电感 L 的值一定时，角频率 ω 越高，电感器的阻抗就越大，在电压值一定时，流过电感的电流就越小；反之，角频率 ω 越低，电感器的阻抗就越小，流过电感器的电流就越大。同时，流过电感中的电流落后其端电压 90°。

三、实验设备和元器件

电阻	100Ω，1W	1 只
电容	4.7μF	1 只
电感	0.25H	1 只
直流稳压源	5V，1A	1 台
万用表	500 型	1 块
直流电流表	50/100mA	1 只
交流电流表	250/500mA	1 只
50Hz 交流电源	36V	1 台

四、实验内容和步骤

1．实验电路

电路如图 13-1 和图 13-2 所示。

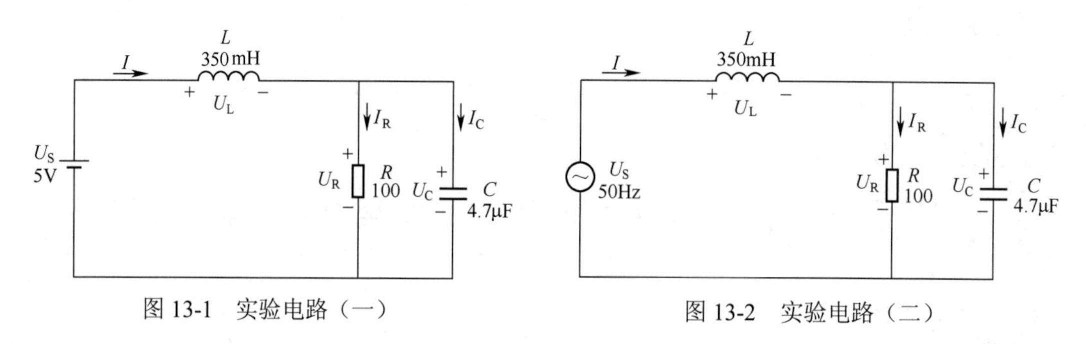

图 13-1 实验电路（一）　　图 13-2 实验电路（二）

2．实验内容

（1）按照图 13-1 所示连接直流电路，分别测出 I、I_R、I_c 和 U_L、U_R、U_c、U_s，说明 R、L、C 元件在直流电路中的作用以及电压、电流间的关系。

（2）按照图 13-2 所示连接交流电路，分别测出 I、I_R、I_c 和 U_L、U_R、U_c、U_s 的有效值。

（3）说明 R、L、C 元件在交流电路的作用及电压电流间的关系。

五、实验报告要求

根据实验现象记录实验结果，说明 R、L、C 在直流和交流电路中的作用及电压和电流间的相互关系。

六、思考题

（1）电容器的容抗值和电感器的感抗值与哪些因素有关？
（2）在直流电路中，稳定情况下电容和电感的作用如何？

实验十四　一阶电路响应特性实验

一、实验目的

（1）观察一阶 RC 电路的瞬变过程，了解时间常数对瞬变过程的影响。
（2）了解 RC 微分、积分和耦合电路的条件和作用。

二、实验原理

1．零状态响应、零输入响应和全响应

（1）在电路中所有储能元件初始值为零，仅有激励作用下的响应，称为零状态响应。对于图 14-1 所示的 RC 串联一阶电路，当 $t=0$ 时，开关位置由 2 转到位置 1，电源经 R 向 C 充电，电容的电压和电流随时间变化的规律为

$$u_c(t)=U_s(1-e^{-\frac{t}{\tau}})\qquad t\geqslant 0$$

$$i_c(t)=\frac{U_s}{R}e^{-\frac{t}{\tau}}\qquad t\geqslant 0$$

其中 $\tau=RC$，为电路的时间常数。

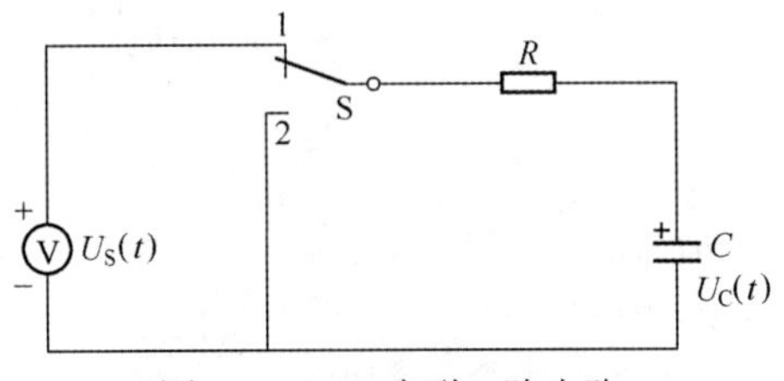

图 14-1　RC 串联一阶电路

（2）电路在激励为零的情况下，由储能元件的初始状态引起的响应，称为零输入响应。对于图 14-1 所示电路，当 S 置于位置 1，稳定后再将 S 转到位置 2，电容器 C 的初始电压经 R 放电，电容的电压和电流随时间变化的规律为

$$u_c(t)=u_c(0_+)e^{-\frac{t}{\tau}}\qquad t\geqslant 0$$

$$i_c(t)=\frac{u_c(0_+)}{R}e^{-\frac{t}{\tau}}\qquad t\geqslant 0$$

（3）在激励和储能元件初始状态共同作用下引起的电路响应称为全响应。通常，在矩形方波信号的作用下，当信号脉宽 $t_a > \tau$ 时，RC 电路的响应可以看作全响应波形。

2. RC 微分、积分电路

（1）微分电路：将 RC 电路的电阻端作为输出端，如图 14-2 所示，在电路参数满足 $\tau < t_a$ 的条件时，即构成微分电路，由于 τ 值远小于脉宽 t_a，电容的充电和放电时间极短，所以电阻两端的输出电压为正负的尖峰波形。

（2）积分电路：将 RC 电路的电容端作为输出端，如图 14-3 所示，在电路参数满足 $\tau > t_a$ 的条件下，输出电压为输入电压的近似积分关系。

三、实验设备和元器件

电阻	10kΩ，1W	2 只
电容	1μF	1 只
电容	0.1μF	1 只
电子示波器	HA4310	1 台
转换开关	1×2	1 个

四、实验内容和步骤

1. 实验电路

电路如图 14-2 和图 14-3 所示。

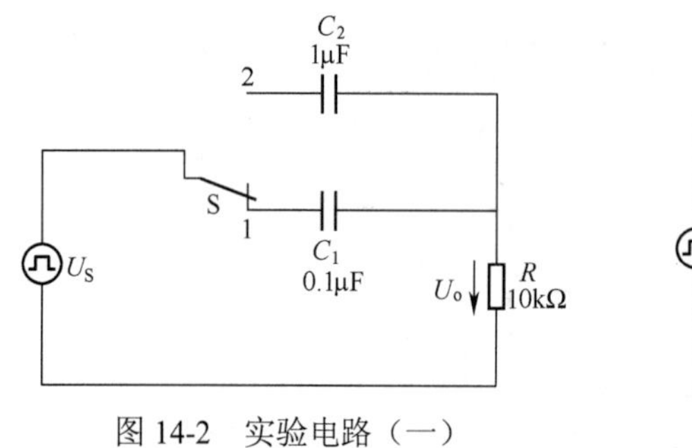

图 14-2 实验电路（一）

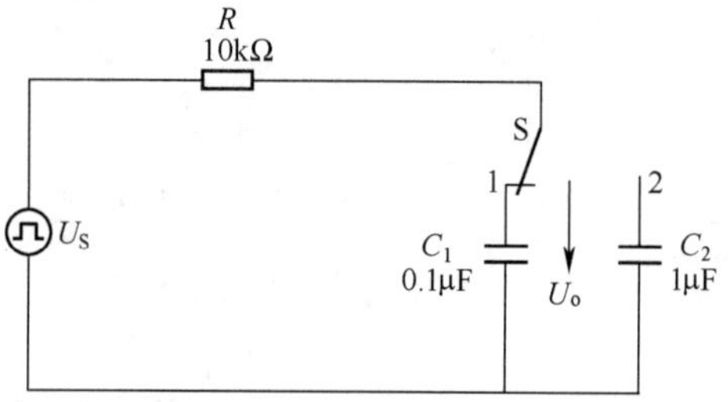

图 14-3 实验电路（二）

2. 实验内容

（1）按图 14-2 所示连接 RC 微分和耦合电路：使函数发生器输出分别为 100Hz、1kHz、10kHz 的方波信号，电阻 R 两端的电压作为输出端，观察输入、输出波形。

（2）按图 14-3 所示连接 RC 积分电路：使函数发生器输出分别为 100Hz、1kHz、10kHz 的方波信号，电容 C 两端的电压作为输出端，观察输入、输出波形。

（3）根据观察波形，总结 RC 电路作为微分、电容器 C 作为积分和耦合电路的条件和作用。

五、实验报告要求

（1）记录所观察的输入输出波形。

（2）给出相应的结论说明。

附录 A　电路分析典型实例

实例一　汽车后窗玻璃除霜器

汽车后窗玻璃除霜器是由具有电阻的导线构成的栅格形式，如图 A-1 所示。

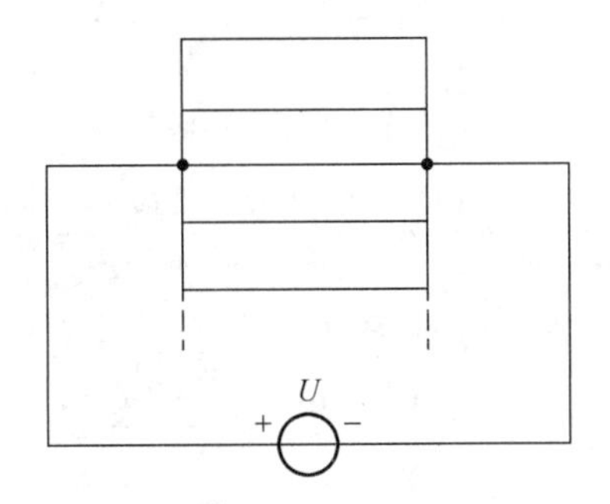

图 A-1　除霜器栅格

如图 A-2 所示假定栅格结构有 5 根水平导线，宽（x）1 米，间距（y）0.025 米，每根电阻导线均用电阻模拟。

现在要求在 12V 直流电压作用下（即$U=12\text{V}$），每米长的电阻导线消耗 120W 的电功率，试求出$R_1\sim R_5$和$R_a\sim R_d$的值。

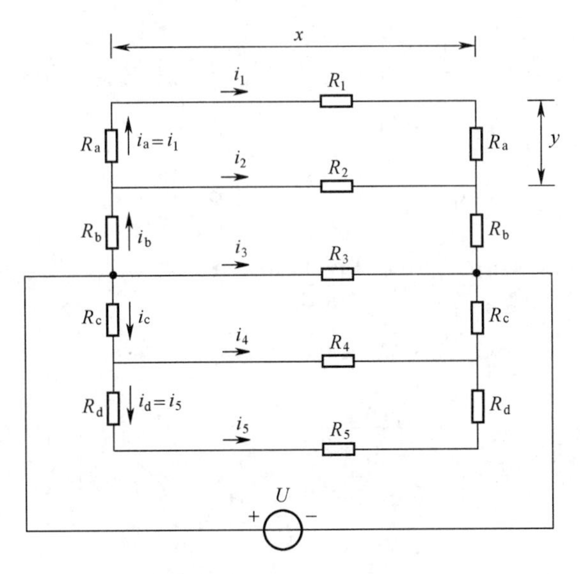

图 A-2　栅格电路模型

分析：根据栅格结构和电源连接的特点可知，电路具有对称性，所以如果暂不连接

R_c、R_d、R_4、R_5，如图 A-3 所示，电流i_1、i_2、i_3、i_b不会受到影响，且$R_4=R_2$，$R_5=R_1$，$R_c=R_b$，$R_d=R_a$。图 A-3 中与R_3并联的等效电阻

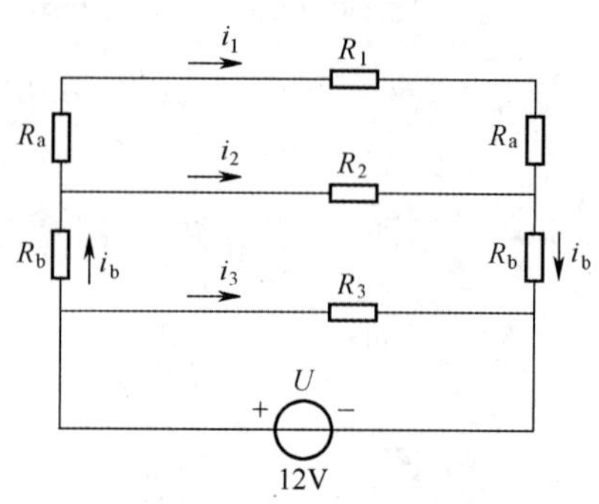

图 A-3　简化电路模型

$$R_e=2R_b+\frac{R_2(R_1+2R_a)}{R_2+R_1+2R_a}=\frac{(R_1+2R_a)(R_2+2R_b)+2R_2R_b}{R_1+R_2+2R_a}=\frac{D}{R_1+R_2+2R_a}$$

其中
$$D=(R_1+2R_a)(R_2+2R_b)+2R_2R_b$$

由欧姆定律
$$i_b=\frac{U}{R_e}=\frac{R_1+R_2+2R_a}{D}U$$

$$i_3=\frac{U}{R_3}$$

由分流公式
$$i_1=\frac{R_2}{R_2+R_1+2R_a}i_b=\frac{R_2}{D}U$$

$$i_2=\frac{R_1+2R_a}{R_2+R_1+2R_a}i_b=\frac{R_1+2R_a}{D}U$$

根据消耗功率的要求：
$$i_1^2(\frac{R_1}{x})=i_2^2(\frac{R_2}{x})=i_3^2(\frac{R_3}{x})=i_1^2(\frac{R_a}{y})=i_b^2(\frac{R_b}{y})=120\text{W}$$

现用R_1表示R_2、R_3、R_a、R_b，得

$$R_a=\frac{y}{x}R_1=\sigma R_1 \qquad \sigma=\frac{y}{x}=\frac{0.025}{1}=0.025$$

$$R_2=\left(\frac{i_1}{i_2}\right)^2R_1=\left(\frac{R_2}{R_1+2R_a}\right)^2R_1 \qquad \text{代入 } R_a \text{ 得}$$

$$R_2=(1+2\sigma)^2R_1$$

$$R_b=\left(\frac{i_1}{i_b}\right)^2R_a=\left(\frac{R_2}{R_1+R_2+2R_a}\right)^2\sigma R_1 \qquad \text{代入 } R_a\text{、}R_2 \text{ 得}$$

$$R_b=\frac{(1+2\sigma)^2.\sigma}{4(1+\sigma)^2}R_1$$

$$R_3=\left(\frac{i_1}{i_3}\right)^2R_1=\left(\frac{R_2R_3}{D}\right)^2R_1 \qquad \text{代入 } R_2\text{、}R_a\text{、}R_b \text{ 得}$$

$$R_3=\frac{(1+2\sigma)^4}{(1+\sigma)^2}R_1$$

根据功率公式：$P=\dfrac{U^2}{R_3}$，即$120=\dfrac{12^2}{R_3}$，所以

$$R_3=\frac{12^2}{120}=1.2\Omega$$

由R_3可以求出R_1，由R_1可以求出R_a、R_2、R_b，其结果为

$$R_1=R_5=1.0372\Omega \qquad R_a=R_d=0.0259\Omega$$

$$R_2=R_4=1.1435\Omega \qquad R_b=R_c=0.0068\Omega$$

$$R_3=1.2\Omega$$

实例二　加热器

加热器是将电能转变为热能的电器设备，例如手柄式电吹风就用到了加热器。手柄式电吹风由加热部件（加热管）和小风扇构成。图 A-4 所示是一种电吹风的控制电路图。

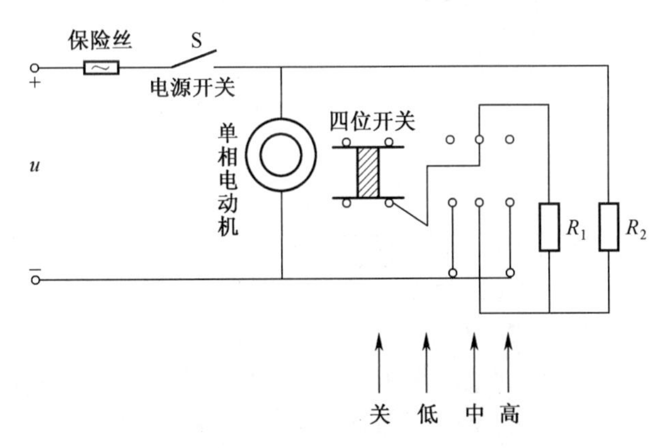

图 A-4　电吹风控制电路图

加热管由镍铬线绕成的电阻R_1和R_2构成，镍铬线电阻率较大，用少量的材料可以获得需要的电阻值，且不易氧化，耐用。加热挡由四位开关控制，利用一对金属片（彼此绝缘）分别将两个端钮短接。

电源开关 S 接通后，电风扇工作。当四位开关处于关的位置时，电吹风吹冷风，当四位开关处于加热挡的低、中、高挡位置时，电吹风吹出温度递增的风。

在电源为 50Hz、220V 的正弦电压（即$U=220\text{V}$）的作用下，要求加热挡为低挡时加热管消耗的电功率为 250W，中挡时 500W。试求R_1和R_2，并求加热挡为高挡时加热管消耗的电功率是多少瓦？

分析：正弦电流的功率$P=UI\cos\varphi$，因为电阻丝可视为纯电阻元件，故阻抗角$\varphi=0$，则$P=UI=\dfrac{U^2}{R}$。

由电路图可知，加热挡处于低挡时，R_1和R_2串联，处于中挡时仅R_2工作，处于高挡时R_1

和 R_2 并联。

于是 $\begin{cases} \dfrac{220^2}{R_1+R_2}=250 \\ \dfrac{220^2}{R_2}=500 \end{cases}$ 得 $\begin{cases} R_1=96.8\Omega \\ R_2=96.8\Omega \end{cases}$

因为 R_1 和 R_2 并联的等效电阻 $R_e=\dfrac{96.8}{2}=48.4\Omega$，所以高挡时功耗

$$P=\frac{U^2}{R_e}=\frac{220^2}{48.4}=1000\text{W}$$

实例三　闪光灯

应用闪光灯的场合很多。闪光灯电路是由直流电压源、电阻、电容和一个在临界电压下能进行放电闪光的灯所组成的，如图 A-5 所示。

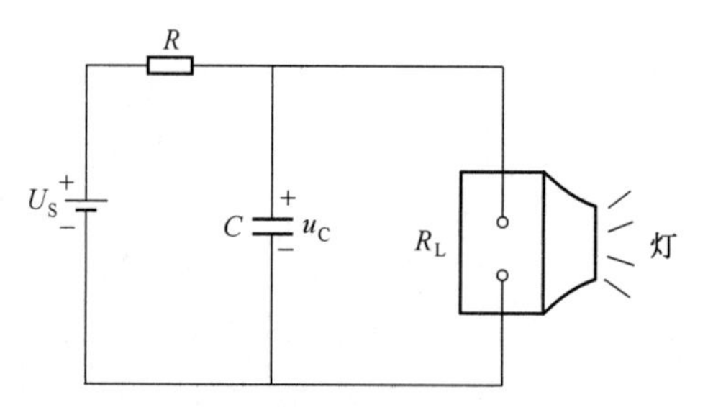

图 A-5　闪光灯电路图

电路中的灯只有在电压 u_c 达到 U_{max} 时才开始导通。灯在导通期间可以模拟成一个电阻 R_L，灯一直导通到其电压 u_c 降到 U_{min} 时为止。灯不导通时，相当于开路。

当灯表现为开路时，直流电压源 U_s 通过电阻 R 给电容 C 充电，本来可以一直充至 U_s，但在充电的过程中，一旦 $u_c=U_{max}$，灯就开始导通，并且电容开始放电。当放电至 $u_c=U_{min}$ 时，灯变为开路，电容的又将开始充电。电容的充放电周期如图 A-6 所示。

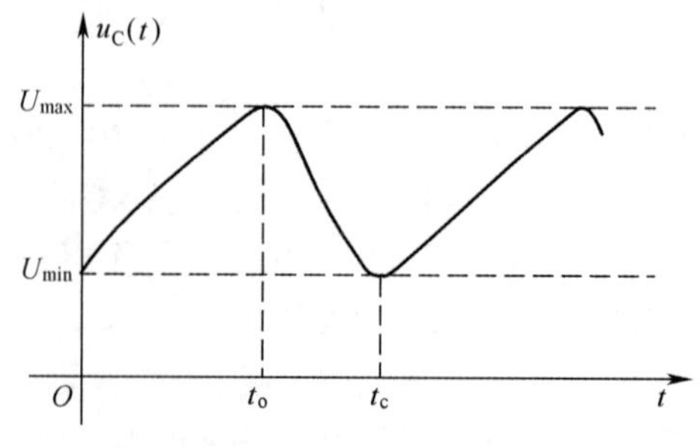

图 A-6　电路中灯的电压波形及电容的充放电周期

若图 A-5 中电源为 4 节 1.5V 电池，即 $U_s=4\times1.5=6\text{V}$，电容 $C=10\mu\text{F}$，并设灯的 $U_{max}=4\text{V}$，$U_{min}=1\text{V}$，且灯导通时 $R_L=20\text{k}\Omega$，灯不导通时 $R_L=\infty$。

试问：（1）不期望两次闪光之间的时间大于 10 秒，那么 R 的值应为多少？

（2）在上一问 R 值的情况下，闪光灯的闪光能持续多长时间？

分析：

（1）假定电路已经处于稳定运行状态，灯停止导通时 $t=0$，灯被模拟为开路，灯电压 $u_c(0)=U_{\min}=1\text{V}$，如图 A-7 所示。

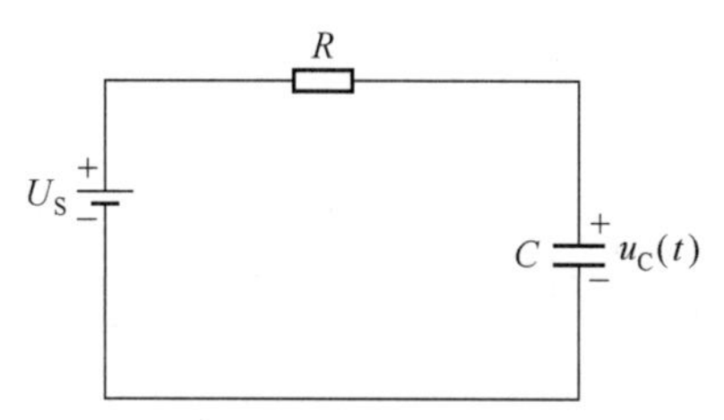

图 A-7　灯不导通时闪光灯的电路图

因为
$$u_c(0)=U_{\min}=1\text{V}$$
$$u_c(\infty)=U_s=6\text{V} \qquad \tau=RC=10\times10^{-6}R=10^{-5}R\ \text{s}$$

所以，根据一阶电路的三要素法
$$u_c(t)=U_s+(U_{\min}-U_s)\text{e}^{-\frac{t}{\tau}}$$

设开路导通的时刻为 t_0，如图 A-6 所示，t_0 即为两次闪光所间隔的时间。

则
$$U_{\max}=U_s+(U_{\min}-U_s)\text{e}^{-\frac{t_0}{\tau}}$$
$$t_0=RC\ln\frac{U_{\min}-U_s}{U_{\max}-U_s}=10^{-5}R\ln\frac{1-6}{4-6}=10$$

得
$$R=1.091\times10^6\Omega$$

在设计电路时，选择 $R=10^6=1\text{M}\Omega$，则 $t_0=10^6\times10^{-5}\ln\dfrac{1-6}{4-6}=9.16\text{s}<10\text{s}$，满足设计要求。

（2）灯开始导通时，被模拟为电阻 $R_L=20\text{k}\Omega$，电路如图 A-8 所示。为了求出灯闪光期间的电压的表达式，先求出电容两端戴维南等效电路，其开路电压
$$u_{oc}=\frac{R_L}{R+R_L}U_s$$

等效电阻
$$R_s=R//R_L=\frac{RR_L}{R+R_L}$$

同理
$$u_c(t_0)=U_{\max}=4\text{V}$$
$$u_c(\infty)=U_{oc}=\frac{R_L}{R+R_L}U_s=\frac{20\times10^3}{10^6+20\times10^3}\times6=\frac{6}{51}\text{V}$$
$$\tau=R_sC=\frac{20\times10^3\times10^6}{20\times10^3+10^6}\times10^{-5}=\frac{10}{51}\text{s}$$

闪光终止时，灯电压 $u_c(t_c)$ 为

$$u_c(t_c)=u_c(\infty)+[u_c(t_0)-u_c(\infty)]e^{-\frac{51}{10}(t_c-t_0)}-U_{min}$$

即
$$1=\frac{6}{51}+[4-\frac{6}{51}]e^{-\frac{51}{10}(t_c-t_0)}$$

于是闪光灯闪光持续的时间（如图 A-6 所示）：

$$t_c-t_0=\frac{10}{51}\ln\frac{4-\frac{6}{51}}{1-\frac{6}{51}}=0.1961\times\ln\frac{3.88235}{0.88235}=0.1961\times1.4816=0.29\,\text{s}$$

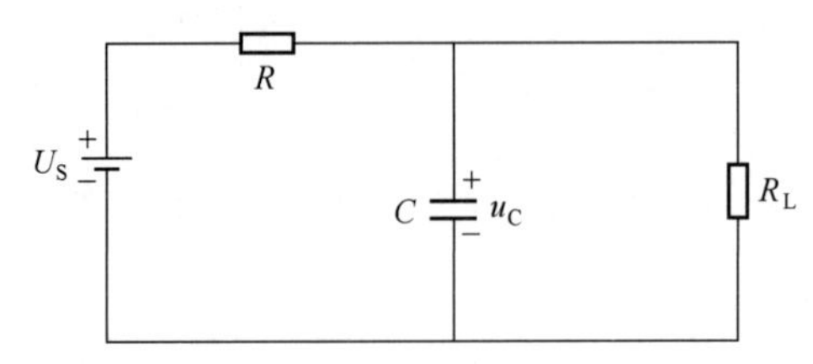

图 A-8　灯导通时闪光灯的电路图

附录 B　电路虚拟实验简介

B.1　Multisim 13 概述

随着时代的发展，计算机技术在电子电路设计中发挥着越来越大的作用。20 世纪 90 年代初，IIT（Interactive Image Technologies）公司推出了 EWB 这一最容易上手的 EDA（Electronic Design Automation）软件。Multisim 为高版本的 EWB。Multisim13 具有界面更加人性化，取用元器件更加方便，虚拟仪器和分析方法更加丰富、强大等特点。

B.1.1　Multisim 13 的特点

1. 用户界面直观，操作方便

Multisim 13 沿袭了 EWB 界面的特点，提供了一个灵活的、直观的工作界面来创建和定位电路，并将电路的测试分析和仿真结果等内容都集成到一个电路窗口中。整个操作就像一个实验平台，创建电路所需的元器件、仿真电路所需的测试仪器均可以直接从电路窗口中选取，并且虚拟的元器件、仪器与实物外形非常相似，仪器的操作开关、按键同实际仪器也极为相似。

2. 种类繁多的元件和模型

Multisim 13 提供的元件库有 13000 个元件，且都被分为不同的“系列”，便于查找。元件库含有所有的标准器件及当今最先进的数字集成电路，库中的每一个器件都有具体的符号、仿真模型和封装，用于电路的建立、仿真和印刷电路板的制作。

Multisim 13 还含有大量的交互元件、指示元件、虚拟元件、额定元件和 3D 元件。交互元件可以在仿真过程中改变元器件的参数，避免为改变元器件参数而停止仿真，节省了时间，也使仿真的结构能直观反映元件参数的变化；指示元件可以通过改变外观来表示电平大小，给用户一个实时视觉反馈；虚拟元件的数值可以任意改变，有利于说明某一概念或理论观点；额定元件通过“熔断”来加强用户对所设计的参数超出标准的理解；3D 元件的外观与实际元件非常相似，有助于理解电路原理图与实际电路之间的关系。

用户还可以根据需要修改元件参数或创建新元件。

3. 元件放置迅速和连线简单方便

用户可以轻易地完成元件的放置，元件的连接也非常简单，只需单击源引脚和目的引脚就可以完成元件的连接。当元件移动和旋转时，Multisim 13 仍可以保持它们的连接。连线可以任意拖动和微调。

4. 快速而精确的仿真

Multisim 13 的核心是对电路进行 SPICE 仿真。不论是对模拟或数字电路的仿真，还是对模拟/数字混合电路的仿真，都可以得到快速并且精确的仿真结果。

5. 多种方便实用的虚拟仪器

Multisim 13 提供了数字万用表、逻辑分析仪、函数信号发生器、功率表、双踪示波器、四踪示波器等 18 种常用的虚拟仪器。用户可在电路中接入虚拟仪器，方便地测试电路的性能参数及波形。

6. 强大的电路分析功能

Multisim 13 除了提供虚拟仪表，为了更好地掌握电路的性能，还提供了直流工作点分析、交流分析、敏感度分析、3dB 点分析、批处理分析、直流扫描分析、失真分析、傅立叶分析、模型参数扫描分析、蒙特卡罗分析、噪声分析、噪声系数分析、温度扫描分析、传输函数分析、用户自定义分析和最坏情况分析等 19 种分析，这些分析在现实中有可能是无法实现的。

7. 可与其他软件进行信息交换

Multisim 13 可以打开由 PSpice 等其他电路仿真软件所建立的 Spice 网络表文件，并自动形成相应的电路原理图；也可以将 Multisim 13 建立的电路原理图转换为网络表文件，提供给 Ultiboard 模块或其他 EDA 软件（如 Protel，OrCAD 等）进行印刷电路板图的自动布局和自动布线。

B.1.2 Multisim 13 用户界面

单击 Windows“开始”菜单中“程序”下的 Multisim 13，弹出如图 B-1 所示的 Multisim 13 用户界面。

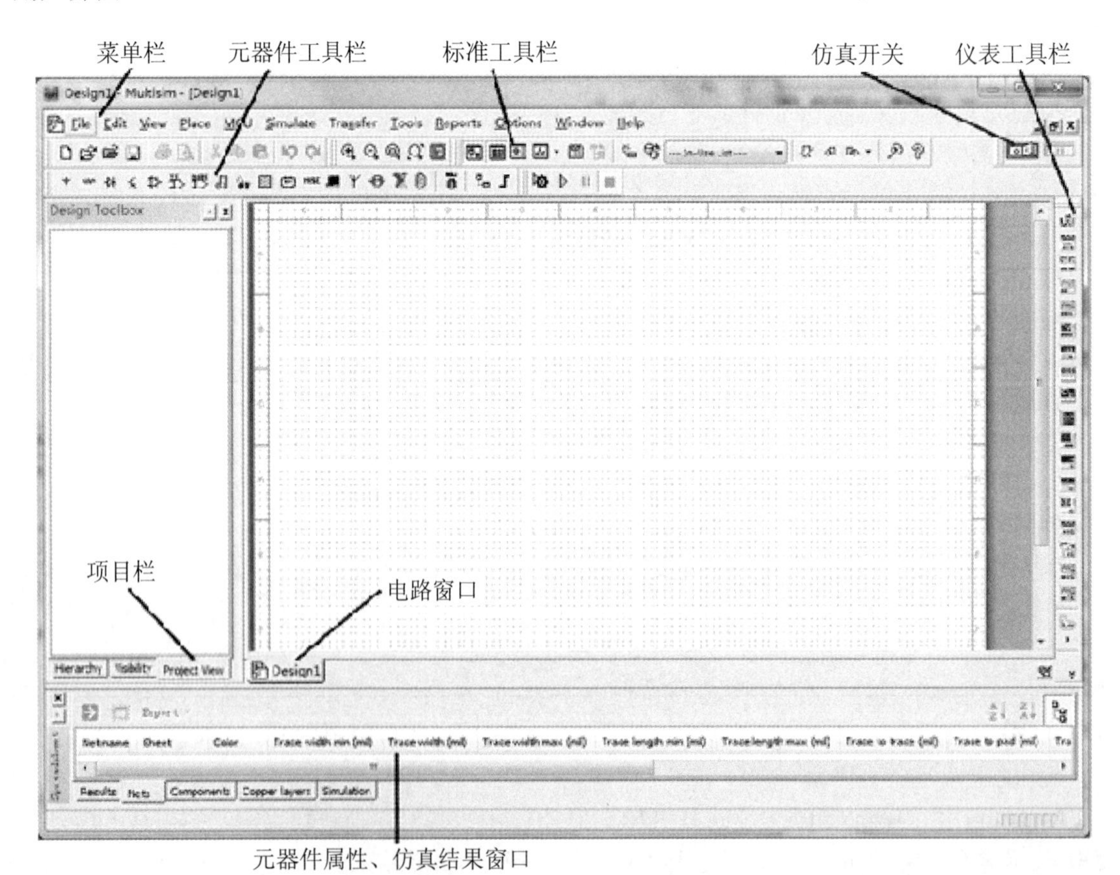

图 B-1　Multisim 13 用户界面

1．菜单栏

Multisim 13 软件的菜单栏提供了绝大多数的功能命令。

（1）File 菜单：文件菜单用于 Multisim 13 所创建电路文件的管理，其命令与 Windows 下的其他应用软件基本相同，在此不再赘述。

（2）Edit 菜单：主要对电路窗口中的电路或元件进行删除、复制或选择等操作。其中 Undo、Redo、Cut、Copy、Paste、Delete、Find 和 Select All 等命令与其他应用软件基本相同。在此不再赘述。其余命令的主要功能如下：

Paste Special：该命令不同于 Paste 命令，可以将所复制的电路或元件进行有选择地粘贴，如仅粘贴元件、粘贴元件或连线等。

Delete Multi-Page：删除多页面电路文件中的某一页电路文件。

Flip Horizontal：水平翻转所选择的元件。

Flip Vertical：垂直翻转所选择的元件。

90 Clockwise：顺时针旋转所选择的元件。

90 CounterCW：逆时针旋转所选择的元件。

Properties：打开所选择元件的属性对话框。

（3）View 菜单：用于显示或隐藏电路窗口中的某些内容（如工具栏、栅格、纸张边界等）。其菜单下各命令的功能如下：

Toolbars：显示或隐藏工具栏。

Show Grid：显示栅格，有助于把元件放在正确的位置。

Show Page Bound：显示纸张边界。

Show Title Block：显示标题栏。

Show Border：显示电路的边界。

Show Ruler Bars：显示标尺。

Zoom In：放大电路窗口。

Zoom Out：缩小电路窗口。

Zoom Area：以 100%的比率来显示电路窗口。

Zoom Full：全屏显示电路窗口。

Grapher：显示或隐藏仿真结果的图表。

Hierarchy：显示或隐藏电路的分层电路图。

Circuit Description Box：显示或隐藏电路窗口的描述窗口，利用该窗口可以添加电路的某些信息（如电路的功能描述等）。

（4）Place 菜单：用于在电路窗口中放置元件、节点、总线、文本或图形等，其菜单下各命令的功能如下：

Component：在电路窗口中放置元件。

Junction：放置一个节点。

Bus：放置创建的总线。

Bus Vector Connect：放置总线矢量连接。

HB/SB Connector：给子电路或分层模块内部电路添加一个电路连接器。

Hierarchical Block：将一个已建立的*.Ms7 文件作为一个分层模块放入当前电路窗口中。

Create New Hierarchical Block：建立一个新的分层模块（该模块是只含输入、输出节点的空白电路）。

Subcircuit：放置一个子电路。

Replace by Subcircuit：用一个子电路替代所选择的电路。

Text：放置文本。

Graphics：放置线、折线、长方形、椭圆、圆弧、多边形等图形。

Title：放置一个标题块。

（5）MCU 菜单：MCU（Microcontroller Unit）即单片机，主要用于单片机仿真，其菜单下各命令的功能如下：

Debug view format：调试视图格式。

MCU window：MCU 窗口。

Line numbers：行号。

Pause：休止符。

Step into：单步进入。

Step over：跳过。

Step out：跳出。

Run to cursor：运行到光标。

Toggle breakpoint：切换断点。

Remove all breakpoint：删除所有断点。

（6）Simulate 菜单：主要用于仿真的设置与操作，其菜单下各命令的功能如下：

Run：启动当前电路的仿真。

Pause：暂停当前电路的仿真。

Instruments：在当前电路窗口中放置仪表。

Default Instrument Settings：对与瞬态分析相关的仪表（如示波器、频谱分析仪和逻辑分析仪等）进行默认设置。

Digital Instrument Settings：对含数字元件的电路仿真时在精度和速度之间的选择。

Analyses：选择分析方法对当前电路进行分析。

Postprocessor：对电路分析进行后处理。

Simulation Error Log/Audit Trail：仿真错误记录/审计追踪。

Xspice Command Line Interface：显示 Xspice 命令行窗口。

VHDL Simulation：运行 VHDL 仿真软件。

Auto Fault Option：用于选择电路元件发生故障的数目和类型。

Global Component Tolerance：设置全局元件的容差。

（7）Transfer 菜单：用于将 Multisim 13 的电路文件或仿真结果输出到其他应用软件，其菜单下各命令的功能如下：

Transfer to Ultiboard V13：传送给应用软件 Ultiboard V13。

Transfer to Ultiboard 2001：传送给应用软件 Ultiboard 2001。

Transfer to other PCB Layout：传送给其他印刷电路板设计软件。

Forward Annotate to Ultiboard V13：将 Multisim 13 中电路元件注释的变动传送到 Ultiboard

V13 的电路文件中，使 Ultiboard V13 电路元件注释也作相应的变化。

Back Annotate from Ultiboard V13：将 Ultiboard V13 中电路元件注释的变动传送到 Multisim 13 的电路文件中，使 Multisim 13 电路元件注释也作相应的变化。

Highlight Selection in Ultiboard V13：对 Ultiboard V13 电路中所选择的元件以高亮度显示。

Export Simulation Results to MathCAD：将仿真结果文件变换为应用软件 MathCAD 可读的文件格式。

Export Simulation Results to Excel：将仿真结果文件变换为应用软件 Excel 可读的文件格式。

（8）Tools 菜单：用于编辑或管理元件库或元件，其菜单下各命令的功能如下：

Database Management：打开“元件库管理”对话框。

Symbol Editor：符号编辑器。

Component Wizard：元件创建向导。

555 timer Wizard：555 定时器创建向导。

Filter Wizard：滤波器创建向导。

Electrical Rulers Check：电气特性规则检查。

Renumber Component：元件重新编号。

Replace Component：元件替代。

Update HB/SB Symbol：在含有子电路的电路中，随着子电路的变化改变 HB/SB 连接器的标号。

Modify Title Block Data：修改标题块内容。

Title Block Editor：标题块编辑器。

Internet Design Sharing：利用网络或因特网来共享电路设计。

Go to Education Webpage：登录 Electronics Workbench 的教育网站。

EDApart.com：登录 Electronics Workbench EDApart 网站。

（9）Reports 菜单：产生当前电路的各种报告。其菜单下各命令的功能如下：

Bill of Materials：产生当前电路文件的元件清单文件。

Component Detail Report：产生特定元件存储在数据库中的所有信息。

Netlist Report：产生含有元件连接信息的网表文件。

Schematic Report：产生电路图的统计信息。

Spare Gates Report：产生电路图中未使用门的报告。

Cross Reference Report：当前电路窗口中所有元件的详细参数报告。

（10）Options 菜单：用于电路界面的定制和某些功能的设置，其菜单下各命令的功能如下：

Preferences：打开参数对话框，设定电路或子电路的有关参数。

Customize：对 Multisim 13 用户界面进行个性化设计。

Global Restrictions：利用口令，对其他用户设置 Multisim 13 某些功能的全局限制。

Circuit Restrictions：利用口令，对其他用户设置特定电路功能的全局限制。

Simplified Version：在标准工具栏中隐藏一些复杂的命令、工具和分析来简化 Multisim 13 的用户界面。所简化的用户界面选项能够通过使用全局限制来控制其使用与否。简化的用户界面中不能使用的复杂命令、工具和分析在菜单中呈灰色。

（11）Window 菜单：用于控制 Multisim 13 窗口显示的命令，并列出所有被打开的文件，其菜单下各命令的功能如下：

Cascade：电路窗口层叠。

Title：调整电路窗口尺寸以使它们全部显示在屏幕上。

Arrange Icons：电路窗口重排。

（12）Help 菜单：为用户提供在线技术帮助和使用指导。其菜单下各命令的功能如下：

Multisim Help：帮助主题目录。

Multisim 13 Reference：帮助主题索引。

Release Notes：版本注释。

About Multisim 13：有关 Multisim 13 的说明。

2. 标准工具栏

标准工具栏如图 B-2 所示。

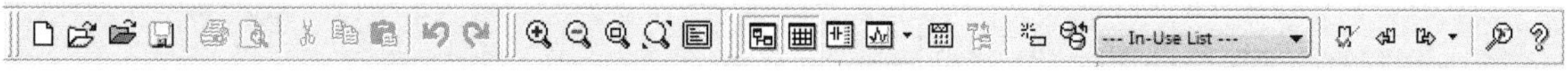

图 B-2 标准工具栏

该工具栏包含了有关电路窗口基本操作的按钮，从左向右依次是：新建、打开、保存、剪切、复制、粘贴、打印、放大、缩小、100％放大、全屏显示、项目栏、电路元件属性窗口、数据库管理、创建元件、仿真启动、图表、分析、后处理、使用元件列表和帮助按钮。

3. 仿真开关

仿真开关如图 B-3 所示，主要用于仿真过程的控制。

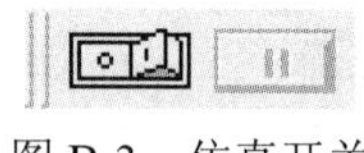

图 B-3 仿真开关

4. 元件工具栏

Multisim 13 把所有的元件分为 13 个类库，再加上放置分层模块、总线、登录网站共同组成元件工具栏，如图 B-4 所示。从左向右依次是：电源库、基本元件库、二极管库、晶体管库、模拟元件库、TTL 元件库、CMOS 元件库、数字元件库、混合元件库、指示元件库、其他元件库、射频元件库、机电类元件库、放置分层模块、放置总线、登录 WWW.ElectronicsWorkbench.com 和 www.EDApart.com 网站。

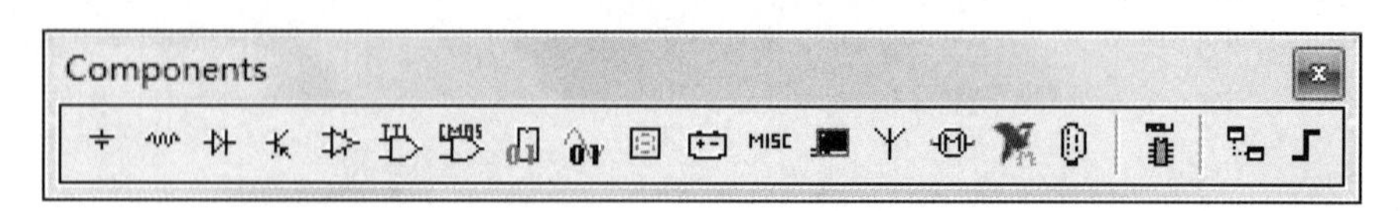

图 B-4 元件工具栏

5. 仪表工具栏

仪表工具栏通常位于电路窗口的右边，也可以用鼠标将其拖至菜单的下方，呈水平状，如图 B-5 所示。从左向右各按钮依次表示：数字万用表、函数信号发生器、功率表、双踪示波器、四踪示波器、波特图仪、频率计数器、数字信号发生器、逻辑分析仪、逻辑转换器、I-V

分析仪、失真分析仪、频谱分析仪、网络分析仪、安捷伦函数信号发生器、安捷伦数字万用表、安捷伦示波器、动态测量探针。

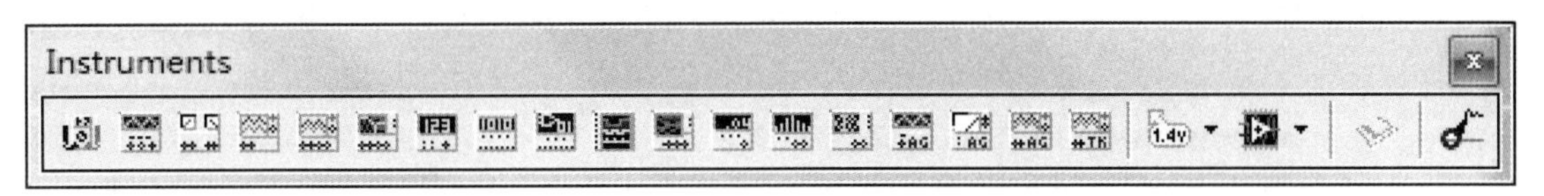

图 B-5 仪表工具栏

B.2 电路仿真

首先给出一个简单的例子，来增强对 Multisim 13 的感性认识，然后结合该例子，介绍 Multisim 13 元件库的组成及如何创建电路图。

B.2.1 创建的电路图

在操作平台上创建一个线性电阻电路，如图 B-6 所示。

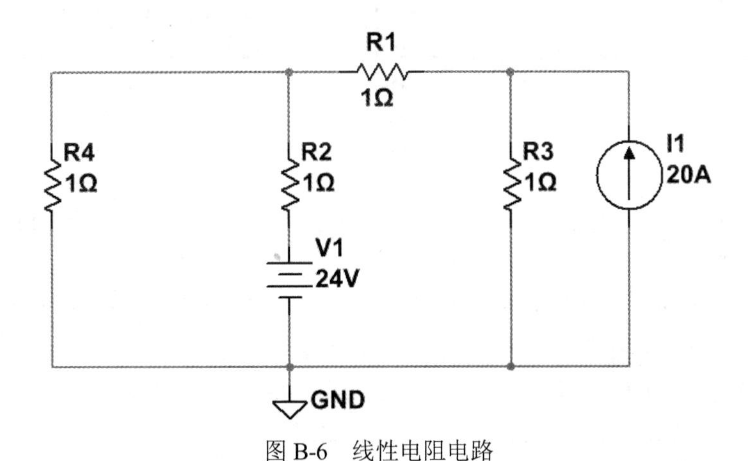

图 B-6 线性电阻电路

B.2.2 元件库与元件

上例创建的电路图中用到了电阻、电源元件。Multisim 13 仿真软件把有仿真模型的元件组合在一起构成元件库，元件库中每个元件模型都含有建立电路图所需要的元件符号、仿真模型、元件封装以及其他电气特性。

单击 Multisim 13 用户界面 Tools 菜单下的 Database Management 命令，弹出“数据库管理器（Database Manager）”对话框，如图 B-7 所示。

由 Family 选项卡中的 Family Tree 区可见，Multisim 13 元件数据库含有 3 个数据库，分别是 Master Database、Corporate Database、User Database 库。

Master Database 库是仿真软件构建虚拟电子工作平台时自带的、原始的元件数据库，它为用户提供了大量比较精确的元器件模型，并且为了保证元器件电气特性的完整性，该库不允许用户修改。

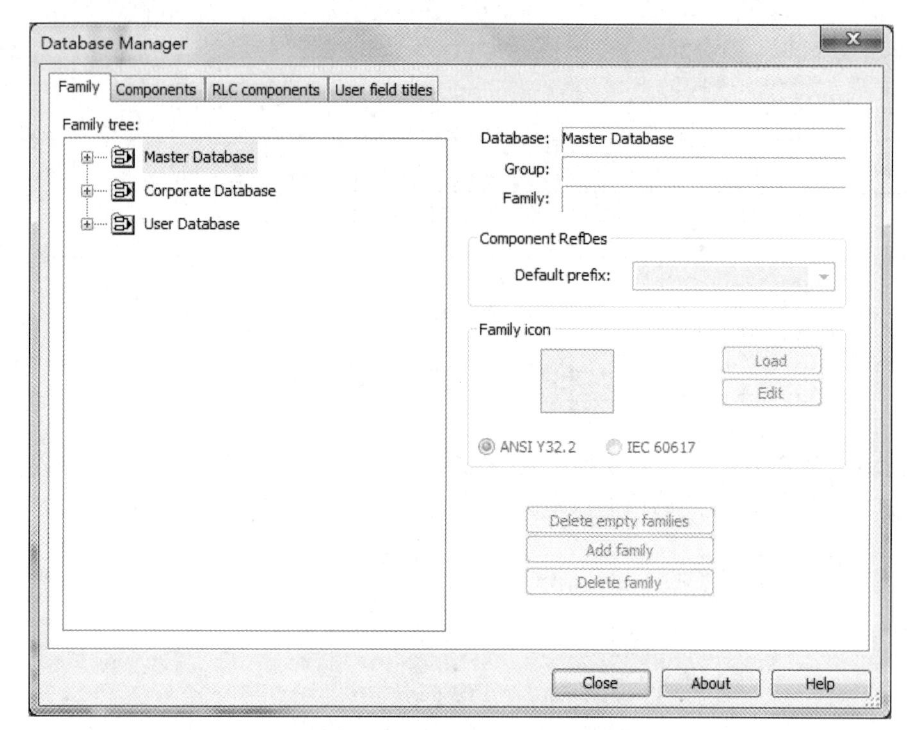

图 B-7 Database Manager 对话框

Corporate Database 库储存由个人或团体所选择、修改或创建的元件，这些元件的仿真模型也被其他用户使用。

User Database 库储存由个人修改、导入或自己创建的元件，这些元件仅能自己使用，用于存放个人常用的元件。

第一次使用 Multisim 13 时，Corporate Database 库和 User Database 库是空的，可以通过创建、从 EDApart.com 网站下载或使用元件编译器等方法来构造新的元件。

Multisim 13 的 Master Database 库把元件分门别类地分成 17 个库，如图 B-8 所示。

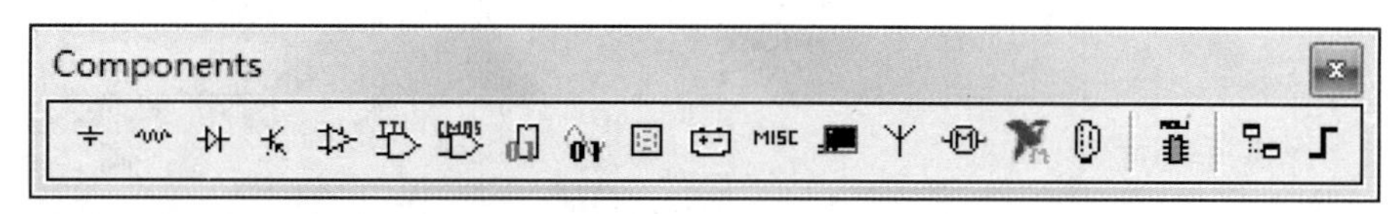

图 B-8 元件库

1. 电源库

电源（Source）库有 7 个系列（Family），分别是功率源（POWER_SOURCES）、信号电压源（SIGNAL_VOLTAGE_SOURCES）、信号电流源（SIGNAL_CURRENT_SOURCES）、控制功能模块（CONTROLLED_FUNCTION_BLOCKS）、控制电压源（CONTROLLED_VOLTAGE_SOURCES）、控制电流源（CONTROLLED_CURRENT_SOURCES）、数字电源（DIGITAL_ SOURCES）等。

电源皆为虚拟组件，在使用时要注意：交流电源所设置的电源大小皆为有效值。

直流电压源的取值必须大于零，大小可调，没有内阻，如要与另一个直流电压源或开关并联使用，就必须给直流电压源串联一个内阻。

地是一个公共的参考点，电路中所有的电压都是相对该点的电位差。在一个电路中，一般来说应当有一个且只能有一个地。在 Multisim 13 中，可以同时调用多个接地端，但它们的电位都是 0V，并非所有电路都需要接地，但如下情形应当考虑接地：①运放、变压器、各种受控源、示波器、波特图仪和函数发生器等必须接地。对于示波器，如果电路中已有接地，则其接地端可不接地。②含模拟和数字元件的混合电路必须接地。

V_{CC} 电压源常作为没有明确电源引脚的数字元件的电源，它必须放在电路图上。它还可用作直流源，一个电路只能有一个 V_{CC}。

对于除法器，若 Y 端接有信号，X 端的输入信号为 0，则输出端变为无穷大或一个很大的电压（高达 1.69TV）。

2. 基本元件库

基本元件库有 19 个系列（Family），它们分别是：基本虚拟器件（BASIC_VIRTUAL）、额定虚拟器件（RATED_VIRTUAL）、3D 虚拟器件（3D_VIRTUAL）、排阻（RPACK）、开关（SWITCH）、非理想 RLC（NON_IDEAL_RLC）、变压器（TRANSFORMER）、Z 负载（Z_LOAD）、继电器（RELAY）、插座（SOCKET）、原理图符号（SCHEMATIC_SYMBOLS）、电阻（RESISTOR）、可变电阻（VARIABLE RESISTOR）、电位器（POTENTIONMETER）、电容（CAPACITOR）、电解电容（CAP_ELECTROLIT）、可变电容（VARIABLE CAPACITOR）、电感（INDUCTOR）、可变电感（VARIABLE INDUCTOR）等。每一系列又含有各种具体型号的元件。

3. 二极管库

Multisim 13 提供的二极管库中有虚拟二极管（DIODES_VIRTUAL）、二极管（DIODE）、齐纳二极管（ZENER）、开关二极管（SWITCHING_DIODE）、发光二极管（LED）、光电二极管（PHOTO DIODE）、保护二极管（PROTECTION DIODE）、全波桥式整流器（FWB）、可控硅整流器（SCR）、双向二极管（DIAC）、双向晶体闸流管（TRIAC）、变容二极管（VARACTOR）、PIN 结二极管（PIN_DIODES）即（Positive-Intrinsic-Negetive 结二极管）等。

4. 晶体管库

晶体管库提供了虚拟晶体管（BJT_NPN_VIRTUAL）、双极型 NPN 型晶体管（BJT_NPN）、双极型 PNP 型晶体管（BJT_PNP）、达林顿 NPN 型晶体管（DARLINGTON_NPN）、达林顿 PNP 型晶体管（DARLINGTON_PNP）、带阻 NPN 型晶体管（BJT_NRES）、带阻 PNP 型晶体管（BJT_PRES）、绝缘栅双极型晶体管（IGBT）、N 沟道 MOS 功率管（POWER_MOS_N）、UJT 管（UJT）、带有热模型的 NMOSFET 管（THERMAL_MODELS）等 21 个系列，每一系列又含有具体型号的晶体管。

5. 其他

Multisim 13 还提供了含有 6 个系列的模拟集成元件库；含有 74STD 和 74LS 两个系列的 TTL 元件库；CMOS 元件库以及包含 TIL 系列、VHDL 系列和 VERILOG-HDL 系列的数字元件库。

B.2.3 创建电路图的基本操作

Multisim 13 中的元器件可分为元器件工具栏和仪表工具栏，元器件及仪表都可以从工具栏中方便地取用。双击元器件或仪表可以将某些参数任意设定。

1. 元件的取放

以选放图 B-6 中的直流独立电压源为例来说明具体的操作步骤。

单击如图 B-9 所示的对话框，选择需要的元件库。Multisim 13 默认元件库为 Master Database 元件库，它也是最常用的元件库。选择 Group 中的 Sources，选择 Family 中的 POWER_SOURCES，然后在 Component 列表中双击 DC_POWER，或者选中 DC_POWER 后点击 OK 按钮，在电路窗口中出现一个电压源移动符号，将鼠标移动到合适位置后，单击鼠标左键，可实现该元器件的取放。

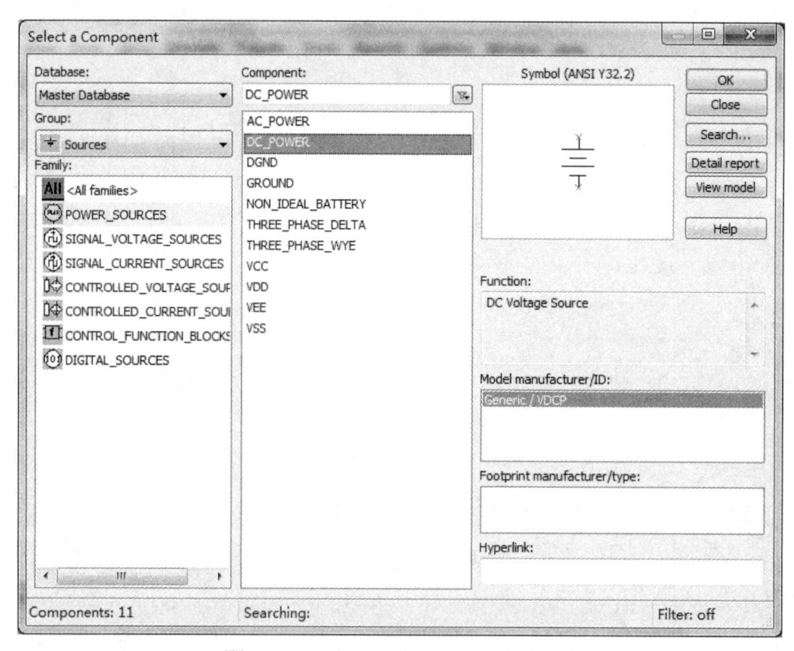

图 B-9　Select a Component 对话框

双击直流电压源的符号可打开其属性对话框，如图 B-10 所示，通过对图中 4 个选项卡的设定可实现对直流电压源的设定。

Label 选项卡如图 B-10 所示：

（1）Reference ID：元器件序号，元器件唯一的识别码，必须设置且不能重复。

（2）Label：元器件标识，没有电气意义，允许输入中文。

（3）Attributes：元器件属性。

Display 选项卡如图 B-11 所示：

（1）Use component specific visibility Setting：选中则按菜单命令中的设置显示元器件，反之则按其下的设置显示。

（2）Show labels：选中则显示元器件标识。

（3）Show values：选中则显示电源电压值。

（4）Show RefDes：选中则显示元件序号。

（5）Show attributes：选中则显示属性。

（6）Use symbol pin name font global setting：选中则显示元器件符号。

（7）Use footprint pin name font global setting：选中则显示元器件引脚。

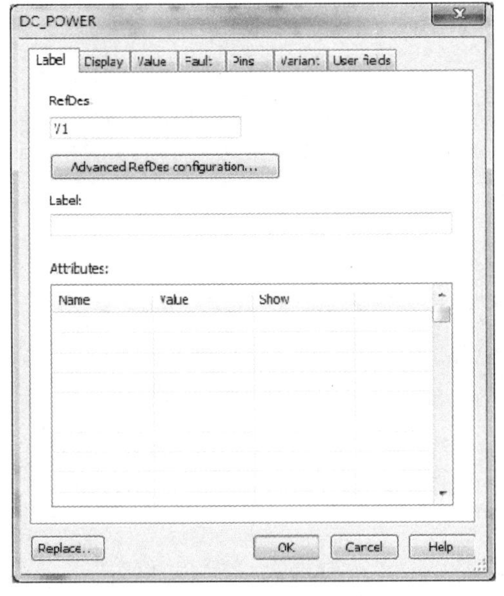

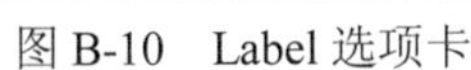
图 B-10 Label 选项卡

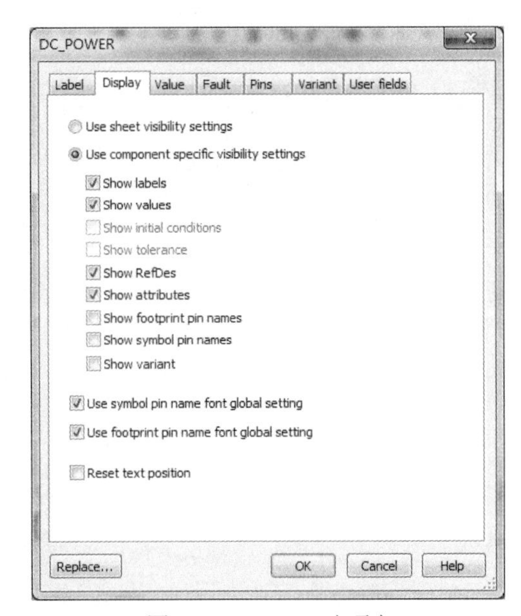

图 B-11 Display 选项卡

Value 选项卡如图 B-12 所示：

（1）Voltage：设定直流电压源输出电压，将缺省的 12V 改为 24V。

（2）AC analysis magnitude：进行交流分析的幅值。

（3）AC analysis phase：进行交流分析的相位。

（4）Distortion frequency 1 magnitude：进行失真分析第一个频率失真的幅值。

（5）Distortion frequency 1 phase：进行失真分析第一个频率失真的相位。

（6）Distortion frequency 2 magnitude：进行失真分析第二个频率失真的幅值。

（7）Distortion frequency 2 phase：进行失真分析第二个频率失真的相位。

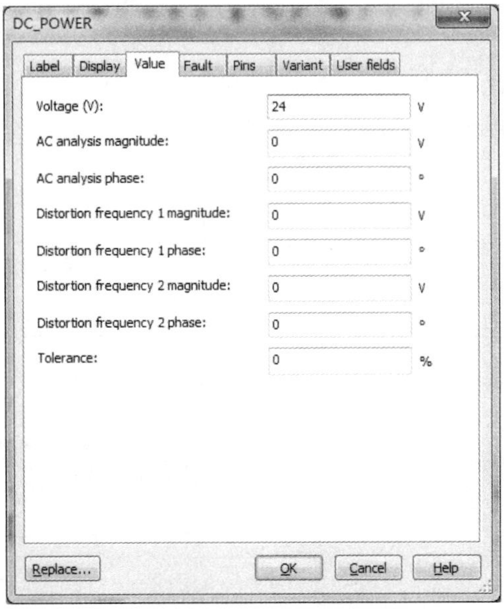

图 B-12 Value 选项卡

Fault 选项卡如图 B-13 所示：

（1）None：无故障。

（2）Open：开路。

（3）Short：短路。

（4）Leakage：漏电，其下设置漏电阻阻值。

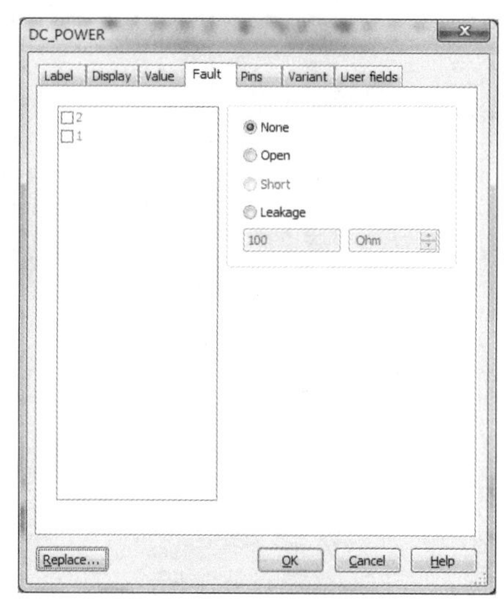

图 B-13　Fault 选项卡

改变元器件状态：右键单击目标元器件打开其操作菜单，可进行剪切、复制、翻转，编辑颜色、字体等操作。

选放 1Ω电阻的操作步骤：选择 Master Database 元件库，选择 Group 中的 Basic，选择 Family 中的 RESISTOR，然后在 Component 列表中双击 1 后点击 OK 按钮，如图 B-14 所示。

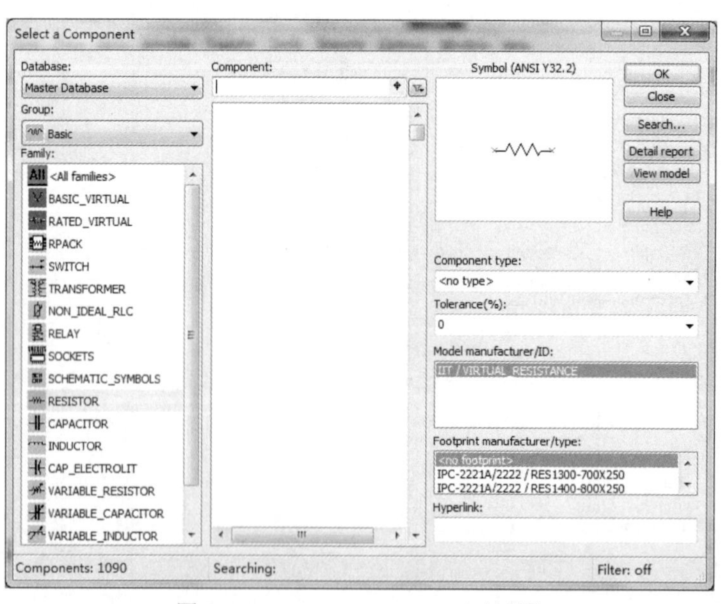

图 B-14　Select a Component 对话框

2. 线路的连接和节点的放置

Multisim 13 为元器件的连线提供了以下三种方式：

（1）自动连线

将鼠标指向起点元器件的引脚，此时鼠标变成一个中间有黑点的十字，单击左键确定本次连接的起点，将鼠标移至终点元器件的引脚或其他可连接的物体，待鼠标变成中间有黑点的十字时，单击右键可自动完成连线。

（2）手动连线

与自动连线相比，手动连线在固定了连线起点后，并不直接固定连线的终点，而是在需要拐弯处单击鼠标左键，固定拐点，通过这样的方法控制连线的走势。

（3）混合连线

当连接比较复杂的连线时，可将自动连线和手动连线结合起来，即混合连线。操作如下，首先采用自动连线，感觉连线比较满意时，则继续按自动连线方式进行；若对自动连线结果不满意，则穿插手动连线，以达到满意的连线为止。

若要调整连线，将鼠标指向欲调整的连线并单击左键选中此连线，当鼠标变成一个双向箭头后，按住左键移动就可以改变连线位置。

若想在已存在的连线上创建一条新的连线，而此处既不是引脚也不是连接点，就必须添加节点。添加节点的步骤如下：

（1）单击 Place 菜单下的 Place Junction 命令，或在电路窗口上单击鼠标右键，在弹出的菜单中选择 Place Junction 命令，就会在鼠标箭头处出现一个黑点（即节点）并随着鼠标的移动而移动。

（2）在已存在的连线上需创建一条新连线的位置上，单击鼠标左键，一个节点就放在该位置上了。

（3）将鼠标移到节点处，鼠标就会变成一个中间有黑点的十字，单击鼠标左键，就可以开始一条新连线的连接。

注意：要想让交叉线相连接，不能将节点直接放置在交叉点上，否则会出现“虚焊”。

3. 添加文本

为了方便对电路图的理解，有必要在某些重要部分添加适当的文字说明，Multisim 13 中的文字说明中英文皆可。单击鼠标右键，执行 Place Text 命令或直接使用快捷键 Ctrl+T，接着点击要放置文字的位置，将放置一个文本框，输入文字后，左键点击文本框外任意区域，该文本框就被添加到电路图中。文本框的移动、删除、改变颜色等基本操作和普通元器件相同。

B.2.4 电路分析实验虚拟仪器

Multisim 13 提供了很多虚拟仪器，可以用它们来测量仿真电路的性能参数，这些仪器的设置、使用和数据读取方法都和现实中的仪表一样，它们的外观也和我们在实验室见到的仪器相同。虚拟仪器工具栏如图 B-15 所示。

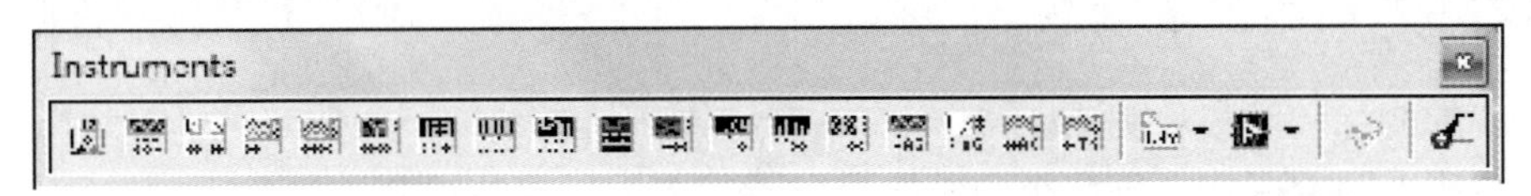

图 B-15　虚拟仪器工具栏

工具栏上各个按钮表示的虚拟仪器，前面已有所介绍。下面简单介绍几个常用的虚拟仪器。

（1）数字万用表

数字万用表的图标和面板如图 B-16 所示。数字万用表的连接方法与实际万用表完全一样，其用来测电压、电流、电阻，使用也和实际万用表十分相似。在 Multisim 13 软件中可以通过设置虚拟数字万用表的内阻来真实地模拟实际仪表的测量结果。具体步骤为：单击数字万用表面板的“设置”按钮，在弹出的对话框中设置相应的参数，最后单击 OK 按钮保存设置，或单击 Cancel 按钮取消设置。

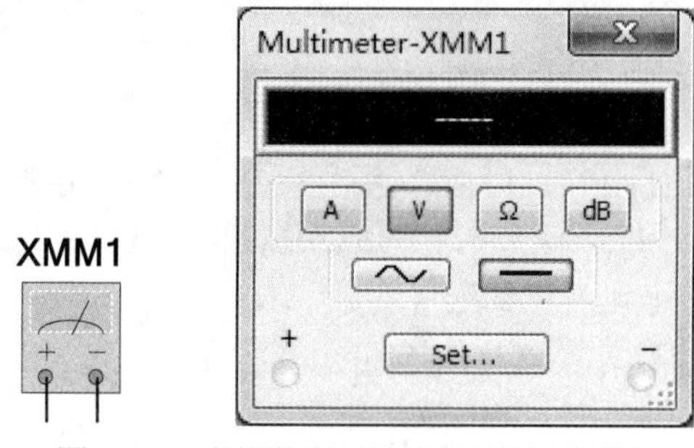

图 B-16　虚拟数字万用表的图标和面板

（2）函数信号发生器

函数信号发生器的图标和面板如图 B-17 所示。

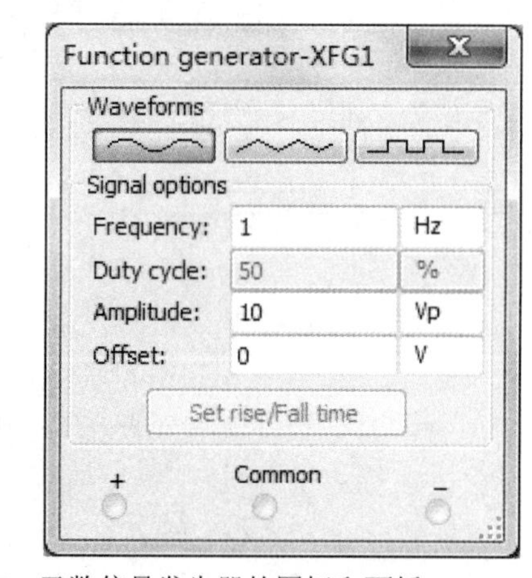

图 B-17　函数信号发生器的图标和面板

函数信号发生器有三个接线端。“+”输出端产生一个正向的输出信号，公共端通常接地，“−”输出端则产生一个反向的输出信号。

函数信号发生器的面板设置：双击信号发生器图标，在出现的面板上单击正弦波、三角波或者方波的条形按钮，就可以选择相应的输出波形。可以在面板上设置频率、占空比、振幅和偏差参数。

（3）功率表

功率表的图标和面板如图 B-18 所示。该图标有两组输入端，左侧两个输入端为电压输入端，应与被测电路并联，右侧两个输入端为电流输入端，应与被测电路串联。

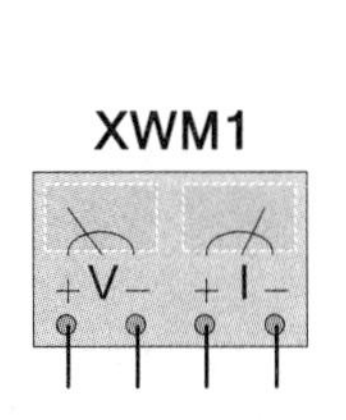

图 B-18　功率表的图标和面板

功率表的面板没有可以设置的选项，只有两个条形显示框，一个用于显示功率，另一个用于显示功率因素。

（4）双踪示波器

双踪示波器的图标和面板如图 B-19 所示。双踪示波器有 4 个连线端：A、B 端分别为两个通道，Ext Trig 是外触发输入端。虚拟双踪示波器的连接与实际双踪示波器稍有不同：一是 A、B 两通道只有一根线与被测点连接，测的是该点对地的电压波形；二是当电路图中有接地符号时，双踪示波器的接地端可以不接。

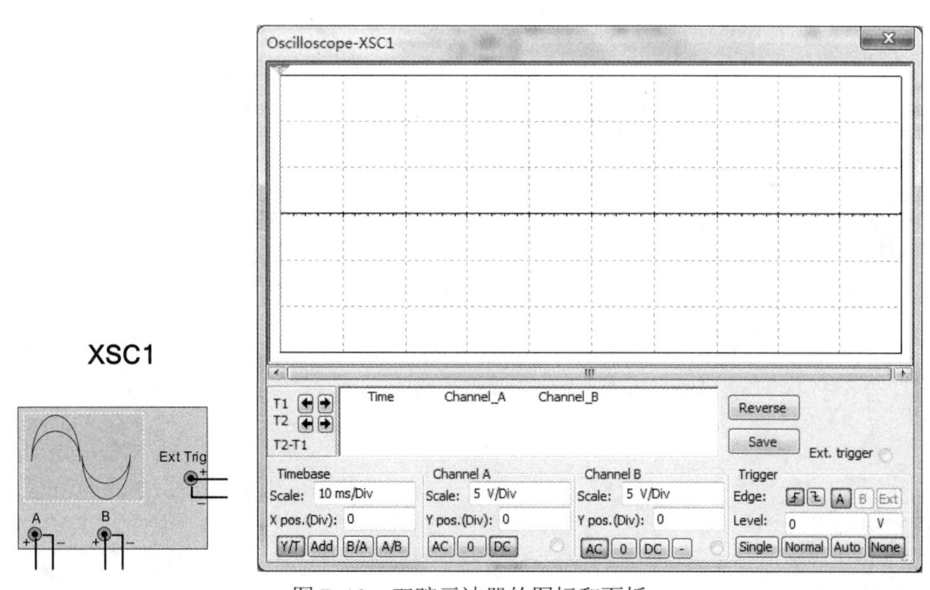

图 B-19　双踪示波器的图标和面板

B.3　电路仿真实例

1. 对叠加定理的仿真

电路如图 B-20 所示，R_1、R_2、R_3、R_4 分别为 1Ω的电阻，V_1 为 24V 独立电压源，I_1 为 20A 独立电流源，U_1 为电压表，U_2 为电流表。求流过电阻 R_1 的电流和电阻 R_3 两端的电压。

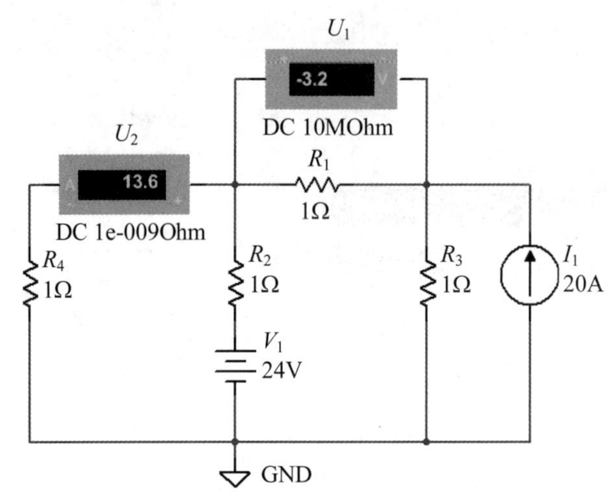

图 B-20　叠加定理应用电路

按照电路图选放元件，按电路要求设置元件属性，连接好连线，点击仿真开关按钮开始仿真。当独立电压源单独作用时，将独立电流源置零。根据元件的 VCR、KCL、KVL 可计算出 $I_1 = 9.6\text{A}$，$U_1 = 4.8\text{V}$。可见，计算结果与图 B-21 仿真结果相同。

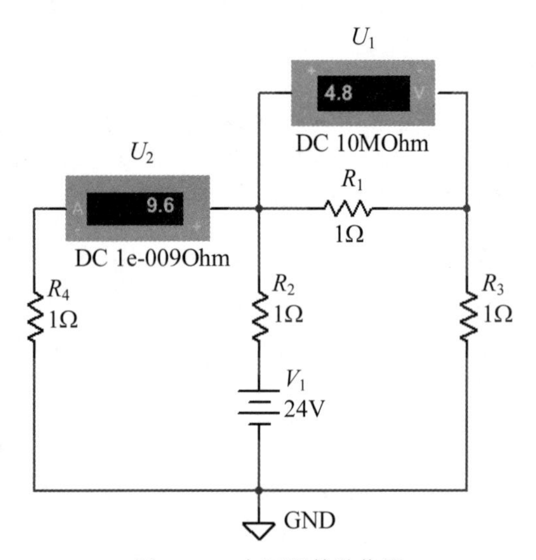

图 B-21　电压源单独作用

当独立电流源单独作用时，将独立电压源置零。根据元件的 VCR、KCL、KVL 可计算出 $I_2 = 4\text{A}$，$U_2 = -8\text{V}$。可见，计算结果与图 B-22 仿真结果相同。

最后，根据叠加定理可得：$I = I_1 + I_2 = 13.6\text{A}$，$U = U_1 + U_2 = -3.2\text{V}$，可见该结果与图 B-20 电路的仿真结果相同。

2. 对一阶动态电路全响应的仿真

电路如图 B-23 所示。按照电路图选放元件，按电路要求设置元件属性，连接好连线，点击仿真开关按钮开始仿真。反复按下空格键使开关反复打开和闭合，双击示波器图标，可以观察到电路全响应仿真波形，如图 B-24 所示。

开关的开、闭时间不同，其响应也不同。

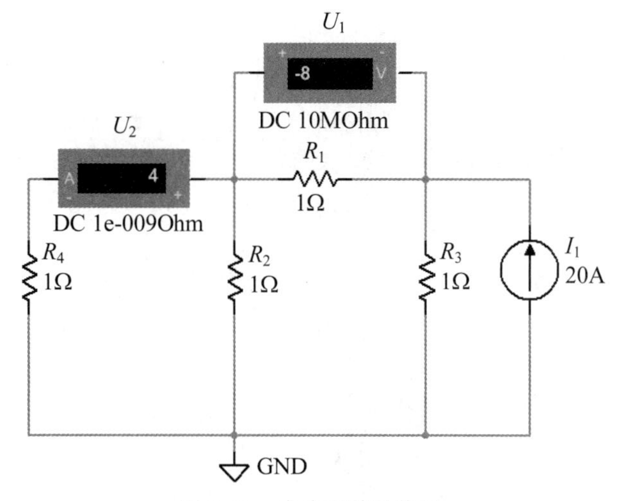

图 B-22　电流源单独作用

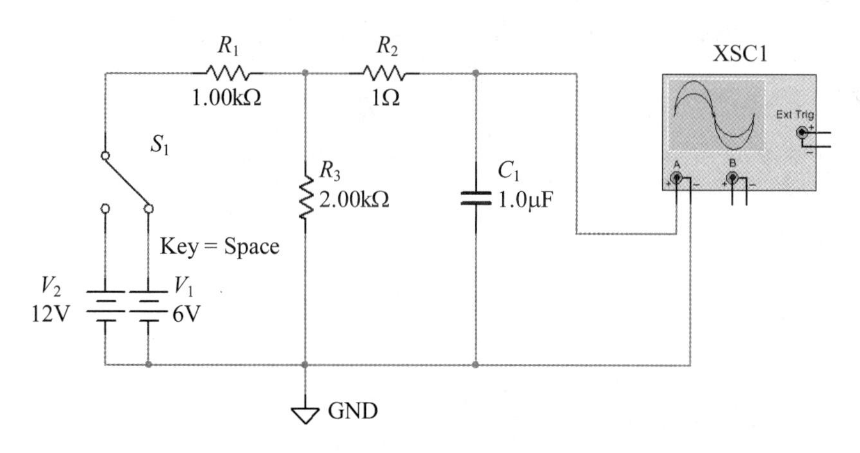

图 B-23　电容电压全响应电路图

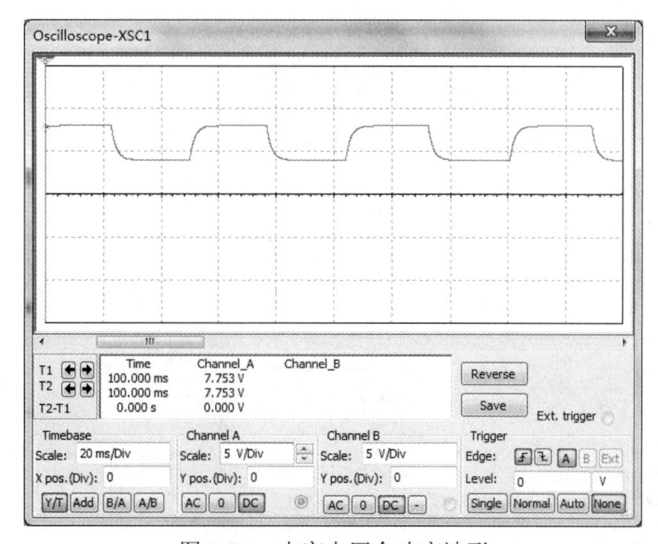

图 B-24　电容电压全响应波形

B.4 其他

仿真电路创建之后，利用 Multisim 13 提供的各种仿真分析就可以对电路进行仿真和调试，以达到预期的目的。此外，为了更好地分析电路的性能，加强与其他应用软件的联系，Multisim 13 仿真软件还提供了对电路进行进一步处理的功能，主要有三种处理：一是产生电路的各种报表，如元件列表清单、元件详细信息报表、网表报表、电路图统计报表、空闲逻辑门报表和模型数据报表等；二是对仿真的结果进行处理，例如对电路中两个节点的电压进行某种数学运算、根据输出电压和电流求输出功率等；三是电路的某种信息与其他 Windows 应用软件之间的相互交换，例如产生其他 PCB 制作软件（Eagle、Lay、OrCAD、Protel 等）的网表文件，将仿真结果输出到 MathCAD/Excel 或输入 SPICE/PSPICE 网表文件等。

Multisim 13 还提供了十多种基本分析方法。分别是直流工作点分析、交流分析、瞬态分析、傅立叶分析、噪声系数分析、失真分析、直流扫描分析、灵敏度分析、参数扫描分析、温度扫描分析、零－极点分析、传递函数分析、最坏情况分析、蒙特卡罗分析、线宽分析、批处理分析、用户自定义分析和射频分析。如此多的仿真分析功能是别的电路分析软件所不能比拟的。

关于仿真电路的处理和基本分析方法，在本附录中不作详尽叙述。

附录C　习题参考答案

第1章

思考与练习（思考题略）

1-4　（a）8W　（b）–5W　（c）15W　（d）–15W

1-5　（a）6A　（b）5A　（c）–5A

1-6　产生 40W

1-7　产生 40W，吸收 40W

1-8　（a）$u = 16\text{V}$　（b）$R = 4\Omega$　（c）$i = -2\cos(3t + 30^\circ)\text{A}$　（d）$U = -2\text{V}$

1-9　电流不超过 100mA，电压不超过 10V

1-10　（a）720kW·h

1-11　（a）7V　（b）–8V　（c）10V

1-12　（a）–3A　（b）2A　（c）–4sintA

1-13　$U_{AB} = U_{CD} = 12\text{V}$，$P_{R_1} = 48\text{W}$，$P_{R_2} = 0$，$P_{I_S} = -48\text{W}$

1-14　略

1-15　（a）$V_a = 8\text{V}$，$V_b = 5\text{V}$，$V_c = 0\text{V}$；（b）$V_a = 3\text{V}$，$V_b = 0\text{V}$，$V_c = -5\text{V}$；
（c）$V_a = 60\text{V}$，$V_b = 80\text{V}$，$V_c = 0\text{V}$

1-16　（a）$V_a = 10\text{V}$　（b）$V_a = 55\text{V}$

1-17　（a）$P_R = 16\text{W}$，$P_{U_S} = 16\text{W}$，$P_{I_S} = -32\text{W}$；（b）$P_R = 16\text{W}$，$P_{U_S} = -8\text{W}$，$P_{I_S} = -8\text{W}$；
（c）$P_{R_1} = 6\text{W}$，$P_{R_2} = 18\text{W}$，$P_{U_S} = 12\text{W}$，$P_{I_S} = -36\text{W}$

1-18　略

1-19　$I = 8\text{A}$，$U = -120\text{V}$，$P = 1920\text{W}$（产生）

1-20　略

1-21　略

1-22　（a）$R_{ab} = 5\Omega$　（b）$R_{ab} = 4\Omega$　（c）$R_{ab} = 1\Omega$

1-23　S 打开 20 Ω，S 闭合 30Ω

1-24　6Ω

1-25　10V，5Ω

1-26　（a）2A，2.5Ω　（b）1A，5Ω

1-27　5V

1-28　（a）$R_i = 15\Omega$　（b）$R_i = \dfrac{8}{6-\mu}\Omega$

1-29　$U=5+1.5I$ 或 $I=\frac{-10}{3}+\frac{U}{1.5}$

1-30　$R_{ab}=4.4\Omega$

1-31　$I=11A$，$P=308W$

练习一

1-1　（a）$-2W$（吸收）；（b）6W（吸收）；（c）6W（吸收）；（d）$-50e^{-2t}mW$（吸收）

1-2　（1）$I=0.4A$　（2）$U_{ab}=10V$，$U_{cd}=0$

1-3　（a）$P_s=6W$；（b）$P_s=-12W$

1-4　$U=-5V$

1-5　$U_1=2V$，$U_2=22V$，$U_3=3V$，$U_4=-24V$，$U_5=1V$，$U_6=25V$

–240W，–6W，–300W

1-6　$U_{ab}=-2V$

1-7　$I=1A$，$U_S=90V$，$R=1.5\Omega$

1-8　（1）$P_{I_S}=80W$，$P_{U_S}=-120W$；（2）$P_{I_S}=180W$，$P_{U_S}=-120W$

1-9　$I=1.2A$，$V_a=1V$，$U_S=12V$

1-10　$U=-10V$

1-11　$P=-6W$

1-12　$R=7\Omega$

1-13　（1）$I_1=-0.5mA$，$I_2=4mA$；（2）$P_S=27mW$

1-14　$I=2A$

1-15　$I=1.5A$

1-16　$U_{ab}=3V$

1-17　（a）S 打开 $R_{ab}=5\Omega$，S 闭合 $R_{ab}=3.2\Omega$；

（b）S 打开 $R_{ab}=122.2\Omega$，S 闭合 $R_{ab}=120.6\Omega$

1-18　$i=3A$

1-19　$P_R=18W$

1-20　$u_0=\frac{R_2}{R_1}(u_2-u_1)$

1-21　$U_{ab}=150V$

第 2 章

思考与练习（思考题略）

2-3　$I_1=-5A$（从左向右流过 2Ω），$I_2=0$（流过 10Ω），$I_3=2A$（从上向下流过 5Ω）

2-6　略

2-8　略

2-9　$u = 2\text{V}$

2-10　$i_u = 1.667\text{A}$，$u_i = 8.333\text{V}$

2-13　$I = 0.375\text{A}$

2-14　$i_{sc} = 5\text{A}$，$R_0 = 2.67\Omega$

练习二

2-1　$I_1 = 1.27\text{A}$，$I_2 = -0.36\text{A}$，$I_3 = -0.91\text{A}$

2-2　$I_1 = 0.82\text{A}$，$I_2 = -0.75\text{A}$，$I_3 = 2\text{A}$，$I_4 = 1.55\text{A}$，$I_5 = -2.75\text{A}$

2-3　–6V（从左向右）

2-4　–4V

2-5　$I = 0.16\text{mA}$

2-6　$U_A = 38\text{V}$，$U_c = 30\text{V}$，$I = 4\text{A}$

2-7　$I_s = 9\text{A}$，$I_0 = -3\text{A}$

2-8　$I_1 = 1.5\text{A}$，$I_2 = 1.5\text{A}$

2-9　$I_1 = -6\text{A}$，$I_2 = -4\text{A}$，$I_3 = 2\text{A}$

2-10　80V

2-11　189W，120W

2-12　$I_x = -0.48\text{mA}$，$U_x = -4.75\text{V}$

2-13　$I = 0.5\text{A}$

2-14　$R_x = 45\Omega$

2-15　$i = -0.2\text{A}$

2-16　$I = 1\text{mA}$

2-17　$I = 0.068\text{A}$

2-18　2.5kW

2-19　$I = 3.67\text{A}$

2-20　$R_L = 9\Omega$，$P_{L\max} = 16\text{W}$

2-21　$U_{ab} = 32.4\text{V}$

第3章

思考与练习（思考题略）

3-2　$\varphi_i = 45^\circ$，$\varphi_u - 45^\circ$；$u(t)$ 超前 $i(t)$，超前 $\dfrac{T}{4}$

3-3　220V

3-8　不能

3-9　$e_1 + e_2 = 452.4\sin(\omega t + 30^\circ)\text{V}$，$e_1 - e_2 = 169.6\sin(\omega t + 30^\circ)\text{V}$

3-10　$100\sqrt{2}\sin(\omega t + 45^\circ)\text{V}$

3-11 $\dot{I}_1+\dot{I}_2\approx 8\angle 56^\circ \text{A}$ $i_1+i_2=8\sqrt{2}\sin(\omega t+56^\circ)\text{A}$

3-14 $i(t)=2.5\sin(314t-120^\circ)\text{A}$

3-15 $u(t)=450.32\sin(314t-30^\circ)\text{V}$

3-16 不可以

3-17 $i(t)=22\sqrt{2}\sin(314t+60^\circ)\text{A}$

3-18 略

3-19 $Z=(50-\text{j}32)\Omega$

3-20 $Y=(0.025-\text{j}0.025)\text{s}$

3-21 $Z=(0.8+\text{j}0.8)\Omega$

3-22 $6\angle 165^\circ$

3-23 可能会，当R、L、C串联谐振时

3-24 $(5-\text{j}1)\Omega$

3-25 （1）$P=3\text{W}$；（2）$P=3\text{W}$

3-26 $P=125\text{W}$，$\lambda=0.5$

3-27 （1）$Q=37.5\text{k var}$，$S=62.5\text{kVA}$；（2）$Q=-24.2\text{k var}$，$S=55.6\text{kVA}$

3-28 $Z_{\text{L}}=Z_{\text{S}}^*$

3-29 （1）$Z_{\text{L}}=(5-\text{j}10)\Omega$时匹配，$P_{\max}=994\text{W}$；（2）$P_{\max}=608\text{W}$

3-32 $\omega_0=10^4\text{rad/s}$ 或 $f_0=1592.4\text{Hz}$

3-33 略

3-34 由方程组 $\begin{cases}\sqrt{\dfrac{L}{C}}=10^4\\ \sqrt{LC}=10^{-3}\end{cases}$ 解得

3-35 $R=2\text{k}\Omega$，再由方程组 $\begin{cases}\sqrt{\dfrac{C}{L}}=0.05\\ \sqrt{LC}=0.2\times 10^{-6}\end{cases}$ 解得

练习三

3-1 $i=28.2\sin(314t+60^\circ)\text{A}$，$i(0.01)=-24.4\text{A}$，$i'(0.01)=24.4\text{A}$

3-2 $\varphi_{\text{i}}=48.6^\circ$，$i=20\sin(628t+48.6^\circ)\text{A}$

3-3 $5.1\sin(314t+144^\circ)\text{mA}$

3-4 -4.24A

3-5 $13.5\angle -132.8^\circ \text{A}$，$4.1\angle -73.1^\circ \text{A}$

3-6 （1）$(15-\text{j}26.0)\Omega$；（2）$20\angle 83.1^\circ \text{A}$；（3）$1.7\angle 75^\circ \text{A}$

3-7 $(0.08-\text{j}0.48)\Omega$

3-8 $(1.9-\text{j}0.2)\Omega$，1Ω，$(0.4+\text{j}1.2)\Omega$

3-9 14.3Ω，$334\mu\text{F}$

3-10　$212.2\angle 75^\circ$ V，$117.8\angle 75^\circ$ V

3-11　$5\angle -90^\circ$ A

3-12　$i_1 = 0.32\sqrt{2}\sin(100t + 18.4^\circ)$A，$i_2 = 0.45\sqrt{2}\sin(100t + 63.4^\circ)$A

$i_3 = 0.32\sqrt{2}\sin(100t - 71.6^\circ)$A，$u = 0.45\sqrt{2}\sin(100t - 26.6^\circ)$V

3-13　$\dot{U} = 75\angle -120^\circ$ V

3-14　$\dot{I}_1 = 0.28\angle -146.3^\circ$ A，$\dot{I}_2 = 0.78\angle -101^\circ$ A

3-15　（1）15W，26var，0.5（滞后）；（2）0.4W，–0.8var，0.45（超前）；

（3）0.12W，–0.16var，0.6（超前）

3-16　1120W，–309W

3-17　18.3Ω，65μF

3-18　117.7μF

3-19　（1）$R = 100\Omega$，$L = 0.6$H，$C = 0.017\mu$F，Q=60；（2）$I = 8.8$mA，$U_C = 57.4$V

3-20　$f_0 = 499$Hz，$Q = 25.1$，$I_0 = 0.2$A，$U_R = 10$V，$U_L = U_C = 251$V，$\varepsilon(t) = 0.016$J，并联的电阻应大于1255Ω，谐振频率降低。

3-21　略

3-22　$6.9\angle -36.2^\circ$ A，$8.2\angle 17.6^\circ$ A，$4.4\angle 53.1$ A

3-23　0.85

第4章

思考与练习（思考题略）

4-3　（a）a与d或b与c；（b）a与d或b与c

4-4　（a）$\begin{cases} u_1 = L_1\dfrac{di_1}{dt} - M\dfrac{di_2}{dt} \\ u_2 = -L_2\dfrac{di_2}{dt} + M\dfrac{di_1}{dt} \end{cases}$　（b）$\begin{cases} u_1 = -L_1\dfrac{di_1}{dt} - M\dfrac{di_2}{dt} \\ u_2 = -L_2\dfrac{di_2}{dt} - M\dfrac{di_1}{dt} \end{cases}$

4-5　（a）$u_2 = M\dfrac{di_1}{dt}$；（b）$u_2 = L_2\dfrac{di_2}{dt} - M\dfrac{di_1}{dt}$；（c）$u_1 = M\dfrac{di_2}{dt}$；（d）$u_1 = -M\dfrac{di_2}{dt}$

4-6　（a）$Z_i = j\omega(L_1 - M) + \dfrac{(Z_2 + j\omega M)j\omega(L_2 - M)}{Z_2 + j\omega L_2}$

（b）$Z_i = \dfrac{j\omega(L_1 + M)\left[j\omega(L_2 + M) + Z_2\right]}{Z_2 + j\omega(L_1 + L_2 + 2M)} - j\omega M$

4-7　$L_{ab} = 5$H

4-8　$\dot{I} = 4.29\angle -49^\circ$ A，$\dot{I}_3 = 3.84\angle -22.4^\circ$ A，$\dot{U}_{AB} = 83.6\angle -6.3^\circ$ V

4-9　15/4H

4-10　5/2H

4-11　$\dot{U}_2 = 39.2\angle -11.3^\circ$ V

4-12 $Z_i = R_1 + j\omega(L_1 - M) + \dfrac{[R_2 + j\omega(L_2 - M)](j\omega M + R_0)}{R_2 + R_0 + j\omega L_2}$

4-13 $n = 100$，$P_{max} = \dfrac{1}{4}$W

4-14 $Z_i = n_1^2(R_1 + n_2^2 R_2)$

4-15 $n = 3$

4-16 $u_1(t) = 50\sin t$V

练习四

4-1 （a）$\begin{cases} u_1 = L_1\dfrac{di_1}{dt} - M\dfrac{di_2}{dt} \\ u_2 = -L_2\dfrac{di_2}{dt} + M\dfrac{di_1}{dt} \end{cases}$ （b）$\begin{cases} u_1 = -L_1\dfrac{di_1}{dt} - M\dfrac{di_2}{dt} \\ u_2 = -L_2\dfrac{di_2}{dt} - M\dfrac{di_1}{dt} \end{cases}$

4-2 （1）$u_2 = -60\sin 6t$V；（2）$u_2 = -54\sin 6t$V

4-3 $u_{ac}(t) = \begin{cases} 100t + 50\text{V} & 0 < t \leqslant 1\text{s} \\ -100t + 150\text{V} & 1 < t \leqslant 2\text{s} \\ 0 & \text{其他} \end{cases}$ $u_{de}(t) = \begin{cases} 10\text{V} & 0 < t \leqslant 1\text{s} \\ -10\text{V} & 1 < t \leqslant 2\text{s} \\ 0 & \text{其他} \end{cases}$

4-4 $\dot{U}_{OC} = 70.7\angle 45^\circ$V

4-5 $Z_i = j\omega M + \dfrac{[R_1 + j\omega(L_1 - M)][R_2 + j\omega(L_2 - M)]}{R_1 + R_2 + j\omega(L_1 + L_2 - 2M)}$

4-6 （a）$L_{ab} = 2$H；（b）$L_{ab} = 6$H

4-7 （1）$L_{ab} = 7$mH；（2）$L_{ab} = 3$mH

4-8 $R_{in} = 200\Omega$

4-9 $R_L = 1\Omega$，$P_{Lmax} = 12.5$W

4-10 $\dot{I}_2 = \dot{U}_S / 2\sqrt{R_1 R_2}$

第5章

思考与练习（思考题略）

5-3 （1）$i_c = \begin{cases} 4\text{A} & 2\text{s} \leqslant t < 4\text{s} \\ -2\text{A} & 4\text{s} \leqslant t < 8\text{s} \end{cases}$ $P(t) = \begin{cases} 8(t-2)\text{W} \\ 2(t-8)\text{W} \end{cases}$；（2）$P(3) = 8$W

5-4 $50\cos 100t$V

5-6 $i_1(0_+) = 0$，$i_2(0_+) = 1.5$A，$i_c(0_+) = -1.5$A

5-7 $i_1(0_+) = 2$A，$i_2(0_+) = 1$A，$u_L(0_+) = 2$V

5-8 $i_c = -U_s/R_1$，$i_L = U_s/R_1$，$u_c = U_s$，$u_L = (-R_2/R_1)U_s$

5-9 $i_1(0_+) = 3$A，$i_2(0_+) = 1$A，$i_L(0_+) = 2$A，$u_L(0_+) = 2$V

5-11　$u_c = 4e^{-t}V$，$t \geqslant 0_+$；$i = -\frac{4}{3}e^{-t}A$，$t \geqslant 0_+$

5-12　$u = 9e^{-t}V$，$t \geqslant 0^+$；$i_L = 3e^{-t}A$，$t \geqslant 0^+$

5-15　$u_c = 10(1 - e^{-t})V$，$t \geqslant 0_+$；$i = 2e^{-t}A$，$t \geqslant 0_+$

5-16　$i_L = 1.5(1 - e^{-4t})A$，$t \geqslant 0^+$；$u_L = 6e^{-4t}V$，$t \geqslant 0_+$

5-17　$u_c = \frac{1}{2}(1 - e^{-\frac{t}{2}})\varepsilon(t)V$

5-18　20V，$-15e^{-t}V$

5-20　$u_c = 5 + 20e^{-\frac{t}{4}}V$，$t \geqslant 0_+$

5-21　$i_L(t) = 1 + 2e^{-t}A$，$t \geqslant 0^+$；$u_L(t) = -6e^{-t}V$，$t \geqslant 0^+$

练习五

5-1　（1）$u(t) = L\frac{di_s}{dt} = \begin{cases} 4V & 0 \leqslant t < 1s \\ -4V & 1s \leqslant t < 3s \\ 4V & 3s \leqslant t < 4s \\ 0 & t \geqslant 4s \end{cases}$　$p(t) = \begin{cases} 8t\ W & 0 \leqslant t < 1s \\ 8(t-2)W & 1s \leqslant t < 3s \\ 8(t-4)W & 3s \leqslant t < 4s \\ 0 & t \geqslant 4s \end{cases}$

$$w_L(t) = \begin{cases} 4t^2\ W & 0 \leqslant t < 1s \\ 4(t-2)^2 W & 1s \leqslant t < 3s \\ 4(t-4)^2 W & 3s \leqslant t < 4s \\ 0 & t \geqslant 4s \end{cases}$$

（2）$p(1.5) = -4W$，$w_L(1.5) = 1J$

5-2　$i_L(0_+) = 1A$，$u_L(0_+) = -12V$，$u_R(0_+) = -6V$

5-3　$i_c(0_+) = 0.25A$，$u_R(0_+) = 5V$

5-4　$i(0_+) = 1A$，$u_L(0_+) = 4V$

5-5　$i(0_+) = 4A$，$i_c(0_+) = 0$，$u_L(0_+) = -24V$

5-6　$\tau = 1.1ms$

5-7　$i_L(t) = 4e^{-60t}A$，$t \geqslant 0_+$；$u_L(t) = -48e^{-60t}V$，$t \geqslant 0_+$

5-8　$u_c(t) = 18e^{-\frac{2}{3}\times 10^3 t}V$，$t \geqslant 0_+$

5-9　$i_L = 2e^{-5t}A$，$t \geqslant 0_+$；$u = -4e^{-5t}V$，$t \geqslant 0_+$

5-10　$u(t) = 1.4e^{-0.2\times 1000t}V$，$t \geqslant 0_+$；5.15s

5-11　$u_c(t) = 2(1 - e^{-1.5t})V$，$t \geqslant 0_+$；$u_0(t) = 1 + 2e^{-1.5t}V$，$t \geqslant 0_+$

5-12　$i_L = 2(1 - e^{-2t})A$，$t \geqslant 0_+$

5-13　$i_L = 1 - e^{-10t}A$，$t \geqslant 0_+$；$u_L = 20e^{-10t}V$，$t \geqslant 0_+$；$u = 20 + 10e^{-10t}V$，$t \geqslant 0_+$

5-14　$u_L = 25e^{-5t}V$，$t \geqslant 0_+$

5-15　$i(t) = 1.67 + 0.58e^{-3t}A$，$t \geqslant 0_+$；$u_L(t) = 3.5e^{-3t}V$，$t \geqslant 0_+$

5-16 $i_L(t)=3(1-e^{-4t})A$，$t\geqslant 0_+$；$u_L(t)=3.6e^{-4t}V$，$t\geqslant 0_+$

5-17 $i(t)=1.5+0.5e^{-\frac{2}{3}t}A$，$t\geqslant 0_+$

第6章

思考与练习（思考题略）

6-3 略

6-4 略

练习六

6-1 （a）$\begin{bmatrix}1.5 & -1\\ -1 & 1\end{bmatrix}$ $\begin{bmatrix}2 & 2\\ 2 & 3\end{bmatrix}$ （b）Y参数不存在，$\begin{bmatrix}Z & Z\\ Z & Z\end{bmatrix}$

（c）$\begin{bmatrix}\frac{1}{Z} & -\frac{1}{Z}\\ -\frac{1}{Z} & \frac{1}{Z}\end{bmatrix}$，$Z$参数不存在 （d）$\begin{bmatrix}\frac{5}{3} & -\frac{4}{3}\\ -\frac{4}{3} & \frac{5}{3}\end{bmatrix}$ $\begin{bmatrix}\frac{5}{3} & \frac{4}{3}\\ \frac{4}{3} & \frac{5}{3}\end{bmatrix}$

（e）$\begin{bmatrix}\frac{1}{4} & -\frac{1}{6}\\ -\frac{1}{6} & \frac{2}{9}\end{bmatrix}$ $\begin{bmatrix}8 & 6\\ 6 & 9\end{bmatrix}$

6-2 （a）$T=\begin{bmatrix}1 & 0\\ 0 & 1\end{bmatrix}$ （b）$T=\begin{bmatrix}-1 & 0\\ 0 & -1\end{bmatrix}$ （c）$T=\begin{bmatrix}\frac{N_1}{N_2} & 0\\ 0 & \frac{N_2}{N_1}\end{bmatrix}$

6-3 （a）$Y=\begin{bmatrix}-j\frac{1}{\omega L} & j\frac{1}{\omega L}\\ j\frac{1}{\omega L} & j\left(\omega C-\frac{1}{\omega L}\right)\end{bmatrix}$ $Z=\begin{bmatrix}j(\omega L-\frac{1}{\omega C}) & \frac{1}{j\omega C}\\ \frac{1}{j\omega C} & \frac{1}{j\omega C}\end{bmatrix}$ $T=\begin{bmatrix}1-\omega^2 LC & j\omega L\\ j\omega C & 1\end{bmatrix}$

（b）$Y=\begin{bmatrix}\frac{1-\omega^2 LC}{-j\omega L} & \frac{1}{-j\omega L}\\ \frac{1}{-j\omega L} & \frac{1}{j\omega L}\end{bmatrix}$ $Z=\begin{bmatrix}-j\frac{1}{\omega C} & -j\frac{1}{\omega C}\\ -j\frac{1}{\omega C} & j\left(\omega L-\frac{1}{\omega C}\right)\end{bmatrix}$ $T=\begin{bmatrix}1 & j\omega L\\ j\omega C & 1-\omega^2 LC\end{bmatrix}$

6-4 （a）$H=\begin{bmatrix}R_1 & 0\\ \beta & \frac{1}{R_2}\end{bmatrix}$ （b）$H=\begin{bmatrix}\frac{1}{2} & 1\\ 0 & -1\end{bmatrix}$

6-5 $\frac{1}{3}\Omega$，$\frac{1}{9}\Omega$，$\frac{2}{3}\Omega$；2S，0.333S，1S

6-6　$Y_{11}=Y_{22}=\dfrac{sC\left(s+\dfrac{1}{RC}\right)}{2\left(s+\dfrac{1}{2RC}\right)}+\dfrac{\left(s+\dfrac{1}{RC}\right)}{R\left(s+\dfrac{2}{RC}\right)}$

$$Y_{11}=Y_{22}=-\left[\frac{s^2C}{2\left(s+\dfrac{1}{2RC}\right)}+\frac{\dfrac{1}{R^2C}}{s+\dfrac{2}{RC}}\right]$$

6-7　（a）$\begin{bmatrix} A & B \\ AY+C & BY+D \end{bmatrix}$　　（b）$\begin{bmatrix} A & AZ+B \\ C & CZ+D \end{bmatrix}$

6-8　（a）R_1，R_1，$\dfrac{R_2-R_1}{2}$　　（b）$\dfrac{1}{\mathrm{j}2\omega C}$，$-\dfrac{1}{\mathrm{j}4\omega C}$，$\dfrac{1}{\mathrm{j}2\omega C}$

6-9　1.5Ω

6-10　$(1.4+\mathrm{j}0.2)\Omega$

参考文献

[1] 张永瑞．电路分析基础（第三版）．西安：西安电子科技大学出版社，2006．
[2] 崔晓燕等．电路分析基础．北京：科学出版社，2006．
[3] 李瀚荪．电路分析基础（第三版）．北京：高等教育出版社，2005．
[4] 黄冠斌等．电路基础．武汉：华中理工大学出版社，1993．
[5] 胡建萍等．电路分析．北京：科学出版社，2006．
[6] 黄经武等．电路分析基础．北京：中国物资出版社，1999．
[7] 吴大正．电路基础（第二版）．西安：西安电子科技大学出版社，2003．
[8] 姚仲兴等．电路分析原理．北京：机械工业出版社，2005．
[9] 熊伟等．Multisim 7 电路设计及仿真应用．北京：清华大学出版社，2005．